生命科学与信息技术丛书

实用生物信息学

冯世鹏 汤华 周犀 周智 著

电子工业出版社
Publishing House of Electronics Industry
北京·BEIJING

内 容 简 介

生物信息学是生命科学领域中的一门新兴的前沿科学，其发展在很大程度上改变了人们研究利用生物的方式方法，成为生命科学研究最重要的工具之一。本书由 Windows 篇和 Linux 篇两部分组成，重点阐述生物信息学的基本概念与相关技术。Windows 篇讨论了在 Windows 操作系统下进行数据库检索、引物设计、核酸蛋白质序列转换、物种进化树构建、蛋白质高级结构预测分析、非编码 miRNA 研究应用等理论与方法，以及给出相关软件的使用介绍。Linux 篇讨论了在 Linux 操作系统下进行基因组测序，RNA-seq、miRNA-seq 等测序数据质控，基因组组装，转录组分析，基因预测、注释，基因表达分析等操作训练，并且给出对应软件的使用介绍。

本书的特色是紧贴科研实践、图文并茂、内容深浅合适、可操作性强、实用性高，读者可根据书中的步骤轻松实现相应分析，可供从事生物学、农学、医学的科技工作者、教师、学生作为生物信息学入门的参考书籍。

未经许可，不得以任何方式复制或抄袭本书之部分或全部内容。
版权所有，侵权必究。

图书在版编目(CIP)数据

实用生物信息学 / 冯世鹏等著．—北京：电子工业出版社，2017.8
（生命科学与信息技术丛书）
ISBN 978-7-121-30224-4

I. ①实… II. ①冯… III. ①生物信息论 IV. ①Q811.4

中国版本图书馆 CIP 数据核字(2016)第 258348 号

策划编辑：冯小贝
责任编辑：周宏敏
印　　刷：保定市中画美凯印刷有限公司
装　　订：保定市中画美凯印刷有限公司
出版发行：电子工业出版社
　　　　　北京市海淀区万寿路 173 信箱　邮编　100036
开　　本：787×1092　1/16　印张：21.25　字数：550 千字
版　　次：2017 年 8 月第 1 版
印　　次：2021 年 7 月第 5 次印刷
定　　价：69.00 元

凡所购买电子工业出版社图书有缺损问题，请向购买书店调换。若书店售缺，请与本社发行部联系，联系及邮购电话：(010)88254888，88258888。
质量投诉请发邮件至 zlts@phei.com.cn，盗版侵权举报请发邮件至 dbqq@phei.com.cn。
本书咨询联系方式：fengxiaobei@phei.com.cn。

本书得到以下单位和项目的支持，特此感谢。

国家自然科学基金地区基金项目（31460178）

海南大学 2015 年度自编教材资助项目

海南省中西部高校提升综合实力工作基金项目

海南省热带资源可持续利用重点实验室

海南省自然科学基金项目（314042）

前　　言

关于本书的成因：希望通过本书让读者了解生物信息学，并能利用生物信息学工具进行常规的分析；对于学有余力或者对生物信息学有浓厚兴趣的读者，则读完本书后可进行二代测序数据的初步深度分析。本书主要针对生物科学相关专业本科生、研究生或者其他有志于学习生物信息学的初学者，希望本书能起到抛砖引玉的作用，带领他们进入生物信息学领域。

关于本书的内容：全书分为两篇，Windows 篇属于生物信息学基础，相关生物信息学软件在装有 Windows 系统的计算机上即可运行，这部分内容要求每个生物科学专业的本科生或读者必须了解掌握，主要包括生物信息相关数据库、序列比对、引物设计、序列分析、进化分析等；Linux 篇属于生物信息学的深度应用，主要软件及其应用需要在安装 Linux 系统的计算机上才能最有效地运行，这部分的内容供学有余力或者有志于进行生物信息学研究应用的学生或工作人员学习，主要包括基因组、转录组的测序、组装、注释等分析内容。

关于学习生物信息学的态度：不贪多、不畏多、自学为主、教学为辅。所谓"不贪多"，就是生物信息学涉及多个学科门类，一个人几乎不可能精通所有相关门类，因此最好根据个人兴趣选择其中一个方向刻苦钻研，勤以练习，融会贯通，同时兼顾其他方面。所谓"不畏多"，就是不要被生物信息学所需要学习的知识吓到，有的知识够用即可，遇到需要进一步学习的时候再去学习新的知识，循序渐进，学得也快。所谓"自学为主、教学为辅"，就是强调学习的主动性，带着强烈的兴趣学习，学习效果要远好于被迫学习。自学过程中不可避免地会遇到一些问题，此时力求通过查阅资料自行解决问题，因此会自然而然地产生自豪感；如果自己查阅资料无法解决的时候最好能有人给以辅助，否则会卡在那里、无法进行后续的学习，这就是要有教学为辅的作用。生物信息学注重实际分析，由于软硬件的差异，对于同样的数据，不同的人处理得到的结果可能不一致，这就要勤加练习，积累经验，分析导致不同结果产生的原因，并能对结果进行取舍，或者改变条件重新分析。

生物信息学，你可以爱它，因为它帮你解决了很多生物学的问题；你也可以恨它，因为有时候你的问题它无法解决。但不管你是爱还是恨，它就在那里，如果你的工作或者学习跟生物有关，你就必须要了解它！

冯世鹏

2017 年 6 月 12 日于海大

写作任务分工

篇	章	标题	任务分工
	第 0 章	绪论	冯世鹏、汤华
Windows 篇	第 1 章	文献信息检索	冯世鹏、汤华
	第 2 章	生物信息数据资源	冯世鹏、汤华
	第 3 章	序列比对	周犀
	第 4 章	核酸序列分析	周犀
	第 5 章	蛋白质序列分析	周犀
	第 6 章	基因表达分析	周犀
	第 7 章	进化分析	周智
	第 8 章	非编码 miRNA 分析	周智
Linux 篇	第 9 章	Linux 系统	冯世鹏
	第 10 章	Perl 语言	冯世鹏
	第 11 章	测序方法及数据处理	冯世鹏
	第 12 章	基因组组装	冯世鹏
	第 13 章	小 RNA 测序数据分析	周犀
	第 14 章	RNA-seq 数据分析	周智
	第 15 章	基因预测	冯世鹏
	第 16 章	基因注释及功能分析	冯世鹏
	附录 A	生物信息学文件格式	冯世鹏

作者简介

冯世鹏：博士，讲师，海南大学热带农林学院

汤　华：博士，教授，海南大学热带农林学院

周　犀：博士，讲师，海南大学热带农林学院

周　智：博士，副教授，海南大学海洋学院

目 录

第 0 章 绪论 ………………………………… 1
0.1 生物信息学的发展历史 ………………… 1
    0.1.1 Bioinformatics 的来源 …………… 1
    0.1.2 生物信息学的定义 ………………… 1
    0.1.3 人类基因组计划 …………………… 1
    0.1.4 生物信息学发展重要人物及
          大事 ………………………………… 2
0.2 生物信息学的研究内容 ………………… 4
    0.2.1 生物分子数据的收集与管理 ……… 4
    0.2.2 数据库搜索及序列比较 …………… 5
    0.2.3 基因组序列分析 …………………… 5
    0.2.4 基因表达数据的分析与处理 ……… 5
    0.2.5 蛋白质结构预测 …………………… 6
    0.2.6 非编码 RNA 研究 …………………… 6
    0.2.7 表观遗传学研究 …………………… 7
0.3 生物信息学的生物学基础知识 ………… 7
    0.3.1 遗传定律 …………………………… 7
    0.3.2 DNA 分子结构 ……………………… 8
    0.3.3 基因结构 …………………………… 8
    0.3.4 中心法则 …………………………… 9
    0.3.5 密码子表 …………………………… 9
    0.3.6 蛋白质结构与功能 ………………… 9
    0.3.7 PCR 技术 …………………………… 9
参考文献 ……………………………………… 10

Windows 篇

第 1 章 文献信息检索 ……………………… 12
1.1 文献资源的分类 ………………………… 12
    1.1.1 根据出版形式进行分类 …………… 12
    1.1.2 综合分类法 ………………………… 13
    1.1.3 标识码及编号 ……………………… 14
1.2 文献的格式 ……………………………… 15
1.3 文献检索 ………………………………… 17

    1.3.1 文献检索词的来源 ………………… 17
    1.3.2 搜索数据库选择 …………………… 18
    1.3.3 检索式构建 ………………………… 19
    1.3.4 检索结果的处理 …………………… 21
    1.3.5 CNKI 数据库查询举例 …………… 21
    1.3.6 Elsevier 数据库检索举例 ………… 25
1.4 文献信息的价值判断及阅读 …………… 27
    1.4.1 文献的价值判断 …………………… 27
    1.4.2 文献有效阅读 ……………………… 29
1.5 科技查新 ………………………………… 29
习题 …………………………………………… 31
参考文献 ……………………………………… 31

第 2 章 生物信息数据资源 ………………… 32
2.1 核酸序列数据库 ………………………… 32
    2.1.1 GenBank 数据库及其分类 ………… 33
    2.1.2 Entrez Nucleotide 数据库及
          其分类 ……………………………… 34
    2.1.3 NCBI 其他数据库 ………………… 34
    2.1.4 GenBank 数据格式 ………………… 35
    2.1.5 GenBank 数据访问方式 …………… 35
    2.1.6 基因数据库记录格式及搜索 ……… 38
2.2 蛋白质序列数据库 ……………………… 39
    2.2.1 UniProt 数据库介绍 ……………… 39
    2.2.2 Uniprot 数据获得方式 …………… 41
    2.2.3 UniProt 数据库记录格式 ………… 42
2.3 蛋白质结构数据库 ……………………… 43
    2.3.1 PDB 数据库发展历史 ……………… 43
    2.3.2 RCSB PDB 数据库介绍 …………… 44
    2.3.3 RCSB PDB 数据库搜索 …………… 45
    2.3.4 RCSB PDB 数据记录 ……………… 46
2.4 物种基因组数据库 ……………………… 47
    2.4.1 小鼠基因组数据库 ………………… 47
    2.4.2 拟南芥基因组数据库 ……………… 49

2.5 代谢通路数据库 ………… 52
    2.5.1 在 KEGG 数据库搜索 …… 53
    2.5.2 主页快速链接 …………… 54
    2.5.3 KEGG 通路图及其元素意义 … 55
2.6 基因组浏览器 ……………… 57
    2.6.1 基因组数据展示内容 …… 58
    2.6.2 BLAT 搜索 ……………… 61
2.7 非编码 RNA 数据库 ……… 62
    2.7.1 miRNA 数据库 ………… 62
    2.7.2 NONCODE 数据库 …… 63
习题 ……………………………… 66
参考文献 ………………………… 66

第 3 章 序列比对 ……………… 68
3.1 比对程序介绍 ……………… 68
3.2 比对序列相似性的统计特性 … 69
3.3 在线 BLAST 序列比对 …… 72
3.4 本地运行 BLAST ………… 75
    3.4.1 BLAST 程序的下载和安装 … 75
    3.4.2 搜索数据库的索引格式化 … 75
    3.4.3 运行 BLAST 程序，搜索本地序列数据库 …………… 76
3.5 多序列比对 ………………… 77
    3.5.1 ClustalX 的使用 ………… 77
习题 ……………………………… 80
参考文献 ………………………… 80

第 4 章 核酸序列分析 ………… 81
4.1 基因阅读框的识别 ………… 81
4.2 基因其他结构区预测 ……… 82
    4.2.1 CpG 岛的预测 ………… 82
    4.2.2 转录终止信号预测 …… 84
    4.2.3 启动子区域的预测 …… 84
    4.2.4 密码子偏好性计算 …… 86
4.3 引物设计 …………………… 88
    4.3.1 引物设计的基本原则 … 88
    4.3.2 Primer 5 引物设计 …… 88
    4.3.3 利用 Primer 5 进行酶切位点分析 …………………… 91
4.4 核酸序列的其他转换 ……… 92
习题 ……………………………… 93
参考文献 ………………………… 93

第 5 章 蛋白质序列分析 ……… 94
5.1 蛋白质理化性质和一级结构分析 ……………………… 94
    5.1.1 蛋白质理化性质分析 … 94
    5.1.2 蛋白质理化性质分布图 … 95
    5.1.3 蛋白质信号肽预测 …… 97
5.2 蛋白质二级结构分析 ……… 99
    5.2.1 蛋白质跨膜结构区分析 … 99
    5.2.2 蛋白质卷曲螺旋分析 … 101
    5.2.3 蛋白质二级结构预测分析 … 103
5.3 蛋白质三维结构预测分析 … 104
习题 ……………………………… 105
参考文献 ………………………… 105

第 6 章 基因表达分析 ………… 106
6.1 qPCR 数据分析 …………… 106
    6.1.1 绝对定量分析方法 …… 107
    6.1.2 相对定量方法分析 …… 108
6.2 基因芯片数据分析 ………… 111
    6.2.1 从 GEO 上下载基因芯片表达谱数据 ………………… 111
    6.2.2 将表达谱数据导入 MATLAB 软件 …………………… 112
    6.2.3 对 soft 格式文件的标准化 … 113
    6.2.4 差异表达基因筛选 …… 114
习题 ……………………………… 114
参考文献 ………………………… 115

第 7 章 进化分析 ……………… 116
7.1 进化理论介绍 ……………… 116
    7.1.1 种群是生物进化的基本单位 … 116
    7.1.2 可遗传的变异是生物进化的原始材料 ………………… 116
    7.1.3 分子进化中性学说 …… 117
7.2 进化分析（以 MEGA 为例） … 117
    7.2.1 序列准备 ……………… 118
    7.2.2 序列比对 ……………… 119

7.2.3 建树计算 ……………………… 119
7.2.4 进化树的调整 ………………… 121
习题 ……………………………………… 121
参考文献 ………………………………… 122

第8章 非编码 miRNA 分析 …………… 123
8.1 miRNA 简介 …………………………… 123
8.1.1 miRNA 的生物合成 …………… 123
8.1.2 miRNA 调控基因表达的机理 … 124
8.1.3 miRNA 的生理调节作用 ……… 125
8.2 miRNA 靶基因预测 …………………… 125
8.2.1 miRNA 靶基因的预测原理 …… 125
8.2.2 miRNA 靶基因的预测软件 …… 126
8.2.3 miRNA 靶基因的预测步骤 …… 127
8.3 调控靶基因的 miRNA 预测 ………… 130
8.4 miRBase 数据库的使用 ……………… 131
8.4.1 miRBase 数据库的搜索 ……… 131
8.4.2 miRBase 数据库批量下载 …… 132
8.4.3 miRNA 记录信息 ……………… 133
习题 ……………………………………… 134
参考文献 ………………………………… 134

Linux 篇

第9章 Linux 系统 …………………………… 138
9.1 Linux 简介 …………………………… 138
9.1.1 什么是 Linux 系统 ……………… 138
9.1.2 为什么要学习 Linux 系统 …… 139
9.1.3 如何学习 Linux 系统 …………… 140
9.2 Linux 系统安装 ……………………… 140
9.2.1 Linux 系统下载 ………………… 140
9.2.2 系统安装盘制作 ……………… 142
9.2.3 CentOS 6.5 操作系统安装 …… 144
9.2.4 更新 yum 源 …………………… 154
9.3 Linux 命令行模式——终端 ………… 155
9.4 Linux 系统开关机 …………………… 156
9.5 Linux 系统文件 ……………………… 157
9.5.1 Linux 文件夹及其主要作用
（以 CentOS 6.5 为例）………… 157
9.5.2 Linux 的文件信息的意义 ……… 158

9.5.3 Linux 命令帮助文件 …………… 159
9.6 几个重要的快捷键 …………………… 161
9.7 Linux 系统的命令 …………………… 161
9.7.1 Linux 系统命令的输入格式 …… 161
9.7.2 常用命令及其常用选项介绍 … 161
9.7.3 数据流重定向 ………………… 167
9.7.4 管道命令 ……………………… 168
9.7.5 vim 编辑器工具 ……………… 168
9.7.6 其他命令 ……………………… 170
习题 ……………………………………… 177
参考文献 ………………………………… 177

第10章 Perl 语言 ……………………………… 178
10.1 Perl 版本 …………………………… 178
10.2 Perl 标量数据 ……………………… 179
10.2.1 Perl 运算符 …………………… 180
10.2.2 标量变量 ……………………… 180
10.2.3 数字及字符串的比较
运算符 ………………………… 181
10.3 列表与数组 ………………………… 182
10.3.1 数组及其赋值操作 …………… 182
10.3.2 数组元素的引用 ……………… 182
10.3.3 数组相关的几个命令 ………… 183
10.4 哈希 ………………………………… 183
10.4.1 哈希赋值 ……………………… 184
10.4.2 哈希的相关函数 ……………… 184
10.5 判断式及循环控制结构 …………… 185
10.5.1 if 条件判断式 ………………… 185
10.5.2 while 循环结构 ……………… 185
10.5.3 until 循环结构 ………………… 186
10.5.4 foreach 循环结构 …………… 186
10.5.5 each 控制结构 ………………… 186
10.6 正则表达式 ………………………… 187
10.6.1 正则表达式相关符号 ………… 187
10.6.2 捕获变量 ……………………… 188
10.6.3 正则表达式中特殊字符
的意义 ………………………… 188
10.7 Perl 的排序 ………………………… 189
10.7.1 sort 命令 ……………………… 189

		10.7.2 sort 与比较运算符及默认函数的连用 ·········· 189

- 10.8 Perl 默认的函数的总结 ·········· 189
- 10.9 程序精解 ·········· 190
  - 10.9.1 实例一：从 fasta 文件中寻找特定的序列 ·········· 190
  - 10.9.2 实例二：文本内容分类统计功能 ·········· 193
  - 10.9.3 实例三：统计文件内容是否有重复 ·········· 195
  - 10.9.4 实例四：Scaffolds 序列的排序 ·········· 196
- 习题 ·········· 196
- 参考文献 ·········· 197

第 11 章 测序方法及数据处理 ·········· 198
- 11.1 测序技术的发展 ·········· 198
  - 11.1.1 第一代测序方法 ·········· 198
  - 11.1.2 二代测序方法 ·········· 201
  - 11.1.3 测序文库插入片段大小选择 ·········· 205
  - 11.1.4 测序类型 ·········· 205
  - 11.1.5 测序方法的搭配 ·········· 206
  - 11.1.6 测序质量值 ·········· 206
- 11.2 测序数据处理 ·········· 207
- 11.3 测序数据质量分析 ·········· 208
  - 11.3.1 用 FastQC 软件对测序数据进行评估 ·········· 208
  - 11.3.2 NGSQCToolKit 对测序 Reads 的处理 ·········· 213
  - 11.3.3 FASTX_Toolkit 对测序 Reads 的处理 ·········· 216
- 11.4 深度测序数据上传 SRA 数据库 ·········· 218
  - 11.4.1 材料准备 ·········· 220
  - 11.4.2 注册项目信息 ·········· 221
  - 11.4.3 提供技术信息 ·········· 224
  - 11.4.4 上传数据 ·········· 227
  - 11.4.5 数据传输完毕状态 ·········· 230

- 习题 ·········· 231
- 参考文献 ·········· 231

第 12 章 基因组组装 ·········· 232
- 12.1 Velvet 拼装软件 ·········· 233
  - 12.1.1 Velvet 软件安装 ·········· 234
  - 12.1.2 Velvet 参数介绍 ·········· 234
  - 12.1.3 Velvet 命令运行 ·········· 237
  - 12.1.4 Velvet 运行结果解读 ·········· 237
- 12.2 SOAPdenovo 软件拼装 ·········· 238
  - 12.2.1 软件的安装 ·········· 239
  - 12.2.2 参数介绍 ·········· 239
  - 12.2.3 SOAPdenovo 命令运行 ·········· 241
  - 12.2.4 SOAPdenovo 运行结果解读 ·········· 242
- 12.3 ABySS 软件拼装 ·········· 242
  - 12.3.1 ABySS 的安装 ·········· 242
  - 12.3.2 ABySS 主要参数介绍 ·········· 243
  - 12.3.3 ABySS 命令运行 ·········· 245
  - 12.3.4 ABySS 运行命令结果解读 ·········· 245
- 12.4 ALLPATH-LG 软件拼装 ·········· 245
  - 12.4.1 ALLPATH-LG 的安装 ·········· 246
  - 12.4.2 ALLPATH-LG 的主要参数 ·········· 246
  - 12.4.3 ALLPATH-LG 测试数据运行过程解读 ·········· 249
  - 12.4.4 运行结果解读 ·········· 252
- 12.5 Gaps 修补 ·········· 252
  - 12.5.1 GapFiller 软件安装 ·········· 252
  - 12.5.2 相关参数介绍 ·········· 253
  - 12.5.3 程序运行命令 ·········· 254
  - 12.5.4 运行结果解读 ·········· 254
- 12.6 基因组组装效果评估 ·········· 254
- 习题 ·········· 254
- 参考文献 ·········· 255

第 13 章 小 RNA 测序数据分析 ·········· 256
- 13.1 小 RNA 测序简介 ·········· 256
- 13.2 小 RNA 测序数据质控 ·········· 257
- 13.3 miRNA 的识别 ·········· 259
- 习题 ·········· 263

参考文献 263

第14章 RNA-seq 数据分析 264
14.1 转录组序列比对 265
- 14.1.1 数据准备 265
- 14.1.2 比对数据库 265
- 14.1.3 TopHat 软件下载及安装 266
- 14.1.4 Bowtie 软件和 SAMtools 软件下载及安装 266
- 14.1.5 常用 TopHat 参数介绍 266
- 14.1.6 基因组数据库序列索引 267
- 14.1.7 TopHat 使用实例 267
- 14.1.8 输出文件说明 267

14.2 转录本组的组装 268
- 14.2.1 cufflinks 的安装 268
- 14.2.2 cufflinks 的参数 269
- 14.2.3 cufflinks 的输出结果 269

14.3 合并转录组 269
- 14.3.1 用 cuffmerge 合并转录本的命令 270

14.4 基因表达差异分析 270
- 14.4.1 用 cuffquant 计算表达谱 270
- 14.4.2 用 cuffdiff 计算不同样本表达谱的差异 271

14.5 差异表达结果的热图表示 272
习题 273
参考文献 273

第15章 基因预测 275
15.1 GeneMark 软件序列 275
- 15.1.1 GeneMarkS 的安装 275
- 15.1.2 相关参数介绍 276
- 15.1.3 GeneMarkS 命令运行 279
- 15.1.4 GeneMarkS 运行结果解释 280

15.2 Glimmer 软件 280
- 15.2.1 Glimmer 软件安装 280
- 15.2.2 相关命令参数介绍 281
- 15.2.3 程序运行 284
- 15.2.4 结果解读 286

15.3 AUGUSTUS 286
- 15.3.1 AUGUSTUS 软件安装 286
- 15.3.2 相关参数介绍 286
- 15.3.3 训练 AUGUSTUS 287

15.4 PASA 291
- 15.4.1 PASA 软件安装 291
- 15.4.2 相关命令参数介绍 293
- 15.4.3 命令运行 294
- 15.4.4 运行结果解读 296

15.5 EVM(EVidenceModeler) 296
- 15.5.1 EVM 软件下载安装 296
- 15.5.2 相关参数介绍 297
- 15.5.3 EVM 软件的运行 298

习题 300
参考文献 300

第16章 基因注释及功能分析 302
16.1 BLAST 软件介绍 302
- 16.1.1 BLAST 软件安装 302
- 16.1.2 相关命令参数介绍 303

16.2 NR 注释 308
- 16.2.1 NR 数据库制备过程 308
- 16.2.2 NR 注释过程 309

16.3 COG 注释 310
- 16.3.1 COG 数据库准备过程 310
- 16.3.2 COG 命令注释过程 311

16.4 Swiss-Prot 注释 311
- 16.4.1 数据库准备 312
- 16.4.2 Swiss-Prot 注释过程 312
- 16.4.3 InterPro 注释 312

16.5 KEGG 注释 314
16.6 GO 注释 317
习题 320
参考文献 321

附录A 生物信息学文件格式 322

第0章 绪 论

0.1 生物信息学的发展历史

以人类基因组计划实施为界,生物信息学的发展大致经历3个阶段,包括前基因组时代、基因组时代和后基因组时代。前基因组时代,有部分计算生物学家进行算法开发及核酸与蛋白质大分子数据收集及数据库构建。基因组时代,由人类基因组计划的实施开始,先后有6个国家的科学家直接参与人类基因组计划项目开发,同时也有像 Celera 公司为代表的其他科学家进行基因组测序及相应数据分析软件开发。后基因组时代,虽然进行了更广泛的生物物种的序列测定,但是基因组序列研究已经不是重点,更多的生物信息学研究人员转向研究蛋白质组、转录组、代谢组、比较基因组、结构基因组、功能基因组等研究领域。

0.1.1 Bioinformatics 的来源

Bioinformatics(生物信息学)一词最早是荷兰科学家 Paulien Hogeweg 与 Ben Hesper 于1978年使用的,但其实他们更早是在1970年用荷兰文字(Bioinformatica)发表文献,但是该文献关注的人较少。该词当时代表生物过程中的信息流,与现在生物信息学的定义有很大的差别。

华裔科学家林华安(Hwa A. Lim)博士1987年提出 Bioinformatics,并对生物信息学定义进行了探讨,并在20世纪90年代多次主持召开生物信息学相关会议,对生物信息学的推广做出了一定的贡献。

0.1.2 生物信息学的定义

生物信息学还没有统一的定义,不同的生物信息学家对其定义均有所差异,1995年人类基因组计划第一个五年报告中给出了一个定义,在李霞教授主编的《生物信息学》一书中采用了该定义:"生物信息学是一门交叉学科,它包含了生物信息的获取、加工、储存、分配、分析、解释在内的所有方面,它综合运用数学、计算机科学和生物学的各种工具来阐明和理解大量数据所包含的生物学意义。"

生物信息学包括广义生物信息学和狭义生物信息学,广义生物信息学是研究整个生命过程的相关信息;狭义生物信息学是研究生物大分子(主要是核酸和蛋白质)所包含的生物信息,有时候也称为分子生物信息学。目前的生物信息学研究主要集中在狭义生物信息学方面,因此本书的内容也主要集中在狭义生物信息学。

0.1.3 人类基因组计划

人类基因组计划(Human Genome Project,HGP)是由美国科学家发起,由美国 NIH 及能源部支持,先后有英国、法国、德国、日本和中国共6国科学家参与的大型国际合作项目,1990年10月启动,总投资30亿美元,计划用15年时间完成人类基因组30亿个碱基对的测序。人类基因组计划(1990—2003年)与阿波罗登月计划(1961—1969年)、曼哈顿原子弹计划(1942—1946年)并称为20世纪人类自然科学史上三大科学计划。人类基因组计划在生物信息学学科发展过程中的作用再怎么强调都不为过。国际人类基因组计划由美国1988年成立的国家人类基因组研究中心(现国家人类基因组研究所)的第一任主任Watson Jamas领导，后Watson于1992年辞职，改由Francis Collins任国家人类基因组研究所所长，并继续领导国际人类基因组计划。

国际人类基因组计划团队采用逐步克隆(clone by clone)的方法，并使用第一代测序仪进行测序。人类基因组包含22条常染色体和x、y两条性染色体，6国科学家分别承担其中一部分染色体测序任务，以杨焕明为首的我国科学家承担第三号染色体短臂上约30Mb区域的测序任务，占人类基因组测序任务的1%。1998年以Craig Venter为首成立了Celera公司，号称要用3亿美金，以300台最新毛细管自动测序仪(ABI 3700)及全球第三的超大型计算机在3年内完成人类基因组的测序，Venter采用的测序策略是全基因组鸟枪法(whole genome shotgun)。随着Celera公司人类基因组计划的启动，形成了与国际协作组的竞争，迫使国际协作组加快了测序步伐，最终于2000年6月26日由美国总统克林顿宣布人类基因组草图的完成，当时Collins和Venter并肩站在克林顿后面。国际协作组及Venter的人类基因组测序结果文章分别在2001年的 *Nature* 及 *Science* 杂志上发表。2003年4月宣布人类基因组序列图绘制成功，人类基因组计划的所有目标全部实现，人类基因组计划完满结束，主要完成了人类基因组的4张图：遗传图谱、物理图谱、序列图谱、基因图谱；基因组测序覆盖度达到99%，测序准确度达到99.99%。2004年10月公布人类基因组完成图，后续科学家不断对人类基因组图谱进行补充完善，目前UCSC数据库人类基因组图谱已更新至第38版(GRch 38/hg38，于2013年12月释放)。

0.1.4 生物信息学发展重要人物及大事件

1. 生物信息概念的建立

1956年在美国田纳西州盖特林堡首次召开生物学中的信息理论研讨会，产生了生物信息的概念。

1970年，Hogeweg使用了bioinformatics一词。

1987年，Hwa A. Lim再次提出bioinformatics一词，并陆续召开了一系列生物信息相关会议。

2. 算法的建立及发展

1962年，Zucherkandl(Emile Zucherkandl)和Pauling(Linus Pauling)开创了分子进化这个全新的研究领域，主要通过序列分析研究序列变化与进化之间的关系，后来被称为分子钟(molecular clock)。

1966年Dayhoff(Margaret Belle (Oakley) Dayhoff)运用计算机及maximum parsimony方法重建蛋白进化树。

1970年Needleman(Saul B. Needleman)和Wunsch(Christian D. Wunsch)一起开发了序列比对算法(Needleman-Wunsch序列比对算法)，是首个动态规划算法，用于序列间的全局比对，为序列间的比较及数据库的搜索提供了可能，可以说是生物信息学发展史上的里程碑事件。

1978 年，Dayhoff 建立蛋白质序列比较的 PAM(Point Accepted Mutation)替换矩阵，大大提高了序列比较算法的性能。

1981 年，Smith(Temple F. Smith)和 Waterman(Michael S. Waterman)提出了著名了局部对位排列算法(Smith-Waterman 算法)，提高了序列比对的精确度。

1988 年，Pearson(William R. Pearson)和 Lipman(David J. Lipman)发表了著名的 FASTA 序列运算法则，其产生的 fasta 序列格式目前被广泛使用。

1990 年，BLAST 算法及软件发表，目前仍然被广泛使用，并在其基础上有新的改进软件出现。

1992 年，BLOSUM 打分矩阵发布，是目前进行蛋白质序列比较的应用最广泛的打分方法。

3．大型数据库的建立

1965 年，Dayhoff 收集蛋白质序列及机构，并以图书形式陆续出版，1984 年由该数据建立了 PIR 数据库。

1982 年，欧洲分子生物学实验室 EMBL 诞生，提供核算序列数据库服务。

1982 年，美国国立卫生研究院下属的国立生物技术信息中心建立了 GeneBank 数据库。

1986 年，日本核酸序列数据库 DDBJ 诞生。

1988 年，三大数据库达成协议：采用共同的数据库记录格式收集直接提交的数据，并定期进行数据交换。

1986 年，创建专家注释非冗余蛋白质数据库 Swiss-Prot，1996 年创建蛋白翻译 TrEMBL 数据库，2002 年两个数据库整合为 UniProtKB 数据库。

1999 年，启动 Ensemble 计划，目标在于开发工具及软件进行基因组的自动注释，并将相关注释结果在网页呈现并进行共享。

2000 年，创建了 UCSC Genome Browse 基因组浏览器，进行基因组注释信息的可视化操作。

2003 年，创建 miRBase 数据库，用于存储非编码 miRNA 数据。

2003 年，启动 ENCODE(Encyclopedia of DNA Elements)项目，目标是解析人类基因组的功能区域，2011 年进行了第一次数据的大型释放，目前该项目仍在继续。

4．物种测序

1990 年，人类基因组计划启动，2000 年完成人类基因组草图，2003 年完成精细图。

1995 年，第一个细菌全基因组测序完成(流感嗜血杆菌，Haemophilus influenza Rd)，这是人类拥有的第一个能自由活动生物的全基因组序列，使用全基因组鸟枪法，基因组大小为 1.8Mb。

1996 年，第一个真核生物基因组测序完成(面包酵母，saccharomyces cerevisiae)，基因组大小为 12.1Mb，16 条染色体。

1997 年，第一个模式生物完成测序(大肠杆菌，escherichia coli)，基因组大小为 5.1Mb。

1998 年，第一个多细胞生物测序完成(秀丽线虫，caenorhabditis elegans)，基因组大小为 99.2Mb，6 条染色体。

2000 年，第一个植物基因组测序完成(拟南芥，arabidopsis thaliana)，基因组大小为 125Mb，10 条染色体。果蝇(drosophila melanogaster)的基因组测序完成，基因组大小 148.5Mb。

2002 年，水稻(oryza sativa)和小鼠(mus musculus)基因组草图完成。

2002年，国际人类基因组单体型图计划(The International HapMap Project)启动，来自美国、日本、英国、加拿大、中国、尼日利亚的科学家协作，旨在确定和编目人类遗传的相似性和差异性，该计划于2005年完成。

2006年，癌症基因组图集(The Cancer Genome Atlas，TCGA)计划启动，计划测定10 000个肿瘤基因组，于2014年宣告结束。

2006年，深圳华大启动炎黄计划，计划测定100个黄种人基因组，旨在为黄种人疾病防治提供参考，2007年炎黄一号发布，其他项目仍在进行。

2009年，万种脊椎动物基因组计划(the Genome 10K project，G10K)启动，计划测定1万种脊椎动物基因组序列，目前未完成。

2010年，深圳华大启动千种动植物基因组计划，目前尚未完成。

5. 测序技术发展

1970年，吴瑞（Ray，Wu）开发了第一种DNA测序方法。

1977年，Sanger(Frederick Sanger)开发双脱氧测序技术，也称为Sanger测序法。

1986年，第一台商业化测序仪推出（370A，ABI），也称为第一代测序仪，1998年推出了3700测序仪，目前已经发展至3730xl全自动四色荧光聚焦测序仪，基于双脱氧测序技术，是目前测序通量最高的第一代测序仪。

2005年，454公司推出基于焦磷酸测序的454测序仪，是第一台二代测序仪。

2006年，Illumina推出基于Solexa技术的二代测序仪。

2007年，ABI推出基于连接法测序的Solid二代测序仪。

2010年，Life公司推出基于PCR反应释放H^+导致PH变化进行检测的Ion Torrent二代测序仪。

2010年，PacBio公司推出第三代纳米孔单分子测序仪。

0.2 生物信息学的研究内容

0.2.1 生物分子数据的收集与管理

生物分子的类型：目前生物信息学研究的生物分子主要集中在核酸和蛋白质，因此生物分子的类型包括：蛋白质、DNA（包括基因组DNA、线粒体DNA、叶绿体DNA）、RNA（包括mRNA、tRNA、rRNA、miRNA、lncRNA等不同类型的RNA）。

生物分子数据类型：包括序列信息、结构信息、表达信息、定位信息、相互作用信息等。对于DNA分子来说，主要研究其序列信息、结构信息、片段注释等信息。对于RNA来说，主要研究其表达信息、结构信息、定位信息等。对于蛋白质来说，主要研究其结构信息、定位信息、相互作用信息等。

分子数据收集方法：序列信息的收集包括一代测序、二代测序、蛋白质序列测定等方法。结构信息的收集包括X-ray、核磁共振（NMR）、高效液相色谱技术（HPLC）等方法。表达信息的收集包括二代测序、定量PCR、芯片杂交、Northern Blot、Western Blot等。定位信息的收集主要包括原位杂交、融合蛋白标记、荧光共振能量转移（FRET）等方法。相互作用信息收集主要包括酵母杂交技术、凝胶阻滞实验（EMSA）等。

数据管理：包括所收集的生物信息等数据提交给已有的数据库，或者构建本地数据库等。

0.2.2 数据库搜索及序列比较

数据库的分类：按照数据来源分为一级数据库，主要收集实验获得的原始数据；二级数据库，在一级数据库的基础上加工而成的数据库，目前的数据库大多都同时收录原始数据及在原始数据基础上的注释信息，因此均兼具一级、二级数据库的特征。按照收录的数据类型分为核酸数据库，如 GenBank、ENA、DDBJ 等；蛋白质序列数据库，如 Uniprot；蛋白质结构数据库，如 PDB 等。还有一些专有数据库，如线虫基因组数据库 AceDB、拟南芥数据库 tair；非编码 RNA 数据库，如 ncRNAdb、miRBase；蛋白质序列二级结构数据库，如 Prosite。数据库的类型很多，我们应该了解大型数据库及其所收录的数据类型，以便于有针对性地查找相关数据库，比如要找基因的序列，可在三大核酸数据库进行搜索；要找 miRNA 相关信息，最好在 miRBase 数据库搜索等。

数据库搜索方法：一般数据库搜索的设计比较人性化，易于掌握，而且各数据库网站会提供较详尽的帮助文件介绍数据库的搜索方法以供自学。当然，本书也会展示重要数据库的搜索方法，供读者举一反三。

序列比较：序列比较在生物信息分析过程中应用广泛，通过比较寻找序列的插入缺失等异同；寻找同源蛋白并推测未知基因的功能；通过序列比较可进行进化分析、寻找特定结构域等多方面的应用。序列比较可以使用数据库在线比较，比如三大核酸数据库 GenBank、ENA、DDBJ 均提供序列的 blast 搜索比较方法；也可以使用软件本地比较，比如 Cluster 软件、DNAstar 软件等。

0.2.3 基因组序列分析

随着二代测序技术的发展成熟，目前进行基因组的测序费用已经大大降低，一般的实验室都能承受，测序完毕之后的基因组序列分析包括如下内容。

基因组序组装：通过不同软件将测序所得的短 Reads 组装成 Contigs 或者 Scaffolds；对 Gaps 进行生物信息学修补。

基因预测：包括基因(gene)、启动子(promoter)、多聚 A 位点(polyA)、mRNA、tRNA、rRNA、snoRNA、miRNA、重复序列等序列模块的预测。

基因注释：对基因进行 NR、Swissprot、KEGG、InterProScan、COG 注释，预测这些基因潜在的功能。对 tRNA、rRNA、miRNA 等非编码 RNA，需通过比对，找出已知的非编码 RNA 及可能新的非编码 RNA。对于重复序列，要能区分这些重复序列的类型，比如 Alu 序列、微卫星序列等。对于 miRNA，还要预测其调控的潜在的靶基因。

功能基因分析：对感兴趣的基因进行基因家族分析，分析基因共有或特有结构域，对不同物种的相似基因做进化分析等。

比较基因分析：比较基因组里的插入、缺失(InDel)、转位、移位、SNP 位点、基因数量的变化、共有基因、特有基因分析等。

0.2.4 基因表达数据的分析与处理

基因表达数据分析，依据数据测定的方法不同，分析方法也会有很大的差别。

Northern Blot：抽提 RNA 后电泳、杂交、显影/拍照，通过软件对条带取灰度值进行分析来获得基因表达差异数据，该方法灵敏度低，可能要对放射性同位素进行操作等，其应用受到一定的限制。

定量 PCR 数据：抽提 RNA 定量 PCR 操作完成后，先通过定量扩增曲线确定各样本的 Ct 值，然后通过经典的 2^{-ddct} 方法进行基因差异表达计算，该方法灵敏度高，操作相对容易，是使用最多的基因定量检测方法之一。

芯片数据：抽提 RNA 后，通过标记、芯片杂交、扫描、取灰度值获得原始芯片数据，对原始数据进行质控分析及归一化处理，再使用 ArrayTools、R 软件等对芯片数据进行基因差异表达分析。芯片可同时检测成千上万的基因，因此该方法对于转录组研究使用较多，尤其适合基因组信息比较明确、并有商业化芯片的物种，如人、小鼠、拟南芥等模式生物。

二代测序数据：抽提 RNA 后建库并进行二代测序（RNA-seq），将所获得的原始 Reads 信息转换为各基因的 RPKM 值（此过程相当于对数据的归一化处理），再运用 R 软件、cufflinks 等软件对基因进行差异表达分析。该方法既可研究已知基因，亦可研究未知基因，因此对于基因组信息有限的物种的转录组研究，应用非常广泛。

0.2.5 蛋白质结构预测

蛋白质结构可通过实验方法直接测定，如利用 X 光（X-ray）晶体学、核磁共振（NMR）、荧光光谱、紫外光光谱等方法直接测定。

X 光晶体学：X 光射入晶体后会发生衍射，衍射线的分布和强度与晶体结构密切相关，类似晶体指纹，因此该方法是目前使用最多的蛋白晶体结构研究方法。实验过程需先对蛋白质过表达并创造条件使其形成结晶，再通过 x 光衍射测定衍射数据、对衍射数据进行分析并构建结构模型。该方法测定结果比较准确，但是获得良好的蛋白结晶相对困难。

核磁共振：其原理是原子核在强磁场作用下，吸收外来电磁辐射产生核能级的跃迁，从而产生核磁共振（NMR）现象。物质的分子结构与所处的化学环境对 NMR 信号有影响，因此在化学环境一定时，即可研究物质的分子结构，尤其适合进行有机化合物结构研究。实验过程将蛋白质溶于一定的介质中，并置于强磁场条件下获得 NMR 图谱，将所得图谱与对照图谱进行比较分析，即可推断蛋白质的结构。该方法在溶液状态下对蛋白质结构进行测定，所测定的结构更符合生理状态真实结构，其应用越来越受到重视。

蛋白质结构预测的简单分类大概有两类方法。第一是通过与现有已知结构的蛋白质进行序列比较，通过序列的相似性来推断待测序列的结构，常用软件如 interProScan、SWISS-MODEL 等。第二是重新预测，即将已知的蛋白质结构分拆来构建模型构件数据库，然后通过对待测蛋白质序列进行构件分析，并最终预测其可能的结构。对蛋白质的预测涉及不同的算法，有兴趣的读者可自行查阅相关资料，如果对算法不了解也没有关系，因为很多算法已经开发出完整的软件工具，还有部分提供网页版的，大多数人仅需要知道如何使用这些工具即可，对于其具体的运算过程可以不必考虑。

0.2.6 非编码 RNA 研究

非编码 RNA 种类包括最早发现的 tRNA、rRNA；当前研究热点的非编码小 RNA（包括 miRNA、piRNA、snoRNA）；长非编码 RNA（lncRNA）等。

tRNA 与 rRNA 是最早发现的非编码 RNA，其功能研究得比较清楚，对于新测序物种，将各 tRNA 及 rRNA 预测出来即可较容易地推测其功能。目前在脊椎动物中发现 22 种 tRNA。真核生物的 rRNA 包括 28S、18S、5.8S、5S 四种；原核生物的 rRNA 包括 23S、16S、5S 三种。

miRNA 是目前研究较热门的非编码小 RNA，长度在 24bp 左右，对于 miRNA 测序（miRNA-seq）来说，需要分析已知的 miRNA、预测未知的新 miRNA、研究不同样本间 miRNA 的差异表达、预测各 miRNA 的靶基因、对靶基因进行聚类分析等。对于 miRNA 的分析有权威的序列信息数据库 miRBase，有成熟的 miRNA 发卡结构分析软件 mfold，有成熟的靶基因预测工具 TargetScan、picTar、psRNATarget 等供使用。模式生物的 miRNA 研究较多，在 miRBase21.0 版本中，人类的 miRNA 有 2588 个，小鼠有 1915 个，大鼠有 765 个，拟南芥有 427 个，水稻有 713 个，其他很多非模式生物发现的 miRNA 远远低于这些数字，因此对于不同物种的 miRNA 研究有大量工作有待完成。

lncRNA 是指长度大于 200nt 的长链非编码 RNA，其种类、数量、功能都不明确，确切知道功能的 lncRNA 屈指可数。对于 lncRNA 测序结果来说，要分析 lncRNA 的种类、预测新的 lncRNA、研究其作用靶基因及作用方式等。

0.2.7 表观遗传学研究

表观遗传学（epigenetics）是研究在基因的核苷酸序列组成不改变的条件下，其基因表达的可遗传变化。常见的表观遗传现象如 DNA 甲基化（DNA methylation）、组蛋白修饰、基因组印记（genomic imprinting）、母体效应（maternal effects）、基因沉默（gene silencing）、RNA 剪辑（RNA editing）等。

在表观遗传方面的生物信息分析中，经常用到的有 CpG 岛分析及 DNA 甲基化位点预测；miRNA 参与调控 DNA 甲基化、这些 miRNA 的寻找及其靶基因预测；siRNA 设计；RNA 可变剪辑分析；亲代与子代的基因组、转录组比较研究等内容。

0.3 生物信息学的生物学基础知识

生物信息学是一门专业性很强的课程，需要先掌握遗传学、分子生物学、生物化学、细胞生物学等学科的相关内容，才能较好地理解并使用它。现将生物信息学所涉及的生物学相关核心知识总结如下。

0.3.1 遗传定律

遗传学有三大定律：分离定律、自由组合定律、链锁和交换定律，前两大定律由奥地利科学家孟德尔（Gregor Johann Mendel）利用豌豆实验于 1865 年总结发现；第三定律由美国科学家摩尔根（Thomas Hunt Morgan）于 1911 年在研究果蝇遗传规律时发现。

分离定律（law of segregation）：在生物体细胞中，位于同源染色体上的一对等位基因在减数分裂过程中发生分离，随机进入不同的配子中并遗传给后代的现象，也称为孟德尔分离定律。

自由组合定律（law of independent assortment）：位于不同染色体上的两对或多对等位基因在减数分裂时，等位基因发生分离并符合分离定律，不同的等位基因进行自由组合进入配子，并遗传给后代，这种现象叫孟德尔自由组合定律。

连锁遗传交换定律（law of linkage and crossing-over）：体细胞减数分裂过程中，位于同一染色体上的不同基因进入同一配子的现象称为连锁律；而位于同一染色体上的不同基因会发生一定频率的交换，导致其分别进入不同的配子的现象，称为交换律；两者结合在一起说明位于同一染色体上的不同基因发生连锁或交换的遗传规律。

了解遗传定律对理解基因功能有很大帮助；基因间的交换律导致了基因组的插入、缺失等重排现象；等位基因的杂合导致测序拼接时产生分叉等。

0.3.2 DNA 分子结构

科学家较早就发现 DNA 是链状的，并且由脱氧腺苷酸(A)、脱氧胸腺嘧啶(T)、脱氧鸟苷酸(G)、脱氧胞嘧啶(C)组成，然而其结构一直未知。1950 年富兰克林（Rosalind Franklin）拍到了一张精美的 DNA 的 X 射线衍射图，直到 1951 年由威尔金斯(Maurice Hugh Frederick Wilkins)将其展示出来；1952 年查盖夫(Erwin Chargaff)发现 DNA 分子中 A 与 T 的数量相等，G 与 C 的数量相等，即查盖夫规则(Chargaff's rules)；1952 年格里菲斯(John Griffith)通过理论计算，认为 A 吸引 T，G 吸引 C，A 与 T 配对的键宽等于 C 与 G 配对的键宽；鲍林（Linus Carl Pauling）根据量子力学原理提出了化学键理论，并认为肽链折叠通过氢键形成 a 螺旋；1953 年沃森(James Watson)与克里克(Francis Crick)综合运用以上信息并结合自己的智慧搭建了 DNA 的双螺旋模型结构。

DNA 的分子结构有助于理解遗传信息的传递规律，理解常用序列按照 5'端至 3'端单链显示原因，以及序列的反向序列、互补序列、反向互补序列间的转换等生物信息分析原理。

0.3.3 基因结构

原核生物基因结构：一个完整的原核基因结构是从 5'端的启动子区域开始至 3'端的终止区结束，依次包括启动区、5'UTR、编码区、3'UTR、终止区。

- 启动区：是转录因子识别并结合启动基因转录的区域，包含-10、-30 区等特殊结构域区域。
- 5'UTR：5'端非翻译区，这部分序列会转录为 RNA 但是不会被翻译成蛋白质。
- 编码区：翻译为蛋白质，从起始密码子开始至终止密码子结束的区域。原核生物的编码区不包含内含子。
- 3'UTR：3'端非翻译区，这部分序列会转录为 RNA，但是不会翻译为蛋白质。
- 终止区：阻碍 RNA 聚合酶移动，并使其从 DNA 模板链上掉下来。

真核生物基因结构：完整的真核生物基因包括增强子、启动区、5'UTR、外显子、内含子、3'UTR、终止区。

- 增强子：增加基因转录频率的 DNA 序列，其位置可在 5'端、3'端或者基因的内含子中。可分为组织细胞特异性增强子及诱导性增强子，组织细胞特异性增强子只在特定细胞的特定蛋白参与下才能发挥作用；诱导性增强子需经过特定条件的诱导才增加基因的表达。
- 启动区：控制基因表达的起始时间及表达程度。真核生物的启动子在-25～-30bp 处有一段特定序列，也称为 TATA 框；在-70～-78bp 处还有一段共同序列，称为 CAAT 框；在-110bp 处还有一个 Gc 框。

- 5'UTR：5'端非翻译区。
- 外显子：真核生物的基因转录为 RNA 后会进行进一步加工，去掉内含子，并将外显子连接起来。外显子就是编码蛋白区域。
- 内含子：基因内部非编码蛋白区域，与外显子间隔存在，内含子的区段不是固定的，在拥有可变剪辑的基因中，内含子和外显子的位置可能会有变化。
- 3'UTR：3'端非翻译区，该区可能参与调控基因的表达，如动物的 miRNA 通过结合 3'UTR 区来调控基因的表达。
- 终止区：阻碍 RNA 聚合酶移动，并使其与 DNA 模板链解离。

基因预测是基因组测序完成后很重要的一项任务，基因各部分的结构预测越完整，预测的基因可信度越高；不同软件所预测的基因位置重叠度越高，基因的可信度越高。

0.3.4 中心法则

传统的中心法则指遗传信息从 DNA 到蛋白质的传递过程，DNA 可自我复制，DNA 转录为 RNA；RNA 可逆转录为 DNA，RNA 可自我复制，也可翻译为蛋白质；蛋白质参与调控 DNA 的复制、RNA 的转录及蛋白质翻译。中心法则的扩充包括 DNA 的甲基化修饰，RNA 出现小调控 RNA 分子，蛋白质可指导蛋白质的折叠等。

中心法则是目前测定的基因组序列、RNA 序列进行基因结构预测，以及蛋白质结构和功能预测的最重要的基础。

0.3.5 密码子表

从 DNA 或 RNA 序列推测蛋白质序列时，需要用到密码子表，3 个碱基构成一个密码子决定 1 个氨基酸；3 个碱基，每个碱基有 A、T/U、G、C 4 种可能，因此理论上有 64 种可能的密码子；常见的氨基酸有 20 种，因此密码子存在兼并性。另外，不同的物种或者亚细胞器，密码子及其编码的氨基酸稍有差异，目前 NCBI 网站总结了 25 种密码子表，各生物用得最多的还是标准密码子表。

这些密码子表在生物信息分析的蛋白翻译过程中发挥了重要作用。

0.3.6 蛋白质结构与功能

蛋白质有四级结构，一级结构是其氨基酸序列及组成；二级结构是指蛋白质折叠形成的二级结构，包括 α 螺旋、β 折叠等；三级结构是指蛋白质在二级结构基础上进一步折叠形成的三维立体结构；四级结构是指有多亚基的蛋白质折叠形成的最终结构。

蛋白质的一级结构可通过密码子表预测出来，其二、三、四级结构需要通过软件进行进一步预测。

0.3.7 PCR 技术

PCR 技术即聚合酶链式反应是分子生物学使用最广泛的技术之一，在引物、模板、DNA 聚合酶等试剂存在的条件下，通过循环进行变性、退火、延伸等步骤实现 DNA 的迅速扩增。

PCR 技术可以用来进行基因的扩增、基因组 gap 的修补、基因的定量等。

参考文献

[1] A. Stephen; G. Warren; M. Webb et al. "Basic local alignment search tool". Journal of Molecular Biology 1990, Vol.215, pp. 403-410.

[2] Hesper and P. Hogeweg. "Bioinformatica: een werkconcept". Kameleon, 1970, Vol.1, pp. 28-29.

[3] D.J. Lipman and W.R. Pearson. "Rapid and sensitive protein similarity searches:. Science, 1985, Vol.227, pp.1435-1441.

[4] E. Zuckerkandl and L.B. Pauling. Molecular disease, evolution, and genetic heterogeneity. In: Kasha M, Pullman B（eds）Horizons in biochemistry. Academic Press, New York, 1962, pp 189-225.

[5] E. Zuckerkandl and L.B. Pauling. () Molecules as documents of evolutionary history. J Theor Biol,1965, Vol.8, pp.357-366.

[6] H.A. Lim and T.R. Butt. Bioinformatics takes charge, Trends in Biotechnology, 1998, Vol.16, pp.104.

[7] Hogeweg P. The roots of bioinformatics in theoretical biology. PLoS Comput Biol, 2011, Vol.7, e1002021.

[8] L. Wei and J. Yu. Bioinformatics in china: a personal perspective, PLoS computational biology, 2008, Vol.4, e1000020.

[9] N.M. Luscombe, D. Greenbaum and M. Gerstein. What is bioinformatics? A proposed definition and overview of the field. Methods Inf Med, 2001, Vol.40, pp. 346-358.

[10] P. Hogeweg and B. Hesper. Interactive instruction on population interactions. Computers in biology and medicine, 1978, Vol. 8 pp. 319-327.

[11] R.D. Fleischmann, M.D. Adams, O. White, et al. Whole-genome random sequencing and assembly of Haemophilus influenzae Rd. Science, 1995, Vol.269, pp. 496-512.

[12] A. Goffeau, B.G. Barrell, H. Bussey,et al. "Life with 6000 genes".Science 1996, Vol.274, pp. 563-567.

[13] S. Griffiths-Jones, R.J. Grocock, S. van Dongen, et al. miRBase: microRNA sequences, targets and gene nomenclature. NAR, 2006, Vol.34, pp.D140-D144.

[14] S. Griffiths-Jones. The microRNA Registry. NAR, 2004 Vol.32, pp.D109-D111.

[15] S. Henikoff and J.G. Henikoff. "Amino Acid Substitution Matrices from Protein Blocks". PNAS 1992, Vol.89, pp.10915-10919.

[16] T.F. Smith and M.S. Waterman. Identification of common molecular subsequences. J Mol Biol, 1981 Vol.147, pp.195-197.

[17] T.H. Morgan. CHROMOSOMES AND ASSOCIATIVE INHERITANCE. Science, 1911, Vol.34, pp.636-638.

[18] T.H. Morgan. RANDOM SEGREGATION VERSUS COUPLING IN MENDELIAN INHERITANCE. Science, 1911, Vol.34, pp.384.

[19] W.R. Pearson and D.J. Lipman. "Improved tools for biological sequence comparison". Proc Natl Acad Sci USA, 1988, Vol.85, pp.2444-2448.

[20] Ensemble 主页：http://www.ensembl.org/index.html.

[21] UCSC 主页：http://genome.ucsc.edu/.

[22] 林华安博士介绍：http://www.dtrends.com/HAL.html.

[23] Dayhoff 介绍主页：https://en.wikipedia.org/wiki/Margaret_Oakley_Dayhoff.

[24] 人类基因组计划官网：http://web.ornl.gov/sci/techresources/Human_Genome/project/timeline.shtml.

Windows 篇

第 1 章　文献信息检索

第 2 章　生物信息数据资源

第 3 章　序列比对

第 4 章　核酸序列分析

第 5 章　蛋白质序列分析

第 6 章　基因表达分析

第 7 章　进化分析

第 8 章　非编码 miRNA 分析

第 1 章　文献信息检索

文献搜索、信息收集是进行研究课题设计前的必要环节，只有了解其他研究人员已经做过的研究内容及取得的研究成果，才有可能针对性地提出新科学问题，并进行实验方案的设计，最终通过科学实验来进行验证，获得新的研究成果，推动科学的不断发展，避免闭门造车，或者重复他人已经做过的研究。

1.1　文献资源的分类

走进一座图书馆，面对庞大的书籍库存，如何快速找到所需的书籍资料呢？答案必定是进行图书检索。而可检索的前提是图书经过分类整理。对于所有的文献资源，分类是其管理与应用的前提。

中国知网（www.cnki.net）收录了不同辞典记录的"文献"一词的定义，归纳起来可定义为：文献是有历史价值或参考价值的图书资料或者记录知识的一切载体。文献的记录形式有语言、文字、图像、音频、视频等，文献载体可分为纸版、缩微版、声像版、电子版 4 类。通常科研所说的文献资源主要指图书、期刊等有一定科研价值信息的纸版或电子版的文献。

1.1.1　根据出版形式进行分类

文献资源可以根据出版形式的不同分为图书、期刊、会议资料、研究报告、专利说明书、学位论文、政府出版物、标准、新闻报纸等，目前这些不同形式的出版物会同时有纸版和电子版两种不同的保存形式，其内容与时效性也各不相同（见表 1-1）。

表 1-1　文献出版物类型及其特点

类型	特点
图书	对现有知识的总结，思想内容较成熟，知识成体系，更新较慢，适合进行系统学习、全面了解某方面的知识
期刊	定期出版，如周刊、月刊、季刊等，篇幅有限，所录文献多揭示少数几个知识点，知识较新，是科研参考最多的文献类型
会议资料	因学术会议召开所形成的资料，其中尤以会议报告、论文集最有价值
研究报告	通过调研或者实验等过程收集数据并分析形成结论报告出来，结果具有参考价值
专利说明书	可授予专利权的发明及实用新型专利，强调新颖性、创造性、实用性，以保护新的发现并促使其转化为生产力。一般新的研究成果在公开发表之前可申请专利，公开发表后的新成果即使作者本人也无法申请专利（专利法列出的例外情况除外）
学位论文	分学士论文、硕士论文、博士论文 3 级，是学生对所做研究结果的系统总结，有较详细的研究方法、所用仪器、试剂耗材及操作步骤等可供借鉴，尤其适合科研新人参考，并且基本级别越高，参考价值越大
政府出版物	官方出版物，权威性较大，可信度较高
标准	为了统一规范而引入，各行各业的生产实践活动必须遵守相应标准
新闻报纸	报道最近发生的事，时效性最强，但科学性、严谨性方面会比期刊论文等稍差

1.1.2 综合分类法

根据文献信息的内容、形式、体裁、读者用途等不同，不同国家有不同的分类方法，目前国际上比较著名的是杜威十进分类法(Dewey Decimal Classification，DC/DDC)，国内影响较大的是中国图书馆图书分类法和中国科学院图书分类法。中国图书馆图书分类法(简称中图法)，由中国图书馆、中国科学技术情报所等 36 个单位于 1971 年共同编制完成，并于 1975 年正式出版，目前已修订至第五版，于 2010 年出版。中图法将图书分为 5 大部类、22 类，其中 22 类以英文字母表示，各类下面用阿拉伯数字进行进一步分类。我们走进图书馆会发现，阅览室、书库排布基本是按照 5 大部类进行分类的，如"哲社书库"、"自然科学书库"等；而在书架旁边随意取一本书，其编号基本都是按照 22 类进行分类编号的。中图法的 5 大部类及 22 类关系如表 1-2 所示。

表 1-2 中图法分类主要类目名称及关系表

5 大部类	22 类字母符号	22 类对应类目名称
马列主义、毛泽东思想	A	马克思主义、列宁主义、毛泽东思想、邓小平理论
哲学	B	哲学、宗教
社会科学	C	社会科学总论
	D	政治、法律
	E	军事
	F	经济
	G	文化、科学、教育、体育
	H	语言、文字
	I	文学
	J	艺术
	K	历史、地理
自然科学	N	自然科学总论
	O	数理科学和化学
	P	天文学、地球科学
	Q	生物科学
	R	医药、卫生
	S	农业科学
	T	工业技术
	U	交通运输
	V	航空、航天
	X	环境科学、安全科学
综合性图书	Z	综合性图书

示例 1-1 中图分类号的使用及其意义

吴祖建等编著的《生物信息学分析实践》，科学出版社 2010 年出版，ISBN 号(International

Standard Book Number，国际标准书号)为 978-7-03-027831-9，其中图分类号是 Q811.4，其所涉及的中图分类单位如表 1-3 所示。

表 1-3 中图分类号及其意义示例说明

5 大部类	字母编号	对应名称
自然科学	Q	生物科学
	Q81	生物工程学(生物技术)
	Q811	仿生学
	Q811.4	生物信息论

ISBN 号由 13 位数字组成(2007 年前是 10 位数字)，分 5 段，由短线隔开，示例 1-1 的 ISBN 号意义是：978 代表图书，7 代表汉语，03 是科学出版社编号，027831 是科学出版社对该书的编号，9 是该书的校验码。

1.1.3 标识码及编号

除了文献的中图分类号，为了提高文献检索结果的适用性，中国学术期刊(光盘版)编辑委员会制定了《中国学术期刊(光盘版)检索与评价数据规范》，并得到广泛的认可，该规范要求对文献标识一个文献标志码，并设置了以下 5 种标志码：

- A——理论与应用研究学术论文(包括综述报告)
- B——实用性技术成果报告(科技)、理论学习与社会实践总结(社科)
- C——业务指导与技术管理性文章(包括领导讲话、特约评论等)
- D——一般动态性信息(通讯、报道、会议活动、专访等)
- E——文件、资料(包括历史资料、统计资料、机构、人物、书刊、知识介绍等)

不属于上述各类的文章及文摘、零讯、补白、广告、启事等不加文献标识码。

文章编号是为了给文章在全世界范围内取的唯一标识号码，其结构为：

$$XXXX-XXXX(YYYY)NN-PPPP-CC$$

其中各字段的意义如表 1-4 所示。

表 1-4 文章编号各字段意义表

字段	意义	位数
XXXX－XXXX	为文章所在期刊的国际标准刊号(ISSN，参见 GB9999)	8 位
(YYYY)	为文章所在期刊的出版年份，并置于小括号内	4 位
NN	为文章所在期刊的期次(不显示卷数)	2 位，不足补 0
PPPP	为文章首页所在期刊页码	4 位，不足补 0
CC	为文章页数	2 位，不足补 0

大多数外文文献都有 DOI 号(Digital Object Identifier，数字对象标识符)，其具体编号规则参见 http://www.doi.org/doi_handbook/2_Numbering.html。文献的 DOI 号可以在 http://dx.doi.org/或者 http://doi.org 网站进行注册、解析、管理等，并可直接链接至该文献的存放地址；如果文献的存放地址有变动，DOI 号码不变，其链接地址会改为文献的新地址。DOI 编号系统已经被 Elsevier、Blackwell、Springer、John Wiley 等国外大型出版社采用，国内的中

国科技信息研究所和万方数据公司联合申请成立了首个 DOI 注册机构，进行中文文献的注册、解析、管理等服务，其网址为 http://www.chinadoi.cn。中文文献的 DOI 注册申请工作正在逐步发展过程中，并可能逐步取代我国给文章所做的"文章编号"。

1.2 文献的格式

专业期刊文献是进行科学研究参考最多的文献类型，各期刊均对其收录的论文格式有统一的规定，从而便于我们迅速在文献中查找相关内容。完整的期刊文献格式规范请参见《中国学术期刊(光盘版)检索与评价数据规范》，这里重点介绍期刊文献如下几部分的内容及其作用。

标题：是全文最核心的部分，介绍了全文最主要的内容或者观点，是画龙点睛之处，一般作者都会仔细斟酌取一个既有吸引力又对全文有概括性或代表性的好标题。

作者：对文章撰写或者实验有实质帮助的人，按照对文章内容贡献的大小进行前后排名，第一作者是对文章贡献最大的人，是主要的实验操作者或者主要论文撰写者；通讯作者指导实验的安排及文章写作，对文章内容的科学性、真实性负责，一般是实验室负责人或 PI(principal investigator)，也可以联系他获得全文或者文中所使用的材料或者索取有关文章内容进一步的信息。通讯作者和第一作者也可以是同一人。仅为实验提供材料的人(如提供载体、菌株、样本等)可放在致谢部分进行感谢。

摘要：概括文章的主要成果、主要方法等。绝大多数的文章标题、作者、摘要这些内容信息均可免费获得。对于中文文献来说，其中英文标题及摘要内容需要对应，中文文献在外文数据库收录时一般收录其英文标题及摘要信息，便于实验成果信息的国际学术共享。

关键词：与文献内容密切相关的 3~5 个词汇，一般会在标题、摘要中出现，或者在全文中多次出现。中英文形式的关键词需一一对应，文献检索时所用的检索词大多来自关键词。

正文：提供文章的全部内容，并可进一步分为若干组成部分，根据文章属于 Letter(给编辑的信)、Research paper(研究性论文)、Reviewe paper(综述性论文)等的不同，其正文内容的组成部分差异很大。研究性论文大致会被细分为几个部分：Introduction(前言)、Material and methods(材料与方法)、Results(结果)、Discussion(讨论)、Conclusion(结论)。这几部分内容在文中的顺序可能会有差异，有些项目会合并在一起，但整体来说这些内容在文中均会有所体现。这种划分方法有利于研究者快速从文献中获得所需信息。

致谢：对提供文章所用部分材料，或者为文章的撰写提供意见或建议的非作者人员可在这部分进行致谢；有杂志将项目支持基金放在这一部分，也有杂志将项目支持基金单独列出。

参考文献：对于文章引用他人的结论、数据、图片、算法、软件等需要列出所参考的文献以示尊重，参考文献的格式必须根据各个杂志的要求进行统一整理。

示例 1-2　中文文献格式

请参考图 1-1，示例如下。

彭玉林等，Y 两优 2 号在安徽舒城低海拔地区"白亩方"单产突破 12.5t/hm^2 栽培技术，杂交水稻，2013,28(6)：50-52.

中图分类号：S511.048；S318。如果全文内容涵盖多个中图分类范围，会产生多个分类号，这些分类号写在一起，用分号隔开。

文献标识码：B，结合全面的说明及文章的内容，说明该文章是实用技术成果报告。

文章编号：1005-3956(2013)06-0050-03，其中"1005-3956"是《杂交水稻》的国际标准刊号(ISSN)；"(2013)"指的是 2013 年出版；"06"代表该杂志的第 6 期(注意未显示卷数 28)；"0050"代表首页是第 50 页；03 代表该论文共 3 页，即 50-52 页。

杂交水稻(HYBRID RICE)，2013，28(6)：50－52

Y 两优 2 号在安徽舒城低海拔地区"百亩方"单产突破 12.5 t/hm² 栽培技术

Cultural Techniques of Y Liangyou 2 Yielding 12.5 t/hm² on a Scale of 6.67 hm² at a Low-elevation County of Shucheng, Anhui

彭玉林[1]，李 鸿[2]，何森林[2]，姜国泉[3]，吴朝晖[1]，闻尉宏[4]，袁隆平[1,*]

(1. 湖南杂交水稻研究中心，湖南 长沙 410125；2. 舒城县农业委员会，安徽 舒城 231300；
3. 六安亿牛生物科技有限公司，安徽 六安 231300；4. 湖南丰惠肥业有限公司，湖南 长沙 410125)

摘 要：2012 年 Y 两优 2 号在安徽舒城低海拔地区进行"百亩方"(7.4 hm²)高产攻关，取得了 12.5 t/hm² 的高产。总结了其高产栽培技术。
关键词：两系杂交稻；Y 两优 2 号；高产；栽培技术
中图分类号：S511.048；S318　文献标识码：B　文章编号：1005－3956(2013)06－0050－03

图 1-1　中文文献格式示例图

示例 1-3　英文文献格式

请参考图 1-2，示例如下。

Zhang L et al. Grap: platform for functional genomics analysis of *Gossypiumraimondii*. Database, 2015: bav047.

Original article

GraP: platform for functional genomics analysis of *Gossypium raimondii*

Liwei Zhang[1,†], Jinyan Guo[1,2,†], Qi You[1], Xin Yi[1], Yi Ling[1], Wenying Xu[1], Jinping Hua[2,*] and Zhen Su[1,*]

[1]State Key Laboratory of Plant Physiology and Biochemistry, College of Biological Sciences, China Agricultural University, Beijing 100193, China and [2]College of Agriculture and Biotechnology, China Agricultural University, Beijing 100193, China

Correspondence may also be addressed to Jinping Hua. Tel: +86-10-62734748; Fax: +86-10-62734748; Email: jinping_hua@cau.edu.cn

*Corresponding author: Zhen Su Tel: +86-10-62731380; Fax: +86-10-62731380; Email: zhensu@cau.edu.cn

†These authors contributed equally to this work

Citation details: Zhang,L., Guo,J., You,Q., et al. GraP: platform for functional genomics analysis of *Gossypium raimondii*. *Database* (2015) Vol. 2015: article ID bav047; doi:10.1093/database/bav047

图 1-2　外文文献示例格式

Original article: 指原创性的研究论文,对应其他形式的论文包括 Letter(给编辑的信)、Review(综述文章)、Clinical Research(临床研究)。

Article ID:杂志对文章的编号(bav047)。

Doi:doi 号码 10.1093/database/bav047,由前缀和后缀两部分组成,以"/"隔开,可用于查询追踪该文献,由文献所在杂志申请获得。"10"所有的 DOI 号码均以 10 开头;"1093"是 DOI 登记机构代码唯一编号,这两部分是 DOI 的前缀。后缀部分"database/bav047"是登记机构给予文献的唯一编号。

1.3 文献检索

1.3.1 文献检索词的来源

文献检索词,就是文献检索时所选定的关键词。检索词可来源于全文的任何部分,实际检索时根据检索目的的不同来确定,并且在搜索过程中可以进行适当修正以获得最佳结果。文献检索词必须出现在全文中,其出现的位置不同会导致搜索文献结果与预期所需要的文献结果的相关性有很大差异,以检索结果与预期结果的相关性来排列检索词在全文出现的位置,大致有这样的顺序:标题(Title)>关键词(Keywords)>摘要(Abstract)>全文(Fulltext 或者 Allfield)。但对于以特定目的的检索,这种顺序就不一定正确了,如支持基金检索,检索词出现在全文中;作者发文检索,检索词出现在作者栏等。

各数据库均规定了特定的检索范围及其标准缩写形式,如中国知网(National Knowledge Infrastructure,CNKI)及 ScienceDirect 数据库的常用检索范围见表 1-5;美国国立生物信息中心的文献数据库 PubMed 的常用检索范围见表 1-6。

表 1-5 CNKI 常用检索范围及与 ScienceDirect 数据库相关检索范围对应表

英文简写	表示方法	意义	对应的 ScienceDirect 检索范围
SU	主题	题名+摘要+关键词	Abstract,Title,Keywords
TI	题名	文献标题	Title
KY	关键词	文献关键词	Keywords
AB	摘要	文献摘要	Abstract
FT	全文	文献全文	Full Text
AU	作者	文献所有作者	Authors
FI	第一责任人	一般是文献主要通讯作者	Specific Author
AF	机构	文献作者所属单位	Affiliation
JN	中文刊名&英文刊名	文献所在杂志名称	Source Title
RF	引文	文献参考文献	References
YE	年	文献发表年份	—
FU	基金	文献支持项目基金	—
CLC	中图分类号	文献的中图分类号	—
SN	ISSN	杂志的国际标准刊号	ISSN
CN	统一刊号	中国标准统一报刊号	—
IB	ISBN	国际标准书号	ISBN
CF	被引频次	文献被应用的次数	—

表 1-6　PubMed 常用检索范围表

检索范围	缩写	中文翻译	意义
Affilication	AD	作者单位	所有署名作者单位，有多个可全部列出
All Fields	ALL	所有范围	将检索词自动智能分类检索，若检索词有引号或者通配词则不进行自动智能分类
Author	AU	作者	作者名检索，可智能匹配改写检索词
Author-Corporate	CN	署名作者	文章所有作者
Author-First	1AU	第一作者	排名第一位的作者
Author-Full	FAU	作者全名	利用作者全名进行检索
Author-Identifier	AUID	作者编号	部分出版社给作者唯一身份编号
Author-Last	无	最后作者	排名末尾作者，一般为通讯作者
Book	无	书籍	参考书籍或其章节
Date-Completion	DCOM	完成时间	NLM 编辑完成时间
Date-Create	CRDT	创建时间	文献第一次创建时间
Date-Entrez	EDAT	Entrez 时间	文献放入 PubMed 文献库时间
Date-MeSH	MHDA	MeSH 时间	文献建立 MeSH 检索词的时间
EC/RN Number	RN	EC/RN 号	FDA、EC、CAS 等给化合物或酶编号
Editor	ED	编辑	书或其章节的编辑
Filter	无	过滤	设置过滤参数缩小检索范围
Grant Number	GN	支持基金	项目支持基金或机构名称或编号
ISBN	无	ISBN 号	国际标准书号
Investigator	IR	PI 名	作者所在实验室负责人 (PI)
Investigator-Full	FIR	PI 全名	作者所在实验室负责人全名
Issue	IP	期数	文章所在杂志当期期数
Journal	TA	杂志名	文章所在杂志名
Language	LA	语言	文章所使用语言
Location ID	LID	文章编号	出版社给文章的编号或者 doi 号
MeSH Major Topic	MAJR	MeSH 主题	文章所对应的 MeSH 主题
MeSH Subheading	SH	MeSh 下级词	文章所对应 MeSH 下级主题词，缩小范围
MeSH Terms	MH	MeSH 关键词	NLM 总结的文章关键词
Orther Term	OT	非 MeSH 词	非 MeSH 关键词
Pagination	PG	首页码	文章首页页码
Pharmacological Action	PA	药效	药物药效
Publication Type	PT	文章类型	文章类型如 Review、Letter 等
Publisher	PUBN	出版社	书籍出版社
Secondary Source ID	SI	其他编号	指的查询内容在其他数据库中的编号
Text Word	TW	全文词汇	单词或数字出现在标题、摘要、MeSH、发表时间、作者等处
Title	TI	标题	标题
Title/Abstract	TIAB	标题/摘要	标题或摘要
Transliterated Title	TT	翻译标题	从非英文标题翻译成英文标题
Volume	VI	卷数	文献所在杂志当期卷数

1.3.2　搜索数据库选择

根据查询的目的、数据库收录的文献类型、个人或机构所拥有的数据库查询权限等实际情况进行文献数据库的选择(见表 1-7)。各数据库还会对其所收录的数据库细分成若干亚库,比如中国知网包含期刊、学位论文、报纸等亚库。

表 1-7 常见中外文献数据库

名称	网站	收录文献类型
中国知网	http://www.cnki.net	期刊、报纸、专利等
维普资讯	http://www.cqvip.com	期刊为主
万方数据	http://www.wanfangdata.com.cn	期刊、报纸、专利等
Elsevier	http://www.sciencedirect.com	期刊、书籍
Springer	http://link.springer.com	期刊、书籍
ISI web of science	http://wokinfo.com	期刊
Wiley InterScience	http://onlinelibrary.wiley.com/	期刊、书籍等
ProQuest	http://pqdt.calis.edu.cn	外文学位论文
学位论文	中国知网或者万方数据等	中文学位论文
Pubmed	http://www.ncbi.nlm.nih.gov/pubmed	期刊
Highwire	http://highwire.stanford.edu/cgi/search	期刊
中国知识产权局	http://www.sipo.gov.cn	中国专利
美国专利局	http://www.uspto.gov	美国专利
Patentlens	http://www.lens.org/lens	国际专利
Priorsmart	http://www.priorsmart.com/	国际专利
专利下载	http://www.drugfuture.com/patent/	多国专利全文 pdf 下载

各科研院所均会购买一定量的文献数据库查询权限,另有一些免费数据库提供一定量的全文文献,就生物学文献来说,通过以上数据库的查询,基本上 80%以上的中外文文献均可检索到。另外,各数据库所收录的文献可能存在重复,查询时需注意尽量避免重复查询。

1.3.3 检索式构建

1. 逻辑词的应用

"并且"或者"AND":取各检索词的交集,会减少检索文献范围,同时提高检索的精度,如"A 并且 B",检索结果中必须同时出现检索词 A 和检索词 B。

"或者"或者"OR":取各检索词的并集,会扩大检索文献范围,同时降低检索的精度,如"A 或者 B",则检索结果中出现检索词 A 或者检索词 B 即可。

"并不"或者"AND NOT":在该逻辑词前面出现的检索词的结果中去掉其包含后面检索词的结果而最终获得的结果,如"A 并不 B",则检索结果中出现 A 同时不能出现 B。

2. 截断词的应用

以英文为关键词进行搜索时,由于有时态、单复数、名动词等差异,需要进行截断搜索。截断词的使用必须配合使用相关符号,代表检索词的全面或者后面有若干个字母存在也算作匹配。这种匹配分有限匹配和无限匹配,其中有限匹配表示检索词前面或者后面出现的字母个数固定,一般以一个为多见;无限匹配表示检索词前面或者后面出现 0 至多个均算作匹配。这样的符号在不同数据库中的使用不一样,可以查看相关数据库的说明。常见的符号有"?" "*" "$"等,一般来说,"?"代表有限匹配一个字母,"*"代表无限匹配 0 至多个字母,比如 miR*,可能代表 miRNA、miR-1 等多个词。

3. 单引号或者双引号的使用

单引号或双引号代表进行精确搜索，比如"转基因橡胶"用双引号，如果让数据库自动分段可能分成"转+基因+橡胶"3段或者"转基因+橡胶"两段进行检索；如果'转基因橡胶'用单引号，则强制要求将其作为一个词进行搜索，这样会提高检索的精度（见表1-8）。

表1-8 常用检索逻辑词、符号及其意义

名称或符号	意义	用法
AND	同时匹配	如 A AND B：A 与 B 同时出现
OR	择一匹配	如 A OR B：A 与 B 任一个出现即可
NOT	否定后位条件	如 A NOT B：A 出现，同时 B 不能出现
()	圆括号，改变条件运算顺序	如 A AND B OR C：A 与 B 均出现，或者 C 出现；A AND (B OR C)：A 出现，同时 B 与 C 任一出现
[]	方括号，改变条件运算顺序	在复杂的运算式使用，里面包含方括号
?	代替任意一个字母	A?B:代表 A 与 B 之间有一个字母
*	代替任意多字符	A*：代表以 A 开头的所有单词
" "	双引号	代表精确搜索
' '	单引号	强制作为一个词进行搜索

4. 检索式的构建

一般数据库都提供检索式构建的模块，检索者仅需输入检索词并进行选择即可自动建立检索式。比如在中国知网的检索式：

```
TI=('橡胶树'*'miRNA')-'抗逆'
```

表示在标题(TI)中同时出现"橡胶树"及"miRNA"两个搜索词，同时不出现"抗逆"这个搜索词的结果。这里的"*"代表"并且包含"的意思，注意与英文搜索时的无限匹配进行区分；"-"代表"并且不"的意思；类似的还有"+"代表"或者包含"的意思。

如果将上面的搜索式修改为：

```
TI='橡胶树'*('miRNA'-'抗逆')
```

表示在标题(TI)中寻找这样的结果，出现"miRNA"而不出现"抗逆"的结果，并与"橡胶树"这个搜索词进行交集。

```
TI'橡胶树'*('miRNA'+'抗逆')
```

表示在标题(TI)中寻找这样的结果，出现"miRNA"或者出现"抗逆"的结果，并与"橡胶树"这个搜索词进行交集。

5. 检索结果的保存

将检索得到的结果保存或输出，如果数据库支持 EndNote、Reference 等文献管理软件或者其他的文献管理软件，可以按照这些软件的相应格式将检索结果批量保存至本地计算机；如对于 Pubmed 数据库，如果在该数据库中有注册账号，则可直接通过该账号保存本次检索结果，下次可通过注册账号直接调取，也可发送至电子邮箱。如果需要下载全文，则需要一篇一篇地单独下载，一般的文献数据库均不支持批量全文下载。

1.3.4 检索结果的处理

1. 检索结果较少时的处理

① 扩大检索词检索范围，比如检索词范围从"标题"或者"摘要"扩大到"全文"；

② 检查其他同义的检索词是否存在，比如 miRNA 与 microRNA，可将同义的检索词同时进行搜索；

③ 查看是否有其他限制条件存在，部分数据库会将上一次搜索的条件保存为下一次搜索的默认条件，比如文献发表时间限制、语种限制等，如果是这种情况，可去掉相应限制条件；

④ 对检索词使用模糊搜索，这种处理方法尽量少用，避免检索结果中出现无关的文献。

2. 检索结果较多时的处理

① 缩小检索词范围，比如从"全文"缩小至"题目"或者"摘要"；

② 增加检索的限制条件，如文献发表时间、语种范围、文献类型等；

③ 增加检索词，或者用新的检索词在结果中进行二次检索等。

1.3.5 CNKI 数据库查询举例

1. CNKI 主页面介绍

CNKI 主页如图 1-3 所示，主页包含客户身份，如海南大学的客户身份就是海南大学；检索入口，这里可以进行不同目的的检索，如期刊检索、硕博士论文检索、夸库检索，或者可以链接至新页面进行出版物检索、高级检索；不同分类的子库，单击这些子库可以链接至新的页面进行相应的子库检索。

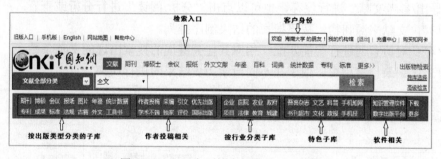

图 1-3 CNKI 主页检索相关项目示意图

2. 使用默认参数进行检索

在首页进行检索时，可以在检索框输入检索词，如以"橡胶树"为搜索词，单击"检索"按钮，即可开始检索。此时未经修改的默认设置如下。

检索文献的分类：指文献的中国图书馆文献分类法进行的分类，默认选择所有分类。

检索词的位置：全文。

数据库选择：默认选择夸库检索，默认包含的子库包括期刊、特色期刊、博士、硕士、国内会议、国际会议、报纸、学术增刊、商业评论 9 个子库；其他非默认包含的子库包括年鉴、专利、标准、成果 4 个子库(见图 1-4)。

图 1-4　夸库检索选项内容

点击搜索后即可获得搜索结果，以"橡胶树"为搜索词，使用默认检索条件得到 8936 条检索结果，该检索结果会随着时间的增长、数据库文献的增加而发生变化。

3. 检索结果页面介绍

检索结果页面大致分为如下 5 个板块（如图 1-5 黑框所示）。

- "1"：分组浏览搜索结果，可以按照来源数据库、学科、发表年度、研究层次、作者、机构、基金进行分组。默认显示的是按照发表年份显示搜索结果，点击相应年份可以呈现相应年份的结果，如点击"2015"会呈现 2015 年发表的 182 条文献搜索结果。
- "2"：显示具体搜索结果。其"排序"可以按照主题、发表时间、被引次数、下载次数进行排序，默认按照主题排序。搜索结果默认是按照列表方式显示，通过点击"切换到摘要"可改为摘要方式显示。"每页记录数"有 10 条、20 条、50 条 3 项可选，默认每页显示 20 条。并且显示了总的结果数"8964 条"，本页在可显示总页数中的位置为"1/300"，如果超过 300 页则显示前 300 页，本页为第 1 页，点击"下一页"可切换至当前页的下一页。点击所列出的搜索结果前面的选择框可选中该条记录，再次点击可取消选择；点击标题栏的选择框可一次选中当前页面的所有记录，再次点击可取消当前页面所有记录；也可点击"清除"取消全部选择项；对所选择的文献可点击"导出/参考文献"进行保存，也可以点击"分析/阅读"进行分析或查看。
- "3"：文献来源刊物，按照搜索的结果倒序排列。
- "4"：对检索词进行智能匹配，相应其他关键词的搜索出现的文献条数。
- "5"：记录检索历史，便于在不同检索历史结果间进行切换。

图 1-5　检索结果页面图

4. 搜索结果分析

文献选好后，点击"分析/阅读"可进行文献的分析或者文献的阅读。对所选文献进行再次选择，点击"分析"按钮进入"文献分析中心"页面；点击"阅读"按钮进入"文献在线阅读"页面。在文献的分析方面，可进行如下分析。

- 文献互引图：所选文献的相互引用关系分析。
- 参考文献：所选文献的参考文献及其出现频次分析，并依据被引频次列出前 50 项。
- 文献共引分析：依据引用相同的文献将所选文献分组分析。
- 引证文献：所选文献的引证文献及其出现频次，列出前 50 项。
- 文献共被引分析：所选文献中有相同引证文献的分组分析。
- 关键词分析：所选文献中的高频关键词，列出前 10 个。
- 读者推荐分析：所选文献相关的读者推荐文献分析。
- H 指数分析：所选文献中至少有 H 篇文献被引频次不少于 H 次分析。
- 文献分布：所选文献分组情况，如按照年份分组、按照机构分组等（见图 1-6）。

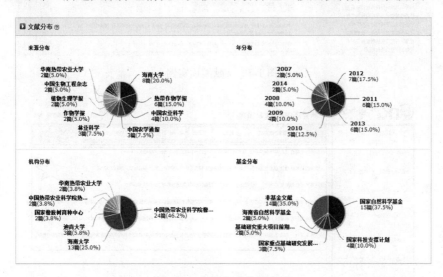

图 1-6　文献分布分析实例

在文献阅读页面，所选择的论文生成论文集的形式（见图 1-7），阅读窗口显示两栏，左边栏显示所选的所有文献，点选其中任一篇，则在右边栏会详细显示文章内容。左边栏可以收起隐藏，右边栏可以进行全屏显示。

5. 文献搜索结果保存

选中相关文献后，点击"导出/参考文献"按钮，进入"文献管理中心_导出"页面，再次选择文献，可选择相关按钮进行文献的"导出/参考文献"、"定制"、"生成检索报告"等操作。点击"导出/参考文献"按钮进入"文献管理中心-文献输出"页面，该页面大致分为 3 个板块（见图 1-8，用五角星标出），各板块所包含的内容意义如下。

- "1"：文献显示格式，常见的如"CAJ-CD 格式引文"格式，或者使用文献管理软件所对应的格式，如 CNKI E-Learning、EndNote 等。

- "2"：文献保存形式，可以"复制到剪贴板"再粘贴至其他文件；直接"打印"出来；或者通过"txt"、"xls"、"doc"等文件格式导出保存。这样保存的是文献摘要等信息，文献全文部分需要分别下载保存。
- "3"：针对"1"所选的文献显示格式进行针对性的显示，如图1-8显示的是"CAJ-CD格式引文"所对应的文献格式，保存时的内容就是本处显示的内容。

图 1-7　文献阅读实例

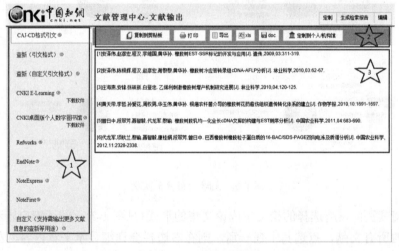

图 1-8　文献保存页面

6. 其他检索方式

点击"高级检索"，进入高级检索页面，该页面包含其他检索页面链接：专业检索、作者发文检索、科研基金检索、句子检索、文献来源检索（见图1-9）。各检索页面的主要功能如下。

- **高级检索**：有更多的"内容检索条件"及"检索控制条件"的选择，可以辅助建立复杂的检索式进行更精确的检索。
- **专业检索**：进行文献的专业检索，可以按照数据库提供的检索规则进行详细的检索式构建，之后进行更精确的检索。

- 作者发文检索：检索数据库中某作者发表的全部文献。
- 科研基金检索：检索某项目基金支持所发表的文献。
- 句子检索：可以在全文中的同一个句子或者同一段落进行搜索词的检索。
- 文献来源检索：可以检索某刊物所发表的文章。

高级检索页面其他栏目的内容意义如下。

- 文献分类目录栏：是大致按照文献内容进行的分类，共分 10 项（见图 1-9）。与生物学相关的分类主要是"基础科学、农业科技、医药卫生科技"3 项。
- 文献来源栏：显示文献来源杂志及其文献数量。

该页面的其他栏目与之前介绍的一致，这里不再重复。

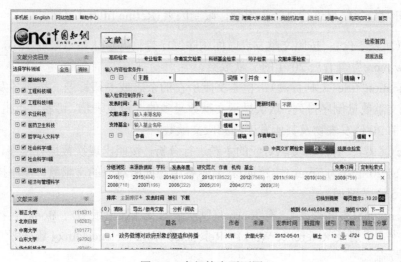

图 1-9　高级检索页面图

1.3.6　Elsevier 数据库检索举例

1. 简易检索

Elsevier 主页可进行快速的简易检索，也可点击"Advanced search"按钮链接至高级检索页面进行检索（见图 1-10）。简易检索可在"Search all fields（全文）"、"Author name（作者）"、"Journal or book title（期刊或者书籍）"、"Volume（卷）"、"Issue（期）"、"Page（页码）"6 个检索框进行查询。检索词输入检索框则在对应该范围进行查询。

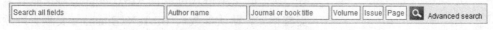

图 1-10　Elsevier 简易检索栏

2. 检索结果页面介绍

在简易检索页面"Search all fields"检索框输入"hevea brasiliensis"，则表示在全文搜索检索词"hevea brasiliensis"，检索结果页面见图 1-11。该结果页面主要分为 3 栏：左边栏（Refine filters）、右上栏（Search result）、右下栏（具体的检索结果）。

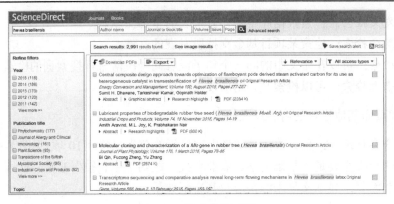

图 1-11　检索结果页面

左边栏可对检索结果进行进一步限制，限制因素（Refine filters）包括：

- Year（发表年份）：按照文献发表时间顺序倒序排列，默认显示最近 5 年，可通过点击"view more"查看近 20 年的文献数据。
- Publication title（文献标题）：检索文献所在的杂志或书籍标题，按照各发表物所检索到的文献数量倒序排列，默认显示文献数最多的 5 份发表物，可通过点击"view more"查看前 20 份发表物及其所发表的相应文献数。
- Topic（主题）：对检索文献对应的主题进行分析，按照出现次数进行排序，频次出现最高的前 20 个作为 Topic（主题词），显示各主题词所对应的文献数，倒序排列，默认显示前 5 个主题词。
- Content type（内容形式）：有 Journal（包括杂志及连续出版书）、Book（包括书籍、连续出版书、手册及 Reference Work）、Reference Work（ScienceDirect 数据库发表的其他形式的文献）。

右上栏是检索结果栏，显示共有 2991 条检索结果，点击"See image results"按钮可查看图形形式的结果；点击"Save search alert"按钮可在网页保存搜索结果（需注册个人账号）；点击"RSS"按钮可保存检索式，并可定期发送新的检索结果（需下载安装 RSS 阅读软件）。

右下栏显示具体搜索结果，相关链接如下。

图 1-12　export 文献保存内容

- download PDFs 按钮：可批量下载所勾选文献的全文。
- Export 下拉菜单：将检索结果（摘要等信息）导出保存，如未勾选任何条目则默认保存全部搜索结果；可直接保存至网络数据库 Mendeley 或者 RefWorks；也可以文件的形式保存。其中的文献格式可以是 RIS（Endnote 等文献管理软件支持格式，默认参数）、BibTeX（Bibshare 文献管理软件识别格式）、Text（纯文本格式）；内容可以按"Citations Only"（仅包含引文信息）、或者"Citations and Abstracts"（引文加摘要，默认参数）的形式保存。选择完毕后，点击下拉框下面的"Export"按钮即可输出保存（见图 1-12）。
- Relevance 下拉菜单：是文献排列方式，可按照"Relevance（相关性）"排序或者按照"Data（发表日期）"进行排序。

- All access types 下拉菜单：文献获得方式，有"All access types（所有可能形式，默认参数）"、"Open Access articles（免费自由使用文献）"、"Open Archive articles（定期免费使用文献）"。

在具体文献条目前的选择框，点击选中该条目，再次点击可取消选择；点击文章标题可链接查看网页格式的全文；点击"Abstract"按钮在当前页打开文献摘要，再次点击则关闭摘要；点击"PDF"按钮下载单篇文献全文。

3. 高级检索

点击"Advanced search"按钮进入高级检索页面（见图1-13），该页面可进行检索式的辅助构建；点击"Expert search"按钮可进行专业搜索，自建搜索式。

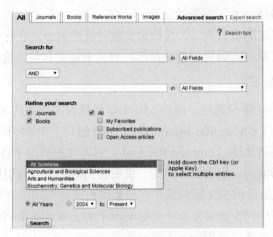

图1-13　高级检索页面

在高级检索页面还可以选择"All"、"Journals"、"Books"、"Reference Works"、"Images"子项进行针对性的检索，下面以"All"子项为例介绍高级检索，其他子项的检索过程类似。

在高级检索页面有两个文本输入框可输入检索词，并选择对应的检索词范围，默认是"All Fields"（全文）；两个输入框的关键词之间可选择逻辑词"AND"、"OR"、"AND NOT"，默认选择是"AND"。检索词输入完毕后可进一步选择限制条件，出版物的限定有"Books（书）"和（或）"Journals（杂志）"；出版物范围的限定有"All"、"My Favorites（个人喜好清单，需创建）"、"Subscribed publication（注册出版物）"、"Open Access articles（开放存取文献）"；出版物主题范围的选定，可多选，默认选择"All Sciences（所有学科领域）"；出版时间限制，默认是"All Years"，最早文献发表时间可追溯至1823年，因此时间选择范围从1823年至"Present"（现在）。将检索词及各限制范围设置好后即可进行文献检索，检索结果页面与简易检索结果页面类似，这里不再重复。

1.4　文献信息的价值判断及阅读

1.4.1　文献的价值判断

在浩如烟海的文献中，如何判断文献的价值呢？当然对于不同的人来说，同一篇文献的价值是不一样的，但整体来说可从以下几方面对文献价值进行初步判断。

- **杂志类型**：杂志的影响力直接决定了文章的价值，比如 *Nature*、*Science*、*Cell* 等杂志发表的文献，创新性强、可信度高，一般来说价值也高。杂志影响力的标志在国际上是以是否被著名的三大检索系统收录来判断的；在国内则是以是否为核心期刊来判断的。国际三大检索工具是：科学引文索引(Science Citation Index，SCI)、工程索引(Engineering Index，EI)、科技会议录索引(Index to Science & Technical Proceedings，ISTP)。中文核心期刊主要有 3 种：中文核心期刊、中文社会科学引文索引、中国科学引文数据库来源期刊(中国科学院文献情报中心发布)。
- **通讯作者**：通讯作者对文章的科学价值及可信度负责，因此通讯作者的影响力也从侧面反映了文章的价值。
- **发表时间**：最新发表的文章，参考的文献会更丰富，结论更接近真理，价值越高，一般来说尽可能参阅近 5 年发表的文章。
- **相关度**：对于特定的研究人员，其搜索文献时搜索词出现在标题、关键词或者摘要部分，所获得的文献与其研究领域更接近，对其来说更有参考价值。

三大检索系统简介如下。

- **SCI**：收录自 1900 年至现在，涵盖 150 个学科领域的期刊约 8500 多种，由美国科学情报所(Institute for Scientific Information，ISI)创刊于 1964 年，目前属于世界最大信息提供商汤森路透集团(Thomson Reuters)。引入"影响因子(Impact Factor)"的概念来评价刊物的影响力，影响因子越高，说明该刊物的文献被引用的次数越多，表明刊物的影响力越大。目前 SCI 影响因子已经被国内广泛应用于评价个人能力及科研机构的社会影响力，研究生需要发表一定影响因子的文章才能拿到学位，科研人员需要一定影响因子的文章才能谋得一定的科研职位。
- **EI**：收录工程技术领域的超过 5000 种工程期刊、会议文集和技术报告，由美国工程情报公司(Engineering Information Co.)创刊于 1884 年，是工程技术领域最权威的文献索引工具，有月刊和年刊，于 1967 年开发电子版，并命名为"Compendex"，目前属于 Elsevier 公司。
- **ISTP**：目前改名为 CPCI(Conference Proceedings Citation Index)，分为自然科学版(Conference Proceedings Citation Index-Science，CPCI-S，原 ISTP)和社会科学版(Conference Proceedings Citation Index-Social Science & Humanities，CPCI-SSH)，涵盖自 1990 年起的超过 256 个领域的 160 000 个会议记录，每周更新一次，放在 Web of Science 检索平台里面的 ISI Proceedings。

国内主要核心期刊的评价体系如下。

- **中文核心期刊**：收录于《中文核心期刊目录总览》，由北京大学图书馆等 27 家单位科研人员完成的科研成果，目前已经是第六版，2011 年发布。
- **中文社会科学引文索引(CSSCI)**：南京大学中国社会科学研究评价中心发布的引文数据库，2014—2015 来源期刊已经发布。
- **中国科学引文数据库(CSCD)**：中国科学院文献情报中心发布，分核心库与扩展库两部分，每两年遴选一次，2015—2016 年所收录的期刊已发布。

- 中国科技论文统计源期刊：中国科技论文与引文数据库选择的期刊，也称中国科技核心期刊，由中国科学技术信息研究所每年进行遴选和调整。
- 中国人文社会科学核心期刊：中国社会科学院文献计量与科学评价研究中心研发，以《中国人文社会科学核心期刊要览》形式发布。
- 中国核心期刊遴选数据库：万方数据股份有限公司于2003年创建。

1.4.2 文献有效阅读

检索的所有文献都要看全文吗？获得文献全文后，如何高效阅读？从全文中可以获得哪些有用的信息？带着这些问题的答案仔细分析阅读检索结果，应该会大有收获。对于检索结果，先看标题；如果标题与查询目的相关，则进一步看摘要；看完摘要，觉得有必要了解进一步的信息，则可看全文。因此对于检索结果，大部分看完标题就可以了，一部分需进一步看摘要，只有很少部分需要看全文，这样可以大大节省检索文献的查阅时间，提高文献的利用效率。

科技文献的特点是内容格式比较固定，如背景介绍、材料与方法、结果、讨论等，虽然这几项内容在不同杂志的存放位置可能不同，有的两项合并在一起，但是基本上都会涵盖这几部分内容。因此如果读者时间有限，可以直接阅读文献相应部分获得所需信息，进一步提高文献的阅读效率。归纳一下，从文献中可获得的信息大致如下。

- **研究材料的获得**：可以借鉴研究材料如何取材、如何培养、怎样进行实验处理等方法，有的特殊材料可以尝试联系通讯作者索取。
- **实验方法**：在研究文献中都会有实验方法的介绍，包括实验所用试剂、仪器、处理时间、试剂浓度、试剂配方、实验操作步骤等，像 Cell 杂志所发表的文献或者有些杂志的补充材料中甚至会有较详细的操作方法，这些方法可供借鉴；更详细的实验操作流程可以参考学位论文或实验指导书等。
- **文献结论**：文献的主要结论在标题及摘要部分有体现，这是大部分检索结果仅需要查看标题或者摘要的原因。文献较全面的结论放在正文的"Conclusion"部分。研究课题的设置、科研项目的立项均须以已发表文献的结论作为基础，避免重复别人已经做过的工作，费时费力。对于基因信号调控通路构建、蛋白质互作关系网的建立、综述论文的撰写等方面也都需要全面了解相关领域已有的结论。
- **通讯作者的联系方式**：可以通过文献查知通讯作者的联系方式，通过直接联系通讯作者索要相关实验材料、详细的实验方法或者进行其他的合作交流。
- **相关文献**：如果找到与自己研究密切相关的文献，那么该文献的参考文献对于搜索者也会有较高的参考价值。
- **科学家的研究方向**：如果想了解某位科学家的研究方向，比如研究生要了解导师的研发方向，同行科学家要寻找合作研究伙伴，用人单位要了解应聘者的研究经历等，均可以通过其发表论文来进行初步判断。

1.5 科技查新

在进行科研立项、成果鉴定、新产品鉴定、申报奖励等科技活动时，为了保证申报者所提供材料的创新性，可能会要求委托第三方(具备科技查新资质的机构)提供项目相关的查新报告。由于查新结果被广泛使用并具有一定的权威性，因此在查新机构资质、查新人员资质、查新合同、查新报告等方面都进行了规范。

据资质的查新机构：由各省、自治区、直辖市根据中国科技部《科技查新机构管理办法》认定，一般是大型图书馆或者科技情报中心等。

委托方提供材料：委托方即申报者，须提交查新委托单或签订查新合同，提供项目简介、查新点、检索关键词、检索范围(国内、国内外)等内容。

受托方进行独立检索：受托方即据资质的查新机构，需要根据中国科技部制定的《科技查新规范》及委托方提供的查新点及检索关键词等进行检索，并对检索结果进行分析，提供客观分析报告，该报告具有一定的权威性，受多方认可。

查新报告：是查新机构(受托方)根据客户(委托方)提供的材料进行文献检索，并对检索文献进行比对分析，最终形成查新结论。查新报告的内容格式由《科技查新规范》文件进行了规范化设置，主要内容见图1-14。

图1-14 查新报告主要内容

习题

1. 任选一位中国科学院院士，查询其发表的所有文章、专著，通过所查文献总结其主要学术成就，查找其联系方式，就你感兴趣的科学问题与其进行交流。
2. 查找近两年中国科研机构参与发表在 Nature、Science、Cell 这 3 种权威杂志的文献情况。
3. 在中国任选两所大学（比如北京大学、清华大学），通过 PubMed 或者 ScienceDirect 数据库，查阅这两所大学相关科学家近 5 年发表的文献情况，并以总影响因子为指标，模拟评价这两所大学的学术影响力。
4. 查阅在"国家自然科学基金"资助下，近 5 年发表的文献、专著，对该基金支持所取得的效果做一个简单总结。
5. 合成生物学是一门新兴学科，通过文献查询，总结在该领域有较大贡献的科学家、科研机构及主要进展。

参考文献

[1] 《中国图书馆分类法》第五版使用手册. 国家图书馆出版社. 2012-12.
[2] 中国知网：www.cnki.net.
[3] 吴祖建等. 生物信息学分析实践. 北京：科学出版社，2010.
[4] 《中国学术期刊（光盘版）检索与评价数据规范》：http://www.journal.tzc.edu.cn/caj.htm.
[5] 彭玉林，李鸿，何森林等. Y 两优 2 号在安徽舒城低海拔地区"白亩方"单产突破 12.5t/hm^2 栽培技术. 杂交水稻，2013, Vol. 28, pp. 50-52.
[6] L. Zhang, J. Guo, Q. You, et al. GraP: platform for functional genomics analysis of Gossypiumraimondii. Database（Oxford），2015,Vol. 2015, pp.bav047.
[7] 北京大学图书馆：http://www.lib.pku.edu.cn/portal/bggk/dtjj/qikanyaomu.
[8] 中国科学院文献情报中心：http://sciencechina.cn/cscd_source.jsp.
[9] 南京大学中文社会科学研究评价中心：http://cssrac.nju.edu.cn/index.asp.
[10] SCI 检索主页：http://thomsonreuters.com/en/products-services/scholarly-scientific-research/scholarly-search-and-discovery/science-citation-index-expanded.html.
[11] EI 检索主页：http://www.elsevier.com/solutions/engineering-village.
[12] ISTP 简介及检索主页：http://thomsonreuters.com/en/products-services/scholarly-scientific-research/scholarly-search-and-discovery/conference-proceedings-citation-index.html.
[13] 《科技查新机构管理办法》. 中国科学与技术部. 2001 年 1 月 1 日实施.
[14] 《科技查新规范》. 中国科学与技术部. 2001 年 1 月 1 日实施.

第2章 生物信息数据资源

来源于生物大分子所收集的序列信息、结构信息、表达信息、定位信息、相互作用信息等海量生物信息数据需要进行管理，以便后续分析及充分使用。这些数据分析整理好之后就是"宝贝"，可以通过这些数据形成一定的结论，指导实验的进行，也可为其他科研人员的查询提供便利；如果未经充分分析及整理，这些数据实际上就变为"垃圾"，找不出一定的规律，也无法有效利用，浪费了之前宝贵的时间和金钱来收集这些数据。生物信息数据库就是对海量的生物信息数据进行存储、分析及利用的最佳平台。

生物数据库分类有多种方法。按照所记录的数据来源，可将数据库分为一级数据库与二级数据库，其中一级数据库的数据来源于生物实验直接测定的数据，对这些数据的注释分析也一并存储于一级数据库；二级数据库的数据来源于对一级数据库所存储数据的进一步发掘，其数据注释分析更全面。当然，随着生物信息学的发展，一级数据库与二级数据库的区分已经不是绝对的了，一级数据库对所收集的数据的分析挖掘工作越来越全面，二级数据库也会收录部分实验直接测定的数据。按照所记录的数据类型，可将数据库分为核酸序列数据库、蛋白质序列数据库、蛋白质结构数据库、基因组数据库、非编码 RNA 数据库等。生物信息数据库发展的趋势是所收集的信息数据越来越多，数据库的结构也会越来越复杂，并都有从专项数据库变为综合数据库的趋势。本章将按照数据的类型对生物数据资源进行分类介绍。

通过生物数据库的学习要达到几个目的：一是要熟悉各数据库存储数据的类型、格式、特点等；二是要熟悉数据库的检索方法；三是了解数据库所记录数据的下载、自有数据的提交方法。所有生物信息数据库均有详细的说明文件或帮助文件，这些文件是学习掌握该数据库的钥匙，要善加利用。

2.1 核酸序列数据库

核酸序列数据主要存储在 GenBank（附属 NCBI，1982 年建立，美国）、ENA（附属 EMBL-EBI，1988 年建立，欧洲）、DDBJ（1988 年建立，日本）3 个数据库中，自成立之后，3 个数据库就密切合作，2005 年这 3 个数据库组成了国际核酸联盟(International Nucleotide Sequence Database Collaboration，INSDC)，将其数据库统称为国际核酸数据库(International Nucleotide Sequence Database，INSD)，制定统一规范的数据提交格式(INSDC Feature Table Definition Document)、数据使用政策(INSDC policy)等，并每天交换数据，因此这 3 个数据库存储的核酸序列数据几乎是一样的，向任一数据库提交的数据均会在其他两个数据库有记录。

INSDC 收录数据的类型见表 2-1。

表 2-1 INSDC 收录的数据类型

数据类型	中文名	DDBJ	EMBL-EBI	NCBI
Next generation reads	深度测序 reads	Sequence Read Archive	European Nucleotide Archive (ENA)	Sequence Read Archive
Capillary reads	一代测序序列	Trace Archive		Trace Archive
Annotated sequences	注释序列	DDBJ		GenBank
Samples	生物样本	BioSample		BioSample
Studies	研究计划	BioProject		BioProject

INSDC 制定的统一数据收录使用政策如下。

(1) 所有人均可免费且不受限制地访问数据库中包含的所有数据，并可发表在这些数据基础上所做的分析和评价，当然发表文献时需标明数据来源及文献出处。

(2) INSDC 不会在数据记录中附加任何声明来限制数据的使用，也不会要求数据使用的预先授权，同时禁止任何人对这些数据或其延伸数据的使用进行限制或者收费。

(3) 所有提交的数据可永久访问，并欢迎数据提交者对所提交数据进行修正或更新，错误数据将在新版本释放时移除，但是所有数据（包括错误数据）均可通过登录号（Accession Number）访问。

(4) 建议数据提交者对所提交的数据信息进行充分公开。

(5) 数据库工作人员会对所提交数据进行一定的控制和核对，但是数据的质量和准确性由数据提交者负责，数据库工作人员会尽量与数据提交者协同工作来保证数据的最好质量。

下面以 GenBank 为例来介绍核酸序列数据库所存储数据的格式及使用方法。

2.1.1 GenBank 数据库及其分类

GenBank 数据库是 NIH（National Institutes of Health）下属的对公众开放的并注释好的核酸序列数据库，其前身是 Walter Goad 等在 1979 年于洛斯阿拉莫斯国家实验室（Los Alamos National Laboratory，LANL）建立的洛斯阿拉莫斯序列数据库，1982 年建立 GenBank，并受 NIH、美国自然科学基金（National Science Foundation，NSF）、美国能源部（Department of Energy，DOE）、美国国防部（Department of Defense，DOD）资助。1988 年美国 NIH 分支机构国家医学图书馆（United States National Library of Medicine，NLM）成立了美国国家生物信息中心（National Center for Biotechnology Information，NCBI），1989 年至 1992 年 GenBank 数据库逐渐移交给 NCBI 管理维护。GenBank 数据呈指数增长，每两个月进行一次更新，1982 年 release3 包含 606 条序列，共 680 338 个碱基，目前已经是 release219，包含 2 亿余条序列，碱基数有 2318 余亿（且不包含 WGS 数据），于 2017 年 4 月释放。

GenBank 由于所含的数据不断增多，而且测序技术方法的发展又收集了不同种类的序列数据，因此陆续将其又细分为若干子数据库，主要包括：

- WGS（Whole Genome Shotgun）：未经注释的全基因组测序序列数据库。
- TSA（Transcriptome Shotgun Assembly）：转录组测序组装序列数据库。
- TLS（Targeted Locus Study）：特定位点的学习测序序列数据库。

从 2002 年 4 月 release129 开始，WGS 数据单独统计，不再与 GenBank release 同时发布，

以避免重复统计。从 2012 年 6 月 release190 开始，由于相似的原因，TSA 数据也单独统计。从 2016 年 12 月开始，TLA 数据独立统计，但这 3 个数据库仍然属于 GenBank 数据库子库。

2.1.2　Entrez Nucleotide 数据库及其分类

在 Entrez Nucleotide 数据库进行搜索时，所搜索的序列范围包括 GenBank、RefSeq、TPA、PDB 数据库。

- RefSeq（NCBI Reference Sequence Database）：一个全面的、整合的、非冗余且注释良好的参考序列数据库，包括基因组、转录组、蛋白质序列，该数据库附属 NCBI 网站。
- TPA（Third Party Annotation）：对现有 GenBank 原始序列信息进行第三方注释获得的信息，该数据库附属 NCBI 网站。
- PDB（Protein Data Bank）：蛋白质数据库，独立于 NCBI 的另一生物信息学数据库，主要存储蛋白质、核酸及其复合物的 3D 结构，于 1971 年创立，目前名称为 Woldwide Protein Data Bank，还存在其他 4 个分支网站 PDBe（Protein Data Bank in Europe）、RCSB PDB（Research Collaboratory for Structural Bioinformatics Protein Data Bank）、PDBj（Protein Data Bank Japan）、BMRB（Biological Magnetic Resonance Data Bank）。

2.1.3　NCBI 其他数据库

NCBI 其他几个主要数据库与 GenBank 数据库既有一定的联系，也有一定的区别，主要包括如下内容。

- Gene：整合了多个物种的广泛信息，序列信息部分来自 GenBank，也有信息来自其他数据库，每一个基因记录可能包括命名、基因组位置、参考序列、图谱、信号通路、可变剪辑、表型，并与世界范围的各数据库进行广泛链接。
- Protein：蛋白质序列数据库，序列来自于 GenBank、RefSeq、TPA 的注释信息翻译的蛋白质，也有来自 Swissprot、PIR、PRF、PDB 数据库的蛋白质序列。
- Genome：整合了基因组相关的序列、图谱、染色体、基因组拼接信息及注释信息等，序列信息部分来自 GenBank，也整合了其他数据库相关信息，目前收录的真核生物（Eukaryotes）基因组有 4369 个，原核生物（Prokaryotes）基因组 99 081 个，病毒（Viruses）基因组 7324 个，质粒（Plasmids）7470 个，细胞器（Organelles）10 001 个。
- EST 数据库：表达序列标签数据库，是 GenBank 数据库中一些小的转录序列，这些序列可以研究基因的表达，发现潜在的可变剪辑并可注释基因。在 dbEST 数据库的基础上，通过计算机技术进行进一步的拼接，将来自同一位点的转录本序列延伸得到 UniGene，用于分析器官、年龄、健康状况，包括相关蛋白质及克隆资源，UniGene 集合形成的数据库又变为 UniGene 数据库。
- GSS（Genome Survey Sequences）：基因组探查序列，属于 GenBank 的一部分，包括随机探查序列、克隆测序序列及外显子捕获序列。
- SNP（Single Nucleotide Polymorphisms）：单核苷酸多态性，包括序列单碱基的变化，以及插入、缺失、微卫星等小片段的多态性变化。
- SRA（Sequence Read Archive）：深度测序数据存储数据库，序列信息来自 Roche 454 GS

System、Illumina Genome Analyzer、Applied Biosystems SOLiD System、Helicos Heliscope、Complete Genomics 及 Pacific Biosciences SMRT 等深度测序技术平台。
- PubMed：文献数据库，包含 2700 万生物学及生物医学相关文献，其中一些文献可能包含至 PubMed Central 及出版社网站全文的链接。

2.1.4　GenBank 数据格式

GenBank 常用的数据格式是 GenBank 及 Fasta 格式，这两种格式的详细内容参见附录 A。

GenBank 格式可分为 3 个部分：第一部分是"Locus"至"Feature"之间的内容，主要是序列各方面的说明及总体评论部分；第二部分是"Feature"至"Origin"之间的内容，主要是序列注释信息；第三部分是"Origin"至"//"部分内容，主要是序列信息，GenBank 文件含有较全的序列注释信息，适合进行该序列的查阅及信息存储。

Fasta 格式分两部分：第一部分是以">"开头的一句序列简略说明信息；第二部分是序列信息，Fasta 格式被多种生物信息分析软件识别，适用于对其进行序列分析。

2.1.5　GenBank 数据访问方式

GenBank 数据库访问方式主要有 3 种：一是在 Entrez Nucleotide 数据库通过序列编号、名字等关键词进行查询；二是选择 GenBank 数据库或其子库，通过 Blast 相关程序(https://blast.ncbi.nlm.nih.gov/Blast.cgi)进行序列搜索；三是通过匿名账号登录 FTP 进行 ASN.1(ftp://ftp.ncbi.nlm.nih.gov/ncbi-asn1) 或 GenBank(ftp://ftp.ncbi.nlm.nih.gov/genbank) 文件下载，也可通过设在印第安纳大学(University of Indiana)FTP 的镜像网站进行下载(ftp://bio-mirror.net/biomirror/genbank/)。

通过 Entrez Nucleotide 数据库以人类胰岛素蛋白(INS)查询为例进行数据搜索说明：在 NCBI 主页面，根据内容划分了 5 个板块(上、中左、中、中右、下)，上面的内容包含 NCBI 资源的"Resource"下拉框、网站使用的"How to"下拉框、账号注册登录链接"Sign in to NCBI"及快速搜索框。在快速搜索栏，点击"All database"下拉菜单可进行子数据库选择，默认是进行"All database"搜索；在其后的搜索框中输入关键词，点击"Search"按钮即可进行搜索。中左栏列出了 NCBI 主要数据资源选项，中间及中右栏的内容会随着中左数据资源选择的不同而显示相应的内容。下面页脚部分显示了当前页面的位置"You are here"、相关资源快速链接、联系信息、版权信息等(见图 2-1)。

在 NCBI 主页的快速搜索栏，选择"Nucleotide"数据库，输入关键词"INS"，点击"Search"按钮，出现如图 2-2 所示的结果页面。

在搜索结果页面主要分 3 部分，中间部分列出了全部的搜索结果(217281)及部分结果的信息。左边栏是对搜索结果进行分类(Filters)，这些分类项包括 Species(物种分类)、Molecule types(分子类型)、Source database(来源数据库)、Genetic compartments(遗传组分)、Sequence length(序列长度)、Release date(数据释放日期)、Revision date(修订日期)，点击分类项即可显示对应的结果，点击多个分类项可以进行多重限定。右边栏提供了结果相关信息，包括 Top organism(记录最多的物种)、Find related data(检索其他数据库相关记录)、Search details(详细检索式)、Recent activity(最近的搜索记录)。

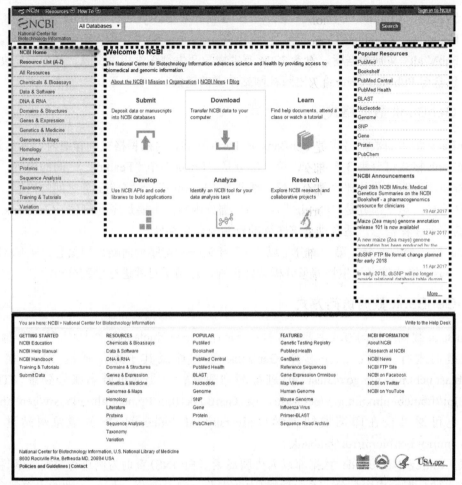

图 2-1　NCBI 主页

图 2-2　搜索结果页面

对于结果的呈现方式有多种选择，其中 Format（格式）默认是 Summary（概括型），其他常用的格式是 GenBank 及 Fasta；每页显示的 Items per page（条目数）的默认值是 20；各条目 Sort by（排列顺序）的默认值是 Default order（见图 2-3）。

对于搜索结果的处理，可用"Send"下拉菜单进行选择。结果形式可以是 Complete Records（全记录）、Coding Sequence（编码序列）、Gene Feature（基因特征）；结果可以"File"文件的形式保存，也可放在"Clipboard"（NCBI 零时文件存储文件夹），之后再从"Clipboard"文件夹中以"File"的形式存储；还可放在"Collections"文件夹，以 NCBI 个人账号长期存储（见图 2-4）。

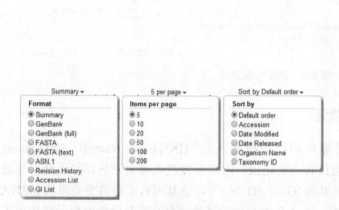

图 2-3　搜索结果显示方式选项

图 2-4　搜索结果保存处理选项

由于我们要找人的胰岛素基因，但是实际检索式（INS[All Fields]）获得的结果太多。这时我们有两个选择来缩小检索结果：一是使用"Filters"进行限定；二是进行"Advanced"高级检索，在此页面可辅助建立高级检索式（如"(INS[Gene Name]) AND homo sapiens[Organism]"），点击"Search"按钮即可进行高级检索（见图 2-5），检索结果显示有 28 条记录，大大缩小了结果范围（见图 2-6）。

图 2-5　Nucleotide 高级检索页面

这 28 条检索结果（见图 2-6），以物种分类有 Homo sapiens（人，21 条）、synthetic construct（人工合成，7 条）；以分子类型分类有 genomic DNA/RNA（基因组 DNA，14 条）、mRNA（信使 RNA，7 条）。28 条结果中还出现了其他基因（INS-IGF2 基因），以及含 INS 基因的整条染色体序列。这个搜索结果仍然显得复杂。然而人到底含有几个 INS 基因呢？

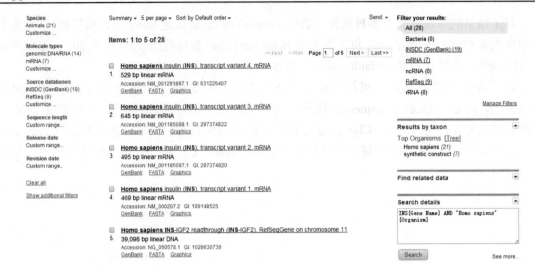

图 2-6　高级检索结果

2.1.6　基因数据库记录格式及搜索

带着前面的问题，在 Gene 子库用相同的检索式（"(INS[Gene Name]) AND homo sapiens[Organism]"）进行检索，结果只有一条记录，因此直接进入该记录的详细页面。通过这个搜索，可以发现人只有一个 INS 基因（Gene ID 3630），该基因有 4 条可变剪辑的 mRNA 序列，对应 4 条蛋白质序列（见图 2-7）。与该基因相关的其他信息及在其他数据库的链接也可以通过该页面快速获得。通过对"Nucleotide"及"Gene"两个数据库的搜索结果进行比较，很容易发现前者的搜索结果全而杂，后者的搜索结果少而精。实际操作过程中，应该根据实际情况选择相应的数据库进行搜索。

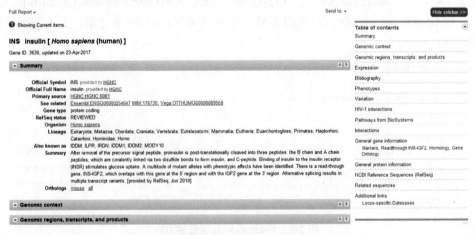

图 2-7　基因记录页面

在基因记录页面，左边是记录的详细信息，右边栏又分了几部分，主要内容包括：Table of contents（目录，提供了到左边基因记录相应条目的快速链接）、Genome Browsers（基因组浏览器）、Related information（在 NCBI 其他子库的相关信息）、Links to other resource（外部相关数据资源链接）。基因记录的内容目录信息如表 2-2 所示。

表 2-2 基因记录的目录信息

Table of contents	目录表
Summary	概览包括基因简介、定位、功能、表型等
Genomic context	基因遗传图谱位置及上下游序列信息
Genomic regions, transcripts, and products	基因组序列位置、转录本及产物
Expression	基因表达，信息主要来自系统的 RNA-seq 研究，如有多个结果则分别显示
Bibliography	相关文献，包括 PubMed 及 GeneRIF(有文献证明的基因功能相关的短句或词语)
Phenotypes	生物表型，尤其是与疾病相关表型。包括序列变异、copy 数变异、GWAS 等，链接至 GTR、PheGenI、PHGRI 等表型测试数据
Variation	基因序列变异信息，链接至 SNP、ClinVar、dbVar 等数据库
HIV-1 interactions	分两类，一是 HIV-1 侵染、复制所需人类蛋白质；二是与 HIV-1 蛋白直接相互作用的人类蛋白
Pathways from BioSystems	NCBI BioSystems 记录的信号通路，包括多种来源，如 KEGG、WikiPathways、REACTOME 等
Interactions	蛋白相互作用信息
General gene information	基因相关信息
General protein information	蛋白相关信息
NCBI Reference Sequences (RefSeq)	基因相关的参考序列信息，数据来自 NCBI staff，如果有多个 Assembly 的数据，则一并列出
Related sequences	相关序列，分两部分，一是 GenBank 收录的所有该基因相关的核酸序列；二是蛋白质序列，链接至 GenPept 和(或)Swissprot 数据库
Additional links	其他外部资源数据库链接

由于 GenBank、ENA 及 DDBJ 三大核酸数据库每天交换数据，因此三者所包含的核酸序列基本一致，三个数据库对于每一个核酸序列的记录均有相同或相似的结构，保证了三者之间数据传递的准确性。

2.2 蛋白质序列数据库

2.2.1 UniProt 数据库介绍

最有名的蛋白质序列数据库是 UniProt(Universal Protein Resource)数据库，收录蛋白质序列及注释信息，由 3 部分组成：UniProtKB(UniProt databases)、UniRef(UniProt Reference Clusters)、UniParc(UniProt Sequence Arachive)。2002 年，来自 EMBL-EBI(TrEMBL)、Swiss Institute of Bioinformatics(SwissProt)及 Protein Information Resource(PIR-PSD)的 3 个数据库成立了 UniProt 联盟，进行蛋白质序列数据的收集及注释方面的合作(见图 2-8)，这 3 个合作机构的相关链接在页面的最下端。

1．子数据库

UniProtKB：蛋白知识数据库，含蛋白质序列信息及丰富的注释信息，其数据又分两类：一类是专家注释数据(主要存储于 UniProtKB/SwissProt)，现有 554241 条记录，于 2017 年 4 月释放；另一类是计算机自动注释数据(主要存储于 UniProtKB/TrEMBL)，现有 84 827 567 条记录，于 2017 年 4 月释放。

UniRef：蛋白质参考序列簇数据库，蛋白质序列来自 UniProtKB 及 UniParc 数据库记录，根据一个簇内蛋白质序列间的一致性及覆盖度，又细分为 UniRef100（来自任何物种、序列一致或者序列片段有 11 个及以上的氨基酸一致的所有蛋白质记为一个簇，以代表性序列表示，同时将簇内其他蛋白登录号与 UniProtKB 及 UniParc 进行链接，现有 106 078 676 条记录）、UniRef90（对 UniRef100 里面的序列进行聚类分簇，簇内的序列有 90%的序列一致性及 80%的覆盖度，现有 55 192 141 条记录）、UniRef50（对 UniRef90 的序列做进一步的聚类分簇，簇内的序列有 50%的序列一致性及 80%的覆盖度，现有 21 859 863 条记录）。

UniParc：是对现有可公开获得的蛋白质序列数据进行整合后的非冗余蛋白质序列数据库（见图 2-9），各蛋白质给以唯一的 ID 号（Unique identifier，UPI），并将不同数据库的来自同一蛋白质序列的记录都与其 UPI 记录页面建立链接。该数据库仅含蛋白质序列信息，其他注释信息需链接至源数据库，现有 153 883 169 条记录。

Proteomes：蛋白质组数据库，来自同一物种的所有蛋白组成一个记录，只有完成全基因组序列测定的物种才会有蛋白质组数据库记录，另将模式物种或其他有生物医学研究价值的物种蛋白质组作为参考蛋白质组，现有 9048 个参考基因组和 137 393 个其他蛋白质组。

来自 EMBL/GenBank/DDBJ、Ensembl、VEGA、RefSeq、PDB、MODs 及其他数据库的序列构成了 UniParc 数据库的记录；UniParc 的数据记录进行整合构成了 UniProtKB 数据库；UniProtKB 里面属于同一物种完整蛋白质组的记录构成了 Proteome 数据集；UniProtKB 和 UniParc 里面的属于同一蛋白质 cluster 的数据构成了 UniRef 数据集（见图 2-9）。在 Uniprot 主页，可直接点击以上 4 个数据集，查看数据集情况并可进行相应的应用。

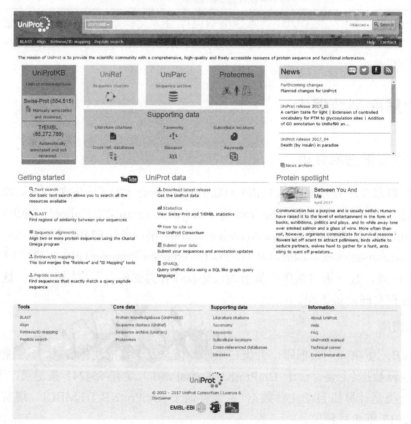

图 2-8　UniProt 主页

2. 数据库使用

支撑数据：主页列出了 Uniprot 蛋白质序列及注释相关支撑数据，包括 Literature citations（文献引用）、Taxonomy（分类）、Keywords（关键词）、Subcellular locations（亚细胞定位）、Cross-reference database（交叉引用数据库）、Diseases（疾病相关数据库）。

使用方法入口：主页提供了数据库相关数据及软件使用方法介绍入口（Getting started），主要包括 Text search（文本搜索）、BLAST（序列比对）、Sequence alignment（多序列比对分析）、Peptide search（蛋白质序列搜索）。

常用数据链接：主页还提供了 Uniprot data 相关的其他快速链接，包括 Download latest release（批量下载最新数据）、Statistics（查看数据的统计信息）、How to cite us（如何进行文献引用）、Submit your data（提交自有数据）、SPARQL（用 SQL 语言进行数据查询）。

3. 页脚链接信息

在主页页脚提供了 Tools（主要工具）、Core data（核心数据库，包括 4 个数据集）、Supporting data（支撑数据）、Information（相关信息，包括 Uniprot 数据库简介、Help 文件、FAQ 文件、manual 文件等）。

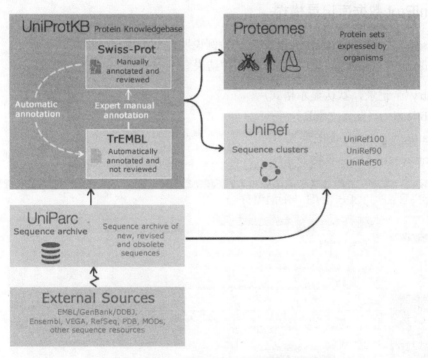

图 2-9 UniProt 数据来源及子数据库关系图

2.2.2 Uniprot 数据获得方式

Uniprot 数据库提供了 4 种数据访问获取途径，分别介绍如下。

- Text search：文本搜索，属于简易搜索，可通过蛋白名称、登录号、关键词等访问数据库中相关的数据资源，文本搜索即是主页上方的简易搜索栏，通过选择数据库或子库，输入查询关键词，即可进行搜索；也可点击"Advanced"高级搜索，在选项框中辅助建立高级检索式后进行搜索。

- Blast search：通过查询序列对 Uniprot 数据库进行 blast 搜索，寻找与查询序列相似的蛋白质。"Target database"靶向数据库可选，默认是 UniprotKB；"E-Threshold" E 值可选，默认是 10；"Matrix"打分矩阵可选，默认是"Auto"（自动匹配）；"Filtering"是否覆盖低复杂度区域，默认是"None"（不覆盖）；"Gapped"是否容许 gap 存在，默认是"yes"（容许）；"Hits"显示结果数量，默认 250 条目。
- Retrieve/ID mapping：通过序列的登录号或名字(ID)等查询信息或者映射至对应数据库。多个登录号以空格隔开或分行输入，或者以"File"文件形式提交；ID 号对应源数据库从"From"下拉框选择，需映射的其他数据库从"To"下拉框选择。
- Peptide search：通过蛋白质序列片段找 Uniprot 数据库中的完全一致序列，如果有多个片段，则一个片段一行；可通过物种分类(taxon)进行限制，缩小搜索范围，节约时间；还可选择是否将异亮氨酸(isoleucine)和亮氨酸(Leucine)当作相同的氨基酸处理。

数据批量下载：通过 download 或者 FTP 页面直接进行数据的批量下载。

2.2.3 UniProt 数据库记录格式

以 INS 蛋白(P01308)在 UniProt 的记录为例说明该数据库记录格式。

在 UniProt 的记录页面（见图 2-10）有 4 种结果显示方式：

- Entry（全记录，默认显示格式）
- Publications（发表文献）
- Feature viewer（特征图形显示）
- Feature table（特征表格显示）

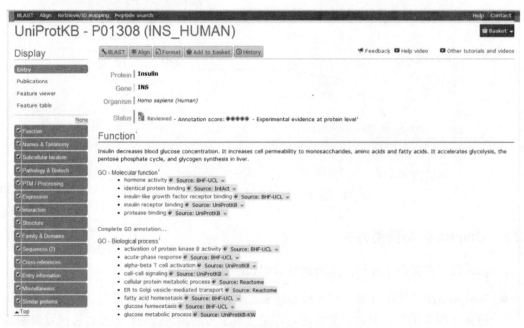

图 2-10　UniProt 记录页面（以 P01308 为例）

在 Entry 页面(见图 2-10),左边栏为目录栏(见表 2-3),右边是详细的记录信息,点击左边的目录可链接至对应的详细记录信息。

表 2-3 UniProt 数据库 Entry 目录栏

Item	条目
Function	蛋白质功能,包括基本功能、酶活性、信号通路等
Names & Taxonomy	蛋白质及其对应基因的名字、曾用名及物种分类信息等
Subcellular location	蛋白质亚细胞定位
Pathology & Biotech	蛋白质致病性及其他表型
PTM/Processing	基因转录后修饰及加工过程
Expression	基因的 mRNA 及蛋白质在细胞及组织中的表达
Interaction	与其他蛋白质或蛋白质复合体的相互作用信息
Structure	蛋白质的二级、三级、四级结构
Family & Domains	蛋白质家族及结构域信息
Sequences	基因相关序列信息,包括参考基因信息、变异信息及相应链接等
Cross-references	其他数据库相关信息
Entry information	Entry 相关信息,包括名字、登录号、历史、状态等
Miscellaneous	其他相关信息
Similar proteins	相似蛋白质信息,包括来自 UniRef100、UniRef90、UniRef50 数据库的相似蛋白质信息

2.3 蛋白质结构数据库

2.3.1 PDB 数据库发展历史

蛋白质结构数据主要存储在 PDB 数据库(Protein Data Bank)中,该数据库于 1971 年创立,提供包括蛋白质、核酸及复合体分子的 3D 结构的数据库;1998 年 EBI 建立了 PDB 数据存储中心(即 PDBe),同年 PDB 转移至 RCSB PDB;2000 年,日本建立 PDB 数据存储中心(即 PDBj);2003 年,RCSB PDB、PDBe、PDBj 共同成立 Worldwide PDB(wwPDB);2006 年 BMRB 加入 wwPDB。目前 wwPDB 是最全的 3D 结构数据存储网站,其 4 个成员各存储一定量的数据,且均会提供搜索、查看、分析 PDB 数据的相关工具(Berman et al., 2012,见图 2-11)。

1973 年第一个 tRNA 结构被测定,1981 年 B-DNA 的结构被测定,1989 年第一个 NMR 结构被释放,1991 年第一个 EM 数据被释放,2000 年第一个核糖体结构被测定(Berman et al., 2012)。目前蛋白质测定的方法包括 X 射线(X-Ray)、核磁共振(Nuclear Magnetic Resonance, NMR)、电子显微镜(Electron Microscopy, EM)3 种方法。截至 2017 年 5 月,在 wwPDB 数据库存储的结构数据共 133 882 个,其中各分支数据库存储的记录有 RCSB PDB(99 314 个)、PDBj(12 653 个)、PDBe(21 915 个)。

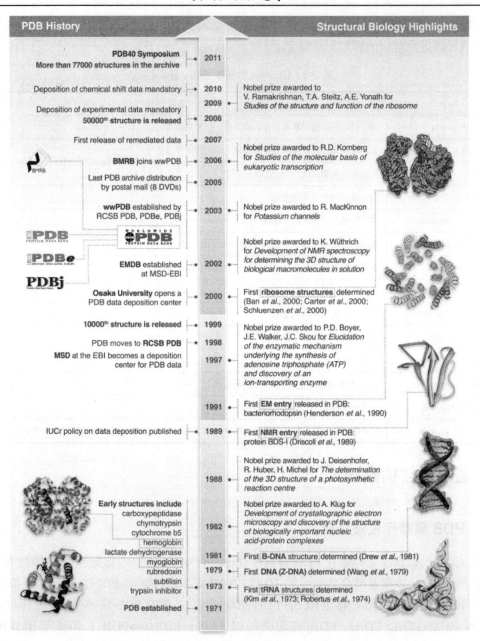

图 2-11　PDB 研究历史及典型大分子结构测定时间（图片来自 RCSB）

2.3.2　RCSB PDB 数据库介绍

由于 RCSB PDB 是 wwPDB 的重要组成部分，因此以其为例介绍结构数据库的使用。

在 RCSB PDB 数据库主页（见图 2-12），主要提供包括数据存储（Deposit）、搜索（Search）、查看（Visualize）、分析（Analyze）、下载（Download）等主要功能。数据库使用过程中有不明白的地方，可以通过学习（Learn）页面提供的相关资料自学，还可以通过直接联系数据库管理人员（More）了解更多信息。

第 2 章 生物信息数据资源

图 2-12 RCSB PDB 主页

2.3.3 RCSB PDB 数据库搜索

在 RCSB PDB 数据库中进行搜索有多种方法，主要有如下几种。

- ID(s) or Keywords：文本搜索，序列 ID 号或关键词搜索，包括 PDB ID、PubMed ID、Uniprot Accession number、Pfam Accession Number 等。
- Search by Sequences：序列搜索，通过核酸或者蛋白质序列进行搜索。
- Search by Ligands：配体搜索，通过配体结构进行搜索。
- Browse by Annotation：注释浏览，通过注释信息进行逐级浏览查找。

通过以人胰岛素在 Uniprot 的编号 P01308 为关键词，在 RCSB PDB 数据库进行简单搜索，发现在 PDB 数据库中有 243 个结构数据的记录。

2.3.4 RCSB PDB 数据记录

由于每个核酸或蛋白质与其他分子结合时,其结构均会改变,从而导致同一个蛋白质在 PDB 数据库中可能存在多个记录。比如胰岛素蛋白(P01308),由于跟不同的分子结合,或者自身的突变等,导致其结构数据有 243 条记录。以其中一个记录(5MAM)为例讲解蛋白质结构记录的内容(见图 2-13),该结构是人胰岛素蛋白质与 5 羟色胺形成的三维结构。

- Structure summary:该结构记录的概括总结,包括结构平面图、序列来源物种及提交者信息、结构测定方法及主要参数、文献信息等。
- 3D view:3D 结构图,可通过 NGL、JSmol、PV 等软件查看,通过鼠标可对该蛋白的 3D 结构图进行任意旋转,还可以对构图参数进行调整。
- Annotations:蛋白质注释信息,包括蛋白质家族注释、蛋白质修饰位点注释等。
- Sequence:序列信息,记录各种第三方提交的突变、修饰等结构变异在序列的位点信息。
- Sequence similarity:记录相似序列族的信息。
- Structure similarity:记录相似结构的其他序列及结构信息。
- Experiment:记录详细的结构测定实验所用方法、流程、参数及软件分析等信息。

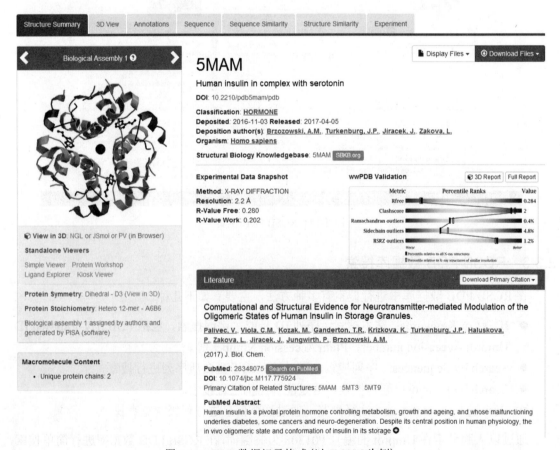

图 2-13 PDB 数据记录格式(以 5MAM 为例)

2.4 物种基因组数据库

各物种的基因组数据库集中收录了该物种的基因(Gene)、蛋白质(Protein)、表型(Phenotype)、研究方法(Protocol)等信息,通过该数据库可以迅速了解该物种在分子方面的研究进展。常见的模式生物均有自己的基因组数据库。下面以小鼠及拟南芥为例,介绍基因数据库存储信息的类型。

2.4.1 小鼠基因组数据库

小鼠基因组数据库(Mouse Genome Informatics)是一个国际实验小鼠数据库,提供遗传、基因组、生物相关的数据以加快人类健康与疾病的研究,其存储数据主要来源于小鼠基因组数据计划(Mouse Genome Database Project,MGD)、基因表达数据库计划(Gene Expression Database Project,GXD)、小鼠肿瘤生物学数据库计划(Mouse Tumor Biology Database Project,MTB)、小鼠GO注释数据库计划(Gene Ontology Project at MGI)。

在小鼠基因组数据库主页面(见图 2-14),提供了搜索(Search)、下载(Download)、其他资源链接(More Resource)、数据提交(Submit Data)、搜索小鼠品系(Find Mice IMSR)、分析工具(Analysis Tools)、联系方式(Contact Us)、基因组浏览器(Browsers)。

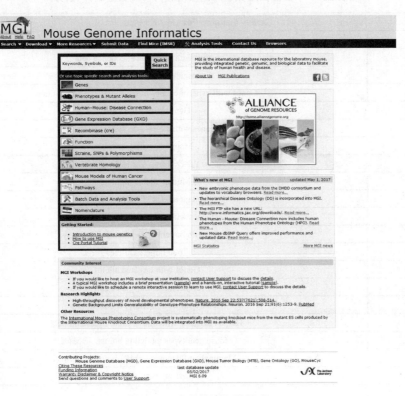

图 2-14 小鼠基因组数据库

- Search:可进行全数据库或各子库的搜索、浏览,包括基因(Genes)、表型(Phenotypes)、人类疾病(Human Disease)、表达(Expression)、重组(Recombinase)、功能(Function)、

品系（Strains/SNPs）、同源基因（Homology）、信号通路（Pathways）、肿瘤（Tumors）、序列搜索（Sequence Searches）等。
- Download：可下载序列信息（Sequence Data）、基因表达信息（Gene Expression）等子库信息。
- More Resource：提供至其他小鼠相关的资源信息链接，包括研究机构的 Email，命名委员会主页（Nomenclature Home Page），MGI 名词表（MGI Glossary），小鼠表型数据库（Mouse Phenome Database，MPD），小鼠基因敲除模型（Deltagen and Lexicon Knockout Mice），国际小鼠分析联盟（Internationale Mouse Phenotyping Consortium）等。
- Submit Data：向小鼠基因组数据库提交数据。
- Find Mice：小鼠品系搜索，实际搜索的是 IMSR 数据库（International Mouse Strain Resource），共有小鼠品系（Strains）39 493 个、ES 细胞系（ES cell lines）200 210 个。
- Analysis Tool：提供了基因组及蛋白类型相关的查询及分析工具。
- Browser：基因组浏览器，由于有软件插件，目前只能在 Chrome、Firefox、Safari 3 款浏览器上正常显示。

小鼠基因组数据库记录的信息可通过 MGI Statistics 查看，部分信息类型及数量（截止至 2017 年 5 月 16 日）见表 2-4。

表 2-4　小鼠基因组数据库记录信息内容及数量统计（部分）

Genes, Genome Features & Maps	
56,658	Genes（including uncloned mutants）
47,575	Genes with nucleotide sequence data
24,319	Genes with protein sequence data
18,594	Genes with experimentally-based functional annotations
14,803	Genes with gene traps
14,496	Genes with expression assay results
151,065	Mapped genes/markers
Phenotypes, Alleles & Disease Models	
50,845	Mutant alleles in mice
708,853	Mutant alleles in cell lines only
12,311	Genes with mutant alleles in mice
9,282	Genes with mutant alleles in cell lines only
59,894	Total targeted alleles
16,848	Genes with targeted alleles
2,684	Total recombinase transgenes and alleles
60,470	Genotypes with phenotype annotations
1,534	Human diseases with one or more mouse models
5,225	Mouse genotypes modeling human diseases
11,474	Mammalian Phenotype (MP) ontology terms
312,458	MP annotations total
6,148	QTL
Gene Expression	
15,765	Genes studied in expression references
14,496	Genes with expression assay results

续表

Gene Expression	
1,599,092	Expression assay results
329,137	Expression images
79,252	Expression assays
3,761	Mouse mutants with expression data
Recombinase Allele Data	
1,029	Recombinase-containing knock-in alleles
1,650	Recombinase-containing transgenes
2,684	Total recombinase transgenes and alleles
685	Drivers in recombinase transgenes
663	Drivers in recombinase knock-in alleles
3,590	Tissues in recombinase specificity assays
Biochemical Pathways	
347	Pathways
2,018	Enzymatic reactions
9	Transport reactions
39,629	Polypeptides
6	Protein complexes
3,000	Enzymes
61	Transporters
1,337	Compounds
Strains, SNPs & Polymorphisms	
15,663,546	RefSNPs
88	Strains with SNPs
10,649	RFLP records
12,035	PCR polymorphism records
3,348	Genes with polymorphisms（RFLP，PCR）
13,010	Markers with polymorphisms（RFLP，PCR）
28,801	Strains
Sequences	
5,135,760	Mouse nucleotide sequences
7,085,156	Mouse transcript sequences
367,837	Mouse polypeptide sequences

2.4.2 拟南芥基因组数据库

拟南芥（Arabidopsis thaliala）是一年生草本植物，十字花科、鼠耳芥属植物，又名鼠耳芥、阿拉伯芥，在世界范围广泛分布，其植株小（一个10平方厘米的培养盒可种4～10株），生长周期短（从发芽到开花仅需4～6周），结实多（一株即可产生数千粒种子），基因组小（5条染色体、125M碱基对、含约2.6万基因、编码2.5万蛋白质），培养及生化操作容易，这些特点导致它成为经典的植物生物学研究的模式材料。

拟南芥基因组数据库（Arabidopsis Information Resource，TAIR）的前身是AtDB数据库，1999年建立Tair，受美国科学基金（National Science Foundation）资助，除继承AtDB里面的拟南芥基因组信息外，还扩充了数据收集范围，目前收录的数据包括全基因组序列、基因结构、基因产物信息、基因表达、DNA 及种子存储信息、基因组图、遗传及物理标记、文献、拟南芥知名研究实验室信息等(见表 2-5)。TAIR 数据库的基因产物信息每周更新一次，同时提供至其他数据库的链接。1991 年建立的位于美国俄亥俄州立大学的拟南芥种质资源中心 (Arabidopsis Biological Resource Center，ABRC) 主要进行拟南芥种质资源的收集、存储、复制、传播等，该中心的信息已于 2002 年整合在 TAIR 数据库中，每年有超过 10 万份样本寄送给全球 60 多个国家的科学家，足见该种质资源在全球的广泛影响力。

TAIR 主页见图 2-15，提供的菜单栏如下。

表 2-5 TAIR 数据类型及来源表

拟南芥数据库数据	来　源
植物结果注释数据	植物注释联盟
赛莱拉 SNPs	赛莱拉基因组公司
经典遗传图谱数据	Meinke 实验室网站
克隆数据	AtDB，GenBank，ABRC，由用户提交
研究人员或组织社区	ABRC，AtDB，NASC，用户提交
生长发育阶段注释	植物注释联盟
DNA 序列	GenBank，AtDB，TIGR，IMA
表达数据	AFGC，网络，文献，ATGenExpress，用户提交，NASCArrays
基因家族数据	来源于网络及用户提交
基因注释控制词表	基因注释联盟
基因注释，功能注释	TAIR，文献，TIGR
基因结构注释	TIGR，TAIR，用户提供
基因	TIGR，GenBank，AtDB，Kazusa，Meinke 实验室网站，文献，用户提交
图片	ABRC，文献，用户提交
文库	ABRC，GenBank
物理及遗传标记	AtDB，NASC，用户提交
代谢通路	MetaCyc，文献
表型	AtDB，ABRC，文献
物理图谱	用户提供，网络，文献，AtDB
多态性	斯坦福基因组中心，SALK，ATP，用户提交
蛋白	TIGR，TAIR
蛋白亚细胞定位	文献，网络，用户提供
方法流程	用户提供
文献	AtDB，PubMed，Agricola，Biosis
RI 图	NASC，用户提交
材料	NASC，ABRC
载体	ABRC，GenBank
不在 TAIR 数据	网络链接
遗传互作	文献
代谢谱	文献
物理互补	文献，网络
信号转导通路	文献
胰蛋白酶消化模式	网络

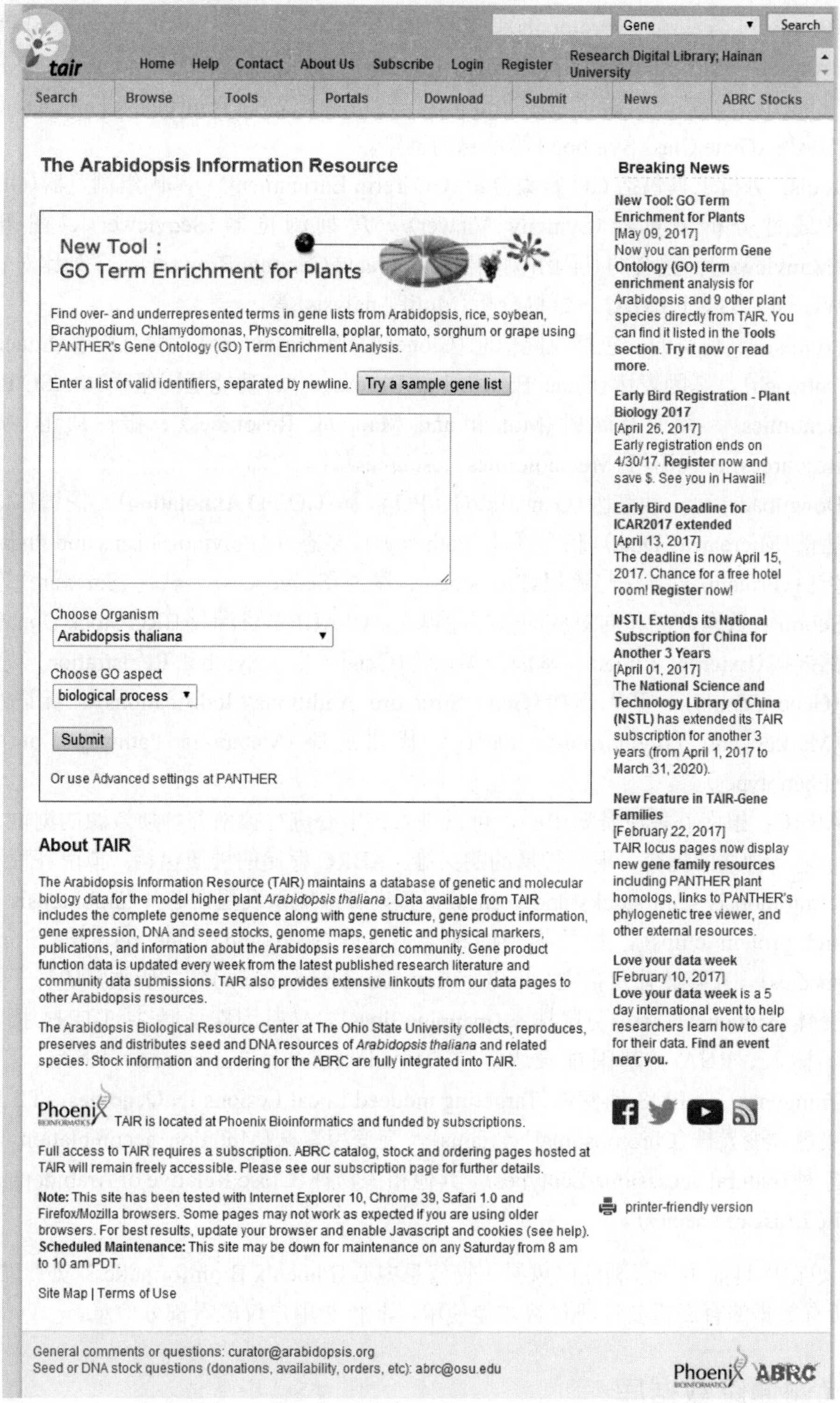

图 2-15 拟南芥基因组数据库主页

● Search：可进行 DNA 克隆信息(DNA/Clones)、生态表型(Ecotypes)、基因(Gene)、GO 注释(Gene Ontology Annotation)、PO 注释(Plant Ontology Annotation)、蛋白质

(Protein)、方法流程(Protocols)、文献(Publication)、种子(Seed/Germplasm)等的搜索。
- Browse：可进行 ABRC 目录(ABRC Catalog)、孟山都 SNP 集(Monsanto SNP and Ler Collection)、基因家族(Gene Families)、转录因子家族(Transposon Families)、基因分类标签(Gene Class Symbols)等信息的浏览。
- Tools：分析工具包括 GO 富集分析(GO Term Enrichment)、基因组浏览器(GBrowse)、共线性分析浏览器(Synteny Viewer)、序列浏览器(Seqviewer)、图谱浏览器(Mapviewer)、整合的基因组浏览器(Integrated Genome Browser)、序列比对(BLAST、WU-BLAST、FASTA)、结构分析(Motif Analysis)等。
- Portals：其他资源，包括克隆信息(Clones/DNA Resources)、学习拓展(Education and Outreach)、基因表达(Gene Expression Resources)、功能基因组学(MASC/Functional Genomics)、突变及映射(Mutant and Mapping Resources)、蛋白质组(Proteomics Resources)、代谢组(Metabolomics Resources)等。
- Download：可下载基因(Genes)、GO/PO 注释(GO/PO Annotation)、图谱(Maps)、表达谱(Microarray Data)、信号通路(Pathways)、多态性(Polymorphisms and Phenotypes)、蛋白(Protein)、方法与流程(Protocols)、序列(Sequences)、软件(Software)等多种。
- Submit：数据分类和向对应的数据库提交，如 ABRC 资源(ABRC Stock Donation)、外部链接(External Links)、基因分类标签(Gene Class Symbol Registration)、基因家族(Gene Family)、基因结构(Gene Structure Additions/Modifications)、标记及多态性(Marker and Polymorphism Data)、代谢通路(Metabolic Pathway Data)、表型(Phenotypes)等。
- ABRC：拟南芥种质资源中心，可以进入该中心进行拟南芥种质资源的浏览、搜索，自建新种质的提交，现有种质的购买等。ABRC 存储的种质包括：拟南芥种子及克隆(Arabidopsis seed stocks and clones)，拟南芥细胞系及蛋白芯片(arabidopsis cell lines and protein chips)，相关物种的种子及克隆(seed and clone resource from related species)，克隆载体及宿主(cloning vectors and host strains)等。所收藏的种子又分为突变体(Mutants)，图位克隆株系(mapping lines)，转基因株系[包括 T-DNA 插入、转座子插入、RNAi、基因过表达等(T-DNA insertion、Transposon、RNAi、Expressing Trangenes)]，EMS 诱变体(Targeting induced Local Lesions IN Genomes，TILLING)，染色体变异株(Chromosomal variants)，突变积累株(Mutation accumulation)，自然生态种(natural accessions/Ecotypes)，其他相关物种(Close Relative of Arabidopsis thaliana 或 Brassica species)。

Tair 数据库目前由非营利性的凤凰生物信息中心(Phoenix Bioinformatics)负责维护运行，对 Tair 所有数据的查阅需要注册付费才能使用，非付费用户仅能看部分信息。

2.5 代谢通路数据库

KEGG(Kyoto Encyclopedia of Genes and Genomes，京都基因及基因组百科全书)是目前使用最多的一个代谢通路相关数据库，整合了大量生物大分子数据，包括基因组测序及其他高通量技术实验数据,它收录的信息包括 4 个方面并细分为 16 个子库(见表 2-6)。

- 基因组相关信息(genomic information),包括基因、蛋白质等相关信息。
- 化学相关信息(chemical information),主要是生化反应底物相关信息。
- 系统相关信息(systems information),包括生物大分子间的互作、生化反应、关系网络信息。
- 健康相关信息(Health information),主要包括疾病及药物相关信息,大多数的数据库均设有 KEGG 识别号(KEGG identifier)。

KEGG 由日本京都大学 Kanehisa 实验室于 1995 年建立,其数据不断修改补充,目前已经是第 82 版(Release 82.0),于 2017 年 4 月 1 日释放,共收录了 506 539 张代谢通路图,其中参考通路图 513 张(见表 2-6)。

2.5.1 在 KEGG 数据库搜索

KEGG 数据库里面的数据可以通过搜索、浏览或者 FTP 下载(FTP 下载需要注册用户权限)来查看。在主页面(见图 2-16)顶端提供了 KEGG 简易搜索框,可对 KEGG(除 MEDICUS 外的其他 KEGG 数据库)、DBGET(包括 KEGG 的其他数据库)、MEDICUS(药物标签)3 个数据库进行搜索,各数据库的关系请参见图 2-17。还可以通过主页面左边栏里的"Searching KEGG"打开搜索页面,选择相应的数据库进行搜索。

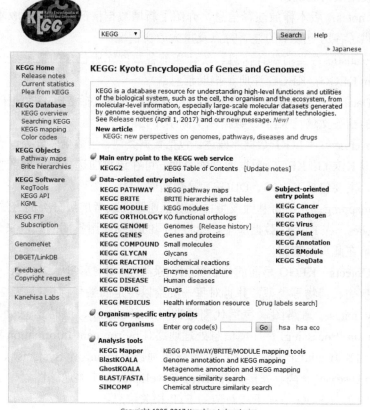

图 2-16　KEGG 主页面

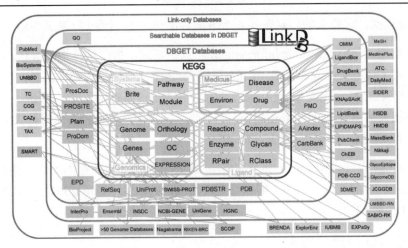

图 2-17　DBGET 数据库间的关系

2.5.2　主页快速链接

在 KEGG 主页面左边栏提供了访问相关数据库的快速链接，主要包括如下内容：

- KEGG Home：KEGG 主页面链接，在主页上提供了该数据库的简介及主要数据库和软件的使用及快速链接。
- Release notes：版本释放注释信息，介绍了新增数据情况，与上一版本的差异情况，同时提供了各历史版本的显著特点及重大改变情况。
- Current statistics：当前统计信息，统计当前各数据库所包含的记录数。
- Plea from KEGG：KEGG 注册、捐助信息。
- KEGG Database：KEGG 数据库开发信息介绍，主要包括 KEGG 数据库及软件开发时所发表的相关文献及 KEGG 数据库文献引用信息。
- KEGG overview：KEGG 数据库概述，包括数据类型、子数据库分类、数据编号格式等。
- Searching KEGG：KEGG 数据库搜索页面，可在该页面选择相应的数据库或其子库进行搜索，主要包括 KEGG、DBGET 等数据库。
- KEGG mapping：介绍将基因或蛋白映射至通路图或者层级分类的方法和软件。
- Color codes：在 KEGG 数据库中，会将不同的数据库用不同的颜色来表示，这些颜色的编号可在此页面查阅。
- KEGG Objects：KEGG 里面的生物数据记录类型，包括基因、蛋白、小分子、反应、通路、疾病、药物等类型，并且对每一类给以特定的编号标识（见表 2-6）。
- Pathway maps：通路图，包括代谢通路（Metabolism）、遗传信息处理通路（Genetic Information Processing）、环境信息处理通路（Environment Information Processing）、细胞过程通路（Cellular Process）、生物系统通路（Organism Systems）、人类疾病通路（Human Disease）、药物发展通路（Drug Development）7 类通路图。
- KEGG FTP：KEGG 数据下载对应的 FTP 相关信息。
- Brite hierarchies：结构分级，如 Metabolism—Global and overview maps—01100 Metabolic pathways。

- KEGG Software：KEGG 相关软件，如 Blast KOALA、KEGG Mapper、KEGG Atlas，KAAS 等。
- GenomeNet：连接至京都大学生物信息中心网站。
- DBGET/LinkDB：DBGET 及其他数据库链接，KEGG 数据库、DBGET 数据库、DBGET 可搜索数据库、LinkDB 数据库间的关系见图 2-17。
- Kanehisa Labs：KEGG 创建者 Kanehisa 的实验室链接。

表 2-6　KEGG 数据子库类型及记录数统计（截至 2017 年 5 月 15 日）

数据库	数据库记录内容	中文释义	KEGG ID	参考记录数（总数）
Systems information				
KEGG PATHWAY	Pathway maps	通路图	map 编号	513（506 539）
KEGG BRITE	Functional hierarchies	功能分级	br/ko 编号	237（183 525）
KEGG MODULE	KEGG modules	功能模块	M 编号	780（406 977）
Genomic information				
KEGG ORTHOLOGY	KEGG Orthology (KO) groups	KO 分组	K 编号	20 933
KEGG GENOME	KEGG organisms and selected viruses	基因组	org 或者 T 编号	5120
KEGG GENES	Genes in KEGG organisms and other categories	gene	locus_tag / GeneID	22 060 014
KEGG SSDB	Best hit relations within GENES Bi-directional best hit relations within GENES	—		162 833 006 793 9 759 295 961
Chemical information				
KEGG COMPOUND	Metabolites and other small molecules	代谢产物及其他小分子	C 编号	17 984
KEGG GLYCAN	Glycans	多糖	G 编号	11 015
KEGG REACTION	Biochemical reactions	生化反应	R 编号	10 540
KEGG RCLASS	Reaction class	反应分类	RC 编号	3114
KEGG ENZYME	Enzyme nomenclature	酶命名	EC 编号	6963
Health information				
KEGG DISEASE	Human diseases	人类疾病	H 编号	1826
KEGG DRUG	Drugs	药物	D 编号	10 333
KEGG DGROUP	Drug groups	药物分组	DG 编号	2028
KEGG ENVIRON	Crude drugs and health-related substances	药材及与健康相关成分	E 编号	850
Drug labels				
KEGG MEDICUS	Japanese drug labels from JAPIC Prescription/OTC	日本处方药及非处方药标签	—	14 352 11 453
KEGG MEDICUS	FDA drug labels linked to DailyMed Prescription/OTC	美国处方药与非处方药标签	—	34 152 44 801

2.5.3　KEGG 通路图及其元素意义

以著名的三羧酸循环（Citrate cycle，TCA）为例（见图 2-18），该代谢通路在 KEGG pathway 里面的参考代谢通路的编号为 map00020，该通路的 KO 注释编号为 ko00020，在 Module 里面的编号为 M00009；该通路的 Brite 层级分类为 Metabolism—Carbohydrate metabolism—00020 Citrate cycle。三羧酸循环的 GO 编号为 GO：0006099。

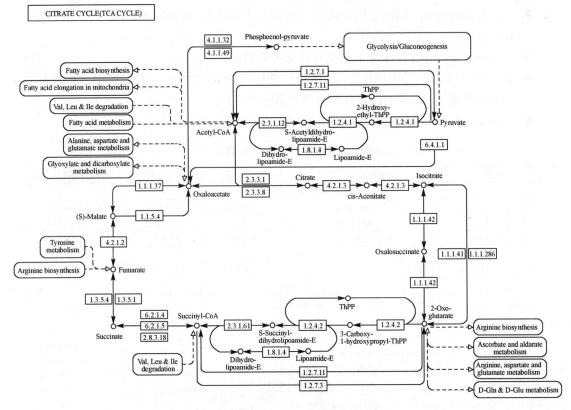

图 2-18　KEGG pathway（TCA cycle）

在通路图中，方框中的物质为基因产物，主要是蛋白质及少部分 RNA；空心圆圈表示其他分子，主要是化合物（旁边会注明）；椭圆框代表其他代谢通路。将鼠标放在方框上，可显示相应基因产物的名称及 KO 注释号；将鼠标放在空心圆圈上，可显示相应化合物的结构式；将鼠标放在椭圆框上，可显示相应代谢通路图，其他元件的意义参见图 2-19。

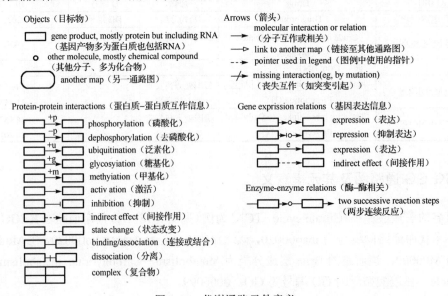

图 2-19　代谢通路元件意义

KEGG 的注释在后面介绍。

2.6 基因组浏览器

基因组浏览器(Genome Browser)是进行基因组已知信息浏览的最佳工具,在各物种基因组数据库均会提供对应的基因组浏览器,如 tair、MGI 等,这些浏览器所显示的内容大致相同,此处选择较常用的基因组浏览器进行介绍(University of California Santa Cruz,Genome Browser,简称 UCSC Genome Browser)。

2000 年 6 月 22 日,第一张人类基因组草图完成,同年 7 月 7 日,UCSC 将人类基因组草图信息用基因组浏览器展示出来,供大家免费查阅,随后有越来越多的基因组数据整合进基因组浏览器。在 UCSC 数据库查阅较多的物种是人(human)、小鼠(Mouse)、大鼠(Rat)、果蝇(Fruitfly)、线虫(Worm)、酵母(Yeast)。UCSC 浏览器主页(见图 2-20)提供的菜单选项如下:

图 2-20　UCSC 基因组浏览器主页

- Genomes:选择搜索需显示在浏览器中的基因组名称,分 Mammal(哺乳动物)、Vertebrate(脊椎动物)、Deuterostome(后口动物)、Insect(昆虫)、Nematode(线虫)、Other(其他)、Virus(病毒)7 大类,含多个物种,不包含植物类物种。

- **Genome Browser**：可对浏览器显示的内容进行设置，包括 Configure（配置参数）、Track Search（通道内容），如果直接点击该菜单，打开的是默认的人的基因组信息。
- **Tools**：网站提供了其他数据分析软件，主要包括 BLAT 序列比对工具、Table Browser 表格浏览工具等。
- **Mirrors**：镜像网站，包括美国、欧洲、亚洲及其他第三方镜像网站。
- **Downloads**：下载页面，可下载基因组数据、软件源代码等数据。
- **My Data**：提交客户数据进行展示。

2.6.1 基因组数据展示内容

以人类基因组第 19 号染色体部分片段为例（chr9:133,252,000-133,280,861）介绍基因组浏览器展示的内容（见图 2-21），这部分片段可以左右移动（move），以所显示片段长度左右移动 10%、47.5%、95%；也可以缩小显示片段长度，放大显示内容（zoom out）或者扩大显示片段长度，让显示内容更密集（zoom in）；还可以直接在方框中输入待显示区段的位置。所展示的区段在染色体的位置用红色竖线表示。该区段的内容分很多段，每一段都是一个 track（通道），每一个 track 可能包含多行注释内容。

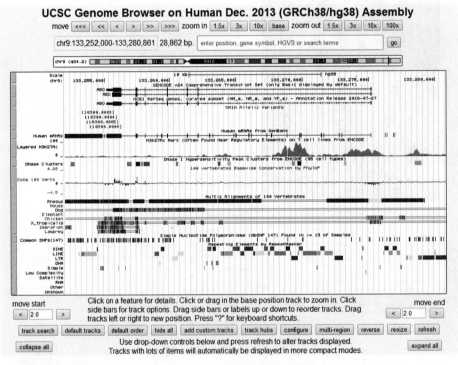

图 2-21　UCSC 基因组展示内容

1. track 内容选项

track 内容的显示有如下几个选项（部分或者全部）。

- **Hide**：隐藏该 track 内容，在基因组浏览器不会出现该 track 内容。
- **Dense**：将 track 内容融合于单行显示。

- Full：将 track 内容按照各种注释分行显示，一种注释显示在一行中，比如序列重复信息是一个 track，里面包含 SINE、LINE、LTR 等多种重复原件注释信息，每一种均单行显示。
- Squish：与 Full 选项相似，只是各注释标记显示高度是 Full 的一半。
- Pack：track 内容分开独立显示，但是不一定在单行显示，当所显示的 track 总数超过 250 时，track 内容自动按照 Squish 模式显示。

2. track 内容的批量设置

在浏览器下部有几个按钮可对 track 内容进行批量设置：
- Track search：在已设置范围搜索 track。
- Default track：显示默认的 track。
- Default order：将目前的 track 按照默认的顺序排列。
- Hide all：除了 base position 外，不显示其他所有 track。
- Add custom track/track hubs：增加用户 track/hubs track 检索。

各 track 对应的意义及显示方式可通过 configure 按钮进行查看及设置（见图 2-22）。

3. track 的内容

Mapping and Sequencing：映射和测序，主要显示测序及组装相关信息，如 Base Position（碱基组成）、Assembly（组装结果）、Centromeres（着丝粒定位）、Gap（Gap 定位）、GC Percent（GC 含量）、Scaffolds（Scaffolds 标记）等。

Genes and Gene Predictions：基因和基因预测，主要显示各基因注释项目的结果，如 GENCODE v24（GENCODE v24 注释结果）、NCBI RefSeq（NCBI 的 RefSeq 基因预测结果）、AUGUSTUS（AUGUSTUS 基因从头预测结果）、CCDS（保守的 CDS 结果）、CRISPR（CRISPR/Cas9 靶向位点）、Geneid Genes（Geneid 基因预测结果）、Genscan Genes（Genscan 基因预测结果）、MGC Genes（哺乳动物基因集 ORF）、Non-coding RNA（非编码 RNA）、Pfam in UCSC Gene（UCSC 基因的 Pfam 结构域）、SIB Genes（瑞士生物信息所基因预测结果）、Uniprot（UniProt/SwissProt 注释）等。

Phenotype and Literature：表型和文献，主要显示表型及相关的文献信息，如 OMIM Aleles（OMIM 位点变异）、ClinVar Variants（ClinVar 变异）、GWAS Catalog（GWAS 文献目录）、OMIM Genes（OMIM 基因）、UniProt Variants（UniProt/SwissProt 氨基酸替换）等。

mRNA and EST（mRNA and EST）：表达序列信息，如 Human ESTs（人类 ESTs）、Human mRNAs（GenBank 人类 mRNAs）、Other ESTs（GenBank 非人类 ESTs）、Other mRNAs（GenBank 非人类 mRNAs）、Spliced ESTs（人类拼接 ESTs）等。

Expression：表达信息，如 GTEx（GTEx RNA-seq 53 种组织 8555 样本的基因表达）、Affy GNF1H（GNF1H 的 Affy 一致序列/样本比较）、Affy U133（HG-U133 的 Affy 一致序列/样本比较）等。

Regulation：调控信息，如 ENCODE Regulation（ENCODE 调控信息）、CpG Islands（CpG 岛）、OregAnno（OregAnno 调控元件）等。

Configure Tracks on UCSC Genome Browser: Human Dec. 2013 (GRCh38/hg38)

Tracks: [track search] [hide all] [show all] [default] Groups: [collapse all] [expand all]
Control track and group visibility more selectively below.

Mapping and Sequencing [hide all] [show all] [default] [submit]

Track	Visibility	Description
Base Position	dense	Chromosome position in bases. (Clicks here zoom in 3x)
Alt Map...	hide	GRCh38 Haplotype to Reference Sequence Mapping Correspondence
Alt Map	pack	GRCh38 Alignments to the Alternate Sequences/Haplotypes
Haplotypes	pack	GRCh38 Haplotype to Reference Sequence Mapping Correspondence
Assembly	hide	Assembly from Fragments
Centromeres	hide	Centromere Locations
Chromosome Band	hide	Chromosome Bands Localized by FISH Mapping Clones
Clone Ends	hide	Mapping of clone libraries end placements
FISH Clones	hide	Clones Placed on Cytogenetic Map Using FISH
Gap	hide	Gap Locations
GC Percent	hide	GC Percent in 5-Base Windows
GRC Contigs	hide	Genome Reference Consortium Contigs
GRC Incident	hide	GRC Incident Database
GRC Patch Release	hide	GRCh38 patch release 9, alternate sequences and reference sequence patches
Hg19 Diff	hide	Contigs New to GRCh38/(hg38), Not Carried Forward from GRCh37/(hg19)
INSDC	hide	Accession at INSDC - International Nucleotide Sequence Database Collaboration
LRG Regions	hide	Locus Reference Genomic (LRG) Sequences Mapped to Dec. 2013 (GRCh38/hg38) Assembly
Restr Enzymes	hide	Restriction Enzymes from REBASE
Scaffolds	hide	GRCh38 Defined Scaffold Identifiers
Short Match	hide	Perfect Matches to Short Sequence (TATAWAAR)
STS Markers	hide	STS Markers on Genetic (blue) and Radiation Hybrid (black) Maps

Genes and Gene Predictions [hide all] [show all] [default] [submit]

Track	Visibility	Description
GENCODE v24	pack	GENCODE v24 Comprehensive Transcript Set (only Basic displayed by default)
NCBI RefSeq	pack	RefSeq gene predictions from NCBI
All GENCODE...	hide	All GENCODE transcripts include comprehensive set and previous versions
All GENCODE V24	pack	All GENCODE transcripts including comprehensive set V24
All GENCODE V23	hide	All GENCODE transcripts including comprehensive set V23
All GENCODE V22	hide	All GENCODE transcripts including comprehensive set V22
GENCODE V20 (Ensembl 76)	hide	Gene Annotations from GENCODE Version 20 (Ensembl 76)
AUGUSTUS	hide	AUGUSTUS ab initio gene predictions v3.1
CCDS	hide	Consensus CDS
CRISPR...	hide	CRISPR/Cas9 Sp. Pyog. target sites
CRISPR Regions	dense	Genome regions processed to find CRISPR/Cas9 target sites (exons +/- 200 bp)
CRISPR Targets	pack	CRISPR/Cas9 -NGG Targets
Geneid Genes	hide	Geneid Gene Predictions
Genscan Genes	hide	Genscan Gene Predictions
IKMC Genes Mapped	hide	International Knockout Mouse Consortium Genes Mapped to Human Genome
LRG Transcripts	hide	Locus Reference Genomic (LRG) Fixed Transcript Annotations
MGC Genes	hide	Mammalian Gene Collection Full ORF mRNAs
Non-coding RNA...	hide	RNA sequences that do not code for a protein
lincRNA RNA-Seq	dense	lincRNA RNA-Seq reads expression abundances
lincRNA TUCP	pack	lincRNA and TUCP transcripts
sno/miRNA	pack	C/D and H/ACA Box snoRNAs, scaRNAs, and microRNAs from snoRNABase and miRBase
tRNA Genes	pack	Transfer RNA Genes Identified with tRNAscan-SE
Old UCSC Genes	hide	Previous Version of UCSC Genes
ORFeome Clones	hide	ORFeome Collaboration Gene Clones
Other RefSeq	hide	Non-Human RefSeq Genes
Pfam in UCSC Gene	hide	Pfam Domains in UCSC Genes
RetroGenes V9	hide	Retroposed Genes V9, Including Pseudogenes
SGP Genes	hide	SGP Gene Predictions Using Mouse/Human Homology
SIB Genes	hide	Swiss Institute of Bioinformatics Gene Predictions from mRNA and ESTs
TransMap...	hide	TransMap Alignments Version 4
TransMap Ensembl	pack	TransMap Ensembl Mappings Version 4
TransMap RefGene	pack	TransMap RefSeq Gene Mappings Version 4
TransMap RNA	pack	TransMap GenBank RNA Mappings Version 4
TransMap ESTs	hide	TransMap EST Mappings Version 4
UCSC Alt Events	hide	Alternative Splicing, Alternative Promoter and Similar Events in UCSC Genes
UniProt	hide	UniProt/SwissProt Annotations

图 2-22　track 内容的意义及设置(configure 页面部分截图)

Comparative Genomics：比较基因组信息，如 Conservation（100 种脊椎动物保守序列信息）、Cons 20 Mammals（20 种哺乳动物保守序列信息）、Primate Chain/Net（灵长类基因组、序列比对）等。

Variation：序列变异信息，如 Common SNPs（普遍单核苷酸多态性，在 1%的样本中存在）、All SNPs（单核苷酸多态性）、Flagged SNPs（标记的 SNPs）等。

Repeats：基因组重复序列，如 RepeatMasker（RepeatMasker 预测的重复片段）、Microsatellite（微卫星序列）、Segmental Dups（非 RepeatMasked 预测长度大于 1000 碱基的重复序列）、Simple Repeats（TRF 预测的简单重复序列）等。

2.6.2 BLAT 搜索

BLAT 不是 BLAST，它可迅速将查询序列在基因组上定位，如果查询序列是 DNA，则要求查寻序列与基因组序列相似性大于 95%，长度大于 25bp；如果查询序列是蛋白，则要求其序列相似性大于 80%，长度大于 20aa。检索序列长度 DNA 需短于 25000bp；蛋白或转录序列需短于 10000。可进行多序列查询，但是查询序列需以 fasta 格式提交，可直接填入检索框，也可以文件形式提交。检索序列的数量在 25 条以下，总的序列长度核酸不超过 50000bp，蛋白不超过 25000 氨基酸（见图 2-23）。

- Genome：可选用进行 BLAT 的基因组信息在 Genome 下拉框选择。
- Assembly：如果某个基因组有多个组装结果，可在 Assembly 下拉框选择。
- Query type：查询序列类型可在 Query type 下拉框选择，主要包括 DNA、protein、translated DNA、translated RNA 或者让数据库检测（BLAT's guess）。
- Sort output：检索结果排列方式可在 Sort output 下拉框选择，主要包括查询序列得分（query，score）、查询序列起始位置（query，start）、染色体得分（chrom，score）、染色体起始位置（chrom，start）、或者得分（score）。
- Output type：检索结果显示格式可在 Output type 下拉框选择。

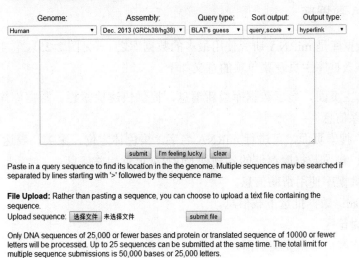

图 2-23　BLAT 主页

下面以人的胰岛素蛋白(INS 蛋白质)搜索为例，介绍 BLAT 搜索过程及结果解释。

在搜索框输入 INS 蛋白质，点击"submit"选项；在结果页面点击"detail"显示蛋白质序列在基因组上的详细搜索结果(见图 2-24)。从上到下依次显示查询序列(Your Sequence)、序列比对位置(Human Chrn)及序列比对情况(Side by Side Alignment)。

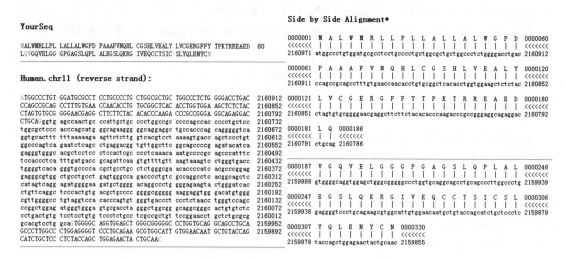

图 2-24　人的胰岛素蛋白(INS) BLAT 结果图

2.7　非编码 RNA 数据库

非编码 RNA 是指不编码蛋白质的 RNA 基因或其表达产物，最早发现的非编码 RNA 主要是 tRNA、rRNA，它们在蛋白合成过程中发挥了重要作用，后来发现了一些起基因表达调控作用的非编码 RNA，使非编码 RNA 的研究受到广泛重视，目前研究较多的起基因表达调控作用的非编码 RNA 主要包括 miRNA、lncRNA、snoRNA、eRNA、piRNA 等。

2.7.1　miRNA 数据库

miRBase 数据库是 miRNA 研究使用最多的数据库之一(见图 2-25)，它主要对数据库进行搜索及命名。该数据库主页及菜单项的意义如下。

- Home：主页面，显示数据库最新消息，提供快速检索栏、数据库简介、相关参考文献及联系信息。
- Search：搜索页面，可进行 miRNA 名字、染色体定位、聚类、表达及序列搜索。
- Browse：浏览数据库存储的各物种 miRNA 记录相关信息。
- Help：数据库使用帮助信息。
- Download：数据批量下载信息。
- Blog：讨论区。
- Submit：客户数据提交页面。

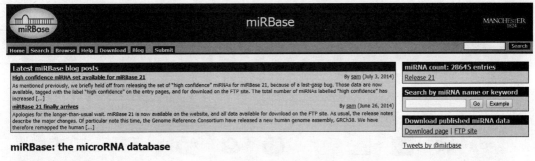

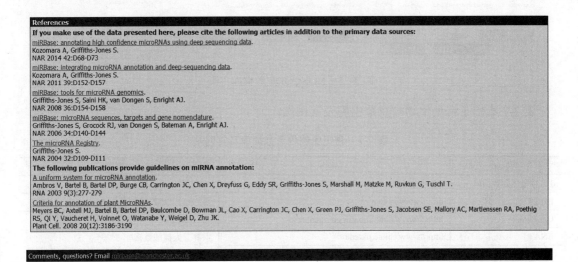

图 2-25 miRBase 数据库主页

2.7.2 NONCODE 数据库

NONCODE 数据库是整合型的非编码 RNA 数据库，但不包含 tRNAs 及 rRNAs，其所收录的 lncRNA 数据较全（见图 2-26），该数据库目前收录了人的 144134 个 lncRNA 基因及其 233696 个转录本，以及拟南芥的 2477 个 lncRNA 及其 3853 个转录本。该数据库主页及主要菜单项意义如下。

- Browse DB：数据库记录浏览，可按照物种（species）及基因（gene、transcripts）浏览。
- Search：利用关键词进行非编码 RNA 的搜索。
- Download：可进行数据的批量下载。
- Statistics：对目前收录的各物种的 lncRNA 记录数的统计信息。
- FAQ：数据库使用的常见问题及回复。

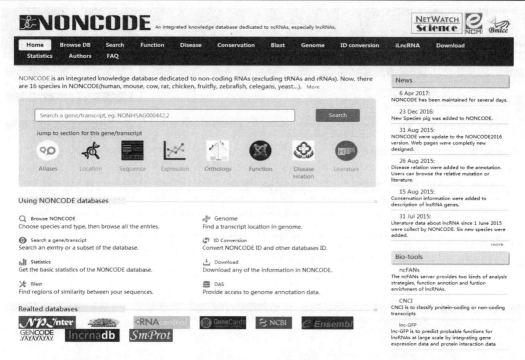

图 2-26 NONCODE 数据库主页

表 2-7 给出了常见生物信息数据库及其网站。

表 2-7 常见生物信息数据库及其网站

数据库	网址	说明
1. 核酸序列数据库		
INSDC	http://www.insdc.org/	国际核酸联盟
GenBank	https://www.ncbi.nlm.nih.gov/genbank/	世界三大核酸数据库
ENA	http://www.ebi.ac.uk/ena	
DDBJ	http://www.ddbj.nig.ac.jp/	
BIGD	http://bigd.big.ac.cn/	北京基因组数据中心
2. 蛋白质序列数据库		
UniProt	http://www.uniprot.org	蛋白质序列
PIR	http://www.proteininformationresource.org/	
3. 结构数据库		
wwPDB	http://www.wwpdb.org/	PDB 结构综合数据库
PDBe	http://www.ebi.ac.uk/pdbe/	4 个蛋白质、核酸及其复合物结构
RCSB PDB	http://www.rcsb.org/	
PDBj	http://www.pdbj.org/	
BMRB	http://www.bmrb.wisc.edu	
EMDataBank	http://www.emdatabank.org/	3DEM 结构数据库，RCSB PDB 也是其成员
NDB	http://ndbserver.rutgers.edu/	核酸三级结构
pfam	http://pfam.xfam.org/	蛋白质结构
COG	http://www.ncbi.nlm.nih.gov/COG/	COG 注释
CDD	https://www.ncbi.nlm.nih.gov/Structure/cdd/cdd.shtml	保守结构域
PRINTS	http://130.88.97.239/PRINTS/index.php	蛋白指纹库

续表

数据库	网址	说明
SMART	http://smart.embl-heidelberg.de/	蛋白质结构域
SCOP	http://scop.berkeley.edu/	蛋白分类
PROSITE	http://prosite.expasy.org/	蛋白质结构域等特征
4. 基因组数据库		
tair	http://www.arabidopsis.org/	拟南芥基因组
RGAP	http://rice.plantbiology.msu.edu/	水稻基因组
MaizeGDB	http://www.maizegdb.org/	玉米基因组
IWGSC	http://www.wheatgenome.org/	小麦基因组
Ecogene	http://www.ecogene.org	大肠杆菌基因组
SGD	http://www.yeastgenome.org/	酵母基因组
FlyBase	http://flybase.org/	果蝇基因组
WormBase	http://www.wormbase.org/	线虫基因组
ZFIN	http://zfin.org/	斑马鱼基因组
MGI	http://www.informatics.jax.org/	小鼠基因组
RGD	http://rgd.mcw.edu	大鼠基因组
GOLD	https://gold.jgi.doe.gov/	综合基因组数据库及测序计划
JCVI/TIGR	http://www.jcvi.org/cms/home/	综合基因组
PlantGDB	http://www.plantgdb.org/	植物基因组
GOBASE	http://gobase.bcm.umontreal.ca/	细胞器基因组
5. 非编码 RNA 数据库		
miRBase	http://mirbase.org	miRNA 数据库
NONCODE	http://www.noncode.org/index.php	非编码 RNA
lncrnadb	http://www.lncrnadb.org/	lucRNA
CircBase	http://circrna.org/	环 RNA
snoRNAdb	http://lowelab.ucsc.edu/snoRNAdb/	snoRNA
RNAcentral	http://rnacentral.org/	非编码 RNA 序列
starBase	http://starbase.sysu.edu.cn/index.php	提供不同 RNA 及蛋白间的互作关系
6. 综合数据库		
NCBI	https://www.ncbi.nlm.nih.gov/	美国生物信息中心
EMBL-EBI	http://www.ebi.ac.uk/	欧洲生物信息中心
DDBJ	http://www.ddbj.nig.ac.jp/	日本核酸数据中心
SBKB	http://sbkb.org/	生物学知识数据库
ExPASy	http://www.expasy.org/	瑞士生物信息中心
CBI	http://www.cbi.pku.edu.cn/index.php	北大生物信息中心
Xfam	http://xfam.org/	包含 Pfam、Rfam、Dfam 等结构及家族数据
CATH	http://www.cathdb.info/	蛋白质结构及家族数据
7. 其他数据库		
HGNC	http://www.genenames.org	基因命名委员会
GeneCards	http://www.genecards.org	基因卡片
UCSC	http://genome.ucsc.edu/	基因组浏览器
Ensembl	http://www.ensembl.org/index.html	基因组浏览器
ENCODE	https://www.encodeproject.org/	DNA 元素百科全书
GENCODE	http://www.gencodegenes.org/	高质量基因注释
KEGG	http://www.kegg.jp/	基因功能及代谢通路

续表

数据库	网址	说明
PlantCyc	http://www.plantcyc.org/	植物代谢基因组数据库
MethDB	http://www.methdb.de	DNA 甲基化
PharmGKB	https://www.pharmgkb.org/	药物基因组
primerbank	https://pga.mgh.harvard.edu/primerbank/	引物
probe	https://www.ncbi.nlm.nih.gov/probe	探针库
PEDB	http://www.pedb.org/	前列腺基因表达
8. 数据库杂志		
NAR-Database	http://www.oxfordjournals.org/nar/database/c/	数据库杂志
Database	https://academic.oup.com/database	
Database common	http://databasecommons.org/	

习题

1. 请在 GenBank、ENA、DDBJ 三大核酸数据库搜索同一基因的记录，比较其记录的差异。
2. 请在 Gene 及 Nucleotide 数据库以一个基因名进行搜索，比较搜索结果的差异。
3. 请找任一基因在不同数据库(大于 10 种数据库)中的登录号。
4. 请搜索并总结 INS 基因在人体组织的时空表达谱。
5. 请以人的胰岛素基因"INS"为关键词，搜索总结有多少条序列与其有关。
6. 请搜索总结人的胰岛素基因"INS"有多少种结构。
7. 请在小鼠及大鼠基因组数据库中搜索并总结有多少疾病模型与"INS"有关。
8. 请在 UCSC 基因组浏览器中查阅在人的胰岛素基因"INS"全长范围有多少种注释信息。
9. 请搜索并总结胰岛素基因"INS"所参与的信号通路。
10. 请搜索并总结人的胰岛素基因"INS"的 3'UTR 序列。

参考文献

[1] H. Berman, K. Henrick, H. Nakamura. Announcing the worldwide Protein Data Bank. Nat Struct Biol, 2003, Vol.10, pp.980.

[2] M. Kanehisa, Y. Sato, M. Kawashima, et al. KEGG as a reference resource for gene and protein annotation. Nucleic Acids Res. 2016, Vol.44, pp.D457-D462.

[3] M. Kanehisa, M. Furumichi, M. Tanabe, et al. KEGG: new perspectives on genomes, pathways, diseases and drugs. Nucleic Acids Res. 2017, Vol.45, pp.D353-D361.

[4] Z. Berardini, L. Reiser, D. Li, et al. The Arabidopsis Information Resource: Making and mining the "gold standard" annotated reference plant genome. Genesis, 2015, Vol.53, pp.474-485.

[5] P. Lamesch, Z. Berardini, D. Li, et al. The Arabidopsis Information Resource (TAIR): improved gene annotation and new tools. Nucleic Acids Res, 2012, Vol.40, pp.D1202-D1210.

[6] W. J. Kent, C.W. Sugnet, T. S. Furey, et al. The human genome browser at UCSC. Genome Res. 2002, Vol.12, pp.996-1006.

[7] D. Karolchik, A. S. Hinrichs, T. S. Furey, et al. The UCSC Table Browser data retrieval tool. Nucleic Acids Res, 2004,Vol.32, pp.D493-D496.

[8] Z. Yi, L. Hui, S. Fang, et al. NONCODE 2016: an informative and valuable data source of long non-coding RNAs. Nucleic Acids Res, 2015, Vol.44, pp.D203-D208.

[9] E. Boutet, D. Lieberherr, M. Tognolli, et al. UniProtKB/Swiss-Prot, the Manually Annotated Section of the UniProt KnowledgeBase: How to Use the Entry View. Methods Mol Biol, 2016, Vol.1374, pp.23-54.

[10] J. A. Blake, J. T. Eppig, J.A. Kadin, et al. Mouse Genome Database (MGD)-2017: community knowledge resource for the laboratory mouse. Nucl Acids Res, 2017, Vol.45, pp.D723-D729.

[11] J. H. Finger, C. M. Smith, T. F. Hayamizu, et al. The mouse Gene Expression Database (GXD): 2017 update. Nucleic Acids Res, 2017, Vol.45, pp.D730-D736.

[12] C. J. Bult, D. M. Krupke, D. A. Begley, et al. Mouse Tumor Biology (MTB): a database of mouse models for human cancer. Nucleic Acids Res, 2015, Vol.43, pp.D818-D824.

第 3 章 序 列 比 对

序列比对是生物信息学的基本组成和重要基础。生物体中最重要的几种生物大分子(蛋白质、DNA、RNA)都具有线性的序列信息。序列比对的基本思想是，基于生物学中序列决定结构、结构决定功能的普遍规律，将核酸和蛋白质一级结构上的序列都看成由基本字符组成的字符串，检测序列之间的相似性，发现生物序列中的功能、结构和进化的信息。

序列比对包括双序列比对(pair alignment)和多序列比对(multiple sequence alignment)，主要有3个方面的应用。

- 序列功能预测：了解未知序列和已知序列的相同点和不同点，可以推测未知序列的结构和功能。
- 分子进化分析：通过多序列比对，分析序列的相似性，判别序列之间的同源性，推测不同序列在结构、功能及进化上的联系，进行分子进化上的研究。
- 搜索序列数据库：找到已发布的相似性和同源性序列。

值得注意的是，在分子生物学中，DNA或蛋白质的相似性是多方面的，可能是核酸或氨基酸序列的相似，可能是结构的相似，也可能是功能的相似。一级结构序列相似的分子在高级结构和功能上并不必然具有相似性；反之，序列不相似的分子可能折叠成相同的空间形状，并具有相同的功能。一般的序列比对主要是针对一级结构序列上的比较。

3.1 比对程序介绍

1. FASTA

FASTA程序是第一个广泛使用的数据库相似性搜索程序。为了达到较高的敏感程度，程序引用取代矩阵实行局部比对以获得最佳搜索。但众所周知，使用这种策略会非常耗时，为了提高速度，在实施耗时的最佳搜索之前，程序使用已知的字串检索出可能的匹配。在速度和敏感度之间进行权衡选择依赖于ktup参数，它决定了字串的大小。增大ktup参数就会减少字串命中的数目，也就会减少所需要的最佳搜索的数目，提高搜索速度。缺省的ktup值在进行蛋白比较时选择2，但是在间距较大的情况下将ktup值降为1较为理想。

2. BLAST

BLAST程序对数据库搜索进行了大量的改良，提高了搜索速度，同时把数据库搜索建立在了严格的统计学基础之上。但是，为了达到这一目的，仍然需要进行权衡选择。也就是说，局部比对的限制条件可能不包括空位。这个限制条件对应用Karlin-Altschul统计学极为有利，另一方面，既然空位没有明确地放在模型中，结果就不会像人们期望的那样接近于预期的比对。这并不是说插入和空位确实会妨碍匹配，在大多数情况下，比对仅仅会被分解为若干个明显的HSPs。

对于一个即将被 BLAST 程序报告的比对，其中必然包含一个 HSP，其分值不小于终止值 S。这个终止值因人而异，但使用时是很难知道其合适值的。因为程序基于 Karlin-Altschul 统计学，人们可以指明一个预期的终止 E 值，然后软件会在考虑搜索背景的性质的基础上（比如数据库的大小、取代矩阵的性质）计算出正确的 S 值。BLAST 的一项创新就是邻近字串的思想。这个协定不需要字串确切地匹配，在引入取代矩阵的情况下，当主题序列中的字串有一个最低分值 T 时，BLAST 就宣布找到了一个命中的字串。这个策略允许较长字串长度 (W)（为了提高速度），而忽略了敏感度。于是，T 值称为制衡速度和敏感度的临界参数，而 W 是很少会变化的。如果 T 值增大，可能的命中字串的数目就会下降，程序执行就会加快，减小 T 值会发现较远的关系。

发生一个字串命中后，程序会进行没有空位的局部寻优，比对的最低分值是 S。将比对同时向左方和右方延伸并将分值加和就会得到结果。当遭遇一系列的最低分值时，加和的分值就会下降，这时分值就不再可能反弹回 S 值。这个发现为附加的启发式知识提供了依据，因此，当分值的降低（与遭遇的最大值相比）超过分值下降阈值 X 时，命中的延伸就会终止。于是，系统会减少毫无指望的命中延伸，继续进行其他操作。

BLAST 包含的程序：

- blastp 是蛋白质序列到蛋白库中的一种查询。库中存在的每条已知序列将逐一地同每条所查序列进行一对一的序列比对。
- blastx 是核酸序列到蛋白库中的一种查询。先将核酸序列翻译成蛋白质序列（一条核酸序列会被翻译成可能的六条蛋白），再对每一条进行一对一的蛋白质序列比对。
- blastn 是核酸序列到核酸库中的一种查询。库中存在的每条已知序列都将同所查序列进行一对一的核酸序列比对。
- tblastn 是蛋白质序列到核酸库中的一种查询。与 BLASTX 相反，它是将库中的核酸序列翻译成蛋白质序列，再同所查序列进行蛋白与蛋白的比对。
- tblastx 是核酸序列到核酸库中的一种查询。此种查询将库中的核酸序列和所查的核酸序列都翻译成蛋白质（每条核酸序列会产生 6 条可能的蛋白质序列），这样每次比对会产生 36 种比对阵列。

通常根据查询序列的类型（蛋白质或核酸）来决定选用何种 BLAST。假如是进行核酸-核酸查询，有两种 BLAST 供选择，通常默认为 blastn，也可以使用 tblastx。

3.2 比对序列相似性的统计特性

无空位局部比对涉及的是等长度的一对序列片段，两个片段的各部分彼此比较。比对算法可以找到所有高比值片段对（High-scoring Segment Pairs，HSPs），即这些片段对的比较分值不会因片段的延伸而进一步升高。

为了分析上述分值随机性产生的概率，需要建立一个随机序列模型。对于蛋白质而言，最简单的序列模型可通过从一条序列中随机地选取氨基酸残基得到，当然这一条序列中各种残基的频率必须一定。另外，一对随机氨基酸的比对期望值必须为负值，否则无论比对片段是否相关，都会得到高比值，统计理论也派不上用场。

就像独立随机变量之和总是倾向于正态分布(normal distribution)一样,独立随机变量的最大值倾向于极值分布(extreme value distribution)。在研究最佳局部比对时,主要涉及后一种情况。在一定的序列长度 m 和 n 限定下,HSP 的统计值可由两个参数(k 和 λ)确定。最简单的形式,即不小于比较值为 S 的 HSP 个数,可由下列公式算得其期望值:

$$E = kmne^{-\lambda s} \tag{3.1}$$

我们称该期望值为比值 S 的 E 值(E-Value)。

上述公式非常灵敏。在给定比值的情况下,将比较序列长度加倍,则 HSP 数(即 E 值)也将加倍。同样,S 值为 $2X$ 的某个 HSP 长度必是 S 值为 X 的两倍,所以 E 值将随着 S 值的增大急剧减小。参数 k 和 λ 可分别被简单地视为搜索步长(search space size)和计分系统(scoring system)的特征数。

1. Bit 分值(Bit score)或标准比值

最初获得的比值(S)在没有计分系统或统计量 k 和 λ 的辅助下没有什么意义。单独的比值就如同没有单位的距离。可将比值按下式标准化:

$$S' = \frac{\lambda s - \ln k}{\ln 2} \tag{3.2}$$

获得 S' 值就如同得到了具有标准单位的数值,也称为 Bit score。

E 值因此可简化为

$$E = mn2^{-S'} \tag{3.3}$$

二进制值使所使用的计分系统赋予了统计学意义,除了可以确定搜索步长外,同样可以计算相应的显著水平。

2. P 值(P-Value)(概率值)

具有大于或等于某一比值 S 的随机 HSP 数可由泊松分布(Poisson distribution)确定。由此可以计算出搜索到某一比值大于或等于 S 的 HSP 的概率为

$$e^{-E}\frac{E^X}{X!} \tag{3.4}$$

式中,E 由式(3.1)确定。

作为一个特例,搜索不到比值≥S 的 HSP 概率为 e^{-E},所以至少发现一个 HSP(比值≥S)的概率为

$$P = 1 - e^{-E} = 1 - \exp(-kmne^{-\lambda s}) \tag{3.5}$$

这是与比值 S 相关的 P 值(概率值)。例如,在可能搜索到 3 个比值≥S 的 HSP 的情况下,至少发现一个 HSP 的概率为 0.95[可由式(3.5)算得]。BLAST 程序中使用了 E 值而非 P 值,这主要是从直观和便于理解的角度考虑。比如,E 值等于 5 和 10,总比 P 值等于 0.993 和 0.99995 更直观。但是当 $E<0.01$ 时,P 值与 E 值接近相同。

3. 数据库搜索策略

E 值计算公式[见式(3.1)]可以应用于两个蛋白质序列长度分别为 m 和 n 的比较,但是对

于某一序列长度为 m 的蛋白质序列，如何在那些长短不一的数据库序列中找到与之匹配良好的序列呢？一种思路是把数据库中的所有蛋白质序列与待查序列的关系都视为同等重要，也就是说对于 E 值均较低的短序列和长序列，它们是同等重要的。FASTA 程序近期版本便采用了这一策略。另一种思路是把长序列视为比短序列更重要，因为长序列往往包括更多的特异功能域(domain)。如果对序列长度进行相关优先处理，则在计算数据库序列长度为 n 的 E 值时，将乘以 N/n，其中 N 为数据库中序列的总长度。根据式(3.1)，E 值的计算可简单地把整个数据库序列视为长度为 N 的单条序列。BLAST 程序采用了这一策略。FASTA 策略中 E 值的计算还需再乘上数据库的序列条数。如果考虑到核酸数据库的序列长度变化更大，则在 DNA 序列相似性搜索时，BLAST 的策略可能会是合理的选择。

一些数据库搜索程序，例如 FASTA 或其他基于 Smith-Waterman 算法的程序，在进行序列搜索时，会对数据库中的每条序列进行比对并给出比对值，这些值大部分与未知序列无关，但它们被用于 k 和 λ 参数的估计。这一方法避免了随机序列模型因使用真实序列(real sequence)造成的随意性，但同时产生了使用相关序列估计参数的难题。BLAST 仅通过部分而不是全部无关序列计算最适比对值，从而赢得了搜索速度。因此，对于某一选定的替换矩阵和空位罚值，必须进行 k 和 λ 参数的预先估计，估计中使用真实序列，而非通过随机序列模型产生的模拟序列。这一估计的结果看来非常准确。

4．空位比对(gapped alignment)的统计问题

根据统计理论，以上述及的统计方法只适用于不含有空位的局部比对(非空位比对)。但是，许多计算试验和分析结果充分证明，上述统计方法同样适用于空位比对。对于非空位比对，可用基于替换矩阵和比较序列的残基频率的办法估计统计参数；对于空位比对，参数的估计则必须以"随机"序列的大尺度比较为依据。

5．边际效应(edge effect)

以上统计学方法对于短序列来说有些偏差。这些统计方法的基础理论是一个渐近理论，该理论假设局部比对可以适用于任何规模的比对。但是，一个高比值比对必须有一定的长度，不能从接近两条序列末端的地方开始。这种边际效应可以通过计算序列的"效应长度"(effective length)来修正。BLAST 程序中包含了这一修正过程。对于长于 200 残基的序列可以不进行边际效应的修正。

6．替换矩阵的选择

局部比对的结果与所选用的替换矩阵紧密相关。没有任何一个计分方案(即替换矩阵)可以适用于所有研究目标，对于局部比对的计分基础理论的正确理解可以极大促进序列分析准确性。

7．空位罚值(gap penalties)

比对中另一个重要问题是空位问题。空位处理是针对序列进化过程中可能发生的插入和缺失而设计的。插入和缺失可能只涉及 1 个或 2 个残基，也可能涉及整个功能域(domain)，所以在进行空位罚值设计时必须反映这些情况。

有两个参数应用于空位罚值设定，一个与空位设置(gap opening)有关，另一个与空位扩

展(gap extension)有关。任一空位的出现均处以空位设置罚值,而任一空位的扩大必须处以空位扩展罚值。对于一个空位长度为 k 的罚值 W_K 可用下式表示:

$$w_k = a + bk \tag{3.6}$$

其中,a 是空位设置罚值,b 为空位扩展罚值。这两个参数值设置的变化都会对比对产生影响(见表3-1)。

表 3-1 空位设置和空位扩展罚值对比对的影响

空位设置罚值	空位扩展罚值	说 明
大	大	极少插入或缺失:适用于紧密相关蛋白质间的比对
大	小	少量大块插入:用于整个功能域可能插入的情况
小	大	大量小块插入:适用于亲缘关系较远的蛋白质同源性分析

经过多年的试验,一个合适的空位罚值已经被确定下来。大多数比对程序均对特定的替换矩阵设定了空位罚值的缺省值(default),如果使用者希望使用不同的替换矩阵,则原来的空位罚值设定不一定合适。如何设定罚值并无明确的理论可遁,但大的空位设置罚值配以很小的空位扩展罚值被普遍证实是最佳的设定思路。

3.3 在线 BLAST 序列比对

我们可以用在线的 BLAST 工具以及离线的 BLAST+ 程序来进行序列到数据库的比对。首先进入 NCBI 主页上的在线 BLAST 界面(见图3-1)。

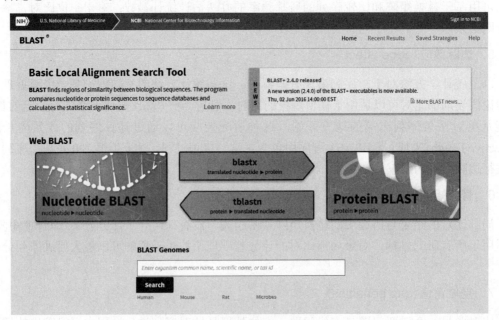

图 3-1 NCBI 在线 BLAST 界面

我们可以选择 BLAST 特定的物种(如人、小鼠、水稻等)进行特定物种的 BLAST 比对(BLAST Genomes),如果物种选项不在主页,还可以进行搜索后选择特定物种进行比对;也可以选择其他数据库进行 BLAST 比对；还可以在 NCBI 主页选择其他特殊的序列比对程序（Special BLAST）。5 种常用的 BLAST 程序前面已有介绍，这里以常用的核酸比对作为例子介绍序列比对的流程及结果解析。点击 Nucleotide BLAST 进入 blastn 页面（见图 3-2）。

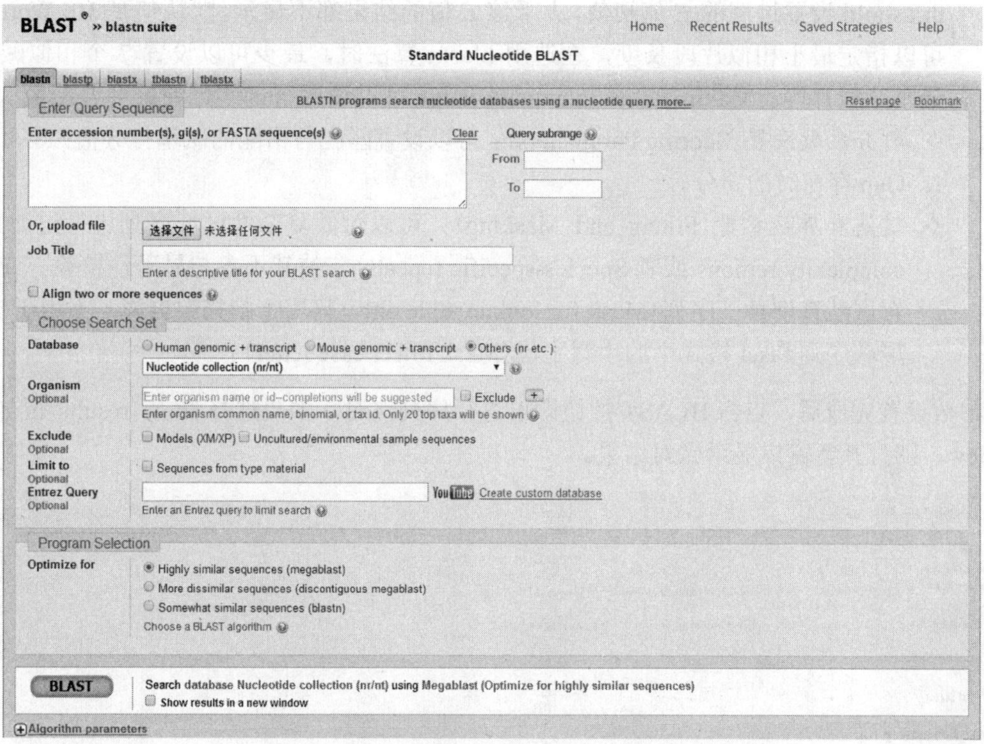

图 3-2　在线 blastn 比对页面

该页面的主要内容及意义如下。

- Enter Query Sequence：进行序列的输入及限定，可以直接把序列粘贴进去，也可以文件形式上传序列；还可限定比对的序列范围（留空就代表要比对输入的整个序列，也是默认选择）。
- Job Title：为本次工作命名一个名字，可用于后续的比对结果查询，如果不设置的话网站会自动设置。
- Choose Search Set：选择要与查询序列比对的物种或序列数据库种类（如 NR 数据库、refseq 数据库等）。若需选择人或老鼠序列数据，可以直接选择（如"Human genomic + transcript"或"Mouse genomic + transcript"）；若需选择其他物种就要选择"others"，这时候网页会主动跳出一个下拉对话框和一个输入式对话框，可以分别选择和输入要跟你的序列比对的序列种类和物种。下面的 Entrez Query 可以对比对结果进行适当的限制。
- Program Selection：选择本次比对的算法。有 3 种算法可以选择：megablast 适合高相似性的序列（大于 95%一致性）之间的比对，速度非常快；Discontiguous megablast 会忽略一些比对不一致的情况，它可以做多物种间的序列比对；blastn 算法比较慢，但它允许的相似性最低，可以低至仅有 7 个碱基的相似片段。

- Algorithm parameters：比对算法参数设置选项（见图 3-3）。其中，通用参数设置（General Parameters）中，Max target sequences 可以指定显示的最大结果数。Short queries 选项可以自动设置最小比对片段长度，来改进小片段的比对结果，如引物序列比对。Expect threshold 设置过滤的 E 值阈值，大于该 E 值的结果都不显示，默认值是 10。Word size 可以指定最小相似片段长度，在选用 blastn 算法时，最少可以设置 7 个相似碱基的最小相似片段。Max matches in a query range 可以设置查询区域的最多匹配数。
  ◇ 打分参数设置（Scoring Parameters）：可以设置匹配与错配的碱基打分值；还可设置 Gap 存在时的罚分。
  ◇ 过滤和屏蔽参数（Filters and Masking）：可以对低复杂性区域序列进行过滤（Low complexity regions 或者 Species-specific repeats），使其不参与显著性检验。或者设置屏蔽查询种子序列（Mask for lookup table only）只用于扫描数据库，不用于扩增。屏蔽序列 fasta 格式中的小写字母（Mask lower case letter）。

参数设置完成后，点击 BLAST 按钮即可进行序列比对，如果选择 show results in a new Window，则打开新窗口显示比对结果。

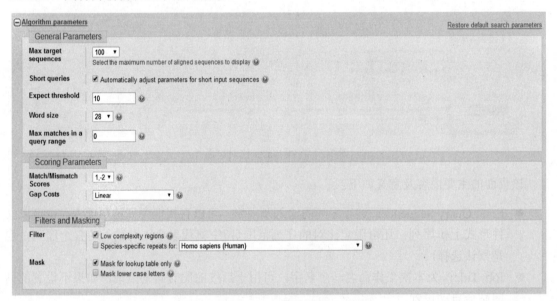

图 3-3　在线 blastn 算法参数设置页面

返回结果页面如图 3-4 所示，其中：

- A 图是 BLAST 搜索的任务名称及编号，提交序列名称、类型和长度，搜索数据库名称以及 BLAST 程序版本。
- B 图是比对结果图形展示，内容有比对序列数量、相对位置、分值高低，不同颜色代表不同分值，红色最高，黑色最差。
- C 图显示比对序列的数据库编号、序列名称、Bit 分值大小、Evalue 值等。
- D 图表示提交序列及其比对的数据库序列匹配详细信息。有 Bit 分值、Evalue、一致性、阅读框、空位数目、比对序列方向和具体每一个位置的碱基比对结果。

第3章 序列比对

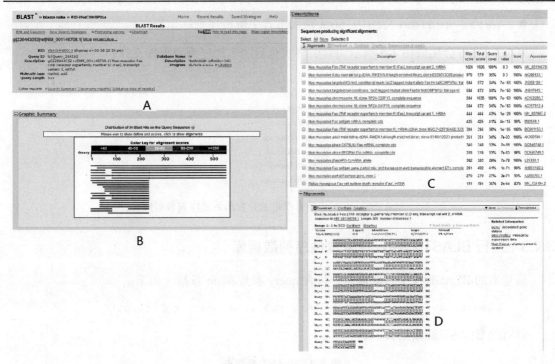

图 3-4 blastn 输出结果

3.4 本地运行 BLAST

NCBI 还提供 BLAST 本地运行程序的下载，方便用户进行本地大型序列数据库的比对搜索。

3.4.1 BLAST 程序的下载和安装

我们可以从 NCBI 的文件下载服务器中下载 BLAST 程序的最新版本：

```
ftp://ftp.ncbi.nlm.nih.gov/blast/executables/blast+/LATEST/
```

对于 Windows 系统可以直接下载后缀名为 exe 的可执行文件，如 ncbi-blast-2.5.0+-win64.exe。直接执行该文件即可安装 BLAST 本地程序，会在安装目录产生两个文件夹——bin 和 doc，其中 bin 文件夹包含可执行程序，doc 文件夹包含说明文档。

3.4.2 搜索数据库的索引格式化

BLAST 需要进行序列数据的索引格式化，然后才能进行序列的比对搜索。我们需要用 makeblastdb.exe 命令来进行序列数据索引格式化。其一般命令是：

```
makeblastdb -in mydb.fsa -dbtype nucl -parse_seqids
```

其中，

- `-in`：表示输入的数据文件。
- `-dbtype`：表示该序列数据是核酸(nucl)还是蛋白质(prot)。

- `-parse_seqids`：表示从 fasta 输入格式中解析序列标识符。

Makeblastdb 会生成图 3-5 所示的索引格式化后的本地序列数据库文件。

> mydb.fsa.nhr
> mydb.fsa.nin
> mydb.fsa.nnd
> mydb.fsa.nni
> mydb.fsa.nog
> mydb.fsa.nsd
> mydb.fsa.nsi
> mydb.fsa.nsq

图 3-5　Makeblastdb 生成的索引格式化后的本地序列数据库文件

3.4.3　运行 BLAST 程序，搜索本地序列数据库

最基本的 BLAST 程序的搜索命令包含 query 参数和 db 参数，如下：

```
blastn.exe -db mydb.fsa -query tp53.fsa -out results.out
```

常用的 BLAST 参数见表 3-2。

表 3-2　BLAST 参数表

参数	缺省值	描述
-db	无	BLAST 的数据库名称
-query	stdin	查询序列文件名
-out	stdout	输出文件名
-outfmt	0	输出文件格式，总共有 12 种格式，6 是 tabular 格式
-evalue	10.0	设置输出结果的 e-value 值
-num_descriptions	500	tabular 格式输出结果的条数
-num_threads	1	使用的线程数

如果不加 outfmt 参数，那么输出结果与图 3-4 中 C 图和 D 图的结果格式一致。而 outfmt 常用参数为输出列表格式，其中从左到右每一列的含义如下。

- query id：查询序列标识符，如"gi|371502114|ref|NM_000546.5|"。
- subject id：数据库中比对的目标序列标识符，如"NM_001047151"。
- % identity：查询序列与目标序列比对一致率，如"94.986"。
- alignment length：查询序列与目标序列比对上的片段长度，如"2206"。
- mismatches：查询序列与目标序列比对错误的计数，如"84"。
- gap openings：打开空位计数，如"11"。
- q. Start：查询序列比对起始位点，如"112"。
- q. End：查询序列比对终止位点，如"2312"。
- s. Start：数据库序列比对目标序列起始位点，如"1"。
- s. End：数据库序列比对目标序列终止位点，如"2184"。
- e-value：E 值，如"0.0"。
- bit score：序列匹配得分，如"3434"。

示例如下：
```
gi|371502114|ref|NM_000546.5|    NM_001047151    94.968   2206     84    11
    112  2312    1    2184    0.0  3434
```

3.5 多序列比对

多序列比对是研究基因蛋白质同源性的常用方法，可以发现序列中的保守结构域，展示序列相似性，预测序列结构，还可以进一步构建系统发育树，进行分子进化分析。常用的多序列比对软件有 Clustal、Muscle 等。Clustal 有 Clustal Omega、ClustalW 和 ClustalX 3 个版本，其中 Clustal Omega 是最新的 Clustal 版本，使用了新的 HMM 比对算法，可以快速地进行上千条序列的两两比对，但只有命令行和在线模式。ClustalW 和 ClustalX 用的是同一种算法，但 ClustalW 也是命令行模式，而 ClustalX 是有图形界面的。这里主要以 ClustalX 为例进行说明。

3.5.1 ClustalX 的使用

ClustalX 的下载地址是 http://www.clustal.org/download/current/。下载最新的 clustalx-2.1-win.msi，按照提示安装即可。

ClustalX 的窗口页面如图 3-6 所示，主要包含如下按钮：
- File：进行序列的上传及保存等。
- Edit：进行上传序列的编辑。
- Alignment：多序列比对方法及参数设置。

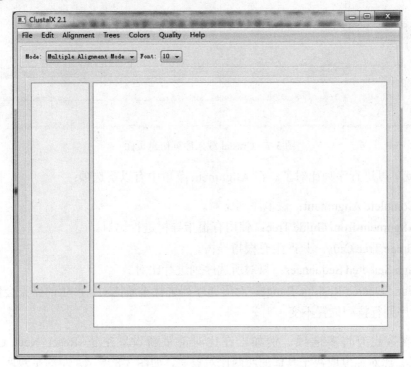

图 3-6 ClustalX 的主界面

- Trees：可选择方法进行进化树构建。
- Colors：对于序列比对结果可用不同的颜色标示，各氨基酸或者核酸碱基有固定的颜色标记，也可以自己提供颜色标示文件。
- Quality：可对低得分序列进行统计分析。
- Help：提供帮助文件。

Clustal 提供了两种模式，一种是多序列比对模式（Multiple Alignment Mode），一种是序列谱比对模式（Profile Alignment Mode）。

我们首先载入序列文件，点击 File→Load Sequence 菜单，加载序列文件。注意该序列文件应该放在不含中文的路径中。载入后的页面如图 3-7 所示。

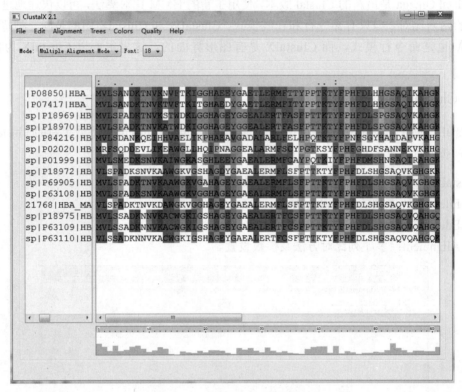

图 3-7　Clustal 载入序列信息页面

接下来就可以进行序列比对了。在 Alignment 菜单中有以下选项：

- Do Complete Alignment：做多序列比对。
- Do Alignment from Guide Tree：使用有根指导树进行比对。
- Do Guide Tree Only：只产生有根指导树。
- Realign Selected Sequences：只对所选序列进行比对。
- Realign Selected Residue Range：对所选序列进行重新比对，产生的结果会嵌入到原位置，序列行排列位置不变。

比对的参数也有许多选项。例如，在比对前重新设置空位（Reset New Gaps before Alignment）等。比对速度取决于具体的两两比对算法，如图 3-8 所示。左图是两两比对的参数设置界面。当序列条数比较少，序列长度小于 1000 字母时，用默认参数即可；当序列条数较多，序列长度也比较长时，可以采用基于 K 串算法的快速近似模式（fast-approximate）。

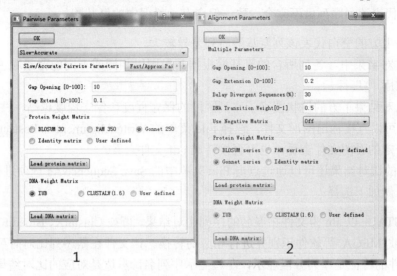

图 3-8　ClustalX 两两比对参数和多序列比对参数

我们用默认参数进行多序列比对，点击 Do Complete Alignment。这时有两个输出文件，一个是后缀名为 dnd 的有根指导树文件，还有一个是后缀名为 aln 的 Clustal 格式序列比对文件，这两个结果均为文本文件，前者可以通过 Treeview 文件打开看进化树，后者可通过 ClustalX、Bioedit 等软件打开看序列比对结果。比对结果如图 3-9 所示。

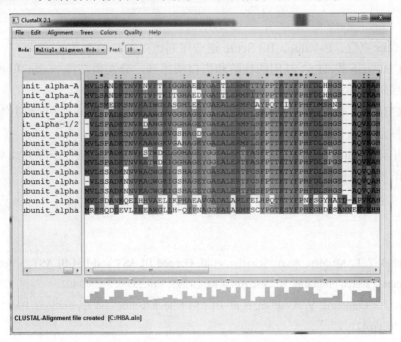

图 3-9　ClustalX 序列比对结果页面

在序列比对结果上方有 3 种符号：

- "*"代表该列氨基酸完全一致。
- ":"代表该列序列虽不完全一致，但有高度保守的氨基酸。
- "."代表该列序列虽不完全一致，但含有一般保守的氨基酸。

序列比对结果上方的空白代表该列氨基酸序列差异较大。

在序列比对结果中，各列所含的氨基酸根据其异同以相同或不同的背景颜色标示。序列中存在的空位用"-"标示。

在序列比对结果下方的柱状图表示序列区段的保守程度。保守程度越高，柱状图越高。

ClustalX 可以直接输出图形文件，选择 File 菜单的 Write Alignment as Postscript 即可，该文件可通过一定的看图文件查看，也可直接转成 pdf 文件查看。

ClustalX 的比对结果还可以通过点击 File 菜单中的 Save Sequence As 选项进行保存，保存文件的格式可做如下选择：

- CLUSTAL：以 aln 为文件拓展名的序列比对结果，可被 ClustalX、Bioedit 等软件打开，也可被 MEGA 等软件识别并进行相应的转换。该文件在做序列比对时可自动生成，该文件的特征是序列分段显示，左边显示序列名，右边是对应的比对结果，如果序列保守性高，则会在其下显示"*"、":"、"."等符号。
- PHYLIP：进化树构建 Phylip 所识别的格式，其特点是序列名字仅出现一次，序列以比对的形式列出。
- NEXUS：MEGA、PAUP 等软件识别的格式，其特点是头部有较详细的注释信息。

习题

1. 了解 Gap 空位、E-Value、Bit Score 这些序列比对参数的含义。
2. 从 NCBI 上下载 TP53 基因的核酸和蛋白质序列，分别用在线 blastn 和 blastp 程序搜索 TP53 的相似基因，并解读结果页面的含义。
3. 从 NCBI 上下载 blast+的本地程序，安装并建立本地人类参考序列数据库，用 tblastx 程序搜索 tp53 的同源基因，结果以 tabular 格式输出。
4. 下载并安装 ClustalX 程序，载入上述 tp53 同源基因序列，进行多序列比对，比较 tp53 基因的相似结构域。

参考文献

[1] S. F. Altschul, T. L. Madden, A. A. Schaffer, et al. Gapped BLAST and PSI-BLAST: a new generation of protein database search programs. Nucleic Acids Res, 1997, Vol.25,pp. 3389-3402.

[2] C. Camacho, G. Coulouris, V. Avagyan, et al. BLAST+: architecture and applications. BMC bioinformatics, 2009, Vol.10, pp.421.

[3] BLAST Command Line Applications User Manual，NCBI bookshelf.

[4] M. A. Larkin, G. Blackshields, N. P. Brown, et al. Clustal W and Clustal X version 2.0. Bioinformatics, 2007, Vol.23, pp.2947-2948.

第 4 章　核酸序列分析

随着二代测序技术的发展，越来越多生物的基因组得以测序完成，这使得对全基因组核酸序列分析成为可能。本章将介绍常用核苷酸序列分析工具，对真核生物核酸序列的基因阅读框、CpG 岛、转录终止信号、启动子、密码子偏好等进行分析。

4.1　基因阅读框的识别

阅读框（Open Reading Frame，ORF）指的是从 5'端翻译起始密码子（ATG）到终止密码子（TAA、TAG 或 TGA）的蛋白质编码碱基序列。真核生物的可读框除外显子外，还含有内含子，其长度变化范围非常大，因此真核生物基因阅读框的预测远比原核生物困难。

基因预测软件 GENSCAN（http://genes.mit.edu/GENSCAN.html）由斯坦福大学开发，它是针对基因组 DNA 序列预测可读框及基因结构信息的开放式在线资源，尤其适用于脊椎动物、拟南芥和玉米等高等真核生物。

进入 GENSCAN 页面（见图 4-1），选择物种（可以选择脊椎动物、拟南芥或玉米），上传序列文件或直接粘贴序列，点击"Submit"按钮运行后便可获得提交序列中所包含的基因数目、外显子数目和类型，预测单元的长度、方向、位置及相位、编码区记分值、可信概率、总记分值等结果。

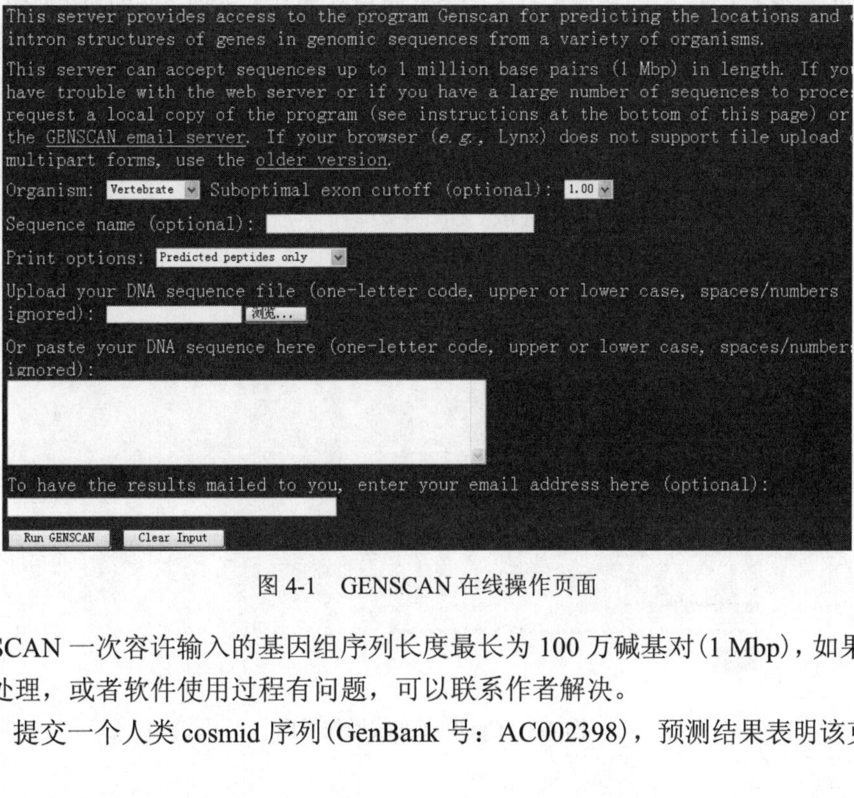

图 4-1　GENSCAN 在线操作页面

GENSCAN 一次容许输入的基因组序列长度最长为 100 万碱基对（1 Mbp），如果有更长的序列需要处理，或者软件使用过程有问题，可以联系作者解决。

例如，提交一个人类 cosmid 序列（GenBank 号：AC002398），预测结果表明该克隆存在 4

个基因，其中第 1 个基因的起始外显子从 1780 碱基处开始，到 1855 碱基处结束；接着有 7 个中间外显子；终止外显子在 4078 碱基处结束，其后还有 polyA 信号（见图 4-2）。

```
Gn.Ex Type S .Begin ...End .Len Fr Ph I/Ac Do/T CodRg P.... Tscr..

1.01 Intr +    1780   1855   76  2 1   99   96   68 0.590   7.77
1.02 Intr +    2038   2088   51  1 0  100   78   57 0.830   4.41
1.03 Intr +    2361   2437   77  0 2   49  116  -42 0.571  -5.65
1.04 Intr +    2691   2857  167  1 2   72   59  202 0.879  15.89
1.05 Intr +    3621   3761  141  2 0   90  105  186 0.998  21.56
1.06 Intr +    3850   3923   74  0 2   92   83  122 0.999  10.80
1.07 Term +    3997   4078   82  1 1  131   41  140 0.999  11.06
1.08 PlyA +    4101   4106    6                       -5.80
```

图 4-2　GENSCAN 运行返回结果示例

4.2　基因其他结构区预测

4.2.1　CpG 岛的预测

　　CpG 岛（CpG island）指的是一段 200 bp 或更长的 DNA 序列，GC 含量较高，并且由磷酸二酯键连接的 CpG 双核苷酸占 GC 含量的一半以上。CpG 岛富集在人类基因组启动子区和起始外显子区，通常在这个区段容易出现 DNA 的甲基化。

　　CpGPlot 是预测 CpG 岛的在线工具之一，它是由欧洲分子生物学实验室 EMBL 提供的。它的网址是 http://www.ebi.ac.uk/Tools/seqstats/emboss_cpgplot/。在软件主页将序列预测过程分为 3 步：第一步（Enter your input sequence）粘贴序列数据或者上传序列文件；第二步（Set options）设置参数，包括 Window Side（滑动窗口大小）、Minmum Length（最小序列长度）、Minmux Observed（最小观测值）；第三步（Submit your job）提交命令即可，也可以提供邮箱地址，以便结果运行完之后进行通知并提供结果链接（见图 4-3）。

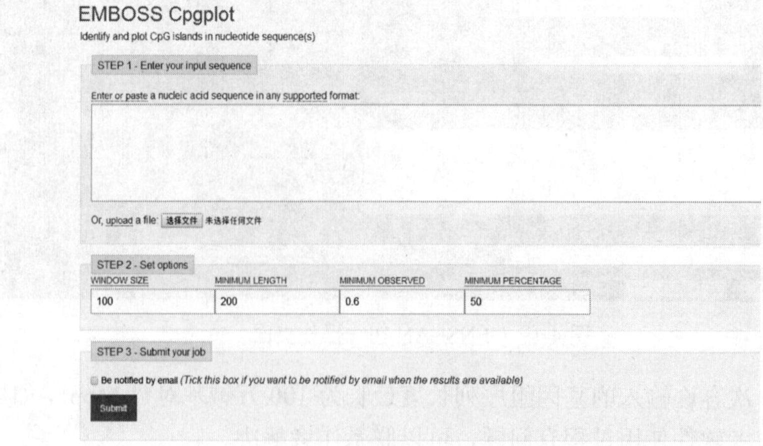

图 4-3　CpGPlot 在线操作界面

我们还是用一个人类 cosmid 序列(GenBank 号: AC002398)作为例子来说明 CpGPlot 的使用。粘贴 AC002398 序列并采用默认参数, 得到如图 4-4 所示的结果。

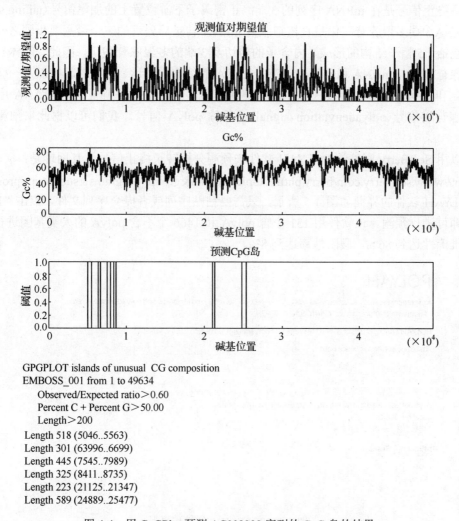

图 4-4 用 CpGPlot 预测 AC002398 序列的 CpG 岛的结果

图 4-4 所示的 CpGPlot 的结果包括 3 个图和输出的显著 CpG 岛结果: ①序列每个位置的 GC 含量观察值和期望值的比值。②序列每个位置的 GC 含量百分数。③预测显著的 CpG 岛的位置。最后的输出文本显示满足 CpG 岛长度大于 200 碱基、GC 含量大于 50%及观察值与理论值比值大于 0.6 这 3 个条件的 6 段 CpG 岛序列是:

- CpG 岛 1, 长度 518(从 5046 碱基到 5563 碱基)。
- CpG 岛 2, 长度 301(6399 碱基到 6699 碱基)。
- CpG 岛 3, 长度 445(7545 碱基到 7989 碱基)。
- CpG 岛 4, 长度 325(8411 碱基到 8735 碱基)。
- CpG 岛 5, 长度 223(21125 碱基到 21347 碱基)。
- CpG 岛 6, 长度 589(24889 碱基到 25477 碱基)。

4.2.2 转录终止信号预测

转录终止信号是在 mRNA 序列的 3'端终止密码子下游位置上的加尾信号(tailing signal)。前体 mRNA 3'端多聚腺苷酸化是真核细胞内 mRNA 转录后处理的三个最主要步骤之一，这三个步骤包括：5'帽子结构的形成、内含子的剪切及 3'端的多聚腺苷酸化，因此，前体 mRNA 3'端多聚腺苷酸化与 mRNA 稳定性的调节、mRNA 的细胞内转运、翻译的起始以及一些其他的细胞机制和疾病机制有着重要关系。转录终止信号序列上的主要特征为 AATAAA 序列，称为多聚腺苷酸信号(polyadenylation signal)，简称 polyA 信号。我们可以据此来预测基因终止位点。

可以用 SoftBerry 网站的 POLYAH 软件来预测分析转录终止信号，其网址是：
http://www.softberry.com/berry.phtml?topic=polyah&group=programs&subgroup=promoter

POLYAH 软件的界面如图 4-5 所示，只需要粘贴序列或者提交序列文件，点击"Process"按钮，即可进行预测。该软件用 131 个含 polyA 和 1466 个不含 polyA 的人类基因进行测试，发现其准确性达到 86%，假阳性率达到 8%。

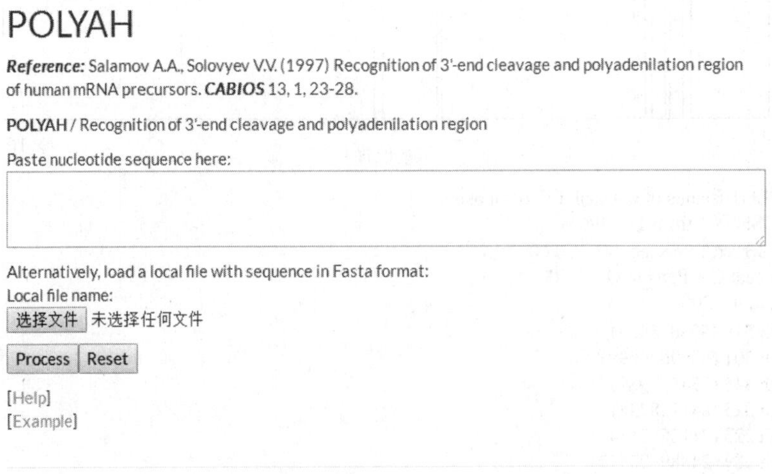

图 4-5 POLYAH 在线操作界面

这里提交人类 cosmid 序列(GenBank 号：AC002398)，得到如图 4-6 所示的结果。

所输入序列全长为 49634bp，如果仅输入序列，则软件会将其命名为 test sequence；如果是 fasta 格式的序列，则序列的名称会自动列出。POLYAH 预测了 25 个潜在转录终止 polyA 位点，并列出了这些位点在输入序列的具体位置和权重 LDF 值。该结果还需要结合之前的基因阅读框预测的结果加以筛选，才能得到更可靠的 polyA 位点。

4.2.3 启动子区域的预测

启动子是基因的一个组成部分，是位于结构基因 5'端上游区的 DNA 序列，控制基因表达(转录)的起始时间和表达的程度。启动子本身并不控制基因活动，而是通过与转录因子蛋白质结合而控制基因活动。转录因子就像一面"旗子"，指挥 RNA 聚合酶的活动。如果基因的启动子部分发生突变，则会导致基因表达的调节障碍。这种突变常见于恶性肿瘤。

```
> test sequence
  Length of sequence-      49634
    25 potential polyA sites were predicted
Pos.:    953 LDF-  4.54
Pos.:   1135 LDF-  0.59
Pos.:   1491 LDF-  2.22
Pos.:  11293 LDF-  0.37
Pos.:  11951 LDF-  3.38
Pos.:  15187 LDF-  0.68
Pos.:  15195 LDF-  0.52
Pos.:  15846 LDF-  3.15
Pos.:  20137 LDF-  2.48
Pos.:  20969 LDF-  2.97
Pos.:  22289 LDF-  4.26
Pos.:  23078 LDF-  3.38
Pos.:  24787 LDF-  3.85
Pos.:  24793 LDF-  4.69
Pos.:  29602 LDF-  3.09
Pos.:  32981 LDF-  2.23
Pos.:  38408 LDF-  3.54
Pos.:  44482 LDF-  3.53
Pos.:  44486 LDF-  2.64
Pos.:  44490 LDF-  2.43
Pos.:  44494 LDF-  2.67
Pos.:  44498 LDF-  3.89
Pos.:  44503 LDF-  3.89
Pos.:  44508 LDF-  2.17
Pos.:  44858 LDF-  5.26
```

图 4-6　POLYAH 返回结果示例

BioInformatics and Molecular Analysis Section 网站的 PromoterScan 软件可以预测启动子区（见图 4-7），网址是 https://www.bimas.cit.nih.gov/molbio/proscan/。该软件是通过对已知真核生物常见的真核生物 Ⅱ 型聚合酶启动子区进行同源性比较后预测启动子。该软件目前的版本是 PROSCAN1.7，若软件使用过程中遇到问题或需该软件的复本进行本地安装，可联系作者咨询。

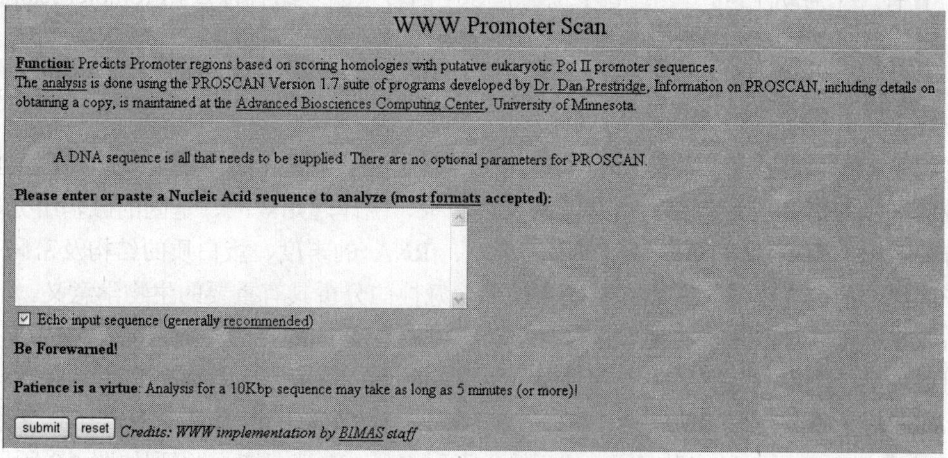

图 4-7　PromoterScan 在线操作界面

PromoterScan 软件没有额外参数可供选择设置，使用时仅需提供序列即可，序列格式支持 Fasta、GenBank、EMBL、GCG、MSF、NEXUS 等。序列长度要求至少 111bp，如果是更短的序列则需用 fasta 格式输入。序列运行需要一定时间，如 10 Kbp 的序列至少需要 5 分钟。

这里同样以提交人类 cosmid 序列（GenBank 号：AC002398）为例对软件的使用进行说明，PromoterScan 预测结果会给出输入序列的信息，并列出所有预测到的启动子的区域，正负链信息，以及预测得分，图 4-8 显示了预测结果的一部分。

```
Proscan: Version 1.7
Processed Sequence: 49634 Base Pairs

Promoter region predicted on forward strand in 5048 to 5298
Promoter Score: 94.96 (Promoter Cutoff = 53.000000)


Significant Signals:
  Name                  TFD #    Strand  Location  Weight
  Sp1                   S01542   +       5051      6.661000
  Sp1                   S00324   +       5051      17.211000
  Sp1                   S00064   +       5051      10.681000
  JCV_repeated_sequenc  S01193   -       5052      1.427000
  Sp1                   S00978   +       5052      3.013000
  Sp1                   S00977   +       5052      7.086000
  Sp1                   S00802   -       5057      3.061000
  AP-2                  S00346   -       5057      1.672000
  EARLY-SEQ1            S01081   -       5059      5.795000
  GCF                   S01964   +       5108      2.361000
  AP-2                  S01936   -       5114      1.108000
  UCE.2                 S00437   -       5115      1.216000
  AP-2                  S00346   -       5146      1.672000
  T-Ag                  S00974   +       5148      1.086000
  AP-2                  S01936   -       5150      1.091000
  APRT-CHO_US           S00215   -       5152      1.628000
  UCE.2                 S00437   +       5156      1.278000
  CREB                  S00144   +       5208      1.912000
  E4F1                  S01252   +       5209      3.824000
  E4F1                  S01249   +       5209      3.764000
  ATF/CREB              S00534   +       5209      1.564000
  ATF                   S01059   -       5214      1.591000
  CREB                  S00969   -       5214      4.589000
  c-fos_US5             S00676   -       5215      3.824000
  EivF                  S00399   -       5215      3.227000
  EivF/CREB             S00104   -       5215      1.564000
  E4TF1                 S00153   -       5215      1.750000
  JCV_repeated_sequenc  S01193   +       5294      1.427000
```

图 4-8 PromoterScan 返回结果示例

在每个启动子区内，PromoterScan 还尝试预测各种不同的转录因子结合位点，并给出转录因子数据库的 TFD 编号（见图 4-8）。PromoterScan 预测到了 AC002398 序列正链的 5048～5298 位置有一个启动子区，其中 5051 位置有 Sp1 的转录因子结合位点。PromoterScan 的预测假阳性比较高，仍然需要结合其他基因结构预测信息进行综合判断。

4.2.4 密码子偏好性计算

密码子使用偏好性是指生物体中编码同一种氨基酸的同义密码子的非均匀使用现象。这一现象的产生与诸多因素有关，如基因的表达水平、翻译起始效应、基因的碱基组分、某些二核苷酸的出现频率、G+C 含量、基因的长度、tRNA 的丰度、蛋白质的结构及密码子—反密码子间结合能的大小等。所以对密码子使用偏好性的分析具有重要的生物学意义。

CodonW 可以对密码子的使用进行分析，它可以在 Windows 命令行环境下运行，并且可以同时处理上千条序列。它的下载网址是 https://sourceforge.net/projects/codonw/。

CodonW 是命令行形式的软件，首先在 Windows 开始菜单运行 cmd 命令启动命令行程序，再用 cd 命令进入 CodonW 安装目录，然后输入运行 CodonW.exe 程序，得到如图 4-9 所示界面。

```
Welcome to CodonW  1.4.2  for Help type h
Initial Menu
Option
     (1) Load sequence file
     ( )
     (3) Change defaults
     (4) Codon usage indices
     (5) Correspondence analysis
     ( )
     (7) Teach yourself codon usage
     (8) Change the output written to file
     (A) About C-codons
     (R) Run C-codons
     (Q) Quit
Select a menu choice, (Q)uit or (H)elp ->
```

图 4-9 CodonW 命令行操作页面

第 4 章 核酸序列分析

根据页面提示信息先输入 1 载入待分析的编码 CDS 序列文件,便可输入 R 选项,运行 CodonW 计算密码子偏好性。CodonW 软件可以计算如表 4-1 所示的密码子指标。

表 4-1 CodonW 密码子指标

中文名	英文全称	缩 写
密码子适应性指数	Codon Adaptation Index	CAI
最优密码子频率	Frequency of Optimal Codons	Fop
密码子偏好指数	Codon Bias Index	CBI
有效密码子数	The Effective Number of Codons	ENC
GC 含量	G+C content of the gene	G+C
相对同义密码子指数	Relative Synonymous Codon Usage	RSCU
沉默密码子数	Number of Silent sites	LSil
氨基酸数	Number of Amino Acids	LAA
亲水性指数	Hydrophobicity of protein	GRAVY
芳香指数	Aromaticity score	Aromo

我们以不同物种的 waxy 基因(见表 4-2)为例,用 CodonW 软件分析它们的密码子偏好性。结果如图 4-10 所示,CodonW 给出序列的密码子数量和同义密码子频率。

表 4-2 不同物种的 waxy 基因序列

序号	GeneBank 编号	物 种
1	AY094405	Arabidopsis haliana
2	AF486514	Hordeum vulgare
3	X03935	Zea mays
4	X62134	O.sativa
5	X88789	P.sativum
6	X57233	Wheat

```
              High Bias Low  Bias           High Bias Low  Bias
              RSCU CU   RSCU CU             RSCU CU   RSCU CU
      Phe UUU 0.00 ( 0) 1.33 ( 2)   Ser UCU 0.00 ( 0) 0.41 ( 2)
          UUC 0.00 ( 0) 1.67 (20)       UCC 0.00 ( 0) 2.07 (10)
      Leu UUA 0.00 ( 0) 0.00 ( 0)       UCA 0.00 ( 0) 0.00 ( 0)
          UUG 0.00 ( 0) 0.24 ( 2)       UCG 0.00 ( 0) 0.41 ( 2)
          CUU 0.00 ( 0) 0.71 ( 6)   Pro CCU 0.00 ( 0) 0.13 ( 1)
          CUC 0.00 ( 0) 3.06 (26)       CCC 0.00 ( 0) 1.81 (14)
          CUA 0.00 ( 0) 0.12 ( 1)       CCA 0.00 ( 0) 0.13 ( 1)
          CUG 0.00 ( 0) 1.88 (16)       CCG 0.00 ( 0) 1.94 (15)
      Ile AUU 0.00 ( 0) 0.21 ( 2)   Thr ACU 0.00 ( 0) 0.15 ( 1)
          AUC 0.00 ( 0) 2.79 (26)       ACC 0.00 ( 0) 2.37 (16)
          AUA 0.00 ( 0) 0.00 ( 0)       ACA 0.00 ( 0) 0.15 ( 1)
      Met AUG 0.00 ( 0) 1.00 (18)       ACG 0.00 ( 0) 1.33 ( 9)
      Val GUU 0.00 ( 0) 0.00 ( 0)   Ala GCU 0.00 ( 0) 0.43 ( 6)
          GUC 0.00 ( 0) 1.74 (23)       GCC 0.00 ( 0) 2.14 (30)
          GUA 0.00 ( 0) 0.00 ( 0)       GCA 0.00 ( 0) 0.29 ( 4)
          GUG 0.00 ( 0) 2.26 (30)       GCG 0.00 ( 0) 1.14 (16)
      Tyr UAU 0.00 ( 0) 0.22 ( 2)   Cys UGU 0.00 ( 0) 0.00 ( 0)
          UAC 0.00 ( 0) 1.78 (16)       UGC 0.00 ( 0) 2.00 (12)
      TER UAA 0.00 ( 0) 0.00 ( 0)   TER UGA 0.00 ( 0) 3.00 ( 1)
          UAG 0.00 ( 0) 0.00 ( 0)   Trp UGG 0.00 ( 0) 1.00 ( 8)
      His CAU 0.00 ( 0) 0.00 ( 0)   Arg CGU 0.00 ( 0) 0.18 ( 1)
          CAC 0.00 ( 0) 2.00 ( 8)       CGC 0.00 ( 0) 2.00 (11)
      Gln CAA 0.00 ( 0) 0.11 ( 1)       CGA 0.00 ( 0) 0.00 ( 0)
          CAG 0.00 ( 0) 1.89 (18)       CGG 0.00 ( 0) 1.45 ( 8)
      Asn AAU 0.00 ( 0) 0.09 ( 1)   Ser AGU 0.00 ( 0) 0.21 ( 1)
          AAC 0.00 ( 0) 1.91 (22)       AGC 0.00 ( 0) 2.90 (14)
      Lys AAA 0.00 ( 0) 0.05 ( 1)   Arg AGA 0.00 ( 0) 0.18 ( 1)
          AAG 0.00 ( 0) 1.95 (38)       AGG 0.00 ( 0) 2.18 (12)
      Asp GAU 0.00 ( 0) 0.23 ( 4)   Gly GGU 0.00 ( 0) 0.30 ( 4)
          GAC 0.00 ( 0) 1.77 (31)       GGC 0.00 ( 0) 2.22 (30)
      Glu GAA 0.00 ( 0) 0.16 ( 3)       GGA 0.00 ( 0) 0.52 ( 7)
          GAG 0.00 ( 0) 1.84 (34)       GGG 0.00 ( 0) 0.96 (13)
```

图 4-10 用 CodonW 分析 waxy 基因所得的 RSCU 值和个数

4.3 引物设计

PCR引物设计的目的是为了找到一对合适的核苷酸片段，使其能有效地扩增模板DNA序列。PCR反应中有两条引物，即5'端引物和3'端引物。设计引物时以一条DNA单链为基准（常以信息链为基准），5'端引物与位于待扩增片段5'端上的一小段DNA序列相同；也称为上游引物或正向引物；3'端引物与位于待扩增片段3'端的一小段DNA序列互补，也称为下游引物或反向引物。

4.3.1 引物设计的基本原则

退火温度(Tm)：引物所对应模板序列的Tm值最好为62℃左右，至少要在55~80℃之间。Tm值的计算可用以下公式：

$$Tm=2(A+T)+4(C+G)$$

引物长度(Length)：引物长度一般为18~25个碱基，大多数应用的最短引物长度为18个核苷酸。如果期待的产物长度等于或小于500 bp，则选用短的16~18的引物；若产物长5 kb，则选用24个核苷酸的引物。对于克隆引物来说，由于要加酶切位点及保护碱基，因此克隆引物普遍较长，但最好也不要超过35个碱基。另外，若引物太短，则可能发生非特异性扩增；引物太长，合成时的产率会较低。化学合成引物时，每延长一个碱基需经过4步反应，即：使每步反应的产率为99%，20个碱基长度，产率是44.75%（$0.99^{4\times20}$）；30个碱基长度，产率是29.93%（$0.99^{4\times30}$），因此引物不要设计太长。

引物GC含量(GC%)：G+C含量以40%~60%为宜，G+C太少扩增效果不佳，G+C过多易出现非特异条带。ATGC四种核苷酸最好随机分布，避免5个以上的嘌呤或嘧啶核苷酸的成串排列。

自由能(ΔG)值：ΔG值反映了引物与模板结合的强弱程度。引物的ΔG值最好呈正弦曲线形状，即5'端和中间ΔG值较高，而3'端ΔG值相对较低，且不要超过9（ΔG值为负值，这里取绝对值），如此则有利于正确引发反应且可防止错误引发。

二聚体(dimmer)：两个引物之间不应存在互补序列，尤其是避免3'端的互补重叠，引物自身也不宜出现互补序列。这些结构的出现会形成引物二聚体(paired dimmer, self dimmer)，并可能影响PCR扩增效率。

错配：引物与非特异扩增区的序列的同源性不要超过70%，引物3'末端连续8个碱基在待扩增以外不能有完全互补序列，否则易导致非特异性扩增。

引物3'端序列：引物3'端的碱基，特别最后两个碱基，应严格要求配对，最佳选择是G和C，这两个碱基的错配会大大影响PCR扩增效率。

引物5'端修饰：引物只能在5'端进行修饰（简称Primer 5），如附加限制酶位点，引入突变位点，用生物素、荧光物质、地高辛标记，加入其他短序列，包括起始密码子、终止密码子等。

4.3.2 Primer 5引物设计

我们以使用Primer Premier 5软件来搜索人胰岛素基因(INS)的定量PCR引物(GenBank编号：NM_000207.2)为例，介绍引物设计方法。Primer 5软件的下载安装请参考相应的说明文件。

序列导入：打开 Premier 5 软件，点击 File-New-DNA sequence，打开输入序列对话框(GeneTank)，将目的基因序列粘贴在输入框内，粘贴时可选择将序列以原样(As Is)、反向(Reversed)、互补(Complemented)、反向互补(Reverse Complemented)等形式粘贴。

序列粘贴完毕之后，该对话框中的"Primer"、"Enzyme"、"Motif" 3 个按钮变为黑色可操作，其中"Primer"按钮用于引物设计；"Enzyme"按钮用于酶切位点分析；"Motif"按钮用于序列模式分析。点击"Primer"按钮打开引物设计对话框(Primer Primer)(见图 4-14)。

参数设置：点击"Search"按钮，打开"Search Criteria"(搜索参数设置)对话框(见图 4-11)，在显示的窗口中可对参数进行设置。引物设计目的包括 PCR 引物、测序引物、杂交探针；引物的类型包括正向引物(Sense Primer)、反向引物(Anti-Sense Primer)、正反向引物(Both)、正反向成对引物(Pairs)等。需要注意 Both 与 Pairs 的区别、上(下)游引物开始位置(Search Range)、PCR 产物的大小(Product Size)、引物的长度(Primer Length)。最后可以设定搜索模式(Search Mode)为自动(Automatic)或手动(Manual)，其中自动是默认选择，用默认参数进行搜索，手动搜索则是使用手动设置的参数(Search Parameters)进行搜索，如果有很特殊的要求或想完全控制特定的搜索参数，则最好使用手动搜索。

对于 INS 基因定量引物设计来说，qPCR 引物的搜索范围是 mRNA 序列全长范围(1..469)；定量 PCR 产物大小一般为 100～300bp，目的是使定量 PCR 扩增效率达到 100%；引物长度范围选择为 20±1，其他参数使用默认设置(见图 4-11)。

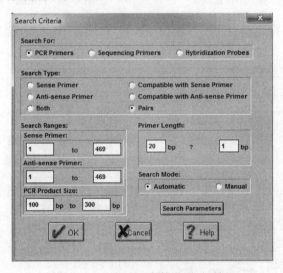

图 4-11　Primer 5 参数设置对话框

引物搜索：参数设置完毕后点击"OK"按钮即可进行引物搜索；点击"Cancel"按钮则关闭参数设置对话框。

引物搜索结果初步筛选：引物搜索完毕后会打开搜索过程报告对话框(见图 4-12)，软件会报告正(反)向引物总数(Total possible)，以及由于各参数不满足要求而删除的引物数(Rejected，用红色标记)、剩余引物数(Optional primers)及最终正反向引物配对的引物数(Pairs Found)。如果对该结果比较满意，可点击"OK"按钮显示最终的搜索结果(见图 4-12)；如果对该结果不满意，可点击"Cancel"按钮取消本次搜索结果，重新打开参数设置对话框进行调整。

最终引物筛选：在配对引物搜索结果页面(见图 4-13)，成对引物按照评估分数从高到低向下排列（Rating 列），同时显示引物 Tm 值、PCR 产物大小（Product Size）及建议的退火温度（Ta Opt）。一般选取评估分数较高的结果，当然对其他参数条件也要综合考虑，同等条件下，优先选择评分较高的引物。

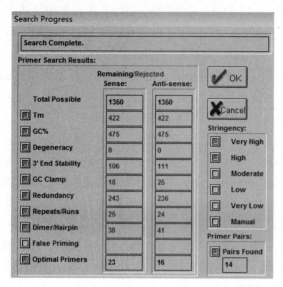

图 4-12　引物初步搜索结果

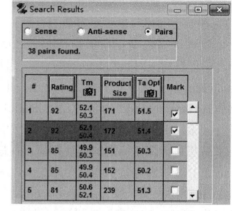

图 4-13　Primer 5 引物搜索结果示意图

点击任一一对搜索得到的引物，引物设计窗口（Primer Premier）会自动显示该对引物的相关信息（见图 4-14）。

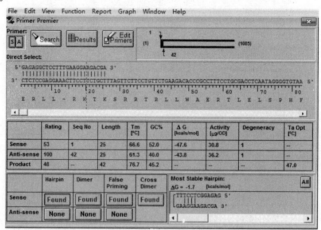

图 4-14　Primer 5 引物性状窗口示意图

中间的性状列表显示的引物性状包括引物评分（Rating）、起始位置（Seq No）、正反引物的长度（Length）、融链温度（Tm）、GC 含量（GC%）、自由能（ΔG）、比吸光度（Optical Activity，单位为 ug/OD）、多义性（Degeneracy）。对于引物对来说长度条显示了 PCR 产物的长度而 Ta Opt 项显示了 PCR 反应适宜的退火温度。左下方的表格分析了是否产生发夹结构（Hairpin）、二聚体（Dimer）错配（False Priming）及交叉二聚体（Cross Dimer）等二级结构。这些二级结构如果是"None"表示没有产生这些结构，如果是"Found"表示产生了这类结构，点击对应的"Found"则会在右边显示相关信息。

在引物设计时，建议针对一个基因设计多对(1~3对)引物，从而保证可以从中挑选 PCR 扩增效果最好的那一对引物，提高实验效率。

若觉得某一对引物合适，则可以在搜索结果窗口中点击该引物，然后在菜单栏选择 File-Print-Current pair，使用 PDF 虚拟打印机，即可转换为 pdf 文档，里面有该引物的详细信息，包括正反向引物序列、引物特征参数及引物可能形成的二级结构等。

引物命名：引物设计完毕，在将引物序列提交公司进行合成之前，最好给引物命名，以便于今后该引物的使用，建议的命名规则(物种名+基因名+引物作用+引物类型+其他)如：
- Hs-INS-qF1(192)：表示人 INS 基因的 qPCR 第一套引物上游引物位于 192 碱基；
- Hs-INS-qR1(458)：表示人 INS 基因的 qPCR 第一套引物下游引物位于 458 碱基。

这样命名的好处是可以知道模板用什么(如人细胞组织样本)、扩增的基因是什么(INS)、引物作用(定量 qPCR)、扩增片段长度(192~458)及引物间的配对关系(F1 与 R1 配对)。引物的名称中还可以加入酶切位点信息等，总之，引物的名称越详细，后面对它的利用也会越充分。

引物在序列的位置最好能在 fasta 文件中标出，这样既可确保引物与基因的对应关系，同时测序的时候便于迅速将测序序列与预期序列进行比较。

4.3.3 利用 Primer 5 进行酶切位点分析

在进行基因克隆的时候，常常需要将 PCR 扩增产物酶切后连接在特定的载体上，因此需要在基因克隆引物两端引入限制性内切酶位点，对所选用的酶的要求如下：
- 要能连接至目标载体的多克隆位点区(MCS)，即要在 MCS 区选择内切酶。
- 不会切断目标基因。

因此要对目标基因进行酶切位点分析。点击 Primer 5 的"Enzyme"按钮即可对输入序列进行酶切位点分析。打开的对话框如图 4-15 所示。

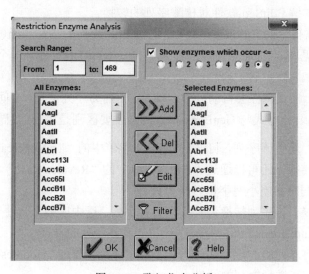

图 4-15 酶切位点分析

- 选择片段范围(Search Range)：默认为待分析序列全长范围。
- 选择酶切位点数：默认为小于或等于 6 次。

- 选择酶：可在所有酶（All Enzymes）中选择若干酶进行分析，也可选择全部酶进行分析，所选的酶列在 Selected Enzymes 文本框中，对所选择的酶可进行进一步添加（Add），也可进行删除（Del）。设置完毕后点击"OK"按钮进行酶切位点分析；点击"Cancel"按钮放弃分析。

在图 4-16 所示的酶切位点分析结果对话框（Restriction Sites）中显示了酶的名字（Name）、酶切位点（Recognition Site）、切点数（No）、各切点位置（Pos）。这些结果默认是以表格的形式（Table）显示，也可通过序列（Seq）、线图（Map）的形式显示，还可以反向显示无酶切位点的酶（Non-Cutters）。

#	Name	Recognition Site	No	Pos
1	AccB2I	RGCGC^Y	1	97
2	AeuI	CC^WGG	4	9, 163, 275, 304
3	AfaI	GT^AC	1	348
4	AflI	G^GWCC	3	112, 237, 311
5	AhaI	CC^SGG	1	226
6	AjoI	CTGCA^G	3	245, 293, 320
7	AliAJI	CTGCA^G	3	245, 293, 320
8	AluI	AG^CT	3	172, 261, 372

图 4-16　酶切位点分析结果

4.4　核酸序列的其他转换

核酸序列的其他转换包括大小写字母间的转换、正向反向的转换、核酸链与其互补链的转换等，这些转换可用 DNAStar 软件中的 EditSeq 小软件实现。此处，还是以人类胰岛素基因的 mRNA 为例，讲解 EditSeq 软件对核酸序列的转换。

打开 DNAStar 软件中的 EditSeq 小软件，通过 File-Import 导入 fasta、GenBank、txt、GCG 等不同格式的文件（见图 4-17）；也可以通过 File-New-New DNA 打开一个新的序列编辑界面，然后将序列粘贴进去。

导入的 GenBank 格式文件会自动分为 3 部分，上面为序列信息，中间为基因的说明内容，下面为序列注释信息。该格式与 GenBank 格式的最主要区别是序列信息放在最上面。

- 大小写转换：选中该序列，可通过"Edit"菜单中的"To Uppercase"、"To Lowercase"进行大小写转换，还可以通过"Edit"菜单中的"Reverse Case"将原大写字母转换为小写字母，同时将原小写字母转换为大写字母。
- 反向互补转换：将序列转换为其反向互补序列，选中序列，通过"Goodies"菜单中的"Reverse Complement"即可完成序列与其互补序列的转换。
- 序列颠换：将序列的 5'端及 3'端互换，选中序列，通过"Goodies"菜单中的"Reverse Sequence"即可进行序列的颠换。

选中序列，还可通过"Goodies"中的"Translate DNA"将其翻译为蛋白；或通过"DNA Statistics"进行序列的统计分析。

第 4 章 核酸序列分析

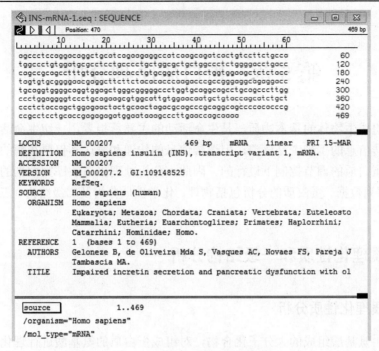

图 4-17 EditSeq 序列编辑页面

习题

1. 熟悉用 GENSCAN 分析人类 cosmid 序列（GenBank: AC002390）基因阅读框。
2. 对人类 cosmid 序列（GenBank: AC002390）用 CpGPlot 分析 CpG 岛、用 POLYAH 分析转录终止信号、用 PromoterScan 预测启动子区域。
3. 用 CodonW 软件分析不同物种 HSP90 蛋白的密码子使用偏好性。
4. 尝试用 Primer 5 设计人类 HSP90 基因的引物。

参考文献

[1] C. Burge, S. Karlin. Prediction of complete gene structures in human genomic DNA. J Mol Biol, 1997, Vol.268, pp.78-94.

[2] C. Burge. Finding the genes in genomic DNA. Curr Opin Struct Biol, 1998, Vol.8, pp.346～354.

[3] D.S. Prestridge. Predicting pol II promoter sequences using transcription factor binding sites. J Mol Biol, 1995, Vol.249, pp.923～932.

[4] A. Salamov, V. Solovyev. 1997. Recognition of 3'-end cleavage and polyadenilation region of human mRNA precursors. CABIOS, 1997, Vol.13, pp.23-28.

[5] P. Rice. EMBOSS: the European molecular biology open software suite. Trends in Genetics, 2000, Vol.16, pp.276～277.

第 5 章 蛋白质序列分析

蛋白质是组成生物体的基本物质，是生命活动的主要承担者，一切生命活动都与蛋白质有关。虽然遗传信息的携带者是核酸，但遗传信息的传递和表达不仅要在酶的催化之下，并且也是在各种蛋白质的调节控制下进行的。因此，分析处理蛋白质序列数据的重要性并不亚于分析 DNA 序列数据。蛋白质的分析包括物理、化学性质分析及二级结构、三级结构等高级结构分析。

5.1 蛋白质理化性质和一级结构分析

5.1.1 蛋白质理化性质分析

蛋白质是由氨基酸组成的大分子化合物，对组成蛋白质的氨基酸进行理化性质的统计分析是对一个未知蛋白质进行分析的基础。蛋白质的理化性质包括蛋白质的分子量、氨基酸的组成、等电点、消光系数、亲水性和疏水性、跨膜区、信号肽、翻译后修饰位点等。

ExPASy(Expert Protein Analysis System)是由瑞士生物信息学中心维护，并与欧洲生物信息学中心(EBI)及蛋白质信息资源(Protein Information Resource，PIR)组成 Universal Protein Knowledgebase 联盟。ExPASy 数据库提供了一系列蛋白质理化性质分析工具，以便于检索未知蛋白质的理化性质，并基于这些理化性质鉴别未知蛋白质的类别，为后续实验提供帮助。其中 ProtParam(physico-chemical parameters of a protein sequence)就是计算氨基酸理化参数常用的在线工具，其网址为 http://expasy.org/tools/protparam.html。

ProtParam 只需要提交蛋白质序列或 Uniprot 序列号即可，如图 5-1 所示。

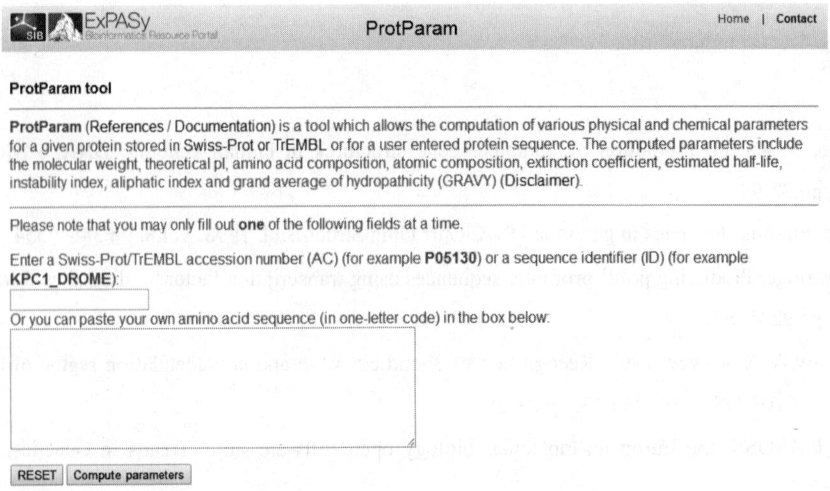

图 5-1 ProtParam 主页面示意图

我们提交 Uniprot 编号为 Q28332 的一个 FGF-receptor 蛋白，计算它的理化性质，结果如图 5-2 所示。

```
Number of amino acids: 157  ← 氨基酸残基数
Molecular weight: 18191.9
Theoretical pI: 8.43  ← 理论等电点
Amino acid composition:  [CSV format]
  Ala (A)   12    7.6%
  Arg (R)   11    7.0%
  ⋮
  Val (V)   11    7.0%
Total number of negatively charged residues (Asp + Glu): 19  ← 负电荷氨基酸残基总数
Total number of positively charged residues (Arg + Lys): 21  ← 正电荷氨基酸残基总数
Atomic composition:
  Carbon     C     807
  Hydrogen   H    1269
  Nitrogen   N     223
  Oxygen     O     234
  Sulfur     S      11
Formula: $C_{807}H_{1269}N_{223}O_{234}S_{11}$
Total number of atoms: 2544
Extinction coefficients:  ← 消光系数
Extinction coefficients are in units of $M^{-1}\ cm^{-1}$, at 280 nm measured in water.
Ext. coefficient    26025
Abs 0.1% (=1 g/l)   1.431, assuming ALL Cys residues appear as half cystines
Ext. coefficient    25900
Abs 0.1% (=1 g/l)   1.424, assuming NO Cys residues appear as half cystines
Estimated half-life:
The N-terminal of the sequence considered is E (Glu).
The estimated half-life is: 1 hours (mammalian reticulocytes, in vitro).
                            30 min (yeast, in vivo).
                           >10 hours (Escherichia coli, in vivo).
Instability index:  ← 不稳定系数
The instability index (II) is computed to be 52.82
This classifies the protein as unstable.
Aliphatic index: 82.61  ← 脂肪系数
Grand average of hydropathicity (GRAVY): -0.400  ← 总平均疏水性
```

图 5-2　用 ProtParam 分析 FGF-receptor（Q28332）序列理化性质的结果

可以看出来 ProtParam 以文本的形式输出了各种理化性质参数，如蛋白质序列长度（Number of Amino Acids）、蛋白质的分子量（Molecular Weight）、等电点（Theoretical pI）、氨基酸的组成（Amino Acids Composition）、消光系数（Extintion Coefficient）、亲水性和疏水性、翻译后修饰位点等。

5.1.2　蛋白质理化性质分布图

我们还可以用 ProtScale 绘制蛋白质各种理化性质基于氨基酸位置的分布图。比如，蛋白质亲水性或疏水性分布图。

氨基酸的亲水性和疏水性是构成蛋白质折叠的主要驱动力，一般通过亲水性分布图（Hydropathy Profile）反映蛋白质的折叠情况。蛋白质折叠时会形成疏水内核和亲水表面，同时在潜在跨膜区出现高疏水值区域，据此可以测定跨膜螺旋等二级结构和蛋白质表面氨基酸分布。

ProtScale 也是 ExPASy 数据库提供的在线工具，其网址是 http://web.expasy.org/protscale/，其输入序列及参数示意图如图 5-3 所示。

图 5-3　ProtScale 输入序列界面示意图

可以看出 ProtScale 提供了可选的多种氨基酸理化性质，每一种都可以生产对应的分布图，比如分子量（Molecular Weight）、密码子数目（Number of Codon）、极性（Polarity）、折射系数（Refractivity）等特性和不同的评分标准，点击对应链接可查看相关信息，其中亲水性和疏水性可以选用默认的 Hphob./Kyte & Doolittle 算法来计算。此处用网站示例果蝇的蛋白激酶 C 和 KPC1_DROME（Uniprot 编号：P05130）作为例子介绍软件的使用。

- 序列提交形式：可以采用 UniProt 的 Accession Number（如 P05130），或者蛋白名字（如 KPC1_DROME），或者直接将蛋白质序列粘贴至搜索框。
- 蛋白分布图：选择 Hphob./Kyte & Doolittle 分析蛋白的亲/疏水性，也是软件默认选项。
- 窗口大小：调整为 19，计算序列某位点的相关参数时，以该位点为中心，前后取窗口大小的序列片段并取平均值作为该位点的值。其他参数选择默认参数。点击"Submit"按钮进行计算。

ProtScale 输出结果页面（见图 5-4）显示了输入序列的来源、名字、长度等信息，如果是 UniProt 登录号，还可提供至 UniProt 的链接；接着是 Scale 的类型及对应的参数，如 Hphob./Kyte & Doolittle 算法给每个氨基酸的打分及窗口片段各碱基位置的权重参数；再接着是软件运行得到的亲/疏水性分布图，有多个高低峰值，分值低说明区域呈亲水性，分值高说明该区域呈疏水性；结果图可提供 GIF、PS 图形格式，或者 verbose 数字形式等。在计算亲/疏水性分布图时，可以选用不同的窗口大小和计算方法来综合评估蛋白质的亲/疏水性。当跨膜螺旋较短时，可以采用小一点的窗口大小来分析。

```
KPC1_DROME (P05130)

Protein kinase C, brain isozyme (EC 2.7.11.13) (PKC) (dPKC53E(BR))
Drosophila melanogaster (Fruit fly).
The parameters have been computed for the following feature:

FT   CHAIN     1    679    Protein kinase C, brain isozyme.

The computation has been carried out on the complete sequence (679 amino acids).


SEQUENCE LENGTH: 679

Using the scale Hphob. / Kyte & Doolittle, the individual values for the 20 amino acids are:

Ala:  1.800  Arg: -4.500  Asn: -3.500  Asp: -3.500  Cys:  2.500  Gln: -3.500
Glu: -3.500  Gly: -0.400  His: -3.200  Ile:  4.500  Leu:  3.800  Lys: -3.900
Met:  1.900  Phe:  2.800  Pro: -1.600  Ser: -0.800  Thr: -0.700  Trp: -0.900
Tyr: -1.300  Val:  4.200       : -3.500       : -3.500       : -0.490

Weights for window positions 1,..,19, using linear weight variation model:

  1    2    3    4    5    6    7    8    9   10   11   12   13   14   15   16   17   18   19
1.00 1.00 1.00 1.00 1.00 1.00 1.00 1.00 1.00 1.00 1.00 1.00 1.00 1.00 1.00 1.00 1.00 1.00 1.00
edge                              center                                            edge
```

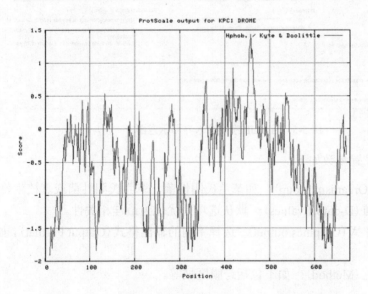

图 5-4　果蝇的蛋白激酶 C 亲/疏水性分布图

5.1.3　蛋白质信号肽预测

信号肽是指新合成多肽链中用于指导蛋白质跨膜转移的末端（通常为 N 末端）氨基酸序列。信号肽中至少含有一个带正电荷的氨基酸，中部有一个高度疏水区以通过细胞膜。信号肽假说认为，编码分泌蛋白的 mRNA 在翻译时首先合成的是 N 末端带有疏水氨基酸残基的信号肽，它被内质网膜上的受体识别并与之相结合。信号肽经由膜中蛋白质形成的孔道到达内质网内腔，随即被位于腔表面的信号肽酶水解，由于它的引导，新生的多肽就能够通过内质网膜进入腔内，最终被分泌到胞外。

我们可以用 SignalP 来预测蛋白质的信号肽。SignalP 是丹麦技术大学的生物序列分析中心开发的信号肽及其剪切位点检测的在线工具,该软件基于神经网络方法,用已知信号序列的革兰氏阴性原核生物、革兰氏阳性原核生物及真核生物的序列分别作为训练集。SignalP 预测的是分泌型信号肽,而不是那些参与细胞内信号传递的蛋白。其网址是 http://www.cbs.dtu.dk/services/SignalP/,序列输入界面如图 5-5 所示。

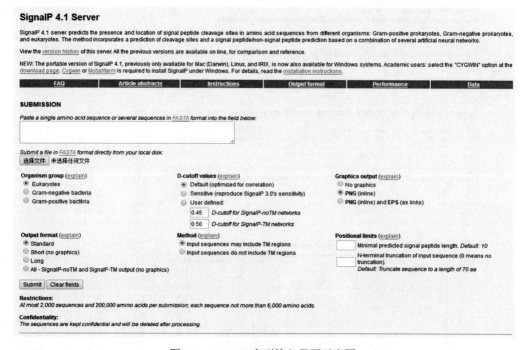

图 5-5 SignalP 序列输入界面示意图

SignalP 中主要的设置参数如下:

- 选择不同物种(Organism group):如革兰氏阴性菌、革兰氏阳性菌或真核生物真菌。
- 选择预测的阈值(D-cutoff values):默认选项是优化为最佳相关性。
- 选择图片输出格式(Graphics output):选择不同的输出格式(Output Format),如含或不含图片。
- 选择输入序列包(Method):如不包括跨膜区域等。

我们以人的类胰岛素生长因子(Uniprot 编号:P05019)序列分析信号肽为例介绍软件的使用,使用默认参数,其结果如图 5-6 所示。

图中 x 轴列出序列前 70 个位置氨基酸,y 轴为分值(Score)。图中有 3 条不同颜色的分值曲线及 5 个典型特征值,这 5 个特征值都对信号肽的预测有一定的辅助作用。

- C 值曲线:表示剪切位点的分值,用红色显示,C 值高出现剪切位点的可能性就大,C 值最大(max C)的地方就是剪切位点。
- S 值曲线:为信号肽分值,用绿色显示,它显示曲线变化趋势,高分位置表示相应的氨基酸位于信号肽部分,低分位置表示位于成熟蛋白部分,S 值最高点(max S)会在图中显示,本例 S-max 为 0.989。

- **Y 值曲线**：是基于 S 值和 C 值的综合记分值，用蓝色显示。Y 值最高点 (max Y) 被视为最理想的剪切位点，此点具有高的 C 值，同时又是 S 值由高转低的位点。
- **Mean S**：是指从 N 端氨基酸到 max Y 范围氨基酸 S 记分的平均值，根据此值可以预测信号肽的长度。
- **D-score**：是 mean S 值与 Max Y 值的权重平均值，利用该值来最终判断所提交蛋白质序列是否为信号肽。

SignalP 软件预测类胰岛素生长因子的结果显示该蛋白具有信号肽，它最可能的剪切位点预测在第 48 位和第 49 位点间，信号肽的片段是该蛋白 N 端开始的 1~48 氨基酸片段。

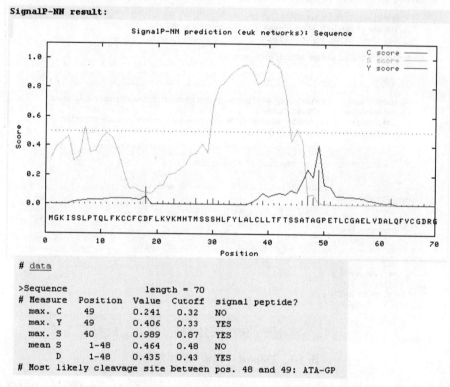

图 5-6 用 SignalP 分析类胰岛素生长因子序列前导肽的结果

5.2 蛋白质二级结构分析

5.2.1 蛋白质跨膜结构区分析

TMpred 是 EMBnet 开发的一个分析蛋白质跨膜区的在线工具，TMpred 基于对 TMbase 数据库的统计分析来预测蛋白质跨膜区和跨膜方向。TMbase 是一个收集跨膜蛋白及其跨膜区的数据库，所收集的数据主要来源于 Swiss-Prot 蛋白质数据库，并包含了每个序列的一些附加信息，如跨膜结构区域的数量、跨膜结构域的位置及其侧翼序列的情况。TMpred 利用这些信息并与若干加权矩阵结合来进行蛋白质跨膜区预测。TMpred 的网址是 http://www.ch.embnet.org/software/TMPRED_form.html，其在线提交序列界面如图 5-7 所示，页面内容说明如下：

- 输入序列格式：支持的格式包括 Plain Text（fasta 格式文本）、Swissprot ID or AC（Swissprot 名称或者登录号）、TrEMBL ID（TrEMBL 名称）、GenPept gi（蛋白 gi 号）、Yeast ORF（酵母 ORF）等。
- 输出文件的格式：可选 html 或者 ascii 格式。
- 跨膜区疏水部分长度：可设置最小值及最大值，默认最小值是 17aa，最大值是 33aa。

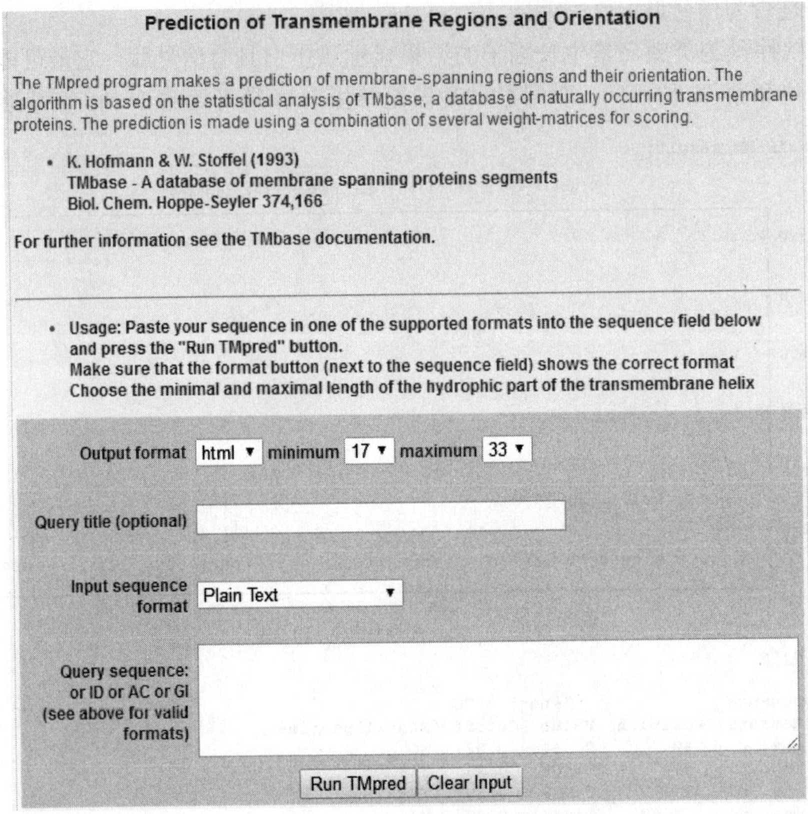

图 5-7 TMpred 序列输入界面示意图

我们用人的细胞因子受体 6（C-C chemokine receptor type 6，Uniprot 编号：P51684）序列分析跨膜区域，使用默认参数，其结果如图 5-8 所示。

在结果页面，首先列出了查询日期，查询序列的名字、长度及所用的参数等基本信息，接下来的预测结果包括 4 个方面：

- 可能的跨膜螺旋（Possible Transmembrane Helices）：列出预测的从内向外（Inside to Outside Helices）及从外向内（Outside to Inside Helices）的跨膜螺旋的起始、终止位点，以及打分和中心点。
- 列表显示跨膜螺旋的相关性：列表显示序列间从内到外及从外到内的相关性，用"+"代表显著相关性，用"++"代表极显著相关性。
- 建议的跨膜螺旋立体结构：TMpred 输出了两种跨膜结构模型，第一种"强烈推荐"模型（Strongly Preferred Model）有 7 个跨膜结构域：111-130、139-160、176-197、222-240、268-291、311-332、355-375；第二种是可能的跨膜结构螺旋。

- **跨膜螺旋图**：用实线及虚线分别代表从内到外(i→o)及从外到内(o→i)跨膜螺旋的结构，横坐标是序列位点，纵坐标是得分值。该图像可用 GIF、Postscript 及 Numerical 格式保存。

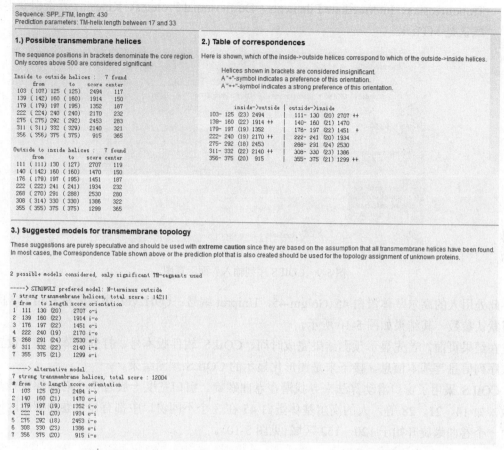

图 5-8　用 TMpred 分析细胞因子受体 6(CCR6) 序列跨膜区域的结果

5.2.2　蛋白质卷曲螺旋分析

卷曲螺旋是蛋白质空间结构中的一种，它是由 2～7 个 α 螺旋相互缠绕而形成超螺旋结构的总称。卷曲螺旋区域一般以 7 个氨基酸残基为单位组成，以 a、b、c、d、e、f、g 位置表示，其中 a 和 d 位置为疏水性氨基酸，而其他位置的氨基酸残基为亲水性。许多含有卷曲螺旋结构的蛋白质具有重要的生物学功能，例如基因表达调控中的转录因子。含有卷曲螺旋结构最知名的蛋白质有原癌蛋白(oncoprotein) c-Fos 和 Jun，以及原肌球蛋白(tropomyosin)。

COILS 是由 Swiss EMBNet 维护的预测卷曲螺旋的在线工具，该软件是基于 Lupas 算法，将查询序列在一个由已知包含卷曲螺旋蛋白质结构的数据库中进行搜索，同时也将查询序列与包含球状蛋白质序列的 PDB 次级库进行比较，并根据两个库的搜索得分决定查询序列形成卷曲螺旋的概率。COILS 也可以下载到本地进行运算，其网址为 http://www.ch.embnet.org/software/COILS_form.html，其在线提交序列界面如图 5-9 所示。页面内容说明如下：

- **输入序列格式**：与 TMpred 所支持的文件格式一致，默认是 Plain Text。

- 窗口宽度：有 all、14、21、28 等 4 个选择，默认是 all。
- 打分矩阵：有 MTK 及 MTIDK 两种矩阵可供选择，其中 MTK 是从分析 Myosins、Tropomyosins、Keratins 3 类蛋白获得的；而 MTIDK 是从分析 Myosins、Paramyosins、Tropomyosins、Intermediate Filaments、Desmosomal Proteins、Kinesins 等蛋白获得的，默认是 MTIDK。

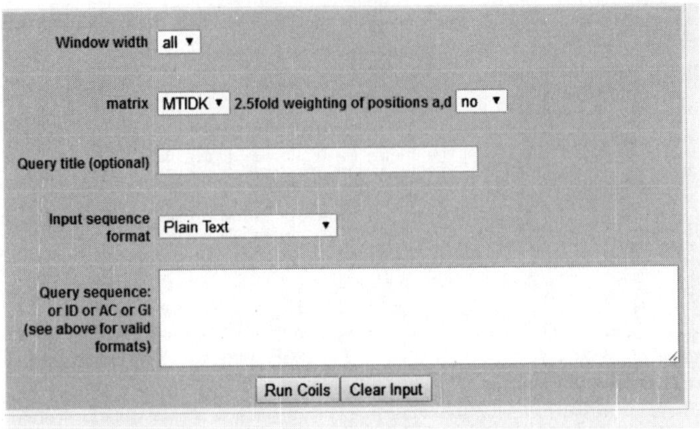

图 5-9　COILS 序列输入界面示意图

此处用人的高尔基体蛋白 45（Golgin-45，Uniprot 编号：Q9H2G9）序列分析 Coil 结构域，使用默认参数，其结果如图 5-10 所示。

在结果页面，首先显示预测结果完成时间、COILS 软件版本号、打分矩阵、权重设置、输入序列信息等基本信息。接下来是图形化显示的 COILS 预测结果。

COILS 采用了窗口滑动算法来寻找潜在卷曲螺旋。窗口宽度一般为 7 个卷曲螺旋残基的倍数，如 14、21、28 等。人的高尔基体蛋白 45 在 3 个不同窗口中都有显示卷曲螺旋区域，如第一个卷曲螺旋开始于 120～152 区域（见图 5-10）。

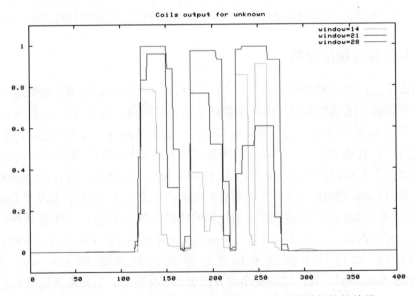

图 5-10　用 COILS 分析人的高尔基体蛋白 45 序列卷曲螺旋的结果

5.2.3 蛋白质二级结构预测分析

蛋白质的每一段相邻的氨基酸残基具有形成一定二级结构的倾向，因此我们可以做二级结构预测，判断每一段中心的残基是否处于 α 螺旋、β 折叠、转角或其他二级结构中。

PredictProtein 是欧洲分子生物学实验室提供的蛋白质序列和结构预测服务网站。使用 PredictProtein 网站需要学术邮箱注册。PredictProtein 可以获得功能预测、二级结构、基序、二硫键结构、结构域等蛋白质序列的结构信息。它使用了神经网络的方法，平均准确率超过 72%，最佳残基预测准确率达 90% 以上。因此，被视为蛋白质二级结构预测的标准。PredictProtein 的网址是 https://www.predictprotein.org/，其序列输入界面如图 5-11 所示。

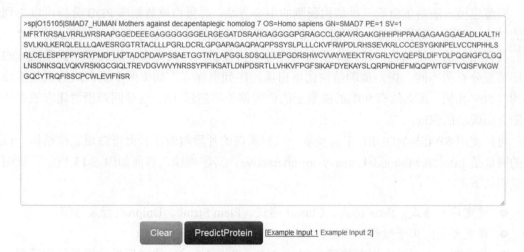

图 5-11 PredictProtein 序列输入界面示意图

我们用人的细胞因子受体 6（C-C chemokine receptor type 6，Uniprot 编号：P51684）序列分析蛋白质二级结构，使用默认参数，其结果如图 5.12 所示，其中标注了不同 α 螺旋、β 折叠和转角的位置。

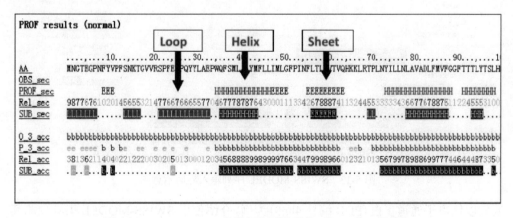

图 5-12 PredictProtein 分析细胞因子受体 6（CCR6）二级结构

5.3 蛋白质三维结构预测分析

生物学家对于蛋白质序列与空间结构之间的关系了解得比较少。预测蛋白质的二级结构只是预测折叠蛋白的三维形状的第一步。一些结构不是很规则的环状区域与蛋白的二级结构单元共同堆砌成一个紧密的球状天然结构。生物化学研究中一个活跃领域就是了解引起蛋白折叠的各种力。在蛋白质折叠过程中一系列不同的力都起到了重要作用，包括静电力、氢键和范德华力。疏水作用是影响蛋白质结构的重要因素。半胱氨酸之间共价键的形成在决定蛋白构象中也起到了决定性作用。在一类称为伴侣蛋白的特殊蛋白质作用的情况下，蛋白折叠问题变得更加复杂。

同源建模方法是蛋白质三维结构预测的主要方法。对蛋白质数据库 PDB 分析可以得到这样的结论：任何一对蛋白质，如果两者的序列等同部分超过 30%（序列比对长度大于 80），则它们具有相似的三维结构，即两个蛋白质的基本折叠相同，只是在非螺旋和非折叠区域的一些细节部分有所不同。蛋白质的结构比蛋白质的序列更保守，如果两个蛋白质的氨基酸残基序列有 50% 相同，那么约有 90% 的碳原子的位置偏差不超过 3Å。这是同源模型化方法在结构预测方面成功的保证。

可以使用 SWISS-MODEL 工具及基于同源蛋白的片段组装法预测蛋白质三维结构。该工具的网址是 https://swissmodel.expasy.org/interactive，其序列输入界面如图 5-13 所示，页面内容说明如下：

- 提交序列格式：fasta 格式、Clustal 格式、Plain String、Uniprot 登录号等。
- 提交邮箱：用于接收结果。
- 搜索模式：可搜索现有的模板（Search For Templates），通过模板检索其结构模型；也可直接建立模型（Build Model）。

图 5-13 SWISS-MODEL 序列输入界面示意图

我们以铁离子通道蛋白（PDB 编号 4hn9）为例，介绍使用 SWISS-MODEL 工具预测其三维结构的流程，结果如图 5-14 所示。左边的模型结果表明了模型蛋白质的信息，如残基建模范围、参考模板、序列比对一致性、模型评估分数等。

第 5 章　蛋白质序列分析

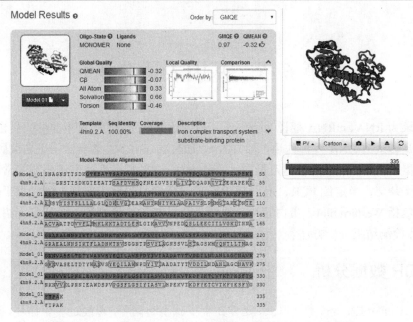

图 5-14　SWISS-MODEL 分析铁离子通道蛋白质三级结构

习题

1. 熟悉蛋白质理化性质分析工具 ProtParam 和理化性质分布图工具 ProtScale 的使用，对人的热激蛋白 HSP90 分析其理化性质和亲/疏水性图。
2. 熟悉蛋白质信号肽预测工具 SignalP，分析丁香假单胞菌效应蛋白 HopB1 的信号肽。
3. 熟悉蛋白质二级结构分析工具，如 COLIS 和 PredictProtein，练习分析原肌球蛋白（tropomyosin）的二级结构。
4. 对老鼠的葡萄糖转运蛋白（Uniprot 编号：P17809），尝试用 SWISS-MODEL 预测其三维结构。

参考文献

[1] E. Gasteiger, C. Hoogland, A. Gattiker, et al. Protein Identification and Analysis Tools on the ExPASy Server;（In）John M. Walker（ed）: The Proteomics Protocols Handbook, Humana Press. 2005, pp:571-607.

[2] K. Hofmann, and W. Stoffel. Tmbase—A database of membrane spanning proteins segments. Biol Chem, Hoppe-Seyler, 1993, Vol.374, pp.166.

[3] N. Thomas, S. Petersen. SignalP 4.0: discriminating signal peptides from transmembrane regions. Nat Methods, 2011, Vol.8, pp.785-786.

[4] A. Lupas, M. Van Dyke, and J. Stock. Predicting Coiled Coils from Protein Sequenc. Science. 1991, Vol.252, pp.1162-1164.

[5] M. Biasini, S. Bienert, A. Waterhouse et al. SWISS-MODEL: modelling protein tertiary and quaternary structure using evolutionary information Nucleic Acids Res, 2014, Vol.42, pp. W252-W258.

第 6 章 基因表达分析

基因转录为 RNA、mRNA 翻译为蛋白是基因表达的两个方面,对于非编码蛋白基因来说,基因表达就是转录成 RNA 发挥作用,如 tRNA、rRNA、miRNA 等;对于蛋白编码基因来说,基因表达是指 mRNA 水平的表达及蛋白水平的表达。RNA 水平的表达检测的常用方法包括 Northern blot 杂交、半定量 PCR、定量 PCR、基因芯片、RNA-seq 等;蛋白水平的表达检测的常用方法包括 Western blot、蛋白芯片、原位杂交、ELISA 检测等。此处将介绍最常使用的 qPCR 及芯片检测结果分析方法。

6.1 qPCR 数据分析

普通 PCR 过程主要是变性、退火、延伸 3 个步骤不断循环,每经过一个循环,理论上 PCR 产物的量增加至原来的 2 倍。real-time qPCR 就是在 PCR 扩增过程中,在每一个循环延伸之后,增加一个荧光检测的步骤,通过 CCD 记录荧光信号强度,对 PCR 进程进行实时监测。由于在 PCR 扩增的指数时期,模板的 Ct 值和该模板的起始拷贝数存在线性关系,所以成为定量的依据。real-time qPCR 由于其操作简便、灵敏度高、重复性好等优点发展非常迅速。现在已经涉及生命科学研究的各个领域,比如基因的差异表达分析、SNP 检测、等位基因的检测、药物开发、临床诊断、转基因研究等。

以循环数为横坐标,以每个循环所检测的荧光信号为纵坐标所得到的即为扩增曲线图,扩增曲线呈现 S 形。如果荧光信号来自荧光染料,则荧光定量 qPCR 过程在扩增循环完成之后,会增加一个熔解曲线制作步骤,随着熔解温度的升高,qPCR 产物的荧光值逐渐减小,这样,以温度为横坐标,以荧光强度为纵坐标获得的即为熔解曲线图。在进行定量 qPCR 分析之前,一般先看扩增曲线图和熔解曲线图,正常的 S 形扩增曲线表示扩增结果正常;单峰的熔解曲线表示扩增产物特异性强。如果这两张图判定无误,则进行进一步定量 PCR 分析。

荧光定量 qPCR 中的重要参数有 Ct 值(Ct value)、阈值(threshold)和基线(baseline)。一般来讲,第 3~15 个循环的荧光值就是基线,是由于测量的偶然误差引起的。阈值一般是基线的标准偏差的 10 倍。在实际操作中也可以手动调节,使其位于指数期,且一般要高于基线,又要低于扩增曲线三分之二处。Ct 值就是荧光值达到一定阈值时的所需 qPCR 循环次数,一般是阈值线与扩增曲线的交点所对应的循环数,Ct 值是一个没有单位的参数。

根据 real-time qPCR 的化学发光原理可以将定量 qPCR 分为两大类:一类为探针类,包括 TaqMan 探针和分子信标,其特点是检测特异性高、价格昂贵;一类为荧光染料类,其中包括如 SYBR Green I 或者特殊设计的引物(如 LUX Primers),该方法的特点是便宜,但是特异性不好。这两类 qPCR 方法发光原理示例说明如下。

- **TaqMan 探针法**:是最早用于定量的方法,在 qPCR 扩增加入一对引物的同时加入一个特异性的荧光探针,该探针为一寡核苷酸,5'端标记一个报告荧光基团,3'端标记一个淬灭荧光基团。探针完整时,报告基团发射的荧光信号被淬灭基团吸收,也就是

FRET 反应；PCR 扩增时，Taq 酶的 5'-3'外切酶活性将探针酶切降解，使报告荧光基团和淬灭荧光基团分离，从而使荧光监测系统可接收到荧光信号，即每扩增一条 DNA 链，就有一个荧光分子形成，实现了荧光信号的累积与 PCR 产物形成完全同步。而新型 TaqMan-MGB 探针使该技术既可进行基因定量分析，又可分析基因突变(SNP)。

- SYBR Green I 法：是一种结合于小沟中的双链 DNA 结合染料，与双链 DNA 结合后，其荧光大大增强。这一性质使其用于扩增产物的检测非常理想。SYBR Green I 的最大吸收波长约为 497nm，发射波长最大约为 520nm。在 PCR 反应体系中，加入过量 SYBR Green 荧光染料，SYBR Green 荧光染料掺入 DNA 双链后，发射荧光信号，而不掺入链中的 SYBR Green 染料分子不会发射任何荧光信号，从而保证荧光信号的增加与 PCR 产物的增加完全同步。

定量 PCR 的数据分析方法有两种：绝对定量法和相对定量法。

- 绝对定量法：一般通过对梯度稀释的标准物进行定量扩增，以循环数为横坐标，以标准物拷贝数或浓度的对数值作为纵坐标来制作定量标准曲线，然后将目标基因的 Ct 值放在标准曲线中，即可测定所感兴趣的转录本核酸的量(拷贝数或质量)。
- 相对定量法：通过对不同样本的 Ct 值的比较来比较样本间目标基因的相对表达差异。

6.1.1 绝对定量分析方法

此处以实例说明绝对定量分析方法的使用。

医生对一个乙肝病人的每毫升血液中乙肝病毒 DNA(HBV DNA)的精确拷贝数感兴趣，它既可评估病情的严重程度，也可为病人的治疗方案的制定提供科学依据。首先医生要从病人血液中提取游离 DNA 量，然后通过荧光定量 qPCR 实验来确定 HBV 病毒 DNA 的拷贝数。通过病人样品的 Ct 值与设置梯度稀释的已知 HBV 对照样品的标准曲线进行比较，医生就能确定病人血液中 HBV 病毒 DNA 的拷贝数。从这个例子中也可以看出，在实验过程中，如果最终结果是对未知样品的定量描述，并不依赖其他样品性质时，就应该使用绝对定量法进行分析。

例如，将乙肝病毒标准物从 10^2 至 10^8 拷贝数以 100 倍梯度稀释，并将空白样本与样本一起进行定量 PCR 扩增，设置 3 次技术重复，反应结束后，得到扩增曲线图(见图 6-1)，该图中各样本的扩增曲线均为正常的 S 形曲线，在扩增曲线图中设定阈值线(黑色箭头所指水平线)，该阈值线与各样本扩增曲线的交点所对应的横坐标即可得到各样本的 Ct 值(见表 6-1)，阈值线的变动会影响各样本的 Ct 值，但其对最终计算结果的影响可以忽略。表 6-1 中前 4 行是设置梯度稀释的已知 HBV 对照样品的 Ct 值。

表 6-1 乙肝病人 HBV RT-qPCR 反应数据

拷贝数/毫升	Ct1	Ct2	Ct3	平均值
10^2	32.61	32.58	32.84	32.67667
10^4	25.25	25.42	25.55	25.40667
10^6	18.11	18.04	18.16	18.10333
10^8	11.05	11.06	11.21	11.10667
空白对照	无	无	无	
样本	21.25	21.46	21.39	21.36667

注：平行样的 Ct 值之间的差小于 0.5 时表示重复性较好。

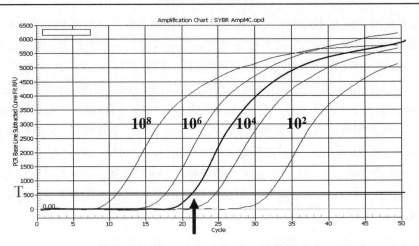

图 6-1　乙肝病人 HBV RT-qPCR 扩增曲线

依据设置梯度稀释的已知 HBV 标准样品的 Ct 值，以拷贝数的 log 值作为横坐标，以 Ct 值作为纵坐标，可以制作标准曲线。

从上述标准曲线可以看出，$R^2 = 1.000$，说明标准曲线拟合得非常好。扩增效率 = 94.1%，表明定量准确。所以样本的 Ct 值对应于标准曲线的核酸浓度（图 6-2 中黑色箭头所指）为 10^5 拷贝数/毫升。

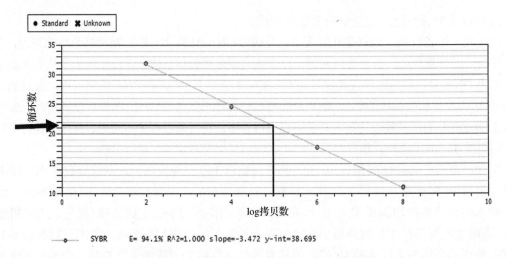

图 6-2　乙肝病人 HBV RT-qPCR 反应标准曲线

6.1.2　相对定量方法分析

在有些情况下，并不需要对转录本进行绝对定量，只需要计算出相对基因表达差异即可。比如，若想知道经过药物处理过的组织和未处理的组织中某一目的基因的表达水平是否有差异（相差多少倍），我们可以选择以下两种方式进行计算。

（1）可以从等量的两种组织中提取 RNA，分别进行目的基因的反转录及特异性荧光定量 PCR 实验来确定目的基因在两种组织中的表达量，结果可以反映等量的两种组织中目的基因表达量的比率。

(2) 如果之前已经确定两种组织中看家基因如 GAPDH 的表达量相等，那么就可以从大约等量(不需要等量)的两种组织中分别提取 RNA，通过 RT-qPCR 实验来确定两种组织中目的基因和看家基因的表达水平。药物处理组织的目的基因表达量可由两种组织中看家基因和未处理组织中目的基因的表达量共同来确定。

两种分析方法的差异就在于采用的标准有所不同，第一种方法中的标准是两种组织的取样量相等；第二种方法中的标准是两种组织中看家基因如 GAPDH 的表达量恒定不变。

1. 相对定量 2−△△CT 方法的推导

qPCR 指数扩增的公式是

$$X_n = X_0 \times (1+E_X)^n \tag{6.1}$$

这里，X_n 是第 n 次循环后的目标分子数，X_0 是初始目标分子数，E_X 是目标分子扩增效率，n 是循环数。因此，

$$X_T = X_0 \times (1+E_x)^{C_{T,X}} = K_X \tag{6.2}$$

式中，X_T 是目标分子达到设定的阈值时的分子数。$C_{T,X}$ 是目标分子扩增达到阈值时的循环数。K_X 是一个常数。

对于内参反应而言，也有同样的公式：

$$R_T = R_0 \times (1+E_R)^{C_{T,R}} = K_R \tag{6.3}$$

用 X_T 除以 R_T 得到

$$\frac{X_T}{R_T} = \frac{X_0 \times (1+E_X)^{C_{T,X}}}{R_0 \times (1+E_R)^{C_{T,R}}} = \frac{K_X}{K_R} = K \tag{6.4}$$

对于使用 TaqMan 探针的实时扩增而言，X_T 和 R_T 的值由一系列因素决定，包括探针所带的荧光报告基团、探针序列对探针荧光特性的影响、探针的水解效率和纯度以及荧光阈值的设定，因此常数 K 并不一定等于 1。

假设目标序列与内参序列扩增效率相同，即 $E_X = E_R = E$，因此有

$$\frac{X_0}{R_0} \times (1+E)^{C_{T,X}-C_{T,R}} = K \tag{6.5}$$

或

$$X_N \times (1+E)^{\Delta C_T} = K \tag{6.6}$$

X_N 代表经过均一化处理过的初始目标分子量；ΔC_T 表示目标基因和内参基因 C_T 值的差异($C_{T,X}-C_{T,R}$)，整理上式得

$$X_n = K \times (1+E)^{-\Delta C_T} \tag{6.7}$$

最后用任一样本 q 的 X_N 除以参照因子(calibrator, cb)的 X_N 得到

$$\frac{X_{N,q}}{X_{N,cb}} = \frac{K \times (1+E_X)^{-\Delta C_{T,q}}}{K \times (1+E_R)^{-\Delta C_{T,cb}}} = (1+E)^{-\Delta\Delta C_T} \tag{6.8}$$

这里，

$$-\Delta\Delta C_T = -(-\Delta C_{T,q} - \Delta C_{T,cb}) \tag{6.9}$$

对于一个少于150bp的扩增片断而言，如果Mg^{2+}浓度、引物都进行了适当的优化，那么扩增效率接近于1。因此，目标序列的量通过均一化处理之后相对于参照因子而言就是$2^{-\Delta\Delta C_T}$。

2. $2^{-\Delta\Delta C_T}$方法的假设和内标及参照因子的选择

要使$\Delta\Delta C_T$计算方法有效，目标序列和内参序列的扩增效率必须相等。看两个反应是否具有相同的扩增效率的方法是看它们的模板浓度梯度稀释后扩增产物ΔC_T如何变化。对于每一个稀释样本，都用目标基因和内参基因特异的荧光探针及引物进行扩增。计算出目标基因和内参基因的平均C_T值及ΔC_T值，通过cDNA浓度梯度的log值对ΔC_T值作图。如果所得直线斜率绝对值接近于0，说明目标基因和内参基因的扩增效率相同，就可以通过$\Delta\Delta C_T$方法进行相对定量。如果两个扩增反应效率不同，则需要通过定量标准曲线和绝对定量的方法来进行相对定量；或者也可以重新设计引物，优化反应条件使得目标序列和内参序列具有相同的扩增效率。

使用内参基因的目的是为了对加入到反转录反应中的RNA进行均一化处理。标准的看家基因一般都可被用作内参基因。适合于实时PCR反应的内参基因包括GAPDH、β-actin、β-microglobulin以及rRNA。当然，其他的看家基因也同样能被用作内参。推荐在应用某一基因作为内参之前首先确证该基因的表达不会受实验处理的影响。

$2^{-\Delta\Delta C_T}$方法中参照因子的选择取决于基因表达定量实验的类型。最简单的设计就是把未经处理的样品作为参照因子(calibrator)。经内参基因均一化处理后，通过方法计算，目标基因表达差异通过经过处理的样本相对于未经处理的样本的倍数来表示。对于未经处理的参照样，$\Delta\Delta C_T=0$，而$2^0=1$。所以根据定义，未处理样本的倍数变化为1。而对于那些经过处理的样本，相对于参考因子基因表达的倍数为$2^{-\Delta\Delta C_T}$。同样的分析也可用于不同时间梯度的基因表达差异，在这种情况下，一般选0时刻的样本作为参照因子。

3. 相对定量分析实例

我们可以以检测乳腺癌样本的ERBB2基因表达为例，说明相对定量方法的应用。ERBB2用FAM标记，选用VIC标记的GAPDH作为内参基因，阴性对照选用无RNA对照(空白)和无逆转录酶对照(监控基因组污染)进行多次重复，分析结果见表6-2。

表6-2 乳腺癌样本的ERBB2基因相对定量分析结果

正常 RNA			癌症 RNA		
ERBB2	GAPDH	ΔC_T	ERBB2	GAPDH	ΔC_T
28.4	23.3	5.31	27.4	22.8	4.55
28.5	23.4	5.05	27.1	22.9	4.26
28.43±0.04	23.34±0.10	5.18±0.18	27.24±0.17	22.83±0.03	4.41±0.21

可以计算得到$\Delta\Delta C_T = 4.41 - 5.18 = -0.77 \pm 0.18$，$2^{-\Delta\Delta C_T} = 1.51 - 1.93$。可以画出基因的相对定量表达图(见图6-3)。

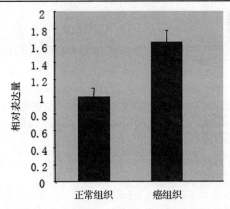

图 6-3 乳腺癌样本的 ERBB2 基因 RT-qPCR 相对定量表达图

6.2 基因芯片数据分析

基因芯片(genechip，又称 DNA 芯片、生物芯片)，最早在 20 世纪 80 年代中期提出，其操作流程如下。

- 芯片制备：是指将许多特定的寡核苷酸片段或基因片段作为探针，有规律地排列固定于 2cm×2cm 的硅片、玻片等支持物上，所固定的探针数最多可达到 300 万个。
- 标记样本制备：将处理或者对照样本总 RNA 反转录为 cDNA，同时进行标记，可进行放射性标记，如 ^{32}P；也可进行非放射性标记，如生物素、Cy3、Cy5 等。
- 芯片杂交：将标记好样品的基因按碱基互补配对原理与芯片上的探针进行杂交。
- 信号扫描：将杂交处理好的芯片，通过激光共聚焦荧光检测系统等对芯片进行扫描，并配以计算机系统对每一探针上的荧光信号强度进行比较和检测，进而获取样品分子的表达量和序列信息。

基因芯片技术也在 1998 年被列为年度自然科学领域十大进展之一，目前在实际应用方面已广泛应用于疾病诊断和治疗、药物筛选、农作物的优育优选、司法鉴定、食品卫生监督、环境检测、国防、航天等许多领域。

6.2.1 从 GEO 上下载基因芯片表达谱数据

GEO 是 NCBI 下面搜录基因表达谱的数据库，它的主页如图 6-4 所示。 GEO 数据库中包含 4 种类型的条目，分别以 GPLXXXX(检测平台)、GSMXXXX(生物样本)、GSEXXXX(基因表达系列)、GDSXXXX(基因表达数据集)表示。其中，GPLXXXX 有 SAGE、MPSS、单色芯片(Affymetrix)、双色芯片(spotcDNA/DNA)几种；GSEXXXX 与 GDSXXXX 的区别在于：GSE 是实验者一次一起提交的数据集，包含原始的数据文件，而 GDS 是 GEO 数据库的维护者根据样本和实验平台的特性进行整理的，与原有的 GSE 数据可能有样本量上的差异；一般 GDS 都有对应的 GSE 数据；GDS 不包含单独的原始数据。

我们搜索 GEO 数据库的人酒精中毒血液的芯片数据 GSE20489，如图 6-4 所示。

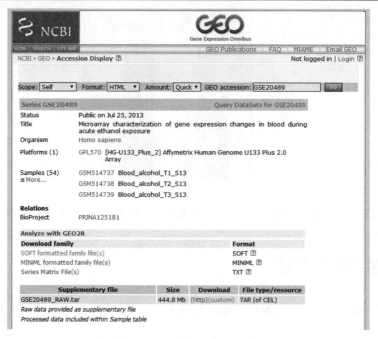

图 6-4 人酒精中毒下血液的基因芯片数据 GSE20489

GEO 可提供两种数据的下载：一种是整理好的 soft 格式数据，是一个数据矩阵，包含多个基因在多个条件下的表达值，如 SOFT formatted family file(s)。另一种是单独的数据文件，每张芯片一个数据表格，如 MINiML formatted family file(s)，就是对应 GSE20489 这次实验的原始数据。另外还有一个 Series Matrix File(s) 数据是提供基因描述的。

6.2.2 将表达谱数据导入 MATLAB 软件

MATLAB 软件提供了生物学基因芯片的分析工具包，可在 matlab71\toolbox\bioinfo\microarray 文件夹里找到，其可以分析大部分格式的基因芯片数据。

MATLAB 中的数据有 3 种存储格式，包括结构型数据（如 maStruct.mat）、cell 型数据（如 yeastdata.mat 中的 genes 文件存储的就是基因名字）和数值型数据（如 yeastdata.mat 中的 yeastvalues 文件存储的就是基因的表达值）。所有 MATLAB 文件都可以用"load 文件名"的形式导入 MATLAB 文件。但首先要把我们下载的文本或 excel 表格文件转换成 MATLAB 可以识别的文件。

在 MATLAB 命令行中输入：

```
gsedata = geosoftread('GSE20489.soft')
```

就将 GSE20489.soft 文件导入为 MATLAB 可识别的 gsedata 结构文件了，该文件是一个树形文件，还包含 8 个子文件，若想获取任何一个子文件，只需在 gsedata 后加.子文件名字即可。如果想对基因表达矩阵进行分析，就用 gsedata.Data，即一个 16515×20 的数值矩阵，代表 GSE20489.soft 文件中的表达值部分。其中的 7 个子文件的描述如下（%后为注释）。

```
gsedata =
Scope: 'DATASET'    %数据类型，是数据集(GDS)、样本(GSM)、系列(GSE)
```

```
    Accession: 'GSE20489'   % GEO 中的编号
    Header: [1x1 struct]
    ColumnDescriptions: {20x1 cell}   %每一列的描述,其实就是每个样本的描述
    ColumnNames: {20x1 cell}   %每一列的名字,其实就是每个样本的名字
    IDRef: {16512x1 cell}    %每一行的编号,其实就是每个基因的编号,对应.soft 文件的
                             %第一列
    Identifier: {16512x1 cell}   %每一行的描述,基因的名字
    Data: [16512x20 double]    %基因表达矩阵,数值型数据
```

最后将导入的文件保存成 MATLAB 文件,以后就可以直接打开 MATLAB 文件的分析了。存储文件的命令如下:

```
    save gsedata gsedata
```

6.2.3 对 soft 格式文件的标准化

1. 使用 k 均值法补缺失值

原始命令:

```
    Imputedata=knnimpute(Data, k);
```

这里 Data 是表达谱,k 值为其近邻的数据个数,默认的距离测度是欧式距离。 如对 gsedata 进行 15 近邻补缺失值:

```
    mputedata=knnimpute(gsedata.Data, 15);
```

可将补后的数据并入原来的 gsedata 中:

```
    gsedata.imputedata=Imputedata;
```

2. 显示各芯片间的变异

```
    maboxplot(gsedata. imputedata,gsedata.ColumnNames); xlabel('Samples');
```

3. 对 soft 格式文件进行标准化

(1)使用 manorm 命令可以对每张芯片的几种趋势进行标准化,默认为对均值进行标准化:

```
    Xnorm = manorm(data)
```

(2)使用 quantilenorm 直接对集中趋势和离散趋势进行标准化,默认为均值标准化,如改为中值标准化:

```
    Nromdata = quantilenorm(gsedata.imputedata,'MEDIAN',1)
```

4. 显示标准化后的结果(见图 6-5)

```
    Normdata = quantilenorm(gsedata.imputedata,'display',1);
```

将 normdata 并入 gsedata 中:

```
    gsedata.normdata = normdata;
```

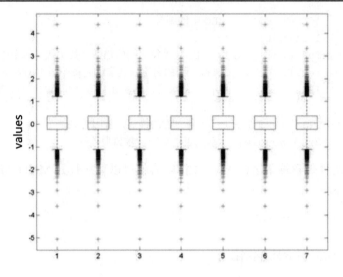

图 6-5 标准(归一)化后的芯片数据

6.2.4 差异表达基因筛选

T 检验筛选如下：

```
[h,significance,ci] = ttest2(x,y,alpha);
```

这里，x 是一个基因在正常样本中的表达值，y 是该基因在另一类样本中的表达值，alpha 是显著性水平 α，通常取 0.05。h 是 0 或者 1，表示无效假设 H_0(无差别)还是备择假设 H_1(有差别)，这是依据计算出的 p-value 和显著水平 α 比较来判断的。significance 是 p-value，ci 是置信区间。

这里不要求两个向量长度相等，每次只对一个基因计算。如果相对 gsedata 中的 16512 个基因计算 p-value，就要编写如下循环：

```
for i=1:size(gsedata.normdata,1)
    [h,significance,ci] = ttest2(gsedata.normdata(i,1:10), gsedata.normdata(i,11:20),0.05);
    Sigtotal(i)=significance;
end
```

Sigtotal 文件对应的就是每个基因的显著性水平。

选择差异表达的基因，比如将 p 小于 0.05 的基因取出来作为差异表达基因：

```
Siggene= gdsdata.Identifier(Sigtotal<=0.05);
```

习题

1. 尝试做一次 RT-qPCR，用绝对定量和相对定量两种方法分析所得结果。
2. 在 GEO 上下载芯片表达 GSE20489 的 soft 格式文件，用 MATLAB 进行分析，并找出 p 小于 0.01 的差异表达基因。

参考文献

[1] S. Taylor, M. Wakem, G. Dijkman, et al. A practical approach to RT-qPCR—publishing data that conform to the MIQE guidelines. Methods, 2010, Vol.50, pp. S1-S5.

[2] T. Barrett, D.B. Troup, S.E. Wilhite, et al. NCBI GEO: mining tens of millions of expression profiles-database and tools update. Nucleic Acids Res, 2007, Vol.35, pp.D760~765.

[3] L. Gautier, L. Cope, B.M. Bolstad, et al. affy—analysis of Affymetrix GeneChip data at the probe level. Bioinformatics, 2004, Vol.20, pp.307-315.

第 7 章 进 化 分 析

7.1 进化理论介绍

生物进化是指一切生命形态发生、发展的演变过程。生物进化的特征是从水生到陆生、由简单到复杂和由低级到高级。进化论是指关于生物演变过程的学说,现代产生了现代综合进化论,又称现代达尔文主义或新达尔文主义。现代综合进化论将达尔文的自然选择学说与现代遗传学、古生物学以及其他学科的有关成就综合起来,用以说明生物进化、发展的理论。现代进化理论认为,进化是生物种群中实现的,而突变、选择和隔离是生物进化和物种形成过程中的 3 个基本环节。

7.1.1 种群是生物进化的基本单位

种群是生物生存和进化的基本单位。一个物种中的一个个体是不能长期生存的,物种长期生存的基本单位是种群。一个个体也是不可能进化的,生物的进化是通过自然选择实现的,自然选择的对象不是个体而是一个群体。每个种群中的个体具有基本相同的遗传基础,但也存在一定的个体差异,所以种群一般具有杂种性,杂种性的存在意味着等位基因的存在。

7.1.2 可遗传的变异是生物进化的原始材料

一个种群中能进行生殖的生物个体所含有的全部基因称为种群的基因库。每个个体所含有的基因只是种群基因库中的一个组成部分。每个种群都有它独特的基因库,种群中的个体一代一代地死亡,但基因库却代代相传,并在传递过程中得到保持和发展。种群越大,基因库也越大,反之,种群越小基因库也越小。当种群变得很小时,就有可能失去遗传的多样性,从而失去了进化上的优势而逐渐被淘汰。

基因频率是指某种基因在某个种群中出现的比例。种群的基因频率若保持相对稳定,则该种群的基因型也保持稳定。但在自然界中种群基因频率的改变是不可避免的,于是基因型也逐渐变化。由于存在基因突变、基因重组和自然选择等因素,种群的基因频率总是在不断变化。这种基因频率变化的方向是由自然选择决定的。所以生物的进化实质上就是种群基因频率发生变化的过程。引起基因频率改变的因素主要有 3 个:选择、遗传漂变和迁移。

可遗传的变异是生物进化的原始材料,主要来自基因突变、基因重组和染色体变异。在生物进化理论中,常将基因突变和染色体变异统称为突变。基因突变是指 DNA 分子结构的改变,即基因内部脱氧核苷酸的排列顺序发生改变。基因突变是普遍存在的,都是随机的,没有方向性。基因重组是指染色体间基因的交换和组合。在减数分裂过程中,同一个核内染色体复制后发生重组和互换,结果就产生了大量与亲本不同的基因组合的配子类型。在有性生殖过程中,雌雄配子的结合是随机的,进一步增加了后代性状的变异类型。基因重组实际包括了基因的自由组合定律和基因的连锁与互换定律。染色体变异包括染色体结构的变异和染色体数量的变异，染色体数量的变异又包括个体染色体的增加或减少（非整倍数变化）和成倍地增加或减少（整倍数变化）两种类型。

7.1.3 分子进化中性学说

通过比较不同生物的某些功能相同的蛋白质的氨基酸序列或核酸的核苷酸序列的差异，人们发现，亲缘关系近的差异较小，亲缘关系远的差异较大，与物种的表型进化情况基本一致。分子进化至少有3个显而易见的特点：一是多样性程度高，与表型多态（即在一相互交配的群体中存在着两种或多种基因型的现象）相比，分子多态更为丰富（例如细胞色素C这种蛋白质分子在进行有氧呼吸的不同物种中就有种种不同的分子结构）；二是各种同源分子对选择大多是中性或近中性的，它们都有完整的高级结构，能很好地完成各自的功能（如脊椎动物的血红蛋白分子都能运氧、各种生物的细胞色素C都能在氧化磷酸化中完成电子的传递等）；三是随着生物从低级向高级演化，同源分子中逐年发生氨基酸或核苷酸的替换，且大致按每年每位置替换数恒定速率进化，也就是说，每一种生物大分子无论在哪个生物体内，都以一定的速率进化着。

日本遗传学家木村资生（1924—1995年）把中性突变-遗传随机漂变放到决定性的位置上，提出分子进化的中性学说（the neutral theory），比较合理地解释了分子进化的各种现象。中性学说认为分子水平上的大多数突变是中性或近中性的，自然选择对它们不起作用，这些突变全靠一代又一代的随机漂变而被保存或趋于消失，从而形成分子水平上的进化性变化或种内变异（Ohta，1992）。中性学说应用了分子生物学的技术和数学方法，打破了不同物种之间不能进行杂交试验的局限性，可以对不同物种的同源蛋白质氨基酸顺序和基因进行比较，并计算出分子进化的过程和速度。因此，只要有了突变率、迁移率和群体大小等参数，就可以预测任何一个特定群体中遗传变异的数量和基因频率变化的速率。

7.2 进化分析（以 MEGA 为例）

生物信息学主要以目的蛋白的氨基酸序列或者相应编码基因的核苷酸序列为分析材料，来研究相关的分子进化，从而推及功能、性状或物种的进化。进化分析的结果一般以分子进化树（phylogenetic tree）来展示。

根据核苷酸和氨基酸的序列差异关系构建分子进化树，进化树给出分支层次或拓扑图形，反映了新的基因复制或享有共同祖先的生物体的歧异点。树枝的长度反映了核酸或蛋白质之间的进化距离。根据进化树不仅可以研究从单细胞有机体到多细胞有机体的生物进化过程，而且可以粗略估计现存的各类不同种属生物的分歧时间。通过蛋白质的分子进化树分析，为从分子水平研究物种进化提供了新的手段，可以比较精确地确定某物种的进化地位。对于物种分类问题，蛋白质的分子进化树亦可作为一个重要的依据。

构建分子进化树的方法包括两种：一类是序列类似性比较，主要是基于氨基酸相对突变率矩阵（常用 PAM250）计算不同序列差异性积分作为它们的差异性量度（序列进化树）；另一类在难以通过序列比较构建序列进化树的情况下，通过蛋白质结构比较包括刚体结构叠合和多结构特征比较等方法建立结构进化树。分子进化树分有根（rooted）和无根（unrooted）树，有根树（归于一个节点）反映了树上物种或基因的时间顺序，而无根树只反映分类单元之间的距离而不涉及谁是谁的祖先问题。把有根树去掉根即成为无根树。一棵无根树在没有其他信息(外群)或假设(如假设最大枝长为根)时不能确定其树根。无根树是没有方向的，其中线段的两个演化方向都有可能。

MEGA 是一个非常优秀的序列比对和系统进化树构建软件，使用方便，完全免费，可从其网站下载。本章主要介绍使用 MEGA6(见图 7-1)软件根据蛋白的氨基酸序列构建无根树。

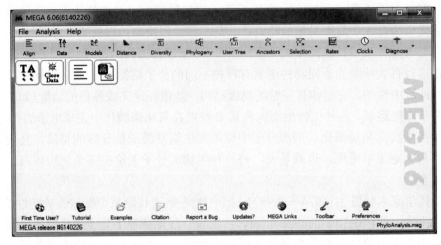

图 7-1　MEGA 6 的操作界面

7.2.1　序列准备

将要用于构建系统进化树的所有序列合并到同一个 fasta 格式文件，所有序列的方向都要保持一致(5'-3')。无论是核苷酸序列还是氨基酸序列，一般应当先做成 fasta 格式文件。fasta 格式的序列，其第一行由符号">"开头，后面跟着序列的名称，下一行为序列信息(见图 7-2)。将所有的 fasta 格式的序列存放在同一个文件中。文件的编辑操作可采用 Windows 平台下的记事本、EditPlus 或 Notepad++等文本编辑软件，也可采用 Linux 平台下的 Vi 或 gedit 文本编辑软件。

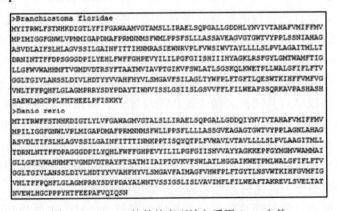

图 7-2　MEGA 软件的序列输入采用 fasta 文件

如果对核苷酸序列进行分析，并且是 CDS 编码区的核苷酸序列，一般需要将核苷酸序列分别先翻译成氨基酸序列并进行比对，然后再对应到核苷酸序列上。MEGA 软件允许两条核苷酸，先翻译成蛋白质序列比对之后再倒回去，以进行后续计算。

7.2.2 序列比对

打开 MEGA 软件，选择"Alignment"→"Edit/Build Alignment"，在对话框中选择 Retrieve sequences from a file，然后点击"OK"按钮，找到准备好的序列文件并确定，此时 MEGA 会打开 Alignment Explore 窗口。

在打开的窗口中选择"Alignment"→"Align by ClustalX"进行比对，也可以选择"Align by Muscle"进行比对。Clustal 和 Muscle 比对的区别请见下文，一般按默认参数进行比对。比对所需的时间取决于比对序列的长度和数量。比对完成后，可以将序列两端切齐，选择两端不齐的部分，单击右键，选择 Delete 即可（见图 7-3）。

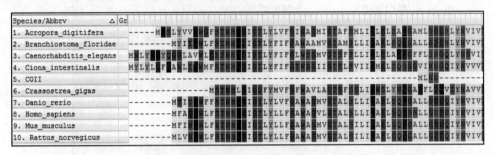

图 7-3　利用 Clustal 完成比对的序列信息

选择"Data"→"Export Alignment"→"MEGA Format"输出当前结果，按提示进行保存，保存的文件格式是 .meg。根据提示输入 Title，然后会出现一个对话框询问是否是 Protein-coding nucleotide sequence data，根据情况选择 Yes 或 No。至此即可获得所有序列的比对文件。

ClustalW 是现在用得最广和最经典的多序列比对软件，其基本原理是首先进行序列的两两比对，根据该两两比对计算两两距离矩阵，然后用 NJ 或者 UPGMA 方法构建 Binary 进化树作为 guide tree，最后用 progressive 方法根据 guide tree 逐步添加序列进行比对，一直到所有序列都比对好为止。ClustalW 不仅可以用来进行多序列比对，也能进行 Profile-profile 比对，以及基于 Neighbor-joining 方法构建进化树。但是最常用的是多序列比对，从速度上来说，其运行模式有 accurate、slow 和 fast，即使是 fast 模式 ClustalW 的速度也不如 Muscle。

Muscle 是速度最快的多序列比对之一。Muscle 的功能仅限于多序列比对，它的最大优势是速度快，比 ClustalW 的速度快几个数量级，而且序列数越多速度的差别越大。其快于 ClustalW 的原因一方面是因为没有进行两两序列比对，用序列间共有的 word 数表征序列间的相似性；另一方面是用 UPGMA 代替 NJ 构建 guide tree。如果没有对于结果的 refinement 过程，则时间更短。然而 Muscle 对于内存的要求较高，从它的空间复杂度亦可以看出来。

7.2.3 建树计算

回到 MEGA 主窗口，在菜单栏中选择"Phylogeny"→"Construct/Test Maximum Likelihood Tree…"、Construct/Test Neighbor-joining Tree…"、"Construct/Test Minimum-Evolution Tree…"、"Construct/Test UPGMA Tree…" 或 "Construct/Test Maximum Parsimony Tree（s）"。导入已完成的序列比对文件后，打开"Analysis Preferences"窗口。该窗口中有很多参数可以设置，如

何设置这些参数请参考详细的 MEGA 说明书。参数"Test of Phylogeny"是必要的,一般设置为"Bootstrap method",No. of Bootstrap Replications = 1000,其他参数可以暂且使用默认值(见图 7-4)。然后点击下面的"Compute"按钮,系统进化树就画出来了(见图 7-5)。

图 7-4　MEGA 软件采用 Neighbor-joining 方法建树的参数窗口

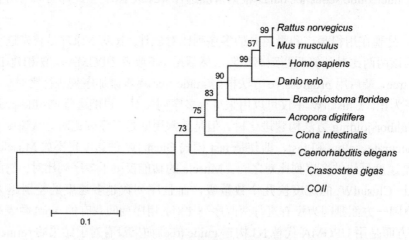

图 7-5　带 Bootstrap 检验值和遗传距离的分子进化树

　　基于距离的方法有 UPGMA、Minimum Evolution(最小进化法)和 Neighbor-Joining(邻接法)等,其他的几种方法包括 Maximum parsimony(最大简约法)、Maximum likelihood(最大似然法)及 Bayesian(贝叶斯法)推断等方法。其中 UPGMA 法已经较少使用。一般来讲,如果模型合适,Maximum likelihood 的效果较好。对近缘序列,有人喜欢 Maximum parsimony,因为用的假设最少。Maximum parsimony 一般不用在远缘序列上,这时一般采用 Neighbor-Joining 或 Maximum likelihood。对相似度很低的序列,Neighbor-Joining 往往出现 Long-branch attraction(LBA，长枝吸引)现象，有时严重干扰进化树的构建。贝叶斯的方法则太慢。一篇综述(Hall, 2005)认为在构建分子进化树的各种方法中，贝叶斯方法有最好的准确性，其次是Maximum likelihood，然后是Maximum parsimony。其实如果序列的相似性较高，各种方法都会得到不错的结果，模型间的差别也不大。

对于 Neighbor-Joining 和 Maximum likelihood 等方法，是需要选择模型的。对于各种模型之间理论上的区别，这里不做深入探讨。基于核苷酸或氨基酸序列的建树，两者采用的模型是不同的。对于核苷酸序列，一般选择 Kimura 2-parameter(Kimura-2 参数)模型；而对于氨基酸的序列，一般选择 Poisson Correction(泊松修正)这一模型。如果对各种模型的理解并不深入，则不推荐初学者使用其他复杂的模型。

Bootstrap 几乎是一个必需的选项(Bhattacharya, 1996)。一般来说，若 Bootstrap 的值大于50，则认为构建的进化树较为可靠。如果 Bootstrap 的值太低，则进化树的拓扑结构有可能有错误，进化树是不可靠的。并且，一般推荐采用两种不同的方法构建进化树，如果所得到的进化树类似，则结果较为可靠。

7.2.4 进化树的调整

经过计算，最后得到的进化树展示在 Tree Explorer 窗口中(见图 7-5)。Tree Explorer 窗口提供的一些功能还可以对生成的系统进化树进行调整和美化。另外，还可以用 Word 进一步编辑 MEGA 构建的进化树。一般说来，MEGA 适用于对少量的序列进行比对和画 Tree，如需处理大量或海量的序列数据，建议使用 ARB。

此外，还需要检验该进化树节点的 Bootstrap。如果 Bootstrap 值过低，可以从序列来源、比对片段和拓扑结构等方面进行考虑。在有根树的构建过程中，设置合适的外群(outgroup)对于可靠进化树的构建非常关键。最常用的确定树根的方法是使用一个或多个无可争议的同源物种作为外群，这个外群要足够近，以提供足够的信息，但又不能太近以至于和树中的种类相混(Puslednik and Serb, 2008)。

构建进化树时一般会选择多款软件、多种算法构建多棵树，选择其中最合理的那棵树作为最终结果。在选择时有两个原则：一是多种方法获得的树形一致；二是如果有已知亲缘关系的物种，所选择的进化树反映的物种间亲缘关系要与已知结果相符。

习题

1. 在 NCBI 网站(http://www.ncbi.nlm.nih.gov/)下载线粒体 COI 基因的核酸序列，采用 mega 软件构建 Neighbor-Joining 和 Maximum parsimony 树，并比较两树的差异。
2. 下载真核生物某个纲物种的 ITS 序列，分别采用 MEGA 和 PhyML 软件构建 Maximum likelihood 树。
3. 下载真核生物某个纲物种的 ITS 序列，采用 MrModeltest、modeltest 或 jModeltest 软件计算最佳建树模型，并比较其异同。
4. 下载真核生物某个纲物种的 ITS 序列，尽量选用相同的建树模型，采用 mega 软件构建 Neighbor-Joining 树，采用 PhyML 软件构建 Maximum likelihood 树，采用 MrBayes 构建贝叶斯树，并比较 3 种树的异同。

参考文献

[1] D. Bhattacharya. Analysis of the distribution of bootstrap tree lengths using the maximum parsimony method. Mol Phylogenet Evol, 1996, vol. 6, pp. 339-350.

[2] B. G，Hall. Comparison of the accuracies of several phylogenetic methods using protein and DNA sequences.Mol Biol Evol, 2005, vol. 22, pp. 792-802.

[3] T. Ohta. The Nearly Neutral Theory of Molecular Evolution. Annual Review of Ecology and Systematics, 1992, vol. 23, pp. 263-286.

[4] L. Puslednik. J. M. Serb. Molecular phylogenetics of the Pectinidae (Mollusca: Bivalvia) and effect of increased taxon sampling and outgroup selection on tree topology. Mol Phylogenet Evol, 2008, vol. 48, pp. 1178-1188.

第 8 章 非编码 miRNA 分析

8.1 miRNA 简介

MicroRNAs(miRNAs)是在真核生物中发现的一类内源性的具有调节基因表达功能的非编码 RNA，其长为 20~25 个核苷酸。成熟的 miRNAs 是由较长的初级转录物经过一系列核酸酶的剪切加工而产生的，随后组装进 RNA 诱导的沉默复合体(RNA-Induced Silencing Complex，RISC)，通过碱基互补配对的方式识别靶 mRNA，并根据互补程度的不同指导沉默复合体降解靶 mRNA 或者阻遏靶 mRNA 的翻译(Winter et al., 2009)。最近的研究表明 miRNA 参与各种各样的调节途径，包括发育、免疫防御、造血过程、器官形成、细胞增殖和凋亡、脂肪代谢等(Ambros, 2004)。

miRNA 的基本特征主要包括以下几个方面。

- 其长度大约是 22nt，目前已知的 miRNA 中 21~23nt 的超过 80%。
- 具有能形成内茎环结构的前体。植物中前体大小的变化范围较大，可以从几十到数百个核苷酸，而在动物中前体大小的变化范围较小，一般为 60~80nt。而且 miRNA 基因在基因组中有多种存在形式，有单拷贝、多拷贝或基因簇等形式。其位置大多落于基因间隔区，表明它们的转录独立于其他基因，具有本身的转录调控机制，而且很可能从前体到成熟的加工过程中，前体本身满足了所需的全部要求。
- 几乎所有的 miRNA 是从前体的一条臂上加工而来的，较多前体的两条臂可分别产生一个 miRNA，只有极少数的前体可同时产生两个 miRNA。
- 已经知道的 miRNA 在表达上具有阶段性和组织特异性，也就是说在生物发育的不同阶段有不同的 miRNA 表达，在不同的组织中表达有不同类型的 miRNA。如鼠 mmu-miR-1 基因的表达，在胚胎形成的阶段可以检测到 mmu-mir-35~mmu-mir-40 基因簇的 miRNA 在胚胎和成虫早期高度表达，而在其他各发育阶段不表达。在拟南芥中，ath-mir-157 在幼苗中高度表达，ath-mir-171 则在花中高度表达。miRNA 在不同细胞和组织中不同发育时间的差异性表达，提示 miRNA 可能参与了深远而复杂的基因表达调控，并决定发育和行为的变化。
- 成熟 miRNA 的 5'端有一个磷酸基团，3'端为羟基，它们可以和上游或下游的序列不完全配对形成茎环结构。

8.1.1 miRNA 的生物合成

miRNA 通常由 RNA Pol II 转录，一般来说最初产物为具有帽子结构和多聚腺苷酸尾巴(polyA)的 pri-miRNA。通常，这些 pri-miRNA 上构成发夹结构的其中一条链编码成熟 miRNA。在哺乳动物细胞内，pri-miRNA 在核内由 microprocessor 复合物进行处理，复合物由 RNase III enzyme Drosha、DGCR8（DiGeorge critical region-8）及一个双链 RNA 结合蛋白组成。Drosha 从 pri-miRNA 发夹结构末端切下 11 个核苷酸，切割后的产物在 3'端有两个碱基突出，在 5'端为磷酸盐基团。体外试验证实，microprocessor 复合物可以从发夹结构上"量出" 11 个核苷酸，在单链 RNA 与发夹结构结合处将 11 个核苷酸组成的片段切下，切割后的 65～75 个核苷酸长度的茎环结构就叫作 pre-miRNA。pre-miRNA 借助 RanGTP 依赖性 Exportin-5 蛋白质，从核内转运至胞质。在细胞质内，pre-miRNA 经 Dicer 酶剪切，成为成熟的、大约 21～23 个核苷酸长度的 miRNA，Dicer 是一种 RNase III 家族的酶。与 Drosha 相同，Dicer 切割后所得的 RNA 片段都有 3'端两个碱基的突出和 5'端的磷酸基团（Winter et al., 2009）。由于 Dicer 剪切位点由之前的 Drosha 剪切位点决定，因此可以说 Drosha 通过间接的方式决定了成熟 miRNA 的最终序列。miRNA 的生物合成如图 8-1 所示。

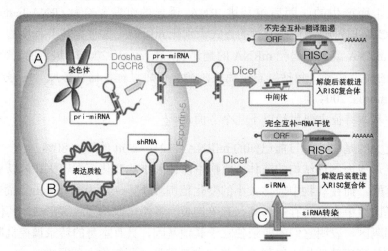

图 8-1　miRNA 的生物合成过程（http://www.lifeomics.com/?p=18720）

8.1.2　miRNA 调控基因表达的机理

与靶 mRNA 不完全互补的 miRNA 在蛋白质翻译水平上抑制其表达（哺乳动物中比较普遍），然而有证据表明，这些 miRNA 也有可能影响靶 mRNA 的稳定性，使用这种机制的 miRNA 结合位点通常在 mRNA 的 3'端非编码区。如果 miRNA 与靶位点完全互补（或者几乎完全互补），那么这些 miRNA 的结合往往引起靶 mRNA 的降解（在植物中比较常见）。通过这种机制作用的 miRNAs 的结合位点通常都在 mRNA 的编码区或开放阅读框中。每个 miRNA 可以有多个靶基因，而几个 miRNAs 也可以调节同一个基因。这种复杂的调节网络既可以通过一个 miRNA 来调控多个基因的表达，也可以通过几个 miRNAs 的组合来精细调控某个基因的表达（Zhang et al., 2010）。随着 miRNA 调控基因表达研究的逐步深入，将帮助我们理解高等真核生物的基因组的复杂性和复杂的基因表达调控网络。图 8-2 给出了 miRNA 介导的转录后基因沉默多重机制。

图 8-2 中，A. 如果 miRNA 和靶基因完全配对，Ago2 蛋白降解靶 mRNA；B. 通过阻断 eIF4E 和 mRNA 5'端帽子结构之间的相互作用而造成的 miRNA 与靶基因间的不完全配对则最终导致翻译阻遏；C. 导致翻译活跃的核糖体裂解；D. 通过未知因子诱导 mRNA 去帽，或者去腺苷酸化。

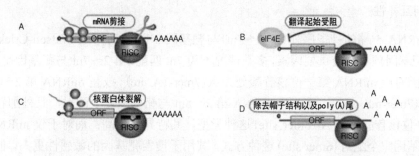

图 8-2　miRNA 介导的转录后基因沉默多重机制(http://www.lifeomics.com/?p=18720)

8.1.3　miRNA 的生理调节作用

一部分 miRNAs 的生物学功能已经得到阐明，这些 miRNAs 能调控细胞生长和组织分化等生理过程，因而参与了生长、发育和环境适应等几乎全部的生命活动。

通过对基因组上 miRNA 的位点分析，显示其在发育和疾病中起到了非常重要的作用。一系列的研究表明：miRNAs 在细胞生长和凋亡、血细胞分化、同源异形盒基因调节、神经元的极性、胰岛素分泌、大脑形态形成、心脏发生、胚胎后期发育等过程中发挥了重要作用。例如，cel-miR-273 和 cel-lys-6 编码的 miRNA，参与线虫的神经系统发育过程(Meng et al., 2013)；dre-miR-430 参与斑马鱼的大脑发育(Giraldez et al., 2005)；has-miR-181 控制哺乳动物血细胞分化为 B 细胞(Pekarsky et al., 2006)。另有研究人员发现许多神经系统的 miRNAs 在大脑皮层培养中受到时序调节，表明其可能控制着区域化的 mRNA 翻译。对于新的 miRNA 基因的分析，可能发现新的参与器官形成、胚胎发育和生长的调节因子，促进对癌症等人类疾病发病机制的理解(Zhang et al., 2010)。

8.2　miRNA 靶基因预测

生物信息学方法主要是利用某种算法对靶基因样本进行评分及筛选。与动物 miRNA 靶基因的预测相比，植物 miRNA 靶基因的预测要简单得多，因为在植物中 miRNA 与靶基因几乎是以完全互补配对的方式结合，预测时无需复杂的算法。目前几个针对植物 miRNA 靶基因的预测方法基本是基于此原理设计的，且准确率较高。本书将重点讨论动物中 miRNA 靶基因的预测方法。

8.2.1　miRNA 靶基因的预测原理

动物 miRNA 通过与靶基因 mRNA 部分互补配对在转录后水平抑制靶基因表达。miRNAs 与其靶基因并非完全匹配，这给确定 miRNA 靶基因带来了难度。通过分析已知 miRNA 及其靶基因，发现如下重要特征：靶基因 3'UTR 区具有与 miRNA 5'端至少 7 个连续核苷酸的完全配对区域(2-8nt)，miRNA 的该部分序列称为"种子"序列，mRNA 与 miRNA 种子序列互补的区域在物种中经常具有保守性。根据对 miRNA 及其靶 mRNA 特征的认识，开发了相应的计算机软件推断 miRNA 的靶基因。

一般用于 miRNA 靶基因预测的软件遵循如下几个原理。

1. 序列互补性

位于 miRNA 5'端的种子序列(第 2～7nt)与靶基因 3'UTR 可形成 Watson-Crick 配对是所有 miRNA 靶基因预测的最重要因素。多数情况下为 7nt 匹配：第 2～7nt 与靶基因呈互补配对，外加在靶基因对应 miRNA 第一位核苷酸处为 A(7mer-1A site)，或是 miRNA 第 2～8nt 与靶基因完全配对(7mer-m8 site)；而对于 miRNA 第 2～8nt 与靶基因完全配对，且外加靶基因对应 miRNA 第一位核苷酸处为 A (8mer site)这种类型，其特异性更高；而对于仅 miRNA 第 2～7 核苷酸与靶基因完全配对(6mer site)这种方式，其用于搜索靶基因的敏感性更高，但特异性相应下降。另外，还有种子序列外的 3' supplementary site 和 3' complementary site 两种形式。

2. 序列保守性及其他因素

除了序列互补性外，靶基因预测较关注的因素还包括序列保守性、热动力学、位点的可结合性(accessibility)和 UTR 碱基分布等。

- 序列保守性：miRNA 结合位点在多个物种之间如果具有保守性，则该位点更可能为 miRNA 的靶位点。
- 热动力学：miRNA:target 对形成的自由能越低，其可能性越大。
- 位点的可结合性(accessibility)：mRNA 的二级结构影响其与 miRNA 结合形成双链结构的能力。
- UTR 碱基分布：miRNA 结合位点在 UTR 区的位置和相应位置的碱基分布同样影响 miRNA 与靶基因位点的结合和 RISC 的效率。

另外，诸如 miRNA 的分布与靶基因组织分布的相关性也是在进行靶基因预测时要考虑的重要因素。

用于 miRNA 靶基因预测的软件种类较多，包括 miRanda、EMBL、PicTar、TargetScan(S)、DIANA-microT 3.0、PITA、ElMMo、rna22、GenMiR++、TarBase、miRBase、miRGen-Targets 等。由于软件侧重点不同，预测能力可谓各有千秋。选择靶基因预测软件时可以重点选取两个，辅助添加一两个。一般而言，不同软件的预测交集具有更好的特异性。

8.2.2 miRNA 靶基因的预测软件

下面列出几个比较常用的软件及其出处，应用软件可登录相应网站，了解其特性及其细节，也可参阅相应的文献。

1. miRanda(http://www.microrna.org/microrna/home.do)

miRanda 是最早的 miRNA 靶基因预测软件，它对 3'UTR 的筛选依据主要是序列匹配、miRNA 与 mRNA 双链的热稳定性以及靶位点的跨物种保守性。该软件适用范围广泛，对于潜在的杂交位点也给予打分。miRanda 选取每条 miRNA 相对的 3'UTR 中排名前 10 位的基因，作为 miRNA 的候选靶基因。对于多个 miRNA 对应于同一靶位点的情况，miRanda 使用贪心算法选取其中得分最高且自由能最低的那一对。

2. TargetScan 和 TargetScanS(http://targetscan.org)

TargetScanS 软件基于靶基因跨物种保守和 miRNA-靶基因二聚体热力学特征而开发。它要求 miRNA 种子序列(第 2~8 位核苷酸)和 mRNA 3'UTR 完全互补,同时从种子序列向两翼延伸,直至遇到不能配对的碱基,此过程允许 G-U 配对。此外还引入了信噪比来评价预测结果,信噪比是用原始 miRNA 及随机产生(保持二核苷酸组成不变)的 miRNA 分别对目标 UTR 进行预测而得到的靶基因数目的比值。TargetScanS 后来又优化成 TargetScan。

3. RNAhybrid(http://bibiserv.techfak.uni-bielefeld.de/rnahybrid)

RNAhybrid 是基于 miRNA 和靶基因二聚体二级结构开发的 miRNA 靶基因预测软件,实质上是经典 RNA 二级结构预测软件的扩展。RNAhybrid 预测算法禁止分子内、miRNA 分子间及靶基因间形成二聚体,根据 miRNA 和靶基因间结合能探测最佳的靶位点,它不需要考虑靶基因的物种保守性。

4. PicTar(http://pictar.bio.nyu.edu/)

PicTar 软件兼顾了早期众多软件的设计思想来实现 miRNA 靶基因预测。强调"种子序列"在靶位点识别及在转录后调控中的关键作用,强调 miRNA 和靶基因二聚体结合能在靶基因翻译抑制中的关键作用。但 PicTar 把种子序列分为"完全匹配的种子序列"和"不完全匹配的种子序列",也对两类种子序列对应的 miRNA 和靶基因二聚体结合能进行了限制,很好地降低了假阳性率。

5. DIANA-microT(http://diana.imis.athena-innovation.gr)

DIANA-microT 是一款结合了生物信息学和实验学方法的靶基因预测软件。DIANA-microT 主要考虑单一结合位点的 miRNA 靶基因。此外在寻找结合位点时,除了必需的 5'端种子区外,典型的中央突起以及 miRNA 在 3'端与 mRNA 的结合也得到了考虑。在算法方面,DIANA-microT 主要基于以下两点原则对 miRNA 靶基因进行判断:首先,通过动态规划算法计算经典的 Watson-Crick 碱基对及 G-U 错配的自由能,进而衡量 miRNA 与靶基因间的结合能力;其次,miRNA 相关蛋白影响 miRNA 与靶基因结合时形成的中央突起的大小与位置,进而影响 miRNA 与靶基因的结合。

6. miTarget(http://people.binf.ku.dk/morten/services/miTargetFinder)

miTarget 通过一种机器学习方式支持向量机,基于对 miRNA 和靶基因的二聚体结构、热力学特征及 miRNA 和靶基因作用的碱基位置等参数进行分类,实现 miRNA 靶基因预测。支持向量机运用的关键在于选择好的数据集及提炼特异性高的参数,不需要考虑靶基因的跨物种保守性。与前述 miRNA 预测方法类似,该方法是靶基因预测的一条新途径。

7. RNA22(https://cm.jefferson.edu/rna22/)

RNA22 是一种识别 miRNA 靶位点以及相应 miRNA-mRNA 异源双链的软件。RNA22 与其他 miRNA 靶基因预测软件不同。首先,RNA22 的预测不依赖于物种间的保守性,而是认为即使近亲物种不存在 miRNA 结合位点,仍有可能是 miRNA 的靶基因;其次,RNA22 与其他软件的预测方向不同,RNA22 不是从 miRNA 入手寻找它的靶基因,而是首先从感兴趣的序列入手,寻找假定的 miRNA 结合位点,再进一步确定其被哪条 miRNA 调控。

8.2.3 miRNA 靶基因的预测步骤

对于多种模式动物,比如人 *Homosapiens*、大鼠 *Rattusnorvegicus*、小鼠 *Musmusculus*、果

蝇 *Drosophilamelanogaster* 和线虫 *Caenorhabditiselegans* 等，miRNA 的靶基因预测既可以在线完成，也可以本地化完成。而对于非模式生物，则需要构建 miRNA 和 mRNA 文件来完成。

1. 在线预测 miRNA 靶基因

大部分 miRNA 靶基因预测软件已经完成模式动物 miRNA 的靶基因预测，并且在相关网站可以检索这些预测结果。以 miRanda 软件为例，我们可以在网站 microRNA.org 在线检索目的 miRNA 的靶基因。

（1）第一步，打开网页 http://www.microrna.org/microrna/home.do，点击选择 miRNA 标签。在子窗口 miRNA Search 中选择目的 miRNA 和物种，然后点击"Go"按钮（见图 8-3）。

图 8-3　miRNA 和物种名的输入窗口

（2）第二步，出现靶基因的检索概况窗口，展示目的 miRNA、靶基因数目和结果显示链接（见图 8-4）。点击"view targets"链接，可以进一步查看靶基因的详细信息。

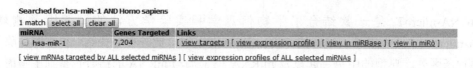

图 8-4　目的 miRNA 的靶基因概况窗口

（3）第三步，出现目的 miRNA 的靶基因展示列表，以及 mirSVR 的打分值（见图 8-5）。对感兴趣的靶基因，可以点击"alignment details"链接。

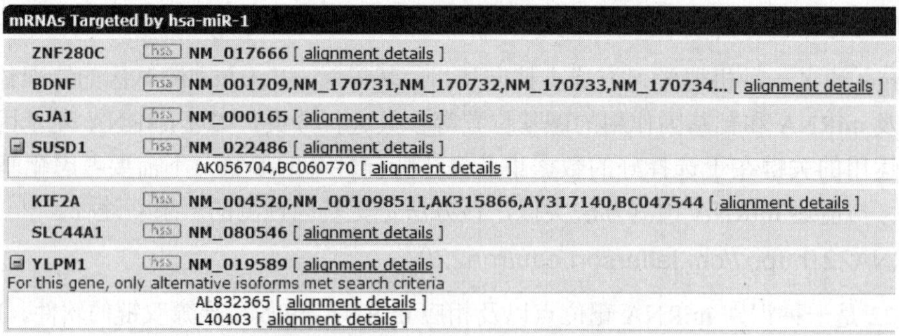

图 8-5　目的 miRNA 的靶基因信息窗口

（4）第四步，进入"Target mRNA"窗口，显示目的 miRNA 与靶基因 mRNA 的详细配对信息。第三层窗口将出现可能配对靶基因 mRNA 的所有 miRNA。将鼠标移动到靶基因 mRNA 上的目的 miRNA 名称上，上一层窗口将展示目的 miRNA 和靶基因 mRNA 的碱基配对信息，以及配对的 mirSVR 和 PhastCons 打分值（见图 8-6）。

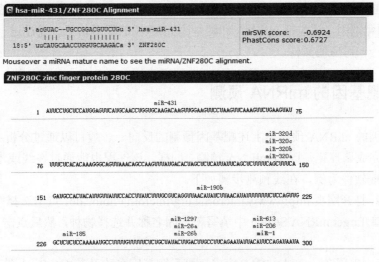

图 8-6　目的 miRNA 与靶基因的结合信息窗口

2. 本地预测 miRNA 靶基因

大部分在线软件仅能进行模式动物的 miRNA 靶基因预测，对于非模式动物 miRNA 的靶基因预测，一般通过本地化完成。miRanda 软件不仅能在线预测，还能本地化预测。本地化预测必须有两个 fasta 文件，一个包含当前物种的 miRNA，另一个包含所有 mRNA 的 3'UTR 序列。然后适当设置各种参数，就可以在 Linux 平台下运行 miRanda 软件进行 miRNA 的靶基因预测。

miRanda 软件的命令及参数说明：

miranda file1 file2 [-sc score] [-en energy] [-scale scale] [-strict] [-go X] [-ge Y] [-out fileout] [-quiet] [-trim T] [-noenergy] [-restrict file]

- --help -h：显示帮助文件。
- --version -v：显示版本信息。
- -sc score：设置序列匹配打分阈值。
- -en energy：设置自由能阈值，序列匹配能值低于该阈值的序列才会被进一步分析。
- -scale scale：设置缩放参数的比率。
- -strict：严谨型，设置该参数则 miRNA 与靶基因配对时种子区 (2~8) 必须完全匹配。
- -go X：设置序列匹配产生 gap 的罚分，该值必须为负值。
- -ge Y：设置序列匹配 gap 延伸的罚分，该值必须为负值。
- -out fileout：指定结果存储文件。
- -quiet：安静模式，忽略序列扫描及序列加载时的通知。
- -trim T：将参考序列截断为 T 个碱基，若 3'UTR 作为参考序列且其序列确定时有噪音，则设置该参数非常有用。
- -noenergy：不计算自由能，设置该参数时，-en 参数会被忽略。
- -restrict file：限制文件，限制在特定 miRNA 及 UTR 间进行扫描，该文件包含多行 Tab 键分隔的 miRNA 及靶基因名称，格式为 miRNA_id<tab>target_id。

实际运行中，可以设置 score >= 160，free energy<= −25 kcal/mol。运行完后形成的结果既包括 miRNA 的预测靶基因，还包括 miRNA 和靶基因 mRNA 的配对信息。通过进一步解析结果文件，可以形成一一对应的文件。

8.3　调控靶基因的 miRNA 预测

调控靶基因的 miRNA 预测是上述靶基因预测的反向。一般可以通过分析 miRNA 的靶基因预测结果来完成调控靶基因的 miRNA 预测。同样，该过程也能通过在线或本地化完成。同样，以 miRanda 软件为例，在线预测步骤如下。

（1）第一步，打开网页 http://www.microrna.org/microrna/home.do，点击选择"Target mRNA"标签。在子窗口 Target mRNA Search 中填写靶基因名称并选择物种，然后点击"Go"按钮（见图 8-7）。

（2）第二步，出现 Targeted mRNA 窗口，显示靶基因名称及其 GenBank 编号（见图 8-8）。进一步查看配对靶基因的 miRNA 信息，可以点击"alignment details"链接。

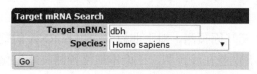

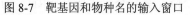

图 8-7　靶基因和物种名的输入窗口　　　　　图 8-8　靶基因的信息窗口

（3）第三步，显示靶基因 mRNA 与预测 miRNA 的详细配对信息。第三层窗口将出现可能配对靶基因 mRNA 的所有 miRNA。将鼠标移动到靶基因 mRNA 上的目的 miRNA 名称上，上一层窗口将展示靶基因 mRNA 与预测 miRNA 的碱基配对信息，以及配对的 mirSVR 和 PhastCons 打分值（见图 8-9）。

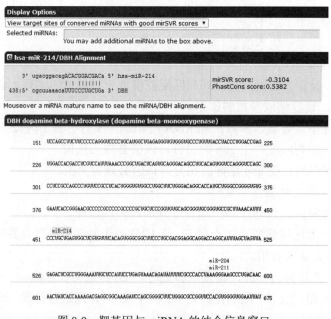

图 8-9　靶基因与 miRNA 的结合信息窗口

miRanda 软件本地预测调控靶基因的 miRNA，命令与 miRNA 的靶基因预测相同。在结果解析的时间以基因 mRNA 为主。

8.4 miRBase 数据库的使用

miRBase 数据库是 miRNA 研究最权威的数据库之一，由英国 Sanger 研究所（Wellcome Trust Sanger Institute）支持开发，目前由曼彻斯特大学 Griffiths-Jones 实验室维护，其最新版本是第 21 版，于 2014 年 6 月释放，其记录了来自 223 种生物的 28645 条 pre-miRNA 记录及 35828 条成熟 miRNA 记录。

miRBase 数据库的使用包括 miRNA 的搜索（Search）、下载（Browse or Download）及新数据的提交（Submit）。

8.4.1 miRBase 数据库的搜索

miRBase 数据库的搜索有两种主要途径：一是在数据库主页或者各记录的详细内容页面均提供了数据库简易搜索框，在其中输入 miRNA 的名字、登录号或者其他关键词都可进行 miRNA 的快速搜索；二是通过点击"Search"按钮进入搜索页面（见图 8-10），该页面提供如下的搜索方式。

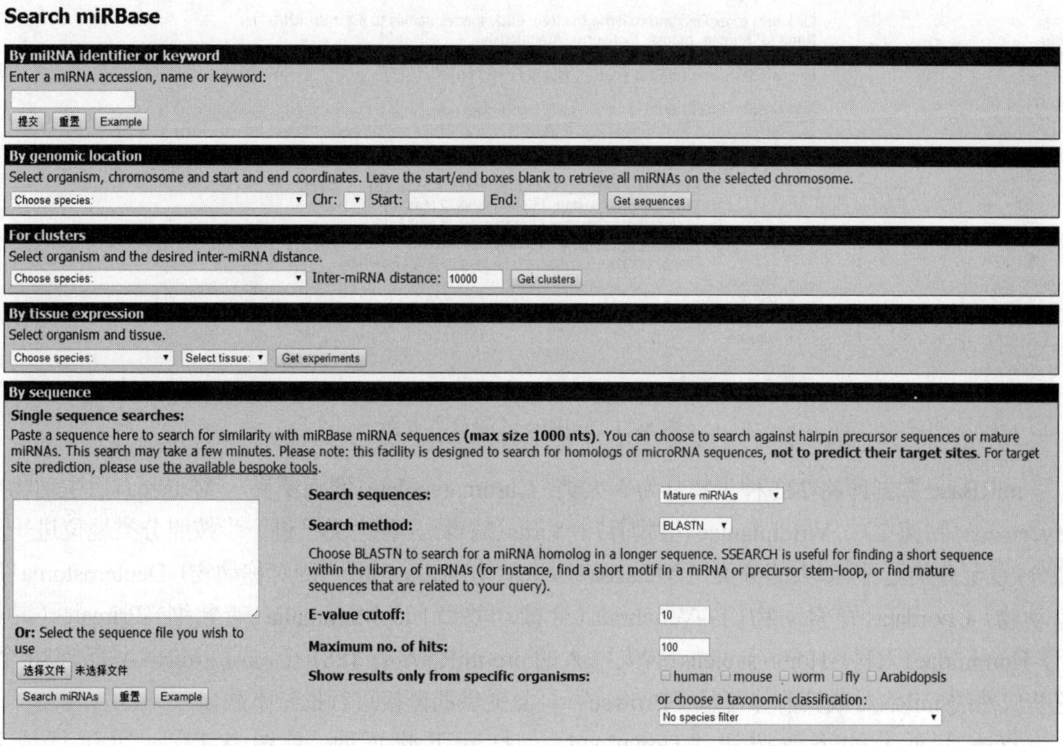

图 8-10 miRBase 数据库搜索页面

- 通过 miRNA 名字或者关键词（By miRNA identifier or keyword）：通过 miRNA 名字、登录号、关键词对 miRNA 进行搜索，此搜索功能与主页上的简易搜索框功能基本一致。

- 通过基因组位点(By genomic location)：在物种列表中选择某物种(Choose species)，然后选择染色体(Chr)，并设置其起始(Start)与终止位点(End)，即可显示选定区域的 miRNA 情况，其中物种是必选项，其他参数不选择或者设置的话，默认会显示该物种在所有染色体全长范围内的分布情况。
- 搜索成簇 miRNA(For clusters)：对选定的物种(Choose species)，设置 miRNA 间的距离(inter-miRNA distance)后，即可显示该物种所有的 miRNA 簇情况，成簇 miRNA 间距离的设定默认是 10 kbp，也可设置其他值。
- 通过组织表达(By tissue expression)：对选定的物种及选定的组织，可搜索已知的 miRNA 的表达情况，并提供至 GEO 等数据库的链接，目前这部分数据不完全，其应用受到限制。
- 通过序列搜索(By sequence)：可用序列进行 blast 比对搜索。

8.4.2 miRBase 数据库批量下载

miRBase 数据库提供了两类的 miRNA 批量下载方式：一是通过浏览页面(Browse)进行各物种的批量下载；二是通过下载页面(Download)进行所有 miRNA 的批量下载。

点击主页上的浏览按钮"Browse"即可打开所有物种的 miRNA 记录情况(见图 8-11)。

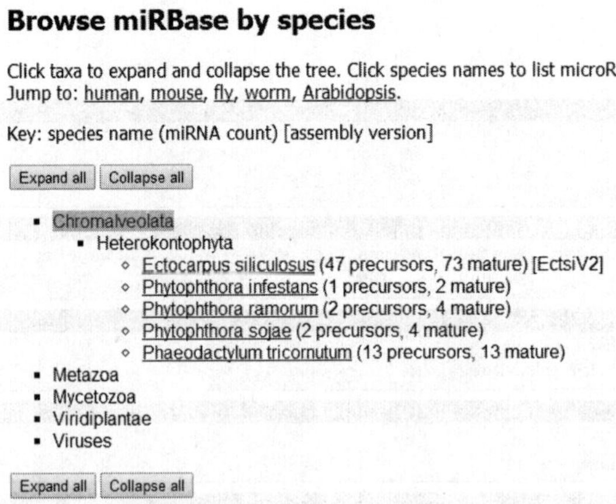

图 8-11　miRBase 浏览主页面

miRBase 数据库将 223 种生物分为 5 大类：Chromalveolata(囊泡藻界)、Metazoa(后生动物)、Mycetozoa(粘菌虫)、Viridiplantae(植物界)、Virus(病毒)。各大类又进一步按照分类地位进一步细分，直至分类至种，如人的分类是 Metazoa(后生动物)-Bilateria(两侧对称动物)-Deuterostoma(后口动物)-Chordata(脊索动物门)-Vertebrata(脊椎动物亚门)-Mammalia(哺乳纲)-Primates(灵长目)-Hominidae(人科)-Homo sapiens(智人)。人的 pre-miRNA 有 1881 个，成熟 miRNA 有 2588 个。这些成熟的 miRNA 或其前体可从"Browse"页面提供的链接进行批量下载。

点击主页上的下载按钮"Download"，打开下载页面(见图 8-12)，可进行成熟 miRNA(mature.fa)及其前体(hairpin.fa)的批量下载；可下载各物种 gff3 文件(Genome coordinates)进行其他应用；还可链接至 FTP 站点(Go to the FTP site)进行批量下载；若需下载之前版本的 miRNA 相关信息，可以到之前版本(Previous release)进行下载。

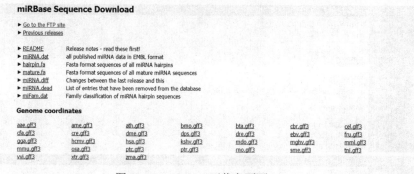

图 8-12 miRBase 下载主页面

8.4.3 miRNA 记录信息

在 miRBase 数据库中，每一个 miRNA 记录信息包括 3 部分：第一部分是前体 miRNA 信息；第二部分是成熟 miRNA 信息，如果一个前体 miRNA 产生两个成熟的 miRNA，则分别列出两个成熟 miRNA 信息，并以靠近前体 5'端在前，3'端在后；第三部分是参考文献信息。此处以第二个发现的 miRNA（cel-let-7）为例讲解 miRNA 记录信息。

（1）前体 miRNA 信息（Stem-loop sequence of cel-let-7）：包括登录号（Accession），以 "MI" 开头；之前的名称，目前已废除（Previous IDs）；描述信息（Description）；基因家族（Gene Family），含相同或相似序列的一组 miRNA；社区注释（Community annotation）；前体序列（Stem-loop sequence），列出前体序列形成的发卡结构，并用红色标记出成熟 miRNA 的位置，可点击 "Get Sequence" 下载前体序列；二代测序 reads（Deep sequencing）；可信度（Confidence）评价，可根据自己的实验结果进行 miRNA 真实性评判；评论（Comments）；基因组位置（Genome context）；数据库链接（Database links）。见图 8-13。

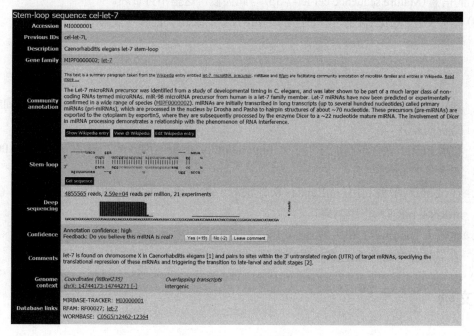

图 8-13 cel-let-7 记录信息

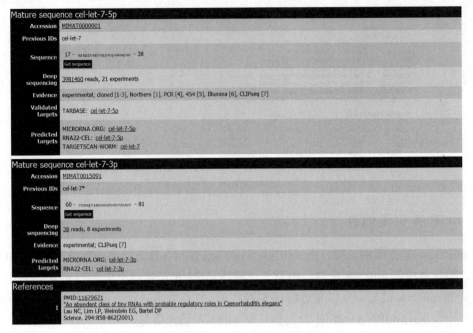

图 8-13（续） cel-let-7 记录信息

（2）成熟 miRNA 信息（Mature sequence cel-let-7-5p）：包括登录号（Accession），以"MIMAT"开头，注意前体与成熟 miRNA 的编号不一样；之前的名称（Previous IDs），目前已废弃；序列（Sequence），可点击"Get sequence"下载该成熟 miRNA 序列；二代测序 reads（Deep sequencing）；实验验证信息（Evidence）；验证靶点（Validated targets），链接至相应的靶基因数据库，如 Tarbase；靶点预测（Predicted targets），可链接至相应靶基因预测软件对该 miRNA 预测结果。另一个成熟 miRNA 的信息（Mature sequence cel-let-7-3p）与此类似，这里不再赘述。

（3）参考文献（References）：列出与该 miRNA 记录相关的参考文献信息。

习题

1. 利用 TargetScan 软件预测人 hsa-miR-1-3p 的靶基因，并比较该 miRNA 与不同靶基因结合的差异。
2. 利用 PicTar 软件预测能作用于人 high mobility group AT-hook 2（HMGA2，NM_003483）转录本的 miRNA。
3. 在 Linux 平台利用 miRanda 软件预测一种非模式生物 miRNA 的靶基因，并构建 miRNA-mRNA 作用网络。
4. 比较人 has-miR-1 和大鼠 rno-miR-1 的序列和靶基因差异。
5. 请下载任一物种的全部前体及成熟 miRNA 序列。

参考文献

[1] V. Ambros. The functions of animal microRNAs. Nature, 2004, vol. 431, pp. 350-355.

[2] A. J. Giraldez, R. M. Cinalli, M. E. Glasner, et, al. MicroRNAs regulate brain morphogenesis in zebrafish. Science, 2005, vol.308, pp. 833-838.

[3] L. Meng, L. Chen, Z. Li, et al. Roles of microRNAs in the Caenorhabditis elegans nervous system. J Genet Genomics, 2013, vol. 40, pp. 445-452.

[4] Y. Pekarsky, U. Santanam, A. Cimmino, et al. Tcl1 expression in chronic lymphocytic leukemia is regulated by miR-29 and miR-181. Cancer Res, 2006, vol. 66, pp. 11590-11593.

[5] J. Winter, S. Jung, S. Keller, et al. Many roads to maturity: microRNA biogenesis pathways and their regulation. Nat Cell Biol, 2009, vol. 11, pp. 228-234.

[6] H. Zhang, Y. Li, M. Lai. The microRNA network and tumor metastasis. Oncogene, 2010, vol. 29, pp. 937-948.

[7] Kozomara A, Griffiths-Jones S. miRBase: annotating high confidence microRNAs using deep sequencing data. Nucleic Acids Res, 2014, 42:D68-D73.

[8] Kozomara A, Griffiths-Jones S. miRBase: integrating microRNA annotation and deep-sequencing data. Nucleic Acids Res, 2011, 39:D152-D157.

[9] Griffiths-Jones S, Saini HK, van Dongen S, et al. miRBase: tools for microRNA genomics. Nucleic Acids Res, 2008, 36:D154-D158.

[10] Griffiths-Jones S, Grocock RJ, van Dongen S, et al. miRBase: microRNA sequences, targets and gene nomenclature. Nucleic Acids Res, 2006, 34:D140-D144.

[11] Griffiths-Jones S. The microRNA Registry. Nucleic Acids Res, 2004, 32:D109-D111.

[12] Ambros V, Bartel B, Bartel DP, et al. A uniform system for microRNA annotation. RNA 2003, 9(3):277-279.

[13] Meyers BC, Axtell MJ, Bartel B, et al. Criteria for annotation of plant MicroRNAs. Plant Cell. 2008, 20(12): 3186-3190.

Linux 篇

第 9 章　Linux 系统

第 10 章　Perl 语言

第 11 章　测序方法及数据处理

第 12 章　基因组组装

第 13 章　小 RNA 测序数据分析

第 14 章　RNA-seq 数据分析

第 15 章　基因预测

第 16 章　基因注释及功能分析

第 9 章 Linux 系统

什么是 Linux 系统？为什么要学习 Linux 系统？如何学习 Linux 系统？本章的内容将就这些问题进行讨论。

9.1 Linux 简介

9.1.1 什么是 Linux 系统

Linux 是一款自由和开放源代码(Free and Open Source Software，FOSS)的类 UNIX 操作系统。所谓"自由和开放源代码"是指任何人都可以自由地使用、复制、修改、发布，任何人在源代码基础上改动后的软件必须继续保持自由和开放源代码的特性。

1．Linux 系统开发的关键人物

在介绍 Linux 系统之前，首先认识一下与 Linux 系统相关的几个重要人物。

理查德•马修•斯托曼(Richard Matthew Stallman，别名 RMS)：1953 年生于美国，1983 年发起 GNU 计划，目标是建立一套完全自由的操作系统，1985 年发表《GNU 宣言》对该计划进行解释宣传，并于 1985 年成立自由软件基金会(Free Software Foundation)为该计划提供技术、法律及财政支持，在该计划的支持下，开发了一些 UNIX 系统兼容的自由软件，如 Emacs(文本编辑器)、GCC(GNU Compiler Collection，GNU 编译器)等软件，这些软件后来成为 Linux 系统的重要组成部分。斯托曼于 1989 年与一群律师一起起草了目前广为使用的 GNU 通用公共许可证(GNU General Public License，GPL)，GNU 项目开发的软件及基于这些软件开发的其他软件都必须挂上 GPL，禁止任何人限制自由软件的特性，也称为 Copyleft(与 Copyright 想对应，反对专有版权)，从而保证自由软件传播的延续性，也使得 GNU 项目得以不断发展壮大，后来开发的 Linux 系统也挂上了 GPL，因此 Linux 系统也称为 GNU/Linux 系统。斯托曼也称为"自由软件之父"，并于 2002 年成为美国工程院院士。

安德鲁•斯托特•谭宁邦(Andrew Stuart Tanenbaum)：1944 年生于美国，荷兰阿姆斯特丹 Vrije 大学教授，讲授操作系统，由于 UNIX 系统需要付费，给其上课带来了困难，于是他在 1987 年开发了迷你 UNIX 系统，即 Minix 系统，用于教学及研究，同时出版了相关书籍并提供源代码软盘供人们使用。Linux 系统创建者正是通过研究 Minix 系统源代码并受其启发创建了 Linux 系统。谭宁邦教授是荷兰皇家艺术和科学院院士，2014 年退休。

林纳斯•本纳迪克特•托瓦兹(Linus Benedict Torvalds)：1969 年生于芬兰，1991 年 10 月 5 日，正在就读于赫尔辛基大学二年级的托瓦兹宣布其开发了 Linux 系统内核，并将 Linux 内核程序放在网上供大家免费下载、自由使用，有人会将修改补充意见或者新的程序代码告诉托瓦兹，这样经过托瓦兹与大家一起的修改维护使 Linux 内核程序不断发展完善。托瓦兹现受聘于开放源代码实验室，进行 Linux 系统内核开发。

2. Linux 发行版

严格来说，Linux 一词仅表示 Linux 内核，实际上人们已经习惯用 Linux 来称呼基于 Linux 内核的整个操作系统。通常所使用的 Linux 操作系统实际上是 Linux 系统的发行版，这些发行版由个人、团队、商业机构等不同的人或者机构根据自身喜好开发，全球有约 300 种不同的发行版，其中常用的有 10 余种（见表 9-1）。一个完整的 Linux 系统包含：Linux 内核、GNU 程序库和工具、Shell 命令行、X Window 系统和相应的桌面环境及其他各种应用软件。Linux 系统以自由开放著称，但是商业开发的发行版会收取一定的费用，这部分费用实际上相当于材料费及系统后续维护服务费，而且重要的是这些商业开发的发行版软件一旦购买后也可以获得源代码，并可以自由使用。

当然，由于各发行版使用的内核版本来源相同，所使用的 GNU 程序库和工具、Shell 命令行等软件也相同或相近，文件架构也相同，尤其是不同的发行版都遵守 Linux Standard Base（LSB）、File System Hierarchy Standard（FHS）等行业标准，因此各发行版除了选择的应用软件差别较大外，其他方面的差别不会太大，因此学精一个发行版，对于其他发行版的使用也不会太陌生。就像如果会用 Windows 2000，那么对于其他的系统（如 XP、Win 7 等）也不会太陌生。

表 9-1 常用的 Linux 系统发行版

名称	网址	特点
Red Hat	http://www.redhat.com	1993 年建立，第一个商业化版本，收费，稳定性高，使用较多，简称 RHEL
Fedora	http://fedoraproject.org	Redhat 赞助，社区版
openSUSE	http://www.opensuse.org/zh-cn	SUSE 资助，社区版，用户界面好
Ubuntu	http://www.ubuntu.com	界面友好，适合做桌面 Linux 系统
Debian	http://www.debian.org	1993 年建立，社区版，支持多架构与核心，对硬件要求低
PCLinuxOS	http://www.pclinuxos.nl	2003 年建立，适用于 x86 桌面计算机
MEPIS	http://www.mepis.org	2002 年建立，基于 Debian
KNOPIX	http://www.knopper.net/knoppix	1998 年建立，收费，易于安装
Slackware	http://www.slackware.com	1993 年建立，收费，稳定，界面友好
Mandriva	http://www.mandriva.com	1998 年建立，有收费版与免费版
Gentoo	http://www.gentoo.org	最年轻的发行版，号称完美
CentOS	http://www.centos.org	RHEL 的社区版，免费
红旗	http://www.redflag-linux.com	1999 年发布，中国开发的最全的 Linux 系统，完全支持中文

3. Linux 内核版本号

Linux 系统内核编号包括 3 部分，形式为 r.x.y。其中，r 代表主版本号；x 为次版本号，且奇数代表开发中的版本，偶数代表稳定版本；y 代表修改次数，对内核小的修订仅改变 y 的值，较大的修改则会改变 x 的值，对版本较彻底的改变则会改变 r 的值。比如，2.6.10 表示版本为稳定的 2.6 版本，第 10 次修订。目前的最新稳定内核版本是 4.0.6，于 2015 年 6 月 23 日发布。

Linux 发行版也有一个版本号，比如发现版 CentOS6.5 版，但是其内核版本号为 2.6.32。

9.1.2 为什么要学习 Linux 系统

Linux 系统具有以下一些特点：

- **自由免费**：Linux 系统是一款自由与开放的系统，易于获得源代码，并可以自由使用，目前银行系统、涉密机构及其他结构的大型服务器等多采用 Linux 操作系统。另外，各种计算机硬件设备如手机、路由器、平板电脑、台式计算机、大型服务器等均可安装 Linux 系统。
- **运行稳定**：Linux 系统运行稳定，无需频繁关机。
- **运算能力强大**：Linux 系统由于不需要 Windows 系统的强大的图形界面，因此 Linux 系统对计算机硬件要求较低，并适合进行数据运算，当然 Linux 系统也支持 X 窗口系统，可以支持图片的显示。
- **生物信息软件多基于 Linux 系统开发**：许多生物信息学软件是基于 Linux 系统开发或者兼容于 Linux 系统，因此进行生物信息学分析最好掌握 Linux 操作系统。

9.1.3 如何学习 Linux 系统

边学边用、持续学习。Linux 系统涵盖复杂的内容，如果要学精该系统，需要较长的时间并且要下苦工夫，这可能会吓到很多 Linux 系统的初学者。当然，如果只是普通的生物信息学应用，可能仅需要学习部分的 Linux 系统常用命令即可。因此建议初学者"边学边用、持续学习"，由于生物信息学涉及生物学、数学、计算科学等多学科内容，因此可以将主要精力放在其他地方，Linux 系统知识可以边学边用，既不能被 Linux 系统繁杂的知识吓到，也不可浅尝辄止。但是如果在生物信息学分析过程中涉及到 Linux 的新内容，则需要继续学习。逐步学习、学以致用，是生物信息学初学者最好的学习方法。当然，如果可以用较多的时间系统学习 Linux 的知识，则对生物信息学分析应用会有更多的帮助。

9.2 Linux 系统安装

Linux 发行版有多种，选择其中适合自己的一个即可。这里以 CentOS 6.5 的安装为例讲述 Linux 系统的安装及学习。

9.2.1 Linux 系统下载

1. 版本选择

进入 CentOS 官网（www.centos.org），点击"Get CentOS Now"按钮，在打开的页面点击"alternative downloads"超链接，打开的页面列出所有可下载的版本，最新的版本放在最前面的列表中（见图 9-1），最新的版本是 CentOS 7，其中 CentOS 6 最新版本是 6.6，CentOS 5 最新版本是 5.11，其他历史版本在页面底部 Archived Versions 部分，并且随着新版本的公布，其对应的之前的版本即变为历史版本，如 CentOS 6.6 公布后，则 CentOS 6.5 即变为历史版本（见图 9-2）。页面中的"i386"是指 32 位操作系统，"x86_64"是指 64 位操作系统，目前生产的计算机大部分是 64 位操作系统，可通过查看计算机中的"我的计算机"属性，获悉该计算机到底是 32 位还是 64 位操作系统。

本书选择 CentOS 6.5 版 x86_64 做介绍，其他版本的下载过程类似。在 Archived Versions 部分找到 CentOS 6.5 版本所在行。在该行点击"Tree"超链接，在打开的新页面中点击打开

isos 文件夹，再点击打开 x86_64 文件夹，该文件夹即包含下载文件信息，如图 9-3 所示，其中的 iso 文件即为制作系统安装盘的镜像文件。

Version	Minor release	CD and DVD ISO Images	Packages	Release Email	Release Notes	End-Of-Life
CentOS-7	7 (1503)	●x86_64	●RPMs	●CentOS	CentOS ●RHEL	30 June 2024
CentOS-6	6.6	●i386 ●x86_64	●RPMs	●CentOS	CentOS ●RHEL	30 Nov 2020
CentOS-5	5.11	●i386 ●x86_64	●RPMs	●CentOS	CentOS ●RHEL	31 Mar 2017**

图 9-1　CentOS 最新版本

Archived Versions		
CentOS 7		
Release	Based on RHEL Source (Version)	Archived Tree
7 (1503)	7.1	●Tree
7 (1406)	7.0	●Tree
CentOS 6		
Release	Based on RHEL Source (Version)	Archived Tree
6.6	6.6	●Tree
6.5	6.5	●Tree

图 9-2　CentOS 系统历史版本

```
Parent Directory                                            -
0_README.txt                           30-Nov-2013 22:41   2.2K
CentOS-6.5-x86_64-LiveCD.iso           29-Nov-2013 17:09   649M
CentOS-6.5-x86_64-LiveCD.torrent       30-Nov-2013 23:23    26K
CentOS-6.5-x86_64-LiveDVD.iso          29-Nov-2013 17:13   1.7G
CentOS-6.5-x86_64-LiveDVD.torrent      30-Nov-2013 23:23    70K
CentOS-6.5-x86_64-bin-DVD1.iso         29-Nov-2013 12:11   4.2G
CentOS-6.5-x86_64-bin-DVD1to2.torrent  30-Nov-2013 23:23   215K
CentOS-6.5-x86_64-bin-DVD2.iso         29-Nov-2013 12:11   1.2G
CentOS-6.5-x86_64-minimal.iso          29-Nov-2013 12:14   398M
CentOS-6.5-x86_64-minimal.torrent      30-Nov-2013 23:23    16K
CentOS-6.5-x86_64-netinstall.iso       29-Nov-2013 12:05   243M
CentOS-6.5-x86_64-netinstall.torrent   30-Nov-2013 23:23    10K
md5sum.txt                             29-Nov-2013 17:49    388
md5sum.txt.asc                         29-Nov-2013 17:59   1.2K
sha1sum.txt                            29-Nov-2013 17:50    436
sha1sum.txt.asc                        29-Nov-2013 17:58   1.3K
sha256sum.txt                          29-Nov-2013 17:52    580
```

图 9-3　具体下载版本选择页面

2. ISO 下载文件选择

有多个 ISO 文件可供下载，其中"0_README.txt"文件说明了各下载选项的作用及意义，如表 9-2 所示。

表 9-2 Linux 下载文件类型及其意义

文件名	意义
*.iso	镜像文件，可直接下载
*.torrent	BT 种子文件，需要特殊的下载软件进一步下载镜像文件
*-LiveCD.iso	适合刻录 CD，含精简系统文件，安装时无法选择插件，也可免安装使用
*-LiveDVD.iso	适合刻录 DVD，含系统文件，安装时无法选择插件，也可免安装使用
*-bin-DVD1.iso	适合刻录 DVD，含全部系统文件，安装时可选择插件，不可免安装使用
*-bin-DVD2.iso	适合刻录 DVD，含其他系统插件，用于系统更新
*-minimal.iso	基本系统文件，功能少
*-netinstall.iso	网络安装文件，安装时需联网
sum.	含代码用于检测文件是否被修改，有 md5、sha1、sha256 等多种算法形式
.txt	纯文本格式
.txt.asc	ASCII 字符编码文件

本书选择如下两个 ISO 文件一起下载：

```
CentOS-6.5-x86_64-bin-DVD1.iso，CentOS-6.5-x86_64-bin-DVD2.iso
```

其默认的下载地址如下，该地址长久有效：

http://vault.centos.org/6.5/isos/x86_64/CentOS-6.5-x86_64-bin-DVD1.iso

http://vault.centos.org/6.5/isos/x86_64/CentOS-6.5-x86_64-bin-DVD2.iso

其中，DVD1 是安装系统，DVD2 是补充的软件包，用于系统更新，将 DVD1 系统文件制成安装盘，DVD2 文件刻盘即可。

如果是下载最新版本，比如 CentOS 7、CentOS 6.6、CentOS 5.11（见图 9-1），则通过点击各版本对应的"x86_64"超链接，进入镜像网址选择页面，中国境内可选择的网址如图 9-4 所示，可选择离自己最近的镜像网址快速下载安装文件。点击各镜像网址后打开的页面内容与图 9-3 类似，各项目的意义参见表 9-2，这里不再赘述。

```
http://mirror.bit.edu.cn/centos/6.6/isos/x86_64/
http://mirrors.163.com/centos/6.6/isos/x86_64/
http://mirrors.hustunique.com/centos/6.6/isos/x86_64/
http://mirrors.nwsuaf.edu.cn/centos/6.6/isos/x86_64/
http://mirrors.zju.edu.cn/centos/6.6/isos/x86_64/
http://ftp.sjtu.edu.cn/centos/6.6/isos/x86_64/
http://mirrors.hust.edu.cn/centos/6.6/isos/x86_64/
http://mirrors.cqu.edu.cn/CentOS/6.6/isos/x86_64/
http://mirror.neu.edu.cn/centos/6.6/isos/x86_64/
http://centos.ustc.edu.cn/centos/6.6/isos/x86_64/
http://mirrors.neusoft.edu.cn/centos/6.6/isos/x86_64/
http://mirrors.opencas.cn/centos/6.6/isos/x86_64/
http://mirrors.btte.net/centos/6.6/isos/x86_64/
http://mirrors.aliyun.com/centos/6.6/isos/x86_64/
```

图 9-4 中国境内 CentOS 系统镜像网址

9.2.2 系统安装盘制作

系统安装盘可制成 CD、DVD 或者移动 U 盘等介质形式，由于 DVD 与移动 U 盘使用较多，下面将对这两种介质的启动盘制作流程进行介绍。系统盘制作的软件有很多，比如老毛桃、大白菜等软件，这些软件的功能大致类似，这里选择老毛桃系统盘制作软件进行介绍（见图9-5）。

老毛桃下载官网如下：

http://www.laomaotao.in/

1. DVD 光盘启动盘制作

将下载的老毛桃 U 盘启动盘制作软件解压缩，即可免安装使用，光盘刻录流程如下：

（1）双击文件夹下的"laomaotao.exe"文件打开软件主页面（见图9-5）。

（2）点击"ISO 模式"，将 CentOS 6.5 系统文件存放位置通过"浏览"选择框载入。

（3）插入空白 DVD 光盘。

（4）点击"刻录光盘"按钮即出现刻录进度显示页（见图9-6）。刻录过程中可点击"终止"按钮停止刻录过程，其他按钮是灰色的（不可用）；刻录完毕后"擦除"、"刻录"、"返回"按钮变为黑色（可操作），"终止"按钮变为灰色（不可操作）。普通光盘刻录一次完毕后，余下空间无法继续使用，也不可擦除重新刻录。但是标注"DVD-RW"的光盘可重复刻录，光盘空间未使用完毕的也可继续刻录。

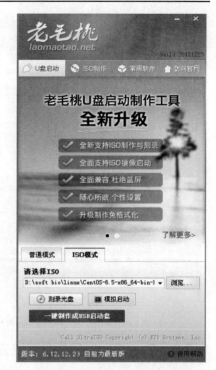

图9-5 老毛桃启动盘制作软件主页面

（5）点击"返回"按钮返回软件主页面，继续进行其他操作，或者关掉软件。

（6）刻录完毕后退出光盘，至此光盘启动盘制作完成。

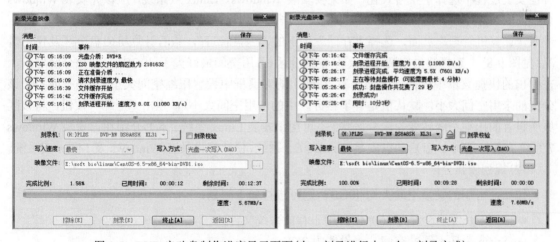

图9-6 DVD 启动盘制作进度显示页面（左：刻录进行中；右：刻录完成）

2. 移动 USB（U 盘）启动盘制作

U 盘启动盘的制作过程与 DVD 光盘启动盘制作过程类似，在老毛桃软件主页面（见图9-5）点击"ISO 模式"，将 CentOS 6.5 系统文件存放位置通过"浏览"选择框载入；插入移动 U 盘，点击"一键制作成 USB 启动盘"按钮，系统弹出对话框提示将格式化 U 盘数据，点击"确定"按钮,打开"写入硬盘映像"对话框,点击"写入"按钮,开始刻录并显示刻录进程(见图9-7)。制作完毕后点击"返回"按钮返回主页面,退出U盘,则U盘启动盘制作完成。

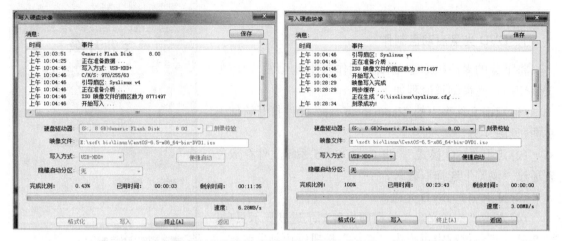

图9-7 U盘启动盘制作进度显示页面(左:刻录进行中;右:刻录完成)

9.2.3 CentOS 6.5 操作系统安装

1. 安装前的准备

(1)计算机安装空间准备。

CentOS 6.5系统安装前,需先确认计算机是否有未分区的空间安装该系统;或者是否已将重要的资料备份,能容许对计算机硬盘进行格式化。如果要进行整个硬盘数据格式化,则可在安装过程中选择全盘格式化。如果要安装Windows、Linux双系统,应该先安装Windows系统,安装完毕后,进入Windows系统,右击"我的计算机",在快捷菜单中选择"管理",进入"计算机管理"页面,选择"存储"项下的"磁盘管理",查看计算机磁盘分区及使用情况(见图9-8),选择拟供安装Linux系统的分区(可用空间最好大于40GB),在该分区右击,在弹出的快捷菜单中选择"压缩卷",在弹出的对话框中设置压缩空间大小(需小于或等于该分区的未用空间大小,默认值是等于该分区中的未用空间大小),点击"压缩"按钮,将该区域所设置的压缩空间转变为未分区状态,可用于安装Linux系统。本书介绍在已安装Windows 7系统的条件下用U盘启动盘安装CentOS 6.5系统,使计算机具有Windows及Linux双系统。

(2)规划硬盘分区。

比如,可用的硬盘空间大约40GB,则可进行如下规划:

- /boot 分区:设置为500MB,用于存放系统文件。
- Swap 分区:缓冲空间,可设置为2GB。
- /home 分区:私人数据文件夹,由于生物信息分析涉及数据较多,可设置为20GB。
- /分区:余下空间建议全部作为根目录。

(3)设置开机启动盘。

插入已经制作好的U盘启动盘,重启计算机,按"F12"键(有的计算机可能是F2键或者其他快捷键)进入BIOS设置,选择"Boot Menu",根据页面说明将 "USB-HDD"(移动硬盘)所在行上移至第一位,使之变为开机优先启动盘,设定好后保存设置并退出。一般计算机默认是从"DVD-RW"光盘启动;如无光盘启动盘则从"HDD1"(计算机自带硬盘)启动。默认只有插入 U 盘时才会显示"USB-HDD"项,且排在第二或第三的位置,因此如果要用 DVD 启动盘安装系统,可用 BIOS 默认设置即可,无需修改。

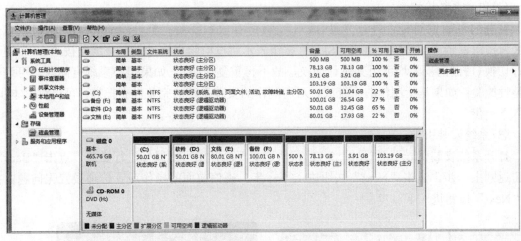

图 9-8　磁盘管理界面

2. 安装过程

下面以 U 盘为启动盘介绍安装过程。插入 U 盘启动盘,BIOS 设置好后,重启计算机即进入系统安装选择页面(见图 9-9)。该页面各项目的意义见表 9-3。

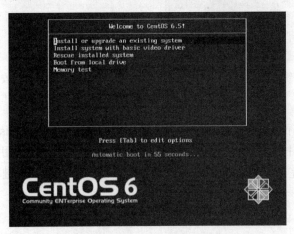

图 9-9　CentOS 6.5 安装主页面

表 9-3　系统安装选择页面各选项说明表

项　目	意　义	使 用 条 件
Install or upgrade an existing system	系统安装或升级	初次安装,覆盖,升级系统
Install system with basic video driver	以基本显卡驱动安装系统	系统图形相关插件少
Rescue installed system	修复已安装系统	修复安装错误
Boot from local drive	从硬盘启动	退出安装,启动系统
Memory test	内存测试程序	烧机测试系统稳定性

(1) 安装程序选择。

使用 Tab 键进行选择,光标所在行即为当前选择,由于是第一次安装,因此选择第一项 Install or upgrade an existing system,按"Enter"键进入下一步。如果不做选择,则在计时 1 分钟后自动采用光标所在行选项(默认选项)进入下一步。

(2) 磁盘系统检测。

打开的页面询问是否进行光盘(或 U 盘)所存放系统的完整性检验(见图 9-10),点击"OK"按钮表示进行检验,点击"Skip"按钮表示跳过检验直接进入下一步,按"Tab"键可进行切换(后面的步骤均可用其进行切换,故不再重复说明)。如果担心系统有问题,可进行完整性检验;如果是新制作的系统或者对所制作的安装系统的完整性有把握,可以跳过本步,进入下一步。

(3) 系统安装引导。

打开系统安装引导页面(见图 9-11),从这个页面开始可用鼠标进行点选,点击"Back"按钮返回上一步,点击"Next"按钮进入下一步。确信前面的操作或者选项设置无问题,点击"Next"按钮进入下一步。

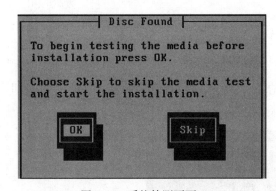

图 9-10　系统检测页面

图 9-11　系统安装引导页面

(4) 语言选择。

打开语言选择页面(见图 9-12),可根据个人喜好选择"English"(默认选项)或者"Chinese(simplified)(中文简体)",此处选择完毕,后面的项目内容将用所选语言显示,(另需说明的是:系统安装完毕之后,登录进入的页面所显示的语言可再次进行修改设置),此处选择"English"进入下一步。

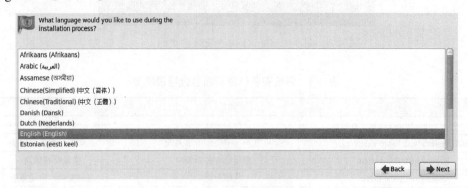

图 9-12　语言选择页面

(5) 键盘模式选择。

打开键盘布局选择页面(见图 9-13)，选择"U.S.English"(美式键盘)，进入下一步。

(6) 存储空间选择。

打开系统存放空间选择页面(见图 9-14)，第一项是"Basic Storage Devices"(基本存储空间，默认选项，安装或者升级系统用)，第二项是"Specialized Storage Devices"(特殊存储空间)，每一项的意义在选项下面有说明，如果不知道如何选择，就选择第一项，进入下一步。

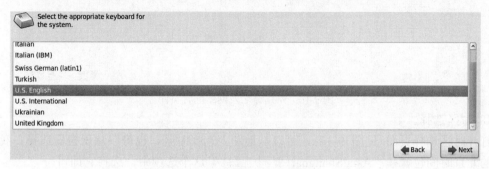

图 9-13　键盘布局选择页面

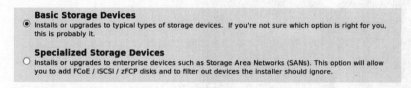

图 9-14　系统存储空间选择页面

打开存储空间提示框，由于涉及磁盘空间的格式化，为了确保数据安全，无论是否真的有数据，系统均会询问是否有数据需要保存(见图 9-15)，选择"Yes, discard any data"(忽略所有数据)按钮，进入下一步；选择"No，keep any data"(保留数据)按钮，则可返回上一步，并可持续返回上一步，直至退出系统安装，去进行数据保存。由于我们在系统安装前已经预留未使用空间进行系统安装，因此选择忽略数据，进入下一步。

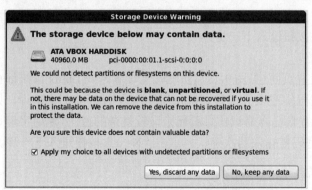

图 9-15　存储空间数据保存提示框

(7) 网络配置。

打开网络主机命名页面(见图 9-16)，默认命名是"localhost.localdomain"，此处命名可按照网址命名方式。命令内容可以随意选择，比如可命名为"www.fsp.com"。如果有独立的 IP 地址，则可点击"Configure Network"按钮进行设置。由于多数人使用的是动态分配的 IP 地址，因此此处无需设置；今后需要设置固定 IP 时可用其他方法设置，因此这里可以略过。点击"Next"按钮使用默认命名进入下一步即可。

图 9-16 网络命名及网络配置页面

(8) 时区选择。

打开时区选择页面(见图 9-17)，可以从地图上选择时区，也可以从下拉框选择，我们习惯用的北京时间包含在"Asia/Shanghai(亚洲/上海)"这个选项中，选择它即可。

图 9-17 时区选择页面

在"System clock uses UTC"复选框处，由于 UTC 是国际标准时区(Universal Time Coordinated)，比北京时间晚 8 个小时，为了避免系统时间与本地时间有差异，这个地方取消选择。点击"Next"按钮进入下一步。

(9) root 密码设置。

打开 root 密码设置页面(见图 9-18)。虽然任意设置密码 Linux 系统都会接受，然而在 Linux 系统中，root 用户权限实在太大，如果 root 密码被不怀好心的人破译，则可能带来不可估量的损失。因此最好设置自己容易记住且看起来又较复杂的密码(混用字母、数字、特殊符号等，比如 I&HD_110)。密码需输入两次确认。点击"Next"按钮进入下一步。

图 9-18 root 用户密码设置

输入密码并提交后，系统会自动对所提交密码按照系统设置的规则进行验证，如果密码太简单，会显示"Weak Password"密码提示框（见图 9-19），点击"Cancel"按钮重新设置密码，点击"Use Anyway"按钮则仍然使用所设密码。如果密码设置比较复杂，通过系统验证，则不会显示密码提示框。点击"Use Anyway"按钮进入下一步。

图 9-19　密码设置提示框

（10）系统安装模式选择。

打开系统安装模式选择页面（见图 9-20），共有 5 种情况可供选择，每种情况都有说明。如果我们想格式化所有数据，可选择"Use All Space"。由于已经有预留的未分区硬盘空间，且该空间未安装任何操作系统，因此选择"Use Free Space"。页面下面还有两个复选框："Encrypt system"（系统加密），如果勾选此项，则每次开机时需要输入两次密码，一是开机密码，一是账号密码，这一项根据自己的需要选择，本书不勾选；"Review and modify partitioning layout"，如果勾选此项，可自定义硬盘分区，不勾选此项则使用默认分区，本书勾选此项。点击"Next"按钮进入下一步。

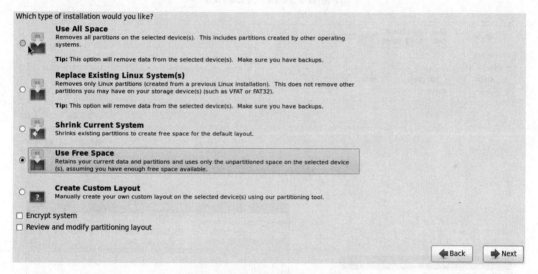

图 9-20　系统安装模式选择页面

（11）自定义分区。

打开自定义分区页面，该页面已经被系统默认分区完毕（见图 9-21）。默认分了两个区——/boot 及一个 LVM 分区，其中 LVM 分区又分了两个区——/根目录及 swap 分区。自定义分区前，需将系统默认的 LVM 分区删除，选中 VolGroup 所在行，点击"Delete"按钮即可删除；选中 sda2 所在行，点击"Delete"按钮也可删除。默认的/boot 分区与我们设计的分区一致，保留之。删除完毕后未分区空间显示"Free"（见图 9-22）。

根据事先的规划进行分区，选中"Free"行进行分区，点击"Creat"按钮，打开文件夹分区对话框"Create Storage"（见图 9-23）。该页面有 3 种分区格式供选择：Standard Partition（标准分区），RAID Partition（磁盘阵列分区），LVM Physical Volume（弹性物理分区）。选择 Standard Partition，点击"Create"按钮，进入分区参数设置页面（见图 9-24）。

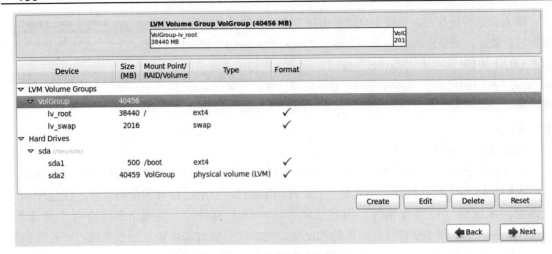

图 9-21　自定义分区页面

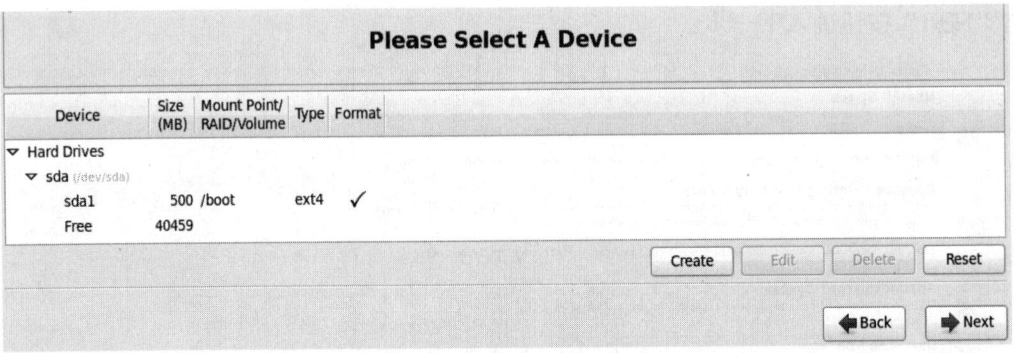

图 9-22　Free 空间显示页面

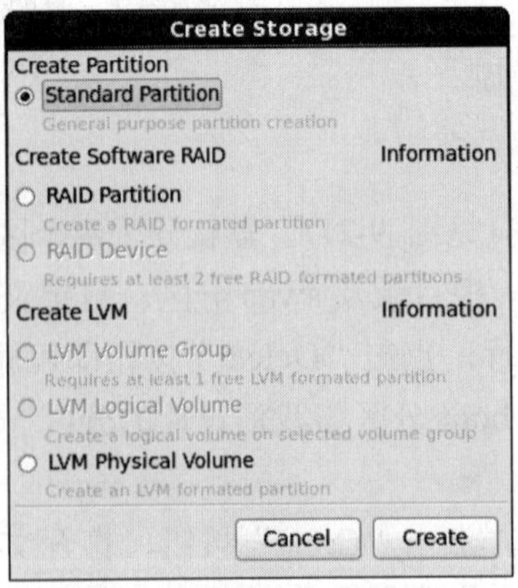

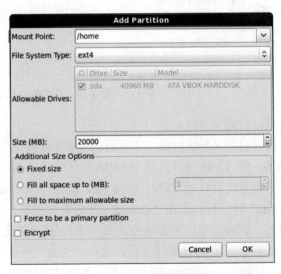

图 9-23　分区对话框　　　　　图 9-24　分区参数设置对话框

分区参数设置页面的选项如下：在"Mount Point（挂载点）"中，先设置/home 分区；在"File System Type（文件类型）"中选择"ext4"；"Size（大小）"设置为 20000M（即约 20GB）；其他参数选择默认设置。点击"OK"按钮，即"/home"
分区创建完毕。利用同样的过程创建其他分区，其
中"swap"分区是内存交换空间，无需挂载点；"/"
根目录分区使用"Fill to maximum allowable size"，
因此"Size"部分变为灰色而无需设置。创建完所
有分区后（见图 9-25），由于 Linux 最多只能有 4 个
主、开展分区，因此系统自动将根目录变为扩展分

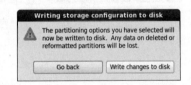

图 9-25　分区完成图

区。如果分区参数设置有误，可选中该分区，点击"Edit（编辑）"按钮编辑修改，或者点击
"Delete（删除）"按钮重新分区，也可以点击"Reset（重设）"按钮重新设置所有分区。如果所
有分区都符合预期，则点击"Next"按钮进入下一步。

　　打开格式化警告框"Format Warnings"（见图 9-26），提示现有的分区将被格式化，点击
"Format"按钮执行格式化，或者点击"Cancel"按钮返回分区页面。这里点击"Format"按
钮进入下一步。打开分区写入警告框"Writing storage configuration to disk"（见图 9-27），提
示分区写入后会格式化该空间内的所有数据，点击"Write changes to disk"按钮将分区数据写
入硬盘，或者点击"Go back"按钮返回分区页面。这里点击"Write changes to disk"进入下
一步。

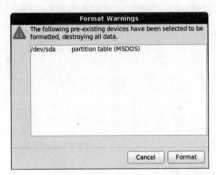

图 9-26　格式化警告对话框　　　　　　　图 9-27　分区写入警示框

（12）设置引导程序。
　　格式化完毕后，显示引导程序设置页面（见图 9-28）。对于安装双系统来说，这里的设置
很重要，默认设置是将引导程序存放在 MBR 区（Master Boot Record）。由于 Win7 系统的引导
程序已经放在这个分区，因此 Linux 引导程序如果覆盖这个区将导致 Win7 无法使用。点击
"Change device"按钮，进入管理启动程序"Boot loader device"页面（见图 9-29），选中"First
sector of boot partition"项，点击"OK"按钮返回引导程序设置页面。

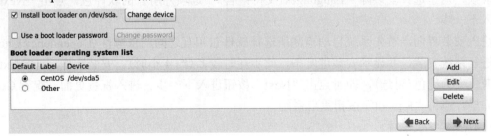

图 9-28　引导程序设置页面（修）

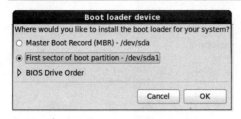

图 9-29 管理启动程序页面

接下来进行默认登录系统设置,在"Boot loader operating system list"列表中将要安装的系统都有显示,此处显示"CentOS"即为 Linux 系统,或者显示"Other"即为 Win7 系统。选择 CentOS 系统作为默认开机系统,点击"Next"按钮进入下一步。

(13) 安装系统类型及软件包选择。

打开系统安装分类选择页面(见图 9-30),在该页面第一个文本框中显示可选择安装的系统类型,这些不同的系统类型所安装的软件包数量有区别,其选择主要跟今后的使用目的有关,我们的目的是作为 Linux 学习,因此选中"Software Development Workstation"这种插件最全的类型,并同时选中"Customize now"进行手动软件包的选择。点击"Next"按钮进入下一步。

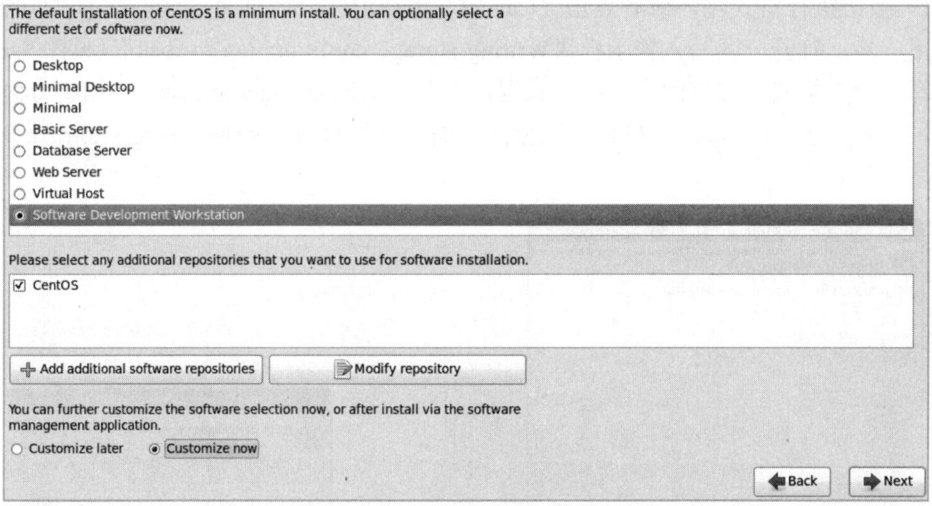

图 9-30 安装系统选择页面

进入具体的软件包选择页面(见图 9-31),该页面有 3 个文本框,左上文本框是大的软件包归类选项,右上文本框显示的是左上文本框所选择项目中的详细软件包,下面的文本框显示的是右上文本框选项的意义。比如,左上文本框中的"Applications(应用软件)"包含的内容在右上的文本框里面,包含"Emacs"软件包等 7 项,其中"Emacs"软件包在下面的文本框中有简单介绍——"The GNU Emacs extensible, Customizable, text editor"。由于我们安装 Linux 系统是为了进行学习及今后的生物信息学分析应用,为避免后面需要补充安装若干软件包的麻烦,这里选择安装除"Languages(支持语言)"选项外所有的软件包,点击"Next"按钮进入下一步。

进入安装界面,首先系统自动检测所选择软件包相互之间的依赖性(Dependency Check),然后进行系统安装,并显示安装进度条,此步耗时较多(约 4 小时)。安装完毕后,"Next"按钮由灰色变为黑色(可选),即可点击"Next"按钮进入下一步。进入祝贺页面,祝贺 CentOS 安装完毕,点击"Reboot"按钮重启系统。

(14) 后续参数设置。

进入第一次重启时的设置页面(见图 9-32),该页面有"Welcome"、"License Information"、

"Create User"、"Date and Time"、"Kdump" 5 个选项，通过在页面点击"Forward"按钮可逐项阅读或进行各项相关参数的设置。

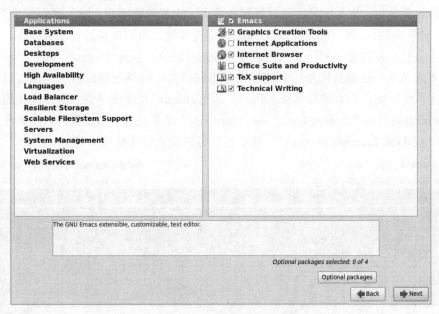

图 9-31　软件包自由选择页面

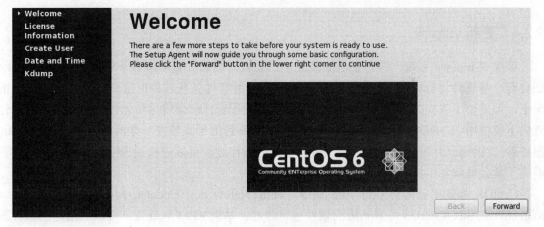

图 9-32　第一次重启时的设置页面

- "Welcome"与"License Information"项：阅读相关内容即可。
- "Create User"项：创建一个普通用户账号，由于 root 用户在 Linux 中拥有无穷的权限，为了避免使用 root 用户错误操作造成的不可估量的损失，最好创建一个普通用户供平时使用（如本书作者创建的普通用户名为 fsp），只是需要用到系统设置权限的时候再改为 root 用户。用户名与密码可以根据个人喜好设置，密码太简单的话会出现警示对话框，忽略即可。
- "Date and Time"项：进行系统日期与时间设置。
- "Kdump"项：设置当内核出错时是否将内存中的信息写入文件，勾选该项可能产生大量的文件从而耗用内存，默认勾选该项，这里取消选择该项。

以上各项设置完毕后点击"Finish"按钮，再次重启系统，使各项设置生效，此时系统安装才算大功告成。

再次进入系统后，进入账号密码选择输入页面，选择普通用户，输入密码即可进入 Linux 系统主页（见图 9-33）。该页面是 Linux 系统的桌面环境，可用鼠标进行相关操作。主页最上面一栏是任务栏，左边分别列出了应用程序（Application）、位置（Places）、系统（System）3 个菜单；接下来是几个快速链接项；右边依次是出错信息、网络连接信息、电源信息提示符；再接下来是系统时间；最右边显示登录用户。进行 Linux 系统命令输入的终端使用较多，可通过"Application"→"System Tools"→"Terminal"菜单找到。右击鼠标，在弹出的快捷菜单中选择"Add this launcher to panel"，使其在任务栏建立快速链接。

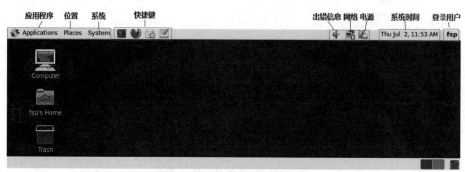

图 9-33　CentOS 6.5 系统主页面

9.2.4　更新 yum 源

就像 Windows 系统一样，初次安装完毕，会有一些软件更新项需下载安装。Linux 系统还会有一些软件包暂时用不到而未安装，然而在安装其他某些软件时需要补充安装，这些情况下，都需要下载相关软件包，每个 Linux 系统发行套件都会将这些软件集中存放在一些位置供下载使用。CentOS 系统会将这些软件包以 RMP 包的形式放在一些网站上（有时也称 yum 服务器），供用户有需要时在线下载安装。下面的操作过程可以先按照说明操作，后面的内容看完了就会理解各步操作的意义。

CentOS 系统更新需要用到 yum 命令，yum（Yellow dog Updater, Modified）是 Fedora、RedHat、SUSE、CentOS 等发布版的软件包管理器，基于 RPM 包管理，可以从指定的服务器自动下载 RPM 包，并通过分析 RPM 包的标题信息将相互依赖的软件包一起下载、安装。yum 同时还有删除、升级、查询、搜索软件包的功能。因为执行 yum 命令时会修改系统配置，需要 root 用户权限，还需要 yum 源配置文件，告诉系统去哪个网站下载相关信息。

1. 改为 root 用户

以普通用户身份登录，打开终端，通过 su 命令改为 root 用户。

```
$ su -                        #修改系统文件需要 root 权限；
Password:                     #输入 root 的密码；
```

2. 修改 yum 源配置文件

```
# cd /etc/yum.repos.d/                           #进入配置文件所在文件夹；
```

```
# mv CentOS-Base.repo CentOS-Base.repo.bak    #备份文件；
# vim CentOS-Base.repo                        #修改文件；
```

将配置文件中的如下两行：

mirrorlist=http://mirrorlist.centos.org/?release=$releasever&arch=$basearch&repo=os
#baseurl=http://mirror.centos.org/centos/$releasever/os/$basearch/

修改为

#mirrorlist=http://mirrorlist.centos.org/?release=$releasever&arch=$basearch&repo=os
baseurl=http://mirrors.163.com/centos/$releasever/os/$basearch/

一共 5 处，全部修改，并保存该文件。

文件修改完毕，运行命令更新 yum 源。

3. yum 源更新

```
# yum clean all       #清空 yum 缓存
# yum makecache       #将服务器上的软件包信息先在本地计算机缓存
```

更新 yum 源之前需先清空 yum 源的旧文件，以免新文件与旧文件发生冲突。更新 yum 源之后，将 yum 服务器上的软件包信息存放在本地计算机上，今后软件安装或者更新时就去搜索该清单，提高软件包搜索和下载的速度。yum 源最好定期更新，以包含最新的软件包信息。如果更新 yum 源失败，则根据失败提示信息进行对应的排错处理，如果 yum 源配置文件修改无误并保证网络连通，则一般没有问题。通过 yum 命令可以很方便地安装很多软件包，但是也会有一些软件安装不成功，原因很多，比如有些依赖包无法下载全、系统不兼容等，这时需要单独下载相关软件进行安装。

9.3 Linux 命令行模式——终端

所谓的终端是 GNOME 桌面环境的 Terminal，或者 KDE 桌面环境的 Konsole，可通过它获得 UNIX（Linux）的 shell 命令。在 CentOS 系统中，默认的是 GNOME 桌面环境，因此终端默认是 Terminal。在主页面（见图 9-33）点击 Applications-System Tools-Terminal；或者直接点击任务栏快捷键（前提是将"命令行终端"设置为快捷键）；或者在任意文件夹下右击，在快捷键链接中选择在当前文件夹打开终端。这 3 种方法均可打开"命令行终端"（后面简称终端）（见图 10-34）。终端界面显示内容意义如下。

- 标题："终端"的标题显示的是当前所在文件夹"fsp@localhost:~"，其意义为："fsp"是登录用户名；"localhost"是主机名，前面使用的是默认主机名"localhost.localdomain"，这里显示的是主机名称第一个"."号的前面部分；"~"是登录用户的主文件夹代表字符，如针对用户"fsp"，"~"代表的是"/home/fsp"；"@"与":"均是格式符号，由系统设定，也可自行修改。
- 菜单栏："终端"也有一个菜单栏，可使用鼠标进行相关操作。
- 正文界面："终端"正文部分以提示行开头，如"[fsp@localhost ~]$"，其中"fsp@localhost"及"~"的意义同前；"[]"也是格式符号；"$"是普通用户命令行提示符号，root 用户的命令行提示符号是"#"。"$"符号后面是光标位置，可进行命令的输入；系统支持同时打开多个"终端"，如果有多个"终端"同时打开，则当前"终端"的光标是实心方块，可进行命令输入，其他"终端"是空心方框；用鼠标点击可将不同"终端"切换为当前"终端"。

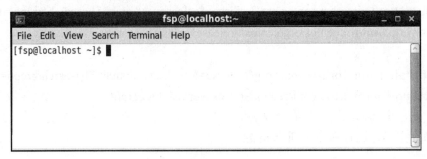

图 9-34　命令行终端页面

9.4　Linux 系统开关机

1. 开机

- 双系统开机：打开计算机电源键，在读秒时按上下方向键，在出现的页面中选择要登录的系统，之后自动完成开机过程。
- 单系统开机：打开计算机电源键，系统自动完成开机过程。

2. 关机

- 方法一：在 Linux 系统主页面（见图 9-33）点击"System"→选择"Shut Down"选项即可；如果选择"Log Out fsp"选项则退出当前用户，可换用其他用户登录。
- 方法二：在 Linux 系统主页面点击用户名，如"fsp"，选择"Quit"选项退出当前用户，如果有弹出提示框则点击"Logout"选项。在新页面右下角点击开关按钮，有"Suspend（暂停）"、"Restart（重启）"、"Shut Down（关机）"选项可选，点击"Shut Down"选项关机即可。
- 方法三：以 root 用户权限，在"终端"输入"poweroff（关机）"、"reboot（重启）"。

直接按电源键或者断电等非正常关机手段容易导致文件损坏，除非遇有特殊情况，尽量避免以这种方式关机。Linux 系统非常稳定，耗电也少，如果不是长时间不用，可以不用频繁关机。

3. 系统运行等级（run-level）

Linux 系统有 7 个运行等级，其意义如下：

- 0：Halt（系统关机）。
- 1：Single user mode（单用户模式，root 权限，禁止远程登录，用于系统维护）。
- Multi-user，without NFS（多用户模式，无网络功能）。
- full multi-user mode（完全的多用户模式，文字模式）。

- unused（系统未使用）。
- X Windows 模式（图形界面模式）。
- reboot（系统重启）。

与系统运行级别相关的命令如下：

- 查看系统运行级别命令：runlevel。
- 改变运行级别：init N（N 为 0～6 的数字，分别对应不同的运行级别），init 0 即为关机，init 6 是重启系统；文字模式（runlevel 3）与图形模式（runlevel 5）的转换较多，从文字模式转为图形模式还可以使用命令 start x。

9.5 Linux 系统文件

9.5.1 Linux 文件夹及其主要作用（以 CentOS 6.5 为例）

Linux 系统的文件夹与 Windows 系统的文件夹结构有所不同，现介绍如下。

Windows 系统分几个区，比如 C、D、E 区，各分区的名字可以随意更改，各个区下面的文件在地址栏显示为类似 "C:\Windows\Boot\DVD" 样的格式，各分区均为起始目录。Linux 系统也进行分区，但是每个分区必须挂载至根目录 "/"。前文在系统安装过程中将系统分为 4 个区 "/boot"、"/home"、"swap"、"/"，其中 "/boot"、"/home" 是文件夹，也是独立的分区，挂载在根目录下，此处与 Windows 系统文件夹结构不同。swap 是缓冲空间，不是文件夹，无需挂载；系统其他的文件夹如 "/bin"、"/dev" 等挂载在根目录，并与根目录在同一个分区。Linux 文件系统显示类似 "/home/fsp"，Linux 及 Windows 文件格式比较如图 9-35 所示。

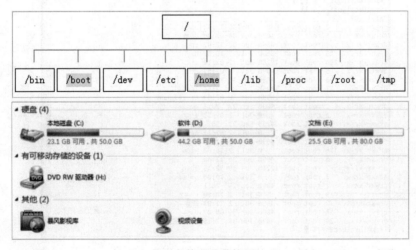

图 9-35 Linux 与 Windows 文件目录结构图：Linux（上），Windows（下）

Linux 系统将所有的硬件设备作为文件来处理，如 U 盘在 Linux 中的文件名为/dev/sd[a-p]，当前 CD ROM/DVD ROM 的文件名为/dev/cdrom。

Linux 系统文件夹的命名及其作用遵循一定的标准，因此即使不同的 Linux 系统发行版本，其文件夹命名及其功能也基本相同。Linux 系统主要的文件夹及其作用见表 9-4，CentOS 6.5 根目录下面的文件夹参见图 9-36。

表 9-4　Linux 主要文件夹及其作用

文件夹	作　　用	备　　注
/boot	开机会使用的文件的目录	/boot 是独立分区，挂载在 "/" 目录下
/home	各用户主文件夹，各用户均有一个主文件夹，如用户 fsp 为 /home/fsp	/home 是独立分区，挂载在 "/" 目录下
/	根目录，是其他文件夹的挂载点	这些目录均在/根目录分区 注：之前的 Swap 分区相当于内存的补充，不用挂载，也不是目录
/bin	普通用户可用命令目录	
/cgroup	进程控制文件的目录	
/dev	设备文件目录	
/etc	系统配置文件目录	
/lib	内核函数库	
/lost+found	丢失文件存放目录	
/media	软盘、光盘、U 盘、硬盘等挂载点	
/mnt	额外设备挂载点	
/opt	第三方软件安装目录	
/proc	虚拟文件系统	
/sbin	系统环境设置命令文件夹	
/srv	网络服务相关文件夹	
/sys	记录内核相关的虚拟文件夹	
/tmp	临时文件夹，需定期清理删除	
/usr	操作系统软件资源目录	
/var	记录经常变化的文件目录	

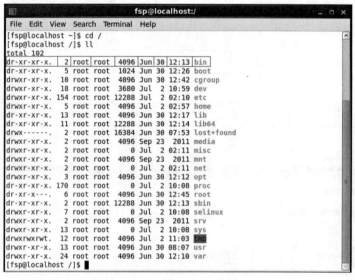

图 9-36　根目录文件信息

9.5.2　Linux 的文件信息的意义

打开 "终端"，进入根目录文件夹，输入命令 "ll"（该命令显示目录下的内容，详细用法见"常见命令"），可显示根目录下挂载的所有文件及文件夹信息（见图 9-36）。每一行代表一个文件的相关信息，该信息以空格隔开，分为 9 段，各段参数的意义以第一行为例介绍如下。

第 1 段，"dr-xr-xr-x"代表文件类型及权限，具体意义如下：

- 第一个字母"d"代表该文件为文件夹；若为"-"代表该文件为普通文件；若为"l"代表该文件为连接文件等。
- 接着有 9 个字符的长度，每 3 个分为一组，共分 3 组（如"r-x"、"r-x"、"r-x"），分别代表文件所属用户（user，"u"）、该用户所属组（group，"g"）、其他用户（other，"o"）3 种身份用户对该文件的 3 种权限。其中：
  ◇ r：可读权限，用数字"4"代表。若无该权限，则为"-"。
  ◇ w：可写权限，用数字"2"代表，可对文件进行读写删除操作。若无该权限，则为"-"。
  ◇ x：可执行权限，用数字"1"代表。若无该权限则为"-"。

每一组的 3 种权限数字可取加和来代表 3 种权限，如"dr-xr-xr-x"，可用加和数"555"代替，3 种身份的用户对该文件均有"可读、可执行"权限。

第 2 段，"2"代表连接数，表示有多少文件名连接到此节点（i-node）。
第 3 段，"root"代表文件的"所有者账号"，即代表该文件为 root 用户所有。
第 4 段，"root"代表文件的"所属用户组账号"，即代表文件为 root 组所有。
第 5 段，"4096"代表文件所占空间大小。
第 6~8 段，"Jun 30 12:13"代表文件的修改日期及时间，即 6 月 30 日 12:13。
第 9 段，"bin"代表文件夹名。

9.5.3 Linux 命令帮助文件

Linux 命令均带有一定的帮助文件，用户通过这些文件即可了解相关命令的使用方法，无需死记硬背这些命令。因此，知道如何查询命令的用法，是学习 Linux 的一项重要法宝。常用的命令查询方法主要有 3 种：

```
man [command]，如 man ls           #查询 ls 命令的帮助文件(manual);
info [command]，如 info ls         #查询 ls 命令的帮助信息(information);
[command] -h 或者[command] --help，如 ls --help   #查询 ls 命令的用法;
```

前两种方法包括详细的说明文件或信息，第三种方法相当于说明文件的缩减版。当然，并不是所有命令都可以用这 3 种方式查看，3 种命名查看的内容类似。此处以"ls"这个命令的查询为例对查询结果进行示例介绍。

```
#：注释说明信息；……：省略部分内容
man [command]
```
```
$ man ls
```

在命令行输入"man ls"即可获得"ls"命令的使用说明文件（见图 9-37），该文件中有一些关键词，见加黑字及其后的注释说明。不同命令的帮助文件所使用的关键词大致相同，以下是对帮助文件中出现的关键词的说明。

- 命名后面的数字。在命令说明文件中的第一行文字是固定的格式，如在"LS(1)"中，"LS"是命令名字，字母全部大写；数字"1"代表该命令是普通用户可用使用的命令，其他数字如"8"代表系统管理员可使用的命令。
- SYNOPSIS（命令用法）。在命令用法介绍部分："ls [OPTIONS] …[FILE]…"，OPTIONS是指参数，实际使用时无需输入方括号"[]"，参数有两种表示方法：以短画线"-" + "参数简称的单字母"（如"-a"）的形式表示，或者用双画线"--" + "参数全名"（如"--all"）的形式表示。两种方法任选其一即可。FILE是文件夹或文件，实际使用时无需输入方括号"[]"，默认参数是当前文件夹，可省略不写。
- DESCRIPTIONS（详细说明）。这部分详细列出了所有可用参数、参数使用形式及参数意义的介绍等内容。
- AUTHOR：该命令的开发者。
- REPORTING BUGS：报告 bug 信息，以及如何联系咨询。
- **COPYRIGHT**：版权信息，一般会挂 GPL（公共版权信息）。
- SEE ALSO（其他相关说明）。这部分内容列出了其他相关说明文件存放的位置及查看方法等，如 ls 的更详细的说明文件可以输入命令"info coreutils 'ls invocation'"获得。

```
LS(1)                   User Commands                        LS(1)
NAME                                          #命令的名字
     ls - list directory contents
SYNOPSIS                                      #用法介绍
     ls [OPTION]... [FILE]...
DESCRIPTION                                   #命令详细的描述
     List information about the FILEs (the current directory by default).  Sort entries
alphabetically if none of
     -a, --all   do not ignore entries starting with .    #具体的参数
     -A, --almost-all do not list implied . and ..
     ......                                   #省略其他具体的参数
     SIZE may be (or may be an integer optionally followed by) one of following: KB 1000, K 1024,
MB 1000*1000, M 1024*1024, and so on for G, T, P, E, Z, Y.   #文件大小的说明
     Using color to distinguish file types is disabled both by default and with --color=never.  With
--color=auto, ls emits color codes only when standard output is connected to a terminal.  The LS_COLORS
environment variable can change the settings.  Use the dircolors command to set it.
#文件不同颜色显示的意义
     Exit status:                             #命令执行完毕的状态
         0    if OK,
         1    if minor problems (e.g., cannot access subdirectory),
         2    if serious trouble (e.g., cannot access command-line argument).
AUTHOR                                        #该命令的作者
     Written by Richard M. Stallman and David MacKenzie.
REPORTING BUGS                                #遇到 BUGS 时的联系处理方式
     Report ls bugs to bug-coreutils@gnu.org
     GNU coreutils home page: <http://www.gnu.org/software/coreutils/>
     General help using GNU software: <http://www.gnu.org/gethelp/>
     Report ls translation bugs to <http://translationproject.org/team/>
COPYRIGHT                                     #版权说明
     Copyright ? 2010 Free Software Foundation, Inc.  License GPLv3+: GNU
GPL version 3 or later <http://gnu.org/licenses/gpl.html>.
     This is free software: you are free to change and redistribute it.  There is NO WARRANTY, to the
extent  permitted by law.
SEE ALSO                                      #查看其他相关说明文件
     The full documentation for ls is maintained as a Texinfo manual.  If the info and ls
programs are properly installed at your site, the command
         info coreutils 'ls invocation'
     should give you access to the complete manual.
GNU coreutils 8.4            November 2013                   LS(1)
```

图 9-37　ls 命令说明文件

9.6 几个重要的快捷键

在 shell 中进行命令或者文件名输入时有几个重要的快捷键，使用这些快捷键可提高输入时的速度与准确性，这几个快捷键如下。

- Tab 键：命令或者文件补齐功能，在输入一串命令时一般第一个单词是命令，在输入该命令前面的若干字符时按 Tab 键为命令补齐；在输入一串命令的第二个单词或其之后的词时输入 Tab 键，则为文件补齐功能。如果在命令提示符后面直接输入两次 Tab 键，则会提示是否显示所有命令，点选"Yes"则会显示所有命令；如果在命令提示符后面输入字母 a(或其他字母)并接着输入两次 Tab 键,则会将以字母 a(或其他字母)开头的命令全部列出来。如果在输入第二个单词的第一个字母 a(或其他字母)时紧接着输入两次 Tab 键，则会显示目录下以 a 字母(或其他字母)开头的所有文件。
- Ctrl+c：同时按下 Ctrl 键和 c 键，则命令终止。
- Ctrl+d：同时按下 Ctrl 键和 d 键，则键盘输入结束，功能相当于输入"exit"。
- Ctrl+A：将光标移到命令行的开始处。
- Ctrl+E：将光标移到命令行的结尾处。
- Ctrl+U：删除行首至光标处的字符。
- Ctrl+Z：将当前进程送至后台处理。
- "↑"：在命令行界面，可以向上查阅历史命令。
- "↓"：在命令行界面，可以向下查阅历史命令。

9.7 Linux 系统的命令

9.7.1 Linux 系统命令的输入格式

Linux 系统的命令格式如图 9-38 所示，美元符号"$"及其之前部分的意义在前面有介绍。命令的运行格式由"命令"、"选项"、"参数" 3 部分组成，各部分之间有空格隔开，多个空格均算一个空格。由于有默认选项及参数的存在，因此选项和参数有时候会省略。

Linux 系统命令较多，无需对所有的命令及其选项死记硬背，对各命令的功能有印象即可，具体使用时可通过"man"命令调用帮助文件查知其用法。当然，常用的命令及选项最好能记住，这样会提高工作效率。

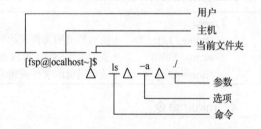

图 9-38 命令运行格式(空心三角形代表该处有空格)

9.7.2 常用命令及其常用选项介绍

1. ls 命令

用法：ls [OPTIONS] [FILE]

该命令列出指定目录下的文件和目录，常用选项如下：

- -a --all：显示所有的文件，包括隐藏文件、.及..两个文件。
- -A --almost-all：显示所有文件，包括隐藏文件，但不包括.及..两个文件。
- -d --directory：列出目录本身，不列出目录中的内容。
- -h --human-readable：将文件大小以人类易懂的方式列出(如G、M、K等表示)。
- -l：以列表形式列出。

该命令默认设置的别名：ll='ls –l –color=auto'。
ll 命令用法示例：

```
$ ll            #列表显示当前文件夹内容，并且不同类型文件及文件夹用不同颜色标示；
```

2. cd 命令

用法：cd [dir]
改变当前路径，Linux 系统下的路径分绝对路径与相对路径。

- 绝对路径：从根目录开始的目录路径，如/home/fsp。
- 相对路径：从当前目录开始计算的相对路径。

cd 命令用法示例：

```
$cd ..              #进入当前目录的上级目录(相对路径)；
$cd ../test         #进入上级目录下面的test文件夹(相对路径)；
$cd /home/fsp       #进入/home/fsp文件夹(绝对路径)；
```

3. pwd 命令

用法：pwd
显示当前路径，以绝对路径形式显示。
与 pwd 相关的预设函数为$PWD，用以代表当前目录。
pwd 命令用法示例：

```
$ pwd
  /home/fsp         #显示当前的文件夹绝对路径；
$ echo $PWD         #显示函数$PWD的内容；
  /home/fsp         #显示当前的文件夹绝对路径；
```

4. mkdir 命令

用法：mkdir [OPTIONS] [DIRECTORY]
建立文件夹。常用的[option]如下。

- -m --mode=MODE：建立文件，并设置该文件的权限。
- -p --parents：连续建立文件夹，如果上级文件夹不存在则将上级文件夹一起创建，如果上级文件夹存在则在其下建立下级文件夹。

mkdir 用法示例如下：

```
$ mkdir test1              #建立文件使用默认权限；
$ mkdir -m 770 test2       #建立文件并重置权限；
$ ll
 drwxrwxr-x. 2 fsp fsp 4096 Jul 27 11:08 test1
 drwxrwx---. 2 fsp fsp 4096 Jul 27 11:08 test2
$ mkdir biosoft            #建立第三方生物信息学软件文件夹；
$ chmod 1777 biosoft       #重新设置文件权限；
#设立该文件夹的特殊权限，在该文件夹下的任何用户都能创建文件，但是只有 root 用户与自己
 才能删除自己创建的文件；
```

5. cp 命令

用法：cp [OPTIONS] [Source] [Target]

从源目录复制文件或者文件夹至目标文件夹下。常用的[OPTIONS]如下。

- -d：复制链接文件时保留链接属性。
- -f --force：强制复制，如果目标文件打不开，则删除目标文件重新复制。
- -I --interactive：交互式复制，如果目标文件已存在，则询问是否覆盖。
- -R, -r --recursive：递归复制，将文件夹及其包括的文件一起复制。

cp 命令用法示例如下：

```
$ cp -r /home/fsp/test1 /home/fsp/test2       #将 test1 文件夹下的所有内容复制至
                                              #test2 文件夹；
$ cp -f /home/fsp/test1/*.pl /home/fsp/test2  #将 test1 文件夹下所有以 pl 结尾
         #的文件复制至 test2 文件夹下，并且如果存在同名文件则覆盖该文件；
$ cp -f /home/fsp/test1/*.pl /home/fsp/test2  #将 test1 文件夹下所有以 pl 结尾
         #的文件复制至 test2 文件夹下，并且如果存在同名文件则询问是否覆盖该文件；
```

6. rm 命令

用法：rm [OPTIONS] [FILE]

删除文件。常用的[OPTIONS]如下。

- -f --force：强制删除，从不询问。
- -i：删除先前的询问。
- -r, -R --recursive：递归删除，删除文件及文件夹下的所有文件。

rm 命令用法示例如下：

```
$ rm ./test         #删除当前目录下的空文件夹 test，如 test 为非空则无法删除；
$ rm -rf ./test1    #强制删除当前目录下的 test1 文件夹及其所包含的所有内容，此强制
                    #命令使用时请谨慎，一旦错误删除则无法恢复；
```

7. mv 命令

用法：mv [OPTIONS] [Source] [Target]

移动文件或者重命名文件。常用的[OPTIONS]如下。

- -f --force：强制移动，从不询问。
- -i --interactive：目标文件已存在，覆盖先前的询问。
- -u --update：源文件较新时才移动。

在同一文件夹下移动文件，实际作用是将文件重命名。
mv 命令用法示例如下：

```
$ mv ./test1 ../        #将当前目录下的 test1 文件移动至上级目录；
$ mv ./test1 test       #将当前目录下的 test1 文件重命名为 test；
```

8. vim 命令

用法：vim [Document]
如果文件已经存在，则修改该文件；如果文件不存在，则创建新文件。
vim 命令用法示例如下：

```
$ vim ~/.bashrc         #对主文件夹下的隐藏文件进行编辑(/home/fsp/.bashrc)；
$ vim test.txt          #建立文件夹 test.txt，并对其进行编辑；
```

9. less 命令

用法：less [OPTIONS] [document]
查看文件内容命令；常用的[OPTIONS]如下。

- -s：查看内容时去掉多余的空白行显示。
- -S：查看文件内容时一行内容显示为单行，有较长的行则截断成满横屏显示。

通过"less"命令打开的文件可用如下功能键查看。

- 空格键：向下翻动一页。
- PgUp(或者↑)：向上翻动一页(或一行)。
- PgDn(或者↓)：向下翻动一页(或一行)。
- /pattern：向下寻找相应字符串(pattern)。
- ?pattern：向上寻找相应字符串(pattern)。
- N：继续反方向寻找(需 Shift 键或者 CapsLK 键配合使用)。
- n：继续向相同的方向寻找。
- &pattern：仅显示符合(pattern)的行。
- =：显示打开文件信息，如显示的行范围、当前位置占全文的百分率。

less 命令用法示例如下：

```
$ less -S test.txt              #格式化查看 test.txt 文件，较长的行截断显示；
```

10. more 命令

用法：more [OPTIONS] [FILE]
查看文档，并显示当前行占全文的比率，与 less 命令类似，但是查看文件显示方式及快捷操作键的意义会有不同。使用技巧如下。

第9章 Linux 系统

- 空格键：代表向下翻动一页。
- Enter 键：代表向下滚动一行。
- /pattern：向下查找相应字符串（pattern），但不会反色显示。
- =：显示当前行（文件中可看到的最后一行）编号。
- more 命令用法示例如下：

```
$ more test.txt              #查看文件 test.txt 的内容；
```

11．cat 命令

用法：cat [OPTIONS] [FILE]
查看文件命令。常用的[OPTIONS]如下。

- -A --show-all：显示一些特殊符号。
- -b --number-nonblank：非空行编号。
- -n --number：给所有行包括空行一起编号。

cat 会将整个文件一次显示，不分页显示功能，但是有其特殊作用，其使用技巧如下：

```
$ cat -n file1 | less        #将 file1 加上行号显示，并通过管道命令查看内容；
$ cat file1 file2 >file3     #将 file1、file2 合并成 file3；
```

12．head 命令

用法：head [OPTIONS] [FILE]
列出文件前面若干行。常用的[OPTIONS]如下。

- -n --lines=K：显示前 K 行的内容，默认显示前 10 行内容。

head 命令用法示例如下：

```
$ head -n 20 test.txt        #显示 test.txt 文件前 20 行内容；
```

13．tail 命令

用法：tail [OPTIONS] [FILE]
列出文件后面若干行，与 head 命令相反。常用的[OPTIONS]如下。

- -n --lines=K：显示末尾 K 行的内容，默认显示末尾后 10 行内容。

tail 命令用法示例如下：

```
$ tail -n 20 test.txt        #显示 test.txt 文件后 20 行内容；
```

14．clear 命令

用法：clear
清屏，实际上是将当前行变为屏幕显示的第一行，向上滚动鼠标可以看到之前的内容。
clear 命令用法如下：

```
$ clear                      #清屏；
```

15. gzip 命令

用法：gzip [OPTIONS] [FILE]
压缩命令。常用的[OPTIONS]如下。

- -c --stdout：将压缩文件输出到屏幕并保存源文件不变。
- -d --decompress：解压缩，与-c 命令功能相反。
- -l --list：列出压缩文件内容。
- -t --test：测试压缩文件的完整性。
- -v --verbose：显示压缩文件的压缩比。

gzip 创建的压缩文件后面一般带有*.gz 的后缀，以便于文件识别。用法如下：

```
$ gzip test.txt            #压缩文件，默认文件名为"原名+.gz"，如 test.txt.gz；
$ gzip -c test.txt.gz      #查看压缩文件的内容而不解压文件；
$ gzip -d test.txt.gz      #解压文件，默认文件名去掉.gz，如 test.txt；
```

16. bzip2 命令

用法：bzip2 [OPTIONS] [FILE]
压缩命令，不同压缩命令的压缩比率会稍有差异。常用的[OPTIONS]如下。

- -d --decompress：解压缩。
- -z --compress：压缩，与-d 相反，建立的文件一般命名为*.bz2。
- -t --test：测试压缩文件的完整性。

bzip 命令用法示例如下：

```
$ bzip2 test.txt           #压缩文件，默认文件名为"原名+.bz2"；
$ bzip2 -d test.txt.bz2    #解压缩文件，默认文件名去掉.bz2；
```

17. tar 命令

用法：tar [OPTIONS] [FILE]
打包命令。常用的[OPTIONS]如下。

- -c --create：创建一个新的打包文件，形成*.tar 打包文件。
- -r --append：在打包文件末尾加入新文件。
- -t --list：显示打包文件的内容。
- -x --extract：解包，与-c 不能同时出现。
- -j --bzip2：通过调用 bzip2 进行压缩/解压缩文件，此时文件默认为*.tar.bz2。
- -z --gzip：通过调用 gzip 进行压缩/解压缩文件，此时文件默认为*.tar.gz。
- -v --verbose：在压缩/解压缩过程中将文件显示出来。
- -f --file=ARCHIVE：后接文件名，解压时接压缩包名，压缩时接新压缩包名。

Tar 命令使用示例如下：

```
$ tar -zxvf ncbi-blast-2.2.28+-x64-linux.tar.gz
```

该命令用来进行第三方软件的安装，比如从 ncbi 下载的 blast 软件的压缩包全名为

"ncbi-blast-2.2.28+-x64-linux.tar.gz",进入第三方生物信息安装软件文件夹/opt/biosoft,运用该命令即可解压缩。

其意义是 tar 命令调用 gzip("-z")命令,解压缩("-x")文件("-f"后所接文件名),并将压缩包包含的内容显示出来("-v")。"-f"后紧跟文件名,因此该选项放在所有选项最后面,紧挨文件名。

18. echo 命令

用法:echo $variable

将变量内容显示出来,如果不知道某个变量的内容,可以使用本命令显示,其使用方法示例如下:

```
$ echo $?              #显示上一步命令执行结果,正确是 0,错误则是错误代码;
$ echo $PATH           #显示环境变量的内容,$PATH 为默认环境变量;
```

19. export

用法:export PATH=$PATH: 变量绝对路径

输出环境变量,其用法示例如下:

```
$ export PATH=$PATH:/opt/biosoft/blast-2.2.21/bin    #在命令行输出环境变量,可
                                                     #在该 shell 使用;
$ echo 'export PATH=$PATH:/opt/biosoft/blast-2.2.21/bin' >> ~/.bashrc
                                                     #将环境变量追加写入.bashrc 文件;
$ source ~/.bashrc                                   #让环境变量生效;
```

这个命令用来将自编程序或者安装的第三方软件包输出作为环境变量,以备后续使用。环境变量输出后/opt/biosoft/blast-2.2.31+/bin 目录下的命令可以直接使用,否则在命令使用时,必须指定该命令所在路径。在终端的命令行输出的环境变量只在当前 shell 可使用,为了使输出的环境变量在以后都能运行,则需将 export 命令写入配置文件(如~/.bahsrc 文件中)。

20. grep

用法:grep [OPTIONS]'PARTTEN' [FILE]

在文件中查找特定内容,常用的[OPTIONS]如下。

- -i: 不区分大小写。
- -n: 同时列出符合所查找"PATTERN"的所在行号。
- -v: 反向选择,即选中没有"PATTERN"所在的行。

该命令多用于管道命令,其使用示例如下:

```
$ less file.fa | grep "wrky" | wc -l    #查看文件 file.fa 中有多少 wrky 基因;
```

9.7.3 数据流重定向

1. 数据流重定向

Linux 处理数据时,默认是将执行结果显示在屏幕上。有时为了保存命令执行结果,需要

将其导向至文件中进行保存，即执行结果从默认的屏幕输出重定向至文件保存，数据流重定向涉及的几个概念如下。

- 标准输入(stdin)：代码为0，使用<或者<<表示，默认从键盘输入。
- 标准输出(stdout)：代码为1，使用>或者>>表示，默认显示在屏幕。
- 标准错误输出(stderr)：代码为2，使用2>或者2>>表示，默认显示在屏幕。

其中，"<"表示从文件输入，其后接着待输入的文件；遇到"<<"后的文字则终止标准输入。">"其后接文件名(若该名字存在则会覆盖其内容，若该文件不存在则创建该文件)，并将标准输出的内容保存至该文件；">>"其后接文件名，表示将标准输出内容累加输入至该文件。示例如下：

```
$ ll / >tmp.txt          #列表显示根目录，并将结果放入"tmp.txt"文件；
$ cat >tmp1.txt <<EOF    #从键盘输入建立文件tmp1.txt，输入EOF后终止输入并退出；
```

2. 数据流双重定向

数据流重定向后，屏幕上无任何执行结果显示；如需将执行结果同时显示在屏幕上并保存在文件中，则可用双重定向命令"tee"，这样上面的命令可改写为：

```
$ ll /  |tee tmp.txt         #列表显示根目录，将内容存入"tmp.txt"同时在屏幕显示；
$ ll /  | tee -a tmp.txt     #列表显示根目录，将内容追加保存至"tmp.txt"，同时在
                             #屏幕显示；
```

9.7.4 管道命令

多个命令运行时，前一个命令的标准输出作为后一个命令的标准输入，以"|"作为分隔符，管道命令的使用会大大提高工作效率。当然管道命令的使用前提是该命令支持管道命令。管道命令的使用示例如下。

假设seq.fa文件保存fasta格式的若干序列数据，则进行序列数目统计需用如下管道命令：

```
$ less seq.fa  |grep ">"  |wc -l
```

该管道命令的意义是：使用less查看seq.fa文件，打开的文件是"less"命令的标准输出，同时作为"grep"命令的标准输入；"grep"命令抓取">"所在行的执行结果作为标准输出，同时作为"wc"命令的标准输入。3个命令被两个"|"符号分为3段。该管道命令的最终结果是用less查看seq.fa文件，在打开的seq.fa文件中用grep命令查找其中的">"符号及所在行，在找到">"所在行后，再用wc命令统计有多少行。由于fasta格式文件一条序列对应一个">"符号，因此可以统计出文件中的最终序列条数。

9.7.5 vim编辑器工具

vim是文本编辑器工具，主要用其进行编程、简单文件的创建及对已创建大型文件的部分修改。用其进行编程时，vim具有颜色显示功能，能将不同的关键词用不同的颜色显示，如#后的注释信息用蓝色显示，"print"命令用灰色底显示等；支持许多程序语法，如Perl、Phyton、C++、PHP、shell script等不同的语法；并有部分程序除错的功能。目前Linux系统各种发行版基本上都将"vi"用"vim"代替，并且将"vi"设置为"vim"的别名(见图9-39)。

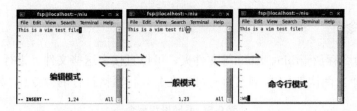

图 9-39　vim 使用模式及其转换(左：编辑模式；中：一般模式；右：命令行模式)

vim 有 3 种模式：一般模式，编辑模式，命令行模式。这 3 种模式的作用介绍如下。

1．一般模式

vim 打开文件时首先进入此模式，通过方向键可移动光标，通过点击"a A s R i"5 个字符中的任一字符可进入编辑模式，在编辑模式下按 Esc 键可返回一般模式；在一般模式输入"："可进入命令行模式，在命令行模式按两次 Esc 键即可进入一般模式。

一般模式下可进行复制、移动、粘贴，有如下命令可用。

- dd：删除光标所在行。
- ndd：删除光标所在的向下 n 行。
- yy：复制光标所在行。
- p：将复制数据粘贴在光标所在行的上一行。
- P：将复制数据粘贴在光标所在行的下一行。
- u：返回上一步。

2．编辑模式

在此模式下可编辑文件正文，编辑完成后，单击 Esc 键返回一般模式。在一般模式下按两次"Z"键可保存退出；或在一般模式下按"："键进入命令行模式，进行保存与退出方式的选择。

3．命令行模式

在此模式下，删除"："返回一般模式，单击两次 Esc 键也可快速返回一般模式，在命令行模式有如下常用命令。

- :w：保存。
- :w!：强制保存。
- :q：离开。
- :q!：强制离开。
- :wq：保存并离开。
- :wq!：强制保存并离开。
- :x：保存后离开。
- :ZZ：若文件有改动则保存并离开，若文件未改动，则不保存离开。
- :set nu：显示行号。
- :set nonu"：取消行号。

9.7.6 其他命令

Linux 系统命令存放于/bin、/sbin 等文件夹，可以直接去这些文件夹进行查看。也可以通过在命令行连续单击两次 Tab 键，列出所有可以在命令行直接执行的命令（见表 9-5～表 9-17）。

表 9-5 系统设置命令

命令	功能	用法举例或说明
alias	设置命令别名	alias ll='ls –l –color=auto'
bind	显示或设置快捷键	bind –l #显示所有的快捷键；
chkconfig	检查或设置系统服务信息	chkconfig –level 35 mysqld on #修改服务的默认等级；
chroot	改变根目录	可通过该命令安装第二种操作系统
clock	查询或设置硬件时间 RTC	clock –r #root 命令，查询系统时间；
crontab	设置例行性工作	crontab –l #查询例行性工作安排；
declare	声明 shell 变量类型	declare –I $a #声明$a 为整数型变量；
depmod	分析加载模块的相依性并报告	供模块安装时使用
dircolors	设置 ls 显示目录及文件的颜色	dircolors –p #显示预设值信息；
dmesg	显示开机信息	dmesg |less #通过管道命令查看系统开机信息；
enable	启动或关闭 shell 内建命令	如果要运行于 shell 内建相同名字的命令，可以用"enable –n 内建命令名"，关闭 shell 内建命令
eval	重新计算参数内容	先读取一连串参数，再按照参数的特性进行替换，最后运算结果
export	输出环境变量	export 输出变量只对当前 shell 有用，写入.bahsrc 则每次登录都有效
grpconv	打开组的影子密码	默认是打开影子密码，输入的密码存放在/etc/gshadow，只有管理者可查看
grpunconv	关闭组的影子密码	关闭影子密码后，输入的密码显示在/etc/group，任何人都可以查看
grub-install	安装 GRUB 启动管理程序	多个系统需要 GRUB 设置如何引导
hwclock	显示和设置硬件时钟	与 clock 相同
insmod	载入模块	Linux 有较多功能模块，其中部分不常用，只有在需要使用时用该命令载入 kernel，这样可提高计算机效率
lsmod	显示已载入系统的模块	单独使用，无参数
minfo	显示 MS-DOS 文件系统各项参数	单独使用，无参数
modinfo	显示 kernel 模块信息	单独使用即可
modprobe	自动处理可载入模块	将相关的模块一起载入，而 insmod 仅载入指定模块
ntsysv	设置系统服务	ntsysv –level 3 #设置系统运行模式 3；
passwd	设置密码	设置或修改本用户密码，root 可修改所有用户密码
pwconv	打开用户的影子密码	保护用户密码
pwunconv	关闭用户的影子密码	与 pwconv 相反
rdate	通过网络获取其他主机时间	rdate –s 主机地址 #实现主机时间同步，前提是其他主#机开启时钟服务；
resize	设置 X Window 终端窗口默认显示大小	resize –s 长度宽度 #设置终端窗口的垂直高度和水平#宽度；
rmmod	删除模块	可删除系统中不需要的模块
rpm	管理软件包	rpm –ivh 软件包 #安装并显示进度；
set	设置 shell 变量	set name=value #设置 shell 变量；

续表

命　令	功　能	用法举例或说明
setenv	显示、设置环境变量	setenv name value　　#设置环境变量；
setup	设置系统程序	setup cups　　　#设置打印服务 setup iptables　　#设置防火墙
telinit	切换系统的执行等级	telinit 0　　　#关机； telinit 3　　　#切换至多人模式，同 init；
ulimit	控制 shell 程序的可使用资源	root 可控制其他用户创建文件大小、打开窗口多少等资源；其他用户只能限制自己对资源的使用大小
unalias	删除别名	删除 alias 建立的命令别名
unset	删除变量或函数	unset –v 变量　　　#删除指定变量；

表 9-6　系统管理命令

命　令	功　能	用法举例或说明
adduser	新增用户，root 用户权限	adduser name　　#新建 name 账号；
chfn	改变 finger 命令显示的信息	chfn –f name　　#在 finger 信息中显示 name 信息；
chsh	更换登录系统时使用的 login shell	chsh –s shell　　#将登录 shell 改为 shell，默认登录 shell 是 bash；
date	显示或设置系统时间与日期	date　　#结果显示的时间格式如下： Mon Jul 28 15:36:35 CST 2014；
exit	退出当前的 shell	exit n　　#退出当前 shell，并返回值 n，若不加 "n"，则返回上一 　　　　#命令的返回值；
free	查看内存状态	free –m　　#以 m 形式显示内存使用状态；
groupadd	新建组	groupadd name　　#新建 name 组；
groupdel	删除组	groupdel name　　#删除 name 组；
groupmod	更改组名称或权限	groupmod –n new-name　　#改变组名；
halt	关闭系统	halt –p　　#相当于 poweroff，关机；
hostname	查询及设置主机名称	hostname –I　　#显示主机 ip 地址；
id	显示有效用户 ID 及组 ID	id –n　　#显示当前用户的名字；
kill	删除执行中的程序或任务	kill jobid　　#结束任务；
last	列出已登录系统的用户	last –F　　#显示登录用户的详细信息；
login	登录系统	知道账号、密码即可登录系统
logname	显示当前用户名称	logname 并显示如 "fsp" 代表当前用户是 "fsp"
logout	退出系统	类似 exit
logrotate	管理记录文件	自动替换，压缩，删除，邮寄邮件发送记录信息
lsb_release	显示发行版本信息	lsb_release –a　　#显示版本的详细信息； uname –a　　#显示内核版本信息；
newgrp	新增或切换组	将用户增加到其他组；或者属于多个组时在不同组间切换
nice	设置程序的优先级别	程序都有 nice 值，该值越大，执行顺序越靠后。对于非常重要的工作，需将 nice 值调小，如 nice –n -10 blastp　　#减小 blastp 命令的 nice 值，让其优先执行；
ps	报告程序状况	ps aux　　#查看所有运行程序；
pstree	以树状图显示程序	pstree –a　　#树状图显示所有运行程序；
reboot	重新启动	reboot、poweroff、halt 三个类似命令
renice	调整运行程序优先级	对于已经运行的程序，可以重新调整其 nice 值；而对于 nice 命令要在程序运行前调整命令的 nice 值
runlevel	显示当前系统的执行等级	runlevel　　#结果如 N 5 图形文字界面；
shutdown	关机	关机命令

续表

命　令	功　能	用法举例或说明
su	切换用户身份	su -　　　#切换至 root 用户；
sudo	以其他身份来执行命令	该用户要在 sudoers 中列出，多用于用 root 进行软件安装或系统设置
suspend	暂停执行 shell	suspend –f　　#强制暂停 shell 执行；
tload	显示系统负载情况	tload tty1　　#显示 tty1 的负载情况；
top	显示执行中的程序	top　–a　　#以内存使用情况排列程序；
uname	显示内核信息	uname –a　　#显示内核信息； uname –r　　#显示内核版本；
useradd	新建账户	useradd name　　#新建 name 用户；
userdel	删除用户账户	userdel name　　#删除 name 用户；
usermod	修改用户账户信息	usermod –d name　　#改变用户的文件夹；
w	显示当前登录系统的用户及其当前运行的程序	显示用户名、tty 名字、远程主机、登录时间等信息
who	同 w	who –q　　#列出用户并统计用户总数；
whoami	显示本用户身份	whoami　　#结果显示如 root

表 9-7　文件管理命令

命　令	功　能	用法举例或说明
chattr	改变文件属性	chattr –i file　　#设置文件 i 属性，则该文件无法删除；
chgrp	更改文件或目录的所属组	chgrp –hR group file　　#将文件夹及其包含的文件全部 #改至 group 组；
chmod	更改文件或目录的权限	改变文件的 rwx 属性
chown	更改文件或目录的拥有者或所属组	chown user：group file　　#将 file 文件的用户名及组名分别 #改为 user 和 group；
cksum	检查文件的 CRC 是否正确，并统计文件的大小	cksum file　　#检查文件 file 的 CRC，并统计其大小；
cmp	以 byte(字节)为单位比较两个文件是否有差异	cmp file1 file2　　#比较两个文件的差异；
cp	复制文件或目录	见常用命令介绍
diff	逐行比较文件的差异	diff –i file1 file2　　#逐行比较文件的差异，不计字母的 #大小写；
diffstat	根据 diff 的比较结果，显示统计数字	diffstat [OPTIONS] [file-specifications]
file	查看文件类型及相应软件的版本	file guide.pdf　　#查看 guide.pdf 文件类型；
find	查找文件或目录	Find file　　#查找 file 文件；
indent	调整 C 源代码文件的格式	该命令用于调整 C 语言文件格式
in	连接文件或目录	建立软链接(soft link)
locate	查找文件	查找速度比 find 快，且默认不查找外接硬盘的数据
lsattr	显示文件属性	lsattr 查看文件属性，通过 chattr 改变文件属性
mv	移动(或改名)文件或目录	见常用命令介绍
paste	合并文件的行	将若干文件的同一行合并成一行
patch	修补文件	依据文件间的差异，将新文件恢复回旧文件，或将旧文件升级成新文件
rm	删除文件或目录	见常用命令介绍
split	切割文件	split "\t", $_;2;　　#将默认函数$_按照空格分割成两部分；
tee	读取标准输入数据，并将其内容输出成文件	tee –a file　　#读取标准输入并追加输出到 file 文件；
tmpwatch	删除一段时间未访问的文件	tmpwatch –a files　　#删除任何类型的文件；
touch	改变文件或目录时间	touch –a file　　#改变已有文件访问时间； touch file　　#建立新文件；

命　令	功　能	用法举例或说明
umask	指定去掉文件默认的权限编码	umask 007　#则新建新文件的权限为 770，即去掉了 other 　　　　　　#用户的 rwx 权限；
updatedb	更新文件数据库	更新计算机中变化的文件
whereis	查找文件	whereis [-bmsu] file　　#查找文件；
which	查找文件	查找可执行文件的位置

表 9-8　备份压缩命令

命　令	功　能	用法举例或说明
bzip2	文件压缩程序	见常用命令
bzip2recover	修复损坏的压缩文件	忽略损坏内容，恢复未损坏部分的内容
compress	压缩或解压缩文件	见常用命令
cpio	通过重定向方式备份文件	cpio [optons] >file.cpio
dump	备份文件系统	可备份目录也可备份系统
gunzip	解压文件	见常用命令
gzexe	压缩执行文件	当执行被压缩执行文件时会自动解压缩，同时保留原压缩文件
gzip	压缩文件	见常用命令
restore	还原备份文件系统	还原 dump 备份的文件或系统
tar	打包命令	见常用命令
uncompress	解压缩文件	解压缩 compress 压缩文件
unzip	解压缩文件	解压缩 zip 文件
zip	压缩文件	压缩后带.zip 后缀
zipinfo	列出压缩文件信息	列出 zip 压缩文件的详细信息

表 9-9　磁盘管理命令

命　令	功　能	用法举例或说明
cd	切换目录	见常用命令
df	显示磁盘的文件系统及使用情况	查看各分区的使用情况
dirs	显示当前目录	目录可用 pushd 或 popd 命令操作
du	显示目录或文件的大小	du –k file　　#以 kb 形式显示文件大小；
eject	退出外接设备	退出 U 盘，外接硬盘、光盘等设备
ls	列出目录内容	见常见命令
mkdir	新建文件夹	见常见命令
mount	挂载	挂载、卸载外接设备
umount	卸载挂载文件系统	
pushd	加入目录堆栈中的目录	对常用的目录建立堆栈，方便切换
popd	删除目录堆栈中的目录	删除堆栈中不再经常使用的目录
pwd	显示工作目录	见常见命令
edquota	编辑用户或组 quota	控制磁盘各个组的使用空间大小
quota	显示磁盘已使用的空间与限制	
quotacheck	检查磁盘的使用空间与限制	
quotaoff	关闭磁盘空间限制	
quotaon	打开磁盘空间限制	
repquota	检查磁盘空间限制的状态	
rmdir	删除目录	rmdir –p a/b/c　　#递归删除 a、b、c 目录；
stat	显示 inode 内容	

表 9-10 磁盘维护命令

命 令	功 能	用法举例或说明
badblocks	磁盘坏道检查	执行命令时须指定待检测的磁盘分区及区块数
cfdisk	硬盘分区	具有互动式磁盘分区功能
e2fsck	检查 ext2/ext3/ext4 文件系统的正确性	检查并修复文件错误
ext2ed	ext2 文件系统编辑程序	ext2 分区数据修改；
fdisk	磁盘分区	磁盘分区，勿轻易使用，避免损坏系统
fsck	检查文件系统并尝试修复错误	系统有问题时，以 root 操作此命令，随意操作可能损坏系统
fsck.ext3	检查 ext2/ext3/ext4 文件系统情况	同 e2fsck
hdparm	显示与设置硬盘参数	显示与设置硬盘参数
losetup	设置与控制循环设备	将文件(如*.iso 文件)虚拟为循环设备操作
mkfs	建立 Linux 文件系统	该命令会调用其他命令(如 mke2fs)建立文件系统
genisoimage	建立 ISO 映像文件	在 mkisofs 命令基础上建立
mkswap	设置交换分区 swap	可将磁盘分区或文件设为 swap 分区
sfdisk	磁盘分区工具程序	查看或者设置磁盘分区
swapoff	关闭系统交换区	当耗用内存程序时需用 swap 分区，否则 swap 分区闲置，因此需要 on/off
swapon	启动系统交换区	
sync	将内存缓冲区的数据写入磁盘	系统关机前最好执行该命令，保存缓冲区数据，如 sync；sync；poweroff

表 9-11 网络通信命令

命 令	功 能	用法举例或说明
apachectl	控制 apache http 服务器的程序	启动、终止、显示服务器等信息的程序
arp	管理系统中的 arp 高速缓存	显示和修改地址解析协议使用的"IP 物理"地址转换表
arpwatch	监听网络上的 arp 记录	监听网络中的 arp 数据包并记录，同时将监听到的变化通过 E-mail 报告
host	DNS 查询工具	把一个主机名解析到一个网际地址
httpd	apache http 服务器程序	可执行程序启动 httpd 服务器或关闭
ifconfig	显示网络设备	可用于查看网络连接状态机网络地址
iptables	防火墙设置	可设置防火墙规则
mesg	设置终端的写入权限	可用于通信
nc	连接与监听 TCP/UDP 通信端口	端口扫描、聊天通信等功能
netstat	显示网络状态	用于显示网络连接、路由表等信息
ping	侦测主机	用于测试、评估、管理网络
talk	与其他用户交谈	功能类似于目前的聊天工具
telnet	远程登录	开启终端模式，登入远端主机
tty	显示终端与连接输入设备的文件名称	tty #结果显示：/dev/pts/1；
wget	网络下载命令	wget –r –c –nH 下载地址 #连续递归下载，且无需建立 #主机目录；
write	传递信息	与其他用户通信

表 9-12 文件编辑命令

命 令	功 能	用法举例或说明
col	过滤控制字符	去掉">"等控制字符，避免乱码
colrm	滤掉指定的列	colrm 1 3 #去掉第 1 至 3 列；
comm	逐行比较两个已排序文件	comm [-123] file1 file2 #对两个已经排序好的文件进行比较；
csplit	分割文件	将文件以指定的方式加以切割，并分别保存

续表

命令	功能	用法举例或说明
dd	读取、转换并输出数据	复制文件，并进行指定的转换
ed	文本编辑器	ed 是最简单的编辑程序，一次仅能编辑一行
egrep	查找文件中符合条件的字符串	效果类似 grep –e
ex	在 ex 模式下启动 vim 文本编辑器	效果类似 vi –e
fgrep	查找文本中符合条件的字符串	查找固定的文本，无法使用表达式
fmt	编排文本文件	fmt file #将文件格式化并显示至标准输出；
fold	限制文件行宽	将超过限定列宽的列加入增列字符后输出至标准输出
grep	查找文件中符合条件的字符串	强大的文本搜索工具，可使用正则表达式
join	将两个文件指定的行连接起来	Join file1 file2 >file3 #将 file1 与 file2 文件相同的行合并至 file3；
look	查询单字	look a #查找含字母 a 的命令；
sed	利用 script 来处理文本文件	可将文本进行替换、删除、新增、选取特定数据的功能
sort	对文本进行各行的排序	sort –t: -k 2 *.txt #将*.txt 文件各行先以"："分割，并将 #第 2 列的数据升序排序；
tr	转换或删除字符	tr –d "\r" <dosfile >unixfile #将 DOS 文件的换行符中 #的\r 去掉；
uniq	不重复列举	uniq –u *.txt #显示*.txt 文件中不重复的行；
vi	编辑文本文件	文本编辑工具
vim	编辑文本文件	高级文本编辑工具，使用最多
wc	计算字数	统计指定文件中的字节数、字数、行数

表 9-13　输出操作命令

命令	功能	用法举例或说明
cat	连接文件并显示至屏幕	cat –n *.txt #查看文件并编号；
cut	将文件各行以特定符号分割	cut –d ':' –f 2 #将各行按照"："分割，并选取第 2 段；
enscript	将文本文件转换为 postscript、HTML、RTF 等文件格式	将文本转换为指定格式后打印
head	输出文件的前若干行	head –n 20 *.txt #查看文件的前 20 行；
lpc	控制打印机	lpc status #查看打印机状态；
lpd	提供打印机排队常驻服务	lpd –F #启动前台打印模式；
lpq	显示打印操作	lpq –l #显示打印机所有打印服务；
lpr	打印文件	lpr -# 2 *.txt #将文件打印两份；
lprm	删除打印工作	lprm 2 #删除编号为 2 的打印工作；
od	查看非纯文本文件内容	od –t c binaryfile #以 ASCII 码查看二进制文件；
pr	编排文件以便打印	pr *.txt #将页面加上页眉显示至屏幕；
tac	连接多个文件，反序输出	tac file1 file2 >file3 #将 file1 与 file2 反向显示并保存至 file3；
tail	输出文件的最后若干行	tail –n 20 *.txt #显示文件最后 20 行；
tunelp	改变打印设备的参数	tunelp /dev/lp0 –r #重设/dev/lp0 连接打印机的并行端口；
zcat	连接多个压缩文件，并输出到标准输出	不解压显示压缩文件的内容

表 9-14　X Window 命令

命令	功能	用法举例或说明
startx	启动 X Window	startx -- :1 #启动第二个 X Window；
xauth	编辑修改 X Server 授权信息	xauth #启动 xauth 命令进入互动模式；
xf86config	设置 X Window	使用 xf86config 程序设置 X Window
xfs	提供 X Window 字体服务器	xfs –daemon #以常驻服务启动服务；

命令	功能	用法举例或说明
xhost	控制存取 X Server 的主机	xhost　　　#列出存取 X 服务的主机；
xlsatoms	列出 X Server 定义的成分	xlsatoms –range 20-300　　#列出定义部分清单；
xlsclients	列出客户端应用程序	xlsclients –l　　#列出正在执行的服务端应用程序；
xlsfonts	列出 X Server 使用的字体	xlsfonts　　　#显示字体信息；
xset	设置 X Window 的使用偏好	xset q　　　#显示 X 系统相关状态；

表 9-15　格式转换命令

命令	功能	用法举例或说明
cmuwmtopbm	转换位图文件	将 bitmap 图像转换为 PBM 图
gemtopnm	转换图像文件	将 GEM .img 转换为 PNM 图
giftopnm	转换图像文件	将 GIF 文件转换为 PNM 图
gouldtoppm	转换扫描文件	将 Gould 扫描文件转换为 PPM 图
lispmtopgm	转换图像文件	将 bitmap 图像转换为 PGM 图
pcxtoppm	转换图像文件	将 PCX 文件转换为 PPM 图
pfbtops	转换字体文件	将 .pfb 转换为 ASCII 文件
pjtoppm	转换打印文件	将 HP paintJet 文件转换为 PPM 图
qrttoppm	转换 QRT 输出文件	将 QRT 文件转换为 PPM 图
rasttopnm	转换图像文件	将 Sun rasterfile 转换为 PNM 图
tgatoppm	转换图像文件	将 TrueVision Targa 文件转换为 PPM 图
tifftopnm	转换图像文件	将 TIFF 文件转换为 PNM 图
uudecode	将 uuencode 所产生的编码文件转换回原来的格式	将二进制文件转换为原来的格式
uuencode	将文件转换为 ASCII 编码文件	将文件转换为二进制文件

表 9-16　其他命令

命令	功能	用法举例或说明
at	在指定的时间执行命令	at –l　　#显示所有待执行的任务；
atq	显示待执行的工作	atq　　#显示待执行的任务；
atrm	删除待执行的工作	atrm 2　　#删除 2 号待执行任务；
batch	在系统负载许可时，立即执行批处理命令	batch　　#打开命令等待键盘输入；
bg	将程序放到后台执行	bg 2　　#将 2 号任务转入后台执行；
cal	显示月历	cal　　#打开当前时间的月历；
clear	清屏	强制将当前命令放在屏幕第一行
echo	显示文本	echo $?　　#显示上一步命令返回值；
exec	shell 执行指定的命令后即交出控制权	关闭 shell 程序，使后面的命令继续执行
fc	修改命令，且执行该命令	fc　　#打开编辑器修改历史命令并执行；
fg	将程序切换至前台执行	fg 2　　#将 2 号任务从后台调入前台执行；
help	显示 shell 内建命令的说明	help history　　#列出 history 命令的帮助文件；
history	列出历史用过的命令	默认最多显示 1000 个
info	显示说明	功能类似 man，内容分节显示
jobs	显示正在后台执行的任务	显示后台任务编号，以便于对其操作
less	显示文件内容	见常见命令
make	编译系统内核或模块	默认依据 makefile 进行编译
man	在线查询命令	man make　　#查看 make 命令用法；

续表

命　令	功　能	用法举例或说明
md5sum	计算与检查 MD5 函数值	用于检验文件是否有恶意改动
more	使文件逐页显示	见常见命令
nohup	退出后继续执行程序	远程登录时使用，将工作交给服务器后台运行
sleep	暂停执行命令	date; sleep 2; date　　　#延迟 2 秒执行下一命令；
sum	计算文件的效验与区块数	sum file　　　#显示文件的区块数；

习题

1. 自制一个 Linux 系统 U 盘启动盘(注意 U 盘会被格式化，可用空间需大于系统文件)。
2. 用自己的计算机进行 Linux 系统的安装(注意计算机资料的保存、可用空间的释放、boot 启动顺序设置、Linux 系统分区等)。
3. 打开 Linux 系统，进入桌面环境，熟悉菜单栏的内容。
4. 将"终端"选项放入快捷菜单栏，便于快速启动终端。
5. 打开"终端"进行常见命令的练习，并将所练习的历史命令保存为一个文件。
6. 进入根目录，查看其所包含的文件夹及其子文件夹所包含的内容。
7. 任选一个命令，使用"man"、"info"命令查看其帮助文件内容并熟悉其格式。
8. 使用 vim 命令对历史命令保存文件进行编辑，将其中重复的命令仅保留一个，将练习日期及你的名字加入到该文件的最前面。
9. 使用管道命令，统计历史命令文件中的行数及字数。
10. 使用"wget"命令下载一款软件，并将其安装。

参考文献

[1] Linux 系统内核：https://www.kernel.org/.
[2] CentOS 官网：www.centos.org.
[3] Linux 系统其他发布版下载参考地址：http://www.linuxdown.net/.
[4] Linux 系统 Windows 系统适用软件：http://www.cygwin.com.
[5] 鸟哥私房菜中文简体学习地址：http://cn.linux.vbird.org/或 http://linux.vbird.org/.
[6] Linux 系统论坛：http://www.chinaunix.net/.
[7] 自由软件基金会网址 1：http://foss.mit.edu/.
[8] 自由软件基金会网址 2：https://www.fsf.org/.
[9] 理查德·斯托曼介绍：https://en.wikipedia.org/wiki/Richard_Stallman.
[10] 林纳斯·托瓦兹介绍：https://en.wikipedia.org/wiki/Linus_Torvalds.
[11] 鸟哥. 鸟哥的 Linux 私房菜基础学习篇(第三版). 王世江改编. 北京：人民邮电出版社，2010.
[12] 施威铭研究室. Linux 命令详解词典. 北京：机械工业出版社，2008.

第 10 章　Perl 语言

　　Perl 是一种动态的编程脚本语言,是由 Larry Wall 于 1987 年创立,后经广大程序员的修改完善,并吸收借用其他的软件包(如 C、awk、shell 等),形成现在的版本,并在 Larry Wall 及 Perl 基金会(The Perl Foundation,TPF)的主导下不断发展完善。Perl 语言自身没有固定的 Logo,如 Perl6 的 Logo 是一只彩蝶,Perl 基金会的 Logo 是一颗洋葱,以 Larry Wall 为作者之一并由 O'Reilly Media 出版的 Perl 语言书籍的封面是一只骆驼,之后作为相关教材的 Logo,也称为骆驼书(Programming Perl),后来编写的 Perl 语言入门书也称为小骆驼书或羊驼书(Learning Perl)。Perl 是 Larry Wall 首先想到的词,并非那些单词的缩写,但是后人根据语言特点将其想象为由一些词缩写而成,只要所选词贴近就都被肯定,如 Practical Extraction and Report Language。Perl 有两种写法:"Perl"代表语言本身;"perl"代表程序运行的解释器。Larry Wall 有一句经典的话——"There's more than one way to do it.(做事的方法不只一种)",这句话被 Perl 语言使用者熟知,其中心思想是实现同一目的可采用多种编程方法,本章后面也会通过实例介绍该思想在编程过程中如何体现。

　　Perl 语言在文本处理方面具有强大的功能,在进行生物信息分析时能发挥巨大的作用,另外还有强大的第三方代码库(CPAN)供参考。本书将从生物信息应用的角度对该语言进行简单介绍,如果要详细了解 Perl 语言的内容及其应用,请参看本章后面所列的参考资料。

10.1　Perl 版本

　　Linux 系统发行版默认都会带有 Perl 软件包,在 CentOS 6.5 发行版中的 Perl 版本可用"perl –v"命令查看:

```
[fsp@localhost ~]$ perl -v
This is perl, v5.10.1 (*) built for x86_64-linux-thread-multiCopyright
1987-2009, Larry Wall. Perl may be copied only under the terms of either the
Artistic License or the GNU General Public License, which may be found in the
Perl 5 source kit.
Complete documentation for Perl, including FAQ lists, should be found on
this system using "man perl" or "perldoc perl". If you have access to the Internet,
point your browser at http://www.perl.org/, the Perl Home Page.
```

　　该命令结果显示 CentO S6.5 自带的 Perl 版本是 5.10.1,用于 x86_64 系统,由 Larry Wall 创建,版权支持 GPL。该结果还说明详细的 Perl 语言文件可以用"man perl"或"perldoc perl"命令从系统自带文件中调出。当然,如果可以上网,则可以通过 Perl 语言官网主页查阅相关资料(见表 10-1)。不同版本的语言命令稍有差异,或者后面的版本会新增部分命令功能,但是大部分命令是相同的,目前 Perl5 是较成熟的版本,已开发至 5.24 版本(2016 年 5 月发布),Perl6 也已开发完成。

　　Perl 语言是比较自由的,这里先编写一个最简单的程序体验一下 Perl 语言的魅力,可随意给其命名，但是名字最好能说明所编程序的功能，且一般以.pl 作为后缀。如将第一个程序命名为 hello.pl，该程序的运行结果将在屏幕上显示"Hello，World！"。

```
#!/usr/bin/perl -w                    #最开头的"#!"符号指明 perl 安装路径；
# Author: fsp; Date: 2015-10-24, Version: 01; Useage: perl hello.pl;
#Function: say hello to the world!
print "Hello, World!\n";              #以分号";"结尾；
```

Perl 程序中除第一行的"#!"用于指定 Perl 安装路径外，其他以"#"符号开头至句子结尾部分的内容被认为是注释，Perl 将不会处理它，就像程序中没有这部分内容一样。Perl 语言中的注释信息包括程序作者、编程时间、修改时间、版本号、使用方法及其他需要注明的内容，注释内容如果一行写不完，可在下一行开头加入"#"，然后继续写。这些注释信息可让任何使用该程序的人了解程序的功能，以便于今后维护。

Perl 程序除第一行及注释信息外，其他均需以分号";"结尾，否则程序会报错。"\n"是 Perl 语言中的换行符。第一个程序是不是很简单？下面进行 Perl 语言的系统学习。

表 10-1 Perl 语言相关网址表

名称	网址
Perl 书籍官网	http://www.perl.org
CPAN	http://www.cpan.org
Perl 基金会	http://www.perlfoundation.org/
Perl 用户组织	http://www.pm.org
Perl 社区	http://www.perlmonks.org
Perl 的 Windows 版	http://strawberryperl.com
Perl 中国	http://www.perlchina.org
Perl 学习(羊驼书)	http://www.oreilly.com
Perl 学习笔记	http://perl.hcchien.org/toc.html
Perl 学习英文版	http://www.learning-perl.com/

10.2 Perl 标量数据

Perl 标量数据包括数字与字符串；数字又包括整数、浮点数(小数)；同时数字又可分常见的十进制(decimal)、二进制(binary，以 0b 开头)、八进制(octal，以 o 开头)、十六进制(hexadecimal，以 0x 开头)；字符串需要用单引号(''，英文符号)或者双引号(""英文符号)标识起始和结束位置。经常操作的是人类易用的十进制数据，因此本章重点介绍十进制数据。

```
11              #整数
11.12           #浮点数
"Abcd"          #字符串
"11a12b"        #含数字的字符串
```

需留意单引号与双引号标识的字符串，其含义稍有差异。

```
"ab\n"          #字符串包含 a、b 字母及换行符(\n)共 3 个字符；
'ab\n'          #字符串包含 a、b、\、n 共 4 个字符；
```

10.2.1 Perl 运算符

1. Perl 的数字运算符

Perl 的数字运算符包括加法(+)、减法(−)、乘法(*)、除法(/)、取余(%)、乘幂(**)，其中加、减、乘、除、乘幂的操作与之前数学中所学的运算方法一致，取余的运算符示例如下：

```
10%3 = 1                    #10 除以 3 的余数是 1；
```

2. Perl 字符串运算符

Perl 字符串运算符包括连字符(.)、重复运算符(x)，其用法示例如下：

```
"abc"."def";                #将字符串"abc"与"def"连起来得到"abcdef"；
"abc"x3;                    #将字符串"abc"重复 3 次，得到"abcabcabc"；
"2"x3;                      #将字符串"2"重复 3 次，得到"222"；
```

3. 数字与字符串之间的自动转换

在特定的上下文语言环境下，数字与字符串之间可自动转换，示例如下：

```
"abc"*"def"                 #纯字母字符串转换为数字 0，即 0*0 结果为 0；
"abc"*3                     #纯字母字符串转换为数字 0，即 0*3 结果为 0；
"12abc34"*3                 #字母及其后的数字被忽略，即 12*3 结果为 36；
"2"*3                       #数字型字符串转换为数字 2，即 2*3 结果为 6；
2x3                         #数字转换为数字型字符串，即"2"x3 结果为"222"；
2X3                         #提示错误，出现裸字；
```

"*"代表数字运算符中的乘法；小写"x"代表字符串运算符中的重复运算符；大写"X"既不代表乘法也不代表重复运算符，Perl 认为其是个字母，因此 2X3 被 Perl 认为是字符串，而字符串需要有单引号或者双引号标识起止位置信息，因此会提示错误信息。如果不加说明，Perl 语言对于大小写字母是敏感的，认为其代表不同的字母，不可混用。

10.2.2 标量变量

1. 标量变量的命名

标量变量(即函数)可以任意命名，并以$符号开头，但是最好不要用 Perl 默认的函数或者特殊的符号，所命名的变量最好易记易懂，便于后面编程时引用。首次使用自有标量变量时需要声明(如 my $abc)：

```
$abc                        #名为 abc 的变量$abc；
$PWD                        #默认的当前目录的变量；
My $PWD                     #可声明自有变量$PWD，但最好不这样用；
$_                          #默认函数，不声明变量时默认就用它代表；
$?                          #上一步命令返回值的默认函数；
$!                          #显示出错代码的默认函数；
```

2. 标量变量的赋值

用"="对标量变量进行单个赋值或者批量赋值，例如：

```
$a = 1                        #给变量$a赋值为数字1；
$b = "China"                  #给变量$b赋值为字符串China；
$c = 1+2                      #给变量$c赋值为3，即1+2的结果；
$d = "1+2"                    #给变量$d赋值为公式"1+2"，不进行运算；
($e, $f, $g) = (1, 2, 3)      #将$e赋值为1，$f赋值2，$g赋值3；
```

声明自有变量时未赋值，则默认为空""、0或者undef。标量变量的其他赋值运算符见表10-2。

表10-2 赋值运算符表

符 号	意 义	示 例
=	赋值	$a = 1，现在$a的值为1；
+=	加法运算后赋值	$a += 1，现在$a的值为2，即1+1=2；
*=	乘法运算后赋值	$a *= 1，现在$a的值为4，即2*2=4；
-=	减法运算后赋值	$a -= 1，现在$a的值为3，即4-1=3；
/=	除法运算后赋值	$a /= 3，现在$a的值为1，即3/3=1；
.=	连接后赋值	$a .= "abc"，现在$a的值为"1abc"，即"1"连接字符串"abc"

注：表中示例$a的值，前例的值作为紧挨后例的初始值，依次进行运算。

3. 标量变量的内插

标量变量可以内插在其他变量中，例如：

```
$a = "Asia"                   #给变量$a赋值为"Asia"；
$b = "$a"."_country"          #给变量$b赋值为"Asia_county"，即变量$a替换后的连接；
$c = "${a}_country"           #给变量$c赋值为"Asia_country"，即变量$a替换后的连接；
$d = ${a}_country             #出错，因为给变量$d赋值字符串时需加双引号；
$e = '${a}_conutry'           #给变量$e赋值为"${a}_country"的字符串；
```

10.2.3 数字及字符串的比较运算符

在编程过程中，尤其是程序包含条件判断句时，经常涉及比较函数间的大小、有无等，根据比较结果运行不同的命令代码段，Perl语言在数字与字符间设置了不同的比较运算符，各运算符的意义示例如表10-3所示。

表10-3 比较运算符表

比 较	数 字	字 符 串		示 例
相等	==	eq	#判断字符串是否一致	$a == $b; $a eq $b
不等	!=	ne	#判断字符串是否有差异	$a != $b; $a ne $b
大于	>	gt	#依据字符的ASCII码或者Unicode的顺序判断，在前的为大，在后的为小	$a > $b; $a gt $b
小于	<	lt		$a < $b; $a lt $b
大于等于	>=	ge		$a >= $b; $a ge $b
小于等于	<=	le		$a <= $b; $a le $b

Perl F进行判断时真假的意义如下：

- 如果用比较运算符进行比较，则条件成立为真，不成立为假。
- 如果是数字，则0为假，其他数字为真。

- 如果是字符串，""空字符串或者"0"为假，其他字符串为真。
- 如果是非数字或字符串，则转换为数字或字符串进行判断。

10.3 列表与数组

10.3.1 数组及其赋值操作

列表(list)是元素的组合，用圆括号"()"括起来；数组(array)是存储列表的数组变量，用@开头表示。

1. 列表

列表的声明及赋值如下：

```
my list 1 = (1, 2, 3)         #声明列表list1,并赋值为(1, 2, 3);
my list2 = (1, "a", $a, list1, @a, %a)
```

列表中的元素可以包含数字、字符、标量变量、列表、数组、哈希等数据的一种或多种。

2. 数组

数组的声明及赋值如下：

```
my @array = (1, 2, 3)         #以列表形式赋值给数组；
my ($a, $b) = (1, 2)          #以列表赋值给列表，相当于$a = 1,$b = 2;
my ($a, $b, $c) = (1, 2)      #以列表赋值给列表，相当于$a = 1,$b=2,$c = " ";
my ($a, $b) = (1, 2, 3)       #以列表赋值给列表，相当于$a = 1, $b = 2, 3会被忽略;
my @array = (1..10)           #将1至10赋值给数组@array;
```

声明数组时未赋值，则默认是空""或者undef。

Perl 默认的数组无需声明，如数组@ARGV，代表整个程序的默认参数列表；数组@_，代表子程序的默认参数列表。后续编程时默认数组将被广泛使用。

10.3.2 数组元素的引用

数组赋值后，其各元素顺序便固定了，其编号从0开始，后面依次加1。假如数组 @array = (1, "2", "c")，则该数组有3个元素，分别为数字1、字符"2"、字符"c"，各数组元素的引用如下：

```
$array[0] = 1;                #第一个数组元素，从0开始编号，为数字1;
$array[1] = "2";              #第二个数组元素，编号1，为字符"2";
$array[2] = "c";              #第三个数组元素，编号2，为字符"c";
```

数组的最后一个元素的编号比数组元素个数少1，最后一个元素编号用一个特殊函数"$#"表示，此例中$#array=2，即数组@array 的最后一个元素编号是2，因此最后一个数组元素也可以用$array[$#array] = "c"表示；数组元素个数还可以用 scalar 取得，如 my $tmp = scalar(@array)，此时$tmp 的值为3，即数组包含3个元素。

如果数组的编号大于数组实际元素个数，则该编号可以存在，程序也不会报错，超过元素个数的编号所代表的数组元素均为"undef"：

```
    $array[5] = "d"        #数组的第六个元素,编号为 5,值为字符"d",数组的第 4 个和第 5
                            个元素存在,其值均为空或 undef;
```

10.3.3 数组相关的几个命令

与数组相关的一些命令如下:

- shift:从数组最左边去掉一个元素。
- unshift:从数组最左边加入一个元素。
- pop:从数组最右边去掉一个元素。
- push:在数组的最右边加入一个元素。
- splice:在数组中取元素,命令格式为 splice @array, n1,n2,代表从@array 的编号 n1 的元素开始,向后去掉 n2 个元素。

还是以上面的数组为例进行介绍,并且后面的命令是在前一步命令的基础上进行运算,运行过程及结果介绍如表 10-4 所示。

```
    My @array = (1, "2", "c");
```

表 10-4 数组常用命令用法示例表

命 令	用 法	说 明
shift	$tmp = shift @array	在数组最左边取一个元素,并赋值给变量$tmp,则$tmp=1,@array =("2","c")
unshift	unshift(@array, 3)	在数组最左边加入一个元素,则@array = (3,"2","c")
pop	$tmp = pop @array	在数组最右边去掉一个元素,并赋值给变量$tmp,则$tmp = "c",@array = (3,"2")
push	push @array, 4	在数组最右边加入一个元素,则@array = (3,"2",4)
splice	splice @array, 1,2	从数组的第 2 个元素开始,去掉两个元素,则@array = (3)

10.4 哈希

如果说一般变量用于存储单个元素(如$a=1),数组用于存储有顺序的一个至多个变量(如@a=(1,2,3)),那么哈希则用于存储成对的元素,它们三者均为变量,只是作用不同。

Perl 中的哈希(hash)有的地方也译为"散列",用于存储成对的元素,生活中常见的成对元素如姓名与身份证号、姓名与学号、密码子与编码氨基酸等。这样成对的数据在 Perl 的哈希中分别命名为"键"(key)与"值"(value)。哈希有 3 个特点:

- 这些成对的元素存储在哈希中时没有顺序。
- "键"一定在"值"的前面。
- 哈希中的"键"是唯一的,但是不同的"键"的"值"可以相同。

比如同名同姓的人很多,但是个人的身份证号是唯一的,因此如果将全国人的身份证号码与姓名建一个哈希,则只能是身份证号码为"键",姓名为"值";反之,如果是将名作为"键",身份证号码作为"值",则由于同名人的出现,在 Perl 中是不容许这个现象存在的。哈希用%开头表示，自有哈希变量声明为"my %hash"。哈希的命名可以随意取，但最好易懂易记。

10.4.1 哈希赋值

哈希的赋值如下：

```
my %hash = (01, 'a', 03, 'c', 02, 'b', 04, 'a');
```

哈希中的键值没有顺序，但是键在前，对应的值在后，因此 01，"a"是一个键值对，且前面的 01 是"键"，紧随其后的字母"a"是对应的"值"。其他的键值对分布是：02，b；03，c；04，a。为了更容易看出哈希中的键值配对规律，Perl 引入了"胖箭头"（=>），因此上面的哈希赋值可以用"胖箭头"表示会更直观：

```
my %hash = (
01 => 'a',              #键 01 对应的值是"a";
03 => 'c',              #键 03 对应的值是"c";
02 => 'b',              #键 02 对应的值是"b";
04 => 'a'               #键 04 对应的值是"a";
);
```

当然也可以这样表示：

```
My %hash = (01 => 'a', 03 => 'c', 02 => 'b', 04 => 'a');
```

这里键 01 与键 04 的值均为"a"，这是容许的。另外这 4 对键值没有顺序，书写时将其顺序进行调整，仍然是同一哈希，如%hash =(03 => 'c',01 => 'a', 04 => 'a', 02 => 'b')；键一定在值的前面，如果哈希中出现不成对的元素，则最后那个单元素是"键"，其值是"undef"，如 my %hash2 =（01, "a", 04），则实际为%hash2=(01=>"a", 04=>"undef")。

10.4.2 哈希的相关函数

哈希的相关函数有：
- keys：取出哈希中的所有"键"。
- values：取出哈希中的所有"值"。
- each：取出哈希中的一对"键"与其"值"。

以上面赋值的%hash 为例介绍这两个参数的引用，如表 10-5 所示。

表 10-5 哈希常用函数使用示例表

命令	用法	解释
keys	my @a = keys %hash	将%hash 中的所有键取出，并赋值给数组@a，则@a = (01, 02, 03, 04)，可能其中的元素顺序有异
values	my @b = values %hash	将%hash 中的所有值取出，并赋值给数组@b，则@b = ("a", "b", "c", "a")，可能其中的元素顺序有异
each	while (my ($key, $value) = each %hash)	每一个循环取出一对"键"与其"值"，并分别赋值给函数$key 与$value

10.5 判断式及循环控制结构

10.5.1 if 条件判断式

1. 单条件判断式

进行一次判定，如果条件为"真"则运行命令，格式如下：

```
if (条件为真){运行命令;}
if (2>1){print 2;}        #如果条件"2>1"为真，则打印"2"，运行结果会打印 2；
```

对于初学者，为了易于看懂上面的程序，也可以改为如下形式：

```
if (2>1){
print 2;
}
```

2. 两个条件判断式

进行一次判定，如果条件为真，则运行其后的命令；如果条件为"假"，则运行另一命令，格式如下：

```
if(条件为真){运行命令;}else{运行另一命令;}
if (2>1){print 2;} else {print 1;}
```

该程序的意思是如果"2>1"为真，则打印 2；否则，打印 1，运行结果为打印 2。

3. 多条件判断式

对多种条件进行判断，并运行判定结果为"真"的条件所对应的命令，格式如下：

```
if(条件1为真){运行命令1;}elsif(条件2为真){运行命令2}else{运行命令3;}
if (2>1){print 2;}elsif(2==1){print 0;} else {print 1;}
```

该程序的意思是如果"2>1"为真，则打印 2；如果"2==1"为真，则打印 0；否则打印 1。因为第一个条件为真，因此最终结果打印"2"。为了易于查看，该程序也可改为如下形式：

```
if (2>1){print 2;}
elsif (2==1){print 0;}
else {print 1;}
```

10.5.2 while 循环结构

```
while(条件为真){运行命令;}
while ($i <10){$sum +=1; $i +=1;} print $sum;
```

该程序的意思是函数$i 从 0 开始，只要$i<10，函数$sum 的值加 1，并且$i 的值就加 1，一直循环 10 次至第 11 次，$i 的值为 10，这时"$i<10"不成立，因此循环终止，最终打印函数$sum 的值为 10。

如果将程序稍做修改，则可计算 0~9 的和：

```
            while ($i <10){$sum +=$i; $i +=1;} print $sum;
```

最终结果是 0+1+2+3+4+5+6+7+8+9=45，即打印 45；如果将程序再做修改：

```
            while ($i <10){ $i +=1; $sum +=$i;} print $sum;
```

则计算 1+2+3+4+5+6+7+8+9=45，虽然最终打印结果仍然是 45。但要注意其差别。

10.5.3 until 循环结构

在条件为"假"时重复执行其后的命令，直到条件为真时终止运行其后的命令，格式如下：

```
     until（条件成立){运行命令;}
```

可以将 while 循环的命令进行改写，结果一致，例如：

```
            until ($i >=10){$sum +=$i; $i +=1;} print $sum;
```

最终结果是计算 0+1+2+3+4+5+6+7+8+9=45，即打印 45。

10.5.4 foreach 循环结构

foreach 遍历列表或者数组，每次取一个元素，并运行后面的命令，其循环结构如下：

```
     my @array=(1, 2, 3);
     foreach (@array) {print $_+1;}      #打印结果为 234；
```

该程序的意义是，依次取出数组@array 的各元素，并将该元素加 1 之后打印出来，由于没有换行符"\n"，因此最后打印结果是 234。如果将以上程序稍做如下修改：

```
     my @array=(1, 2, 3);
     foreach(@array){print "$_+1\n";}
```

则最终打印结果是：

```
     1+1
     2+1
     3+1
```

第一次取出数组@array 中的元素 1，将其组成"1+1"的字符串打印出来并换行；第二次取出 2，将其组成"2+1"的字符串打印出来并换行；第三次取出最后一个元素 3，将其组成"3+1"的字符串打印出来并换行，从而获得最终结果。

10.5.5 each 控制结构

each 遍历哈希中的键值对，每次取出一对键值并运行相应的命令：

```
     my %hash = (01, "a", 02, "b")
     while (my ($key, $value) = each %hash){print "$key => $value\n";}
```

该程序的意义是，依次取出哈希%hash 中的键值对，用"胖箭头"(=>)连接起来，并打印出来。打印结果如下：

```
     01 => a
     02 => b
```

10.6 正则表达式

10.6.1 正则表达式相关符号

正则表达式是用来匹配(或不匹配)某个字符串的特征模块(pattern)，Perl 语言强大的地方之一就在于有正则表达式来进行文本的处理。模式用成对的符号包含即可，这些符号也称为界定符，常用的界定符是//，如"/pattern/"，其他符号包括##、()、<>、[]、{}、^^等。如下表述均是正确的：

```
#pattern#
^pattern^
(pattern1)#pattern2#
```

绑定运算符"=~"，用其右边的模式来匹配左边的字符串，并进行相应操作，正则表达式的应用包括如下几方面。

1. 模式匹配

模式匹配表示方法：

  m//，也可以省略 m 字母
  $_ =~ m/pattern/
  $_ =~ /pattern/或直接写成/pattern/

这 3 种表达方法均表示在默认函数($_)中搜索匹配/pattern/的内容，示例如下：

```
my $tmp = "abcdef";
if ($tmp =~ /cde/) {print 1;}else {print 0;};    #匹配成功，打印 1；
if ($tmp =~ /cdf/) {print 1;}else {print 0;};    #匹配失败，打印 0；
```

2. 模式替换

正则表达式还可用于进行模式替换，表示方法如下：

  $_ =~ s/pattern1/pattern2/ #用 pattern2 替换$_中的 pattern1；

此时的"$_"、"=~"、"s"等均不可省略，示例如下：

```
my $tmp = "atcggcta";
$tmp =~ s/atcg/ATCG/;           #将"atcg"替换为"ATCG"，结果为$tmp="ATCGatcg";
```

3. 模式转换

正则表达式还可用于转换，表示方法如下：

  $_ =~ tr/a-zA-Z/A-Za-z/ #将绑定操作符左边的字符串大写和小写字母互换；

此时的"$_"、"=~"、"s"等均不可省略，示例如下：

```
my $tmp = "atcggcta";
$tmp =~ tr/atcg/ATCG/;          #替换后的结果为$tmp=" ATCGGCTA";
```

10.6.2 捕获变量

正则表达式中的圆括号"()"可进行变量捕获，并赋值给默认的数字函数，并且从左至右，遇到的第一个左括号"("所对应的"()"中的内容对应$1，第二个"("所对应的"()"中对应的内容为$2，以此类推。形式如下：

/(ab)(cd)/   #第一个"()"的内容是$1，值为ab；第二个"()"的内容是$2，值为cd；
/(a(bc)d)/   #外部"()"的内容是$1，值为abcd；内部"()"的内容是$2，值为bc；

10.6.3 正则表达式中特殊字符的意义

正则表达式中一些字符具有特殊的意义，有的是数量关系，如"+"匹配一个以上的字符；有的是代替关系，如"."可几乎匹配任意字符；有的代表位置关系，如"^"代表句子开头等。这些特殊字符的意义如表10-6所示。

表10-6 模式匹配中特殊字符的意义

关系	符号	意义	备注
数量	?	匹配0个或1个字符	/a?b/ 字符#匹配有无 a 紧跟 b 的模式
	+	一个以上的字符（至少一个）	/a+b/ 字符#匹配1个以上的 a 与 b 组成的模式
	*	匹配任意个字符，0个或多个	/a*b/ 字符#匹配0至多个 a 紧跟 b 的模式
	{n1,n2}	匹配 n1 至 n2 个字符	/a{1,3}b/ 字符#匹配1至3个 a，1个 b 的模式
代替	.	匹配除\n 外的任意字符	/a.b/ 字符#匹配 a 与 b 中间有任一字符的模式
选择匹配	[]	匹配[]中字符的任一个字符	[ab] 字符#匹配含 a 或 b 中一个的模式
	[^]	匹配除[]中字符外的任一个字符	[^ab] 字符#匹配除 a 与 b 字符外的其他模式
	|	择一匹配	[ab|cd] 字符#匹配有 ab 或 cd 的模式
转义	\	转义字符，使紧随其后的一个字符仅代表其自身，无其他特殊意义	/a\.b/ 字符#匹配 a、小数点、b 连在一起的模式，即 a.b
定位	^或\A	匹配字符串开头	/^>/字符#匹配以>开头的字符串
	$或\Z	匹配字符串末尾	/g$/字符#匹配以 g 结尾的字符串
	\b	匹配单词边界	/\bb.*k\b/字符#匹配以 b 开头、k 结尾的单词
	\B	匹配单词内部	/oo\B/字符#匹配单词中间有 oo 的字符串

在正则表达式中，转义字符与特定字母组合具有特殊含义，如表10-7所示。

表10-7 转义字符的意义

字符	意义	备注
\d	任意数字[0~9]	/\d+/ 字符#匹配含一个以上数字
\D	除数字外的任意字符[^0~9]	/\D+/ 字符#匹配含除数字外任一字符一个以上
\w	数字与字母[0~9，a~z，A~Z]	/\w/ 字符#匹配含一个数字或字母
\W	非数字与字母[^0~9，a~z，A~Z]	如其他符号
\s	空格[\n\r\t\f]	\n 换行；\r 返回行首；
\S	非空格[^\n\r\t\f]	\t 跳格[Tab]；\f 换页

在正则表达式中，为了使匹配的模式更符合自己的需求，引入了一些修饰字母，如"/i"修饰后，表示进行模式匹配时可不区分字母的大小写，其他修饰字符及意义如表10-8所示。

表 10-8 模式匹配的修饰字符表

字 符	意 义	备 注
/i	不分大小写	$_ =~ m/pattern/i 字符#不分 pattern 中字母的大小写
/g	全局匹配	$_ =~ s/\s+//g 字符#将字符串中的空白全部替换
/m	跨行匹配	如果字符串中有\n,也可以匹配
/x	添加空格	可在模式中加入任何数量的空白均可匹配,以便阅读
/s	将字符串视为单行	(.)不匹配\n,若加上/s 则可匹配任何字符,包括\n

10.7 Perl 的排序

10.7.1 sort 命令

sort 命令是按照一定的规则进行排序,Perl 默认的排序规则是:大写字符排在小写字符前面,数字排在字母前,而标点符号则会根据不同的代码点排在不同的地方。sort 排序的对象是列表或者数组,示例如下:

my @array = sort qw/a c d b/.

则@array 的值是 qw/a b c d/。

10.7.2 sort 与比较运算符及默认函数的连用

1. 数字排序

对数字进行排序,使用比较运算符(⇔)与默认函数$a 与$b,格式如下:

sort {$a ⇔ $b} @a

Perl 对于 sort {$a ⇔ $b}后面的数据进行排序,并且按照升序排列;如果写成 sort{$b ⇔ $a},则将其后面的内容按照降序排列。这个联合应用较多的地方是对数组或者哈希进行排序,如取出%hash 的键,并将它们按照升序排列:

sort {$a ⇔ $b} keys %hash

如果要将哈希值按照值进行排序,则可以写为

sort {$hash{$a} ⇔ $hash{$b}}.

2. 字符串排序

如果是对字符串进行排序,则使用"cmp",格式如下:

sort {$a cmp $b} @a

其意义与数字排序相似,只是用字符串中字母的 ASCII 码大小进行升序排列,先比较第一个字母,如果第一个字母相同则比较第二个字母,依次类推。

10.8 Perl 默认的函数的总结

Perl 语言有一些默认函数或数组,这些函数或数组为编程提供了很多方便,如"$_"是

默认函数，在没有其他函数时，默认赋值给它，perl 语言很多的动作命令操作对象都是该函数；再比如"@ARGV"是默认数组，它将程序后面的参数存储在默认的数组中，如表 10-9 所示。

表 10-9 Perl 语言默认函数表

函　数	意　义	说　明
$_	默认标量函数	没有其他函数时，默认赋值于它
$/	断句函数	默认的断句函数"\n"，可修改成其他字符
@ARGV	默认数组	在命令行程序后面的参数默认赋值于它
$!	系统错误信息	系统错误信息默认赋值于它
$0	当前运行程序名	在命令行运行自编函数，则自编程序名赋值于它
$$	当前进程号	可查看当前进程号

10.9 程序精解

Perl 语言在生物信息中到底如何应用呢？本节通过几个程序的详细讲解，可能会使读者更容易理解 Perl 语言的妙用。另外，每个程序中最好说明程序作者、编程时间、版本号、用法、编程思想等内容，以便今后的修改与使用，即在若干时间之后可以了解自己当时编程的主要思想。为了避免重复，下面的程序中均省略这部分的说明，仅列出程序的核心程序。

10.9.1 实例一：从 fasta 文件中寻找特定的序列

文件夹下有两个文件，**seq.fa** 是含有全基因组 scaffold 序列的文件，**list.txt** 是含有 scaffold 名字的列表文件。

seq.fa 文件格式如下：

```
>scaffold1
GAGCCCGACAACACCCCGGCGCCGCCCGCGGCGGCCGCGGCGGCCGCGTC
GTCGTCATCGTCCGCCTTCCCCGTCCCCGGCAAACCCCAGCTCCCGCCCA
⋮
>scaffold2
TTCAGCACCCTGGACGTCGCCCTGGACGACGGCACCGCCATCGCCATCCC
CCGCCGCGAGCTGTGGGACGTGCGCGTGCAGCTCATGGCCGAGGACGAGA
⋮
```

list.txt 文件格式如下：

```
scaffold3
scaffold5
⋮
```

上述这两个文件中，每一行后面都有一个换行符，在 Linux 系统下是"\n"，在 Windows 系统下是"\r\n"。

方法一（哈希法）

```
#!/usr/bin/perl -w              # "-w" 开启警告；
#Author: fsp; Date: 2015-10-24; Version: 01; Useage: perl scaf_hash.pl
```

```perl
#Function: use this perl to extract scaf from seq.fa file
my %hash;                          #声明函数%hash；
#以下程序块用以将 seq.fa 文件中的 Scaffolds 名与其序列建立哈希函数；
open (FILE, "<","seq.fa")||die "$!";   #打开文件句柄；
local $/ = ">";                    #函数$/用于断句，默认是\n 符号，这里改为">"；
<FILE>;                            #读第一个">"，即 scaffold1 前面的">"；
while (<FILE>){                    #进入循环，每次读完下一个">"为止，并将其赋值于$_；
 s/\r?\n>//;                       #相当于$_ =~ s/\r?\n>//，将换行符及">"一起替换；
 my ($head, $seq)=split "\n", $_, 2;   #将 Scaffolds 名字赋值$head，序列赋值$seq；
 $hash{$head} = $seq;              #将 Scaffolds 名与其序列配对，并存入%hash；
}
close (FILE);                      #关闭文件句柄；
local $/ = "\n";                   #将$/改回"\n"；
#以下程序判断列表是否存在，若存在则将其序列打印出来；
open (LIST, "<","list.txt");       #打开文件句柄；
open (OUT, ">","scaf1.out");       #打开文件句柄；
while (<LIST>){                    #进入循环，每次读一行，读完"\n"为止，并赋值于$_；
 chomp;                            #相当于 chomp($_)，去掉字符串末尾的字符，即"\n"；
    if (exists $hash{$_}){         #条件判断字符串是否在哈希中；
     print OUT ">$_\n$hash{$_}\n"; #将字符串及其对应的哈希值一起打印出来；
    }
}
close (OUT);                       #关闭文件句柄；
close (LIST);
```

本程序重点在于当用函数 split 切割时，遇到指定的分割符"\n"都会进行分割，但是如果强制让其切割成两份，则遇到第一个分割符"\n"分割后，即分为两部分，再将这两部分内容分别赋值与$head 及$seq 两个函数。

程序的编程思路是：将全部序列的名称及序列成对存储于哈希，再在哈希中查找所需的序列名字，并将找到的结果打印并保存在新的文件中。

上面的程序命名为 scaf_hash.pl，程序中已将序列存放文件(seq.fa)及待查序列文件(list.txt)植入，因此要求将程序文件及序列文件存放于同一个目录，程序运行方法如下：

```
$ perl scaf_hash.pl
```

程序运行结果将找出的序列存放于 scaf1.out 文件中，该文件保存在当前目录下。

方法二（哈希+正则表达式）

```perl
#!/usr/bin/perl -w                 #列出 perl 路径，开启警告模式；
#Author: fsp; Date: 2015-10-24; Version: 01; Useage: perl scaf_hash_pattern.pl
#Function: use this perl to extract scaf from seq.fa file

my ($head, %hash);                 #声明自有函数$key 及哈希 %hash；
#以下程序块用以将 seq.fa 文件中的 Scaffolds 名与其序列建立哈希函数；
open FILE, "<","seq.fa" || die "$!";   #打开文件句柄，从而可以取得圆括号；
while (<FILE>){                    #进入循环，每次读一句，读完"\n"为止，并赋值于$_；
 chomp;                            #去掉末尾的"\n"；
```

```perl
        if ($_ =~ /^>(.*)/) {          #利用正则表达式,判断开头是否为>;
            $head = $1;                 #若匹配成功,则()中的值即Scaffolds名字赋值于默认函数$1;
        } else {
            $hash{$head} .= $_;         #将序列最终连接在一起与其Scaffolds名字一起存入哈希;
        }
    }
    close (FILE);                       #关闭文件句柄;

    #以下程序判断哈希是否存在,若存在则将其序列打印出来;
    open LIST, "<","list.txt";
    open OUT, ">","scaf2.out";
    while (<LIST>){
    chomp;
       if ( exists $hash{$_} ){
       print OUT ">$_\n$hash{$_}\n ";
       }
    }
    close (OUT);
    close (LIST);
```

该程序的编程思路是根据 fasta 格式文件的特点,每条序列均以>紧跟着序列名字,名字后面是序列,因此通过正则表达式进行匹配,匹配上的是序列名称信息,匹配不上的是序列,从而也可以将序列与其名称建立哈希,最后在哈希中寻找所需序列,并将其打印出来。

方法二类似于方法一,由于将 list.txt 及 seq.fa 文件直接编入程序,因此运行时需保证这两个文件在当前目录。另外,这两个程序如果要应用于其他类似情况(只是文件名不同)时,则需要修改文件名使之与程序相同;或者将程序中的名称改为对应名称。我们将在方法三中看到,通过引入@ARGV 函数,则在程序运行时输入对应的文件名即可,这样做会方便很多。

该程序命名为 scaf_hash_pattern.pl,该程序的运行如下:

```
$ perl scaf_hash_pattern.pl
```

程序运行结果将找出的序列存放于 scaf2.out 文件中,该文件保存在当前目录下。

方法三(哈希+正则表达式法,将 list.txt 文件内容制成 hash):

```perl
#!/usr/bin/perl
#将 list 中的 Scaffolds 的名字作为键,值为1,一起存入%hash;
#Author: fsp; Date: 2015-10-24; Version: 01;
#Function: use this perl to extract scaf from seq.fa file

my %hash;
$Useage = "perl scaf_hash_pattern2.pl list.txt seq.fa scaf3.out ";
die "$Useage\n" unless @ARGV == 3;  #引入默认数组,将程序后的参数放入默认数组;
#以下程序将待查找序列名存入哈希;
open LIST,"<", $ARGV[0];
while (<LIST>){
chomp;
$_ =~ /^(\S+)/;
```

```perl
    $hash{$1}=1;                          #将Scaffolds的名字作为键,值为1,存入%hash;
    }
    close(LIST);

    #以下程序判断哈希是否存在,若存在则将其序列打印出来;
open IN,"<", $ARGV[1];
open OUT,">", $ARGV[2];
local $/ = ">";
<IN>;
while( <IN> ){
 s/\r?\n>//;
 my ($head, $seq) = split /\n/, $_, 2;
 next unless($head && $seq);
    If (exists $hash{$head}){
    print OUT ">$head\n$seq\n";
    }
}
close(IN);
close(OUT);
local $/ = "\n";
```

该程序的编程思路是:将待查找序列名存于哈希,打开序列文件进行查找,并将查找结果存入新文件,该程序引入@ARGV参数,因此可适用于任何从序列文件中找特定名称序列的要求。

与方法二相比,建立哈希的文件互换了,这两种方法的区别是:第二种方法所建立的哈希包含的键值对远远大于第三种方法,虽然哈希对于键值对没有限制,但是电脑的内存硬件等可能会限制哈希值的大小,因此理论上第三种方法的速度要快于第二种方法。但是如果两个文件都很小的话,这种速度上的差别是感觉不到的。将这个程序命名为 scaf_hash_pattern2.pl,其程序运行如下:

```
$ perl scaf_hash_pattern2.pl list.txt seq.fa scaf3.out
```

程序运行结果保存在scaf3.out文件中。

10.9.2 实例二:文本内容分类统计功能

1. 分类一:统计fasta格式的序列数

还是以 seq.fa 文件为例,里面存储了全基因组的 Scaffolds 序列,如果想要知道一共有多少条 scaffold 序列,可以简单地在命令行用几个管道命令:

```
$ less seq.fa | grep ">"| wc -l
```

几个管道命令的意义是:用 less 查看 seq.fa 文件;在打开的文件中用 grep 命令查找 ">",因为 fasta 格式的文件一个 ">" 占一行,对应于一条序列,因此找出 ">" 并统计其数量即可知道 Scaffolds 的数量;用 wc 命令进行统计,-l 是统计行数,即可得到 Scaffolds 的数量。

2. 分类二:统计fasta格式各序列的长度

```perl
#!/usr/bin/perl -w
die "$!" unless @ARGV == 2;          #用到默认数组@ARGV,将程序后的参数给该数组赋值;
```

```perl
    my $filename = shift;              #将最左一个参数取出并赋值于函数$filename;
    my $outfile = shift;               #继续取最左参数并赋值于函数$outfile;
    open FILE,"<", $filename || die "Failed to open file $filename\n";
    open OUT, ">", $outfile || die "$!\n";
    local $/ = ">";
    <FILE>;
    while (<FILE>) {
     s/\r?\n>//;                        #去掉"\n>",用 chomp 命令仅去掉">"也可以;
     my ($head, $seq) = split "\n", $_, 2;
     $seq =~ s/\s+//g;                  #去掉序列中的空格;
     my $a=length $seq;                 #用 length 命令取字符串长度;
     print OUT ">$head\t$a\n";          #将序列名称及其对应的长度打印出来;
    }
    $/ = "\n";
    close (OUT);
    close (FILE);
```

编程思路：运用 Perl 中的 length 命令求字符串长度即为序列长度，但是在统计序列长度前需排除空格、制表符、换行符等干扰。

将该程序命名为 length_pattern.pl，该程序的用法如下：

```
$ perl length_pattern.pl seq.fa scaf.out
```

程序运行结果保存在 scaf.out 文件中。

3. 分类三：统计 fasta 格式各序列中的各碱基数量

```perl
#!/usr/bin/perl -w
die "$!" unless @ARGV == 2;
open FILE,"<", $ARGV[0] || die "Failed to open file $filename\n";
open OUT, ">", $ARGV[1] || die "$!\n";
my ($head, $seq, %hash);
local $/ = ">";
<FILE>;
while (<FILE>) {
 s/\r?\n>//;
 ($head, $seq) = split "\n", $_, 2;
 print OUT ">$head\t" ;
 $seq =~ s/\s+//g;
     while ($seq =~ s/([a|t|g|c])//i){   #每次替代成功,则运行后续命令;
     $hash{$1} +=1;                      #将 4 个碱基建立哈希,并统计各碱基的数量;
     }
     for (keys %hash){print OUT "$_ \:$hash{$_}\t";}
 print "\n" ;
}
$/ = "\n";
close (OUT);
close (FILE);
```

该程序编程思路为：先将文件中的多序列分成单个序列，再将单序列中的碱基 A、T、G、C 与其数量建立哈希，各碱基每出现一次，哈希值增加一次，而且由于键相同，实际上会替代前面的哈希键值对，这样最终结果将是 %hash 中含有 4 个键值对（键分别是 4 种碱基，值对应各碱基出现的次数），最后将哈希中的键值对打印出来即可。

该程序命名为 base_hash.pl，用法如下：

```
$ perl base_hash.pl seq.fa base.out
```

碱基统计结果保存在 base.out 文件中。

4．分类四：统计序列的 GC 含量

```perl
#!/usr/bin/perl -w
local $/ = ">";
my $averageGC ;
<>;                                        #钻石运算符读取输入；
while (<>){
  s/\r?>//;
  my ($head, $seq) = split "\n", $_, 2;
  $seq =~ s/\s+//g;
  my $TotalBase = length $seq;             #统计序列长度；
  my $gcCount = tr/GC/GC/;                 #GC 相互替换，转换一次代表有一个该字母；
  $averageGC = $gcCount/$TotalBase;        #计算 GC 含量；
  print ">$head\t $averageGC\n";
}
$/ = "\n" ;
```

该程序编程思路是：用钻石运算符读取输入数据，用 GC 转换统计 GC 出现次数，转换成功一次则 G 或 C 出现一次，转换的总次数即为 GC 碱基的总个数，而 length 函数统计了序列的长度，即总的碱基个数，因此 GC 含量易于计算。该函数命名为 GC_pattern.pl，通过钻石操作符引入输入文件及输出结果，该程序的用法如下：

```
$ perl GC_pattern.pl <seq.fa >GC.out
```

10.9.3 实例三：统计文件内容是否有重复

若要统计 list.txt 中的 Scaffolds 名字是否有重复，可用如下程序实现：

```perl
#! /usr/bin/perl -w
while (<>) {
 chomp;
 $hash{$_} += 1;          #将 Scaffolds 名字存入哈希，并统计各 Scaffolds 出现次数；
}
close (IN);
my @array = sort {$hash{$b} <=> $hash{$a}} keys %hash;#将哈希键按照其值倒序排列；
for (@array) {
print "$_\t$hash{$_}\n";
}
```

该程序的编程思路是：将 Scaffolds 名字与其出现的次数建立哈希，再将哈希的键按照其对应的值倒序排列并打印出来，从结果文件中即可看出哪些基因有重复并且知道其重复次数。

该程序命名为 list_count.pl，用法如下：

```
$ perl list_count.pl <list.txt >list_count.out
```

list_count.out 为结果文件。

10.9.4　实例四：Scaffolds 序列的排序

假设 seq.fa 文件中的 Scaffolds 序列排序错乱，如果要将 Scaffolds 序列进行排序，其程序如下：

```perl
#!/usr/bin/perl -w
my %hash;
local $/ = ">";
<>;
while (<>){
 s/\r?\n>//;
    if (/scaffold(\d+)/){
    $hash{$1} = $_;                    #将 Scaffolds 序列编号与序列存入%hash;
    }
}
my @array = sort {$a<=>$b} keys %hash;  #取出哈希值中的键，并进行升序排序；
foreach (@array){
print "$hash{$_}\n";
}
```

该程序的编程思路是：将一条序列记录与其编号建立哈希，再将哈希键升序排列并打印出来即可。

该程序命名为 scaf_sort.pl，用法如下：

```
$ perl scaf_sort.pl <seq.fa >seq.sort.fa
```

seq.sort.fa 为排序结果文件。

习题

用 Perl 语言编程完成如下各题。
1. 计算长 l = 10cm、高 h = 5cm 的长方形的面积，面积公式为 s = l * h。
2. 编写一个程序，提示用户输入长方形长度及高度值，然后自动输出该长方形的面积。
3. 计算 2*3、"2"*3、2a*3、"2a"*3 的结果。
4. 计算从 1 加到 100 的总和。
5. 列出一周内每天要做的主要事项，当用户输入星期一至星期日的任何一天时，提示其当天应该完成的主要任务。
6. 从 GenBank 数据库下载一条人的基因序列，判断其是否含有 NF-kB 结合位点。NF-kB 结合位点特征为 GGGRNNYYCC，R：嘌呤，Y：嘧啶，N：任意碱基。

7. 任选一条序列，截取其从第一个 ATG 开始的前面 100 个核苷酸，以及第一个终止密码子(TAA、TAG、TGA)后面的 100 个核苷酸。

8. 在 GenBank 数据库下载 5 条以上基因序列，并用物种缩写+gi+gi 号码的形式对这些基因进行重命名，统计序列的 GC 含量及长度，并将序列按照序列长度进行排序。如将下面的基因命名为 hsa_gi371502114。

```
>gi|371502114|ref|NM_000546.5| Homo sapiens tumor protein p53 (TP53),
transcript variant 1, mRNA
   GATGGGATTGGGGTTTTCCCCTCCCATGTGCTCAAGACTGGCGCTAAAAGTTTTGAGCTTCTCAAAAGTC
……TATATCCCATTTTTATATCGATCTCTTATTTTACAATAAAACTTTGCTGCCACCTGTGTGTCTGAGGGGTG
```

9. 利用上题的序列，写一个程序可以通过 gi 号码将对应的基因序列抽提出来。

10. 任选一个基因，从其 GenBank 格式文件中抽取 gene、mRNA、CDS 序列，并以 fasta 格式列出。

参考文献

[1] R.L. Schwartz, brian d foy, T Phoenix. Perl 语言入门(第六版). 盛春, 译. 江苏：东南大学出版社, 2012.
[2] Perl 主页：https://www.perl.org/.
[3] Perl 介绍：https://en.wikipedia.org/wiki/Perl.
[4] CPAN 主页：http://www.cpan.org/.

第 11 章　测序方法及数据处理

11.1　测序技术的发展

基因测序技术的进展极大地推动了生命科学的发展，下面将简单介绍一下测序技术研究发展的历史。

11.1.1　第一代测序方法

19 世纪中期，科学家开始研究 3 种生物大分子蛋白质、RNA、DNA 序列测定的方法，蛋白质测序方法最先发表，其次是 RNA 测序方法，DNA 测序方法是三者中发现最晚但却是目前最成熟且最常用的测序方法。比较知名的 DNA 测序方法是 1977 年英国科学家 Sanger 发明的双脱氧法和同年美国科学家 Alan Maxam 与 Walter Gilbert 一起开发的化学降解法，其中只有双脱氧法技术成熟，并已经实现了全自动化及商业化，下面对其进行详细介绍。

1. Sanger 法测序原理

在 Sanger 双脱氧法发表之前，有两个发现需要先介绍一下。第一是华裔美国科学家吴瑞 (Ray Wu) 先生于 1970 年发表了使用引物延伸进行 DNA 测序的方法，并使用该方法成功测定了 λ 噬菌体两个黏性末端的序列。第二是 Atkinson 等人 1969 年发现 2',3'双脱氧核苷酸可以终止链延伸。

正是在以上两个发现的基础上，英国科学家 Fred Sanger 于 1977 年开发了双脱氧核酸链终止法测序(也称为双脱氧链终止法或 Sanger 法)，该方法通过加入 PCR 扩增酶、放射性标记的引物、正常的 dNTPs 外，引入少量 2'、3'双脱氧核酸(ddGTP、ddATP、ddTTP、ddCTP，简称 ddNTPs)，建立 4 个平行反应体系，分别对应电泳时的 G、A、T、C 泳道。引物延伸过程中有一些序列因加入双脱氧核苷酸时终止延伸，从而获得一系列不同长度的 DNA 片段，再通过凝胶电泳及放射自显影，即可将 DNA 的序列读出来(见图 11-1)，该方法的发现使 Sanger 在 1980 年第二次获得诺贝尔化学奖。

Sanger 法后来进一步改进成为目前使用最多的第一代荧光全自动测序方法，其测序结果是目前不同测序方法中的金标准，它综合使用了 PCR 技术、链延伸终止技术、毛细管电泳技术、四色荧光标记技术、激光聚焦荧光全自动扫描分析等技术，代表性的仪器如 ABI 公司的 ABI3730XL 荧光全自动测序仪。其原理是在反应体系中加入测序引物、DNA 模板、DNA 扩增酶、dNTPs 及少量四色荧光标记的 ddNTPs 后进行引物延伸及链终止反应，获得一系列长度相差一个碱基的 PCR 产物混合物，PCR 产物回收后进行毛细管电泳，由于 ddNTPs 引入导致链终止，且终止时加入的 ddNTPs 带有特定的荧光集团，通过激光激发及光栅分色后显示不同的颜色，用 CCD 拍照记录下来形成测序色谱图；最后通过计算机判读测序色谱图从而完成序列测定(见图 11-2)。

第11章 测序方法及数据处理

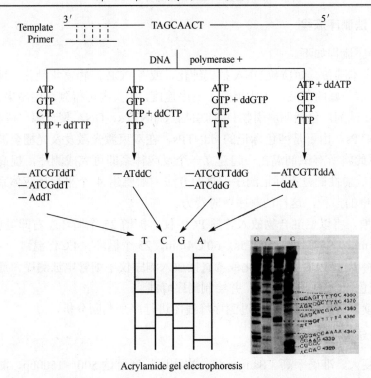

图 11-1 Sanger 法测序图（左：F. Sanger 诺贝尔奖报告，1980；右下：F. Sanger et al., 1977）

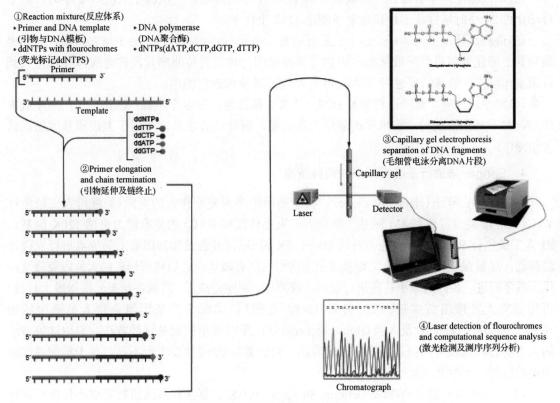

图 11-2 Sanger 法测序原理图（来自维基百科 Sanger sequencing 词条）

2. Sanger 法测序流程

Sanger 法测序流程如下。

(1) 待测序样本准备。如质粒 DNA 抽提纯化，或者 PCR 产物富集纯化，现在的技术已经实现可直接测序培养好的菌液，大大提高了测序速度，2 天内可得到测序结果。

(2) 加入测序试剂。包括测序引物（单向引物）、dNTPs、DNA 聚合酶、待测 DNA 模板及四色标记的 ddNTPs。由于是四色标记的 ddNTPs，在双束激光激发及光栅全波长分光下显示不同的颜色，因此将所有试剂混在一起建立一个反应体系即可完成测序，提高了一次测序的通量；如果是用放射性同位素标记测序引物的方法，则要建 4 个平行反应体系，每个体系加入 4 种 ddNTPs 中的一种，这样的测序费时费力。

(3) PCR 扩增。将以上混合物放入普通 PCR 仪，扩增 25 个循环左右即可（PCR 流程一般是 96℃预变性 1min；96℃10s，50℃5s，60℃4min，25 个循环；4℃保温）。

(4) 测序。将以上 PCR 产物纯化或者直接放入测序仪毛细管电泳测序，通过激光聚焦激发荧光，光栅分色，CCD 拍照记录，并绘制测序峰线。

(5) 序列判读。最后利用软件通过测序峰线图进行序列判断分析。

3. Sanger 法测序的特点

(1) 测序长度大、准确率高。Sanger 法一次测序长度可达 500～1500bp，测序结果比较准确，在仅需对少数基因进行测序的情况下被广泛应用。

(2) 单机测序样本有限。一次最多可测序 96 个不同片段，一次测序上机约 2 小时，由于自动化可 24 小时运行，一台仪器最多测序 1152 个样本。

(3) 待测序样本多为菌样。由于大肠杆菌易于寄送（可常温邮寄）、易于培养扩增，所抽提质粒易于纯化及可设置标准化测序引物等多种原因，建议将待测序片段构建载体并转化大肠杆菌制作菌样，特殊情况也可直接送 PCR 产物或者质粒进行测序。

(4) 测序成本高。测序过程涉及 PCR、克隆、筛选鉴定等多个步骤，操作烦琐，测序成本较高，对于基因组或转录组水平的测序尤其明显，因此该方法基本不用于大规模基因组或转录组测序。

4. Sanger 法进行基因组测序的两种策略

（1）逐步克隆法（clone by clone）。将全基因组序列先制作大的克隆（如酵母人工染色体 YACs 的克隆能力可达到 1M 碱基，细菌人工染色体载体 BACs 的克隆能力可达 120K 碱基，P1 人工染色体 PACs 的克隆能力可达 60～150K 碱基），并通过物理图谱上的位点进行克隆片段筛选，尽量保证大片段克隆文库覆盖全基因组的所有碱基；之后将所筛选的大片段克隆文库里面的序列进一步打断为小片段进行质粒克隆测序。测序完成后，将测序结果先拼接成大片段，再由这些大片段组装成基因组（见图 11-3，左图）。国际人类基因组合作人员测序线虫（Caenorhabditis elegans）及人类（Homo sapiens）基因组时采用的就是这种方法。采用这种方法的人力物力耗费较大，但是测序结果较准确，对计算机软/硬件要求也不高。对于精细基因组图谱的绘制，有时必须借助这种方法。

(2) 全基因组鸟枪法（Whole Genome Shotgun，WGS）。直接将基因组打断成小片段后进行克隆测序，获得大量测序序列（Reads）；之后将 Reads 序列拼装为 Contigs 序列，并进一步组装成基因组(见图 11-3 的右图)。以文特尔(Craig Venter)为首的私人人类基因组测序计划采用的就是这种方法。该方法对计算机硬件要求较高,并且需要开发相关的生物信息学拼接程序辅助完成大量 Reads 的拼接,但是人力物力的耗费相对较少。全基因组鸟枪法结合二代测序仪是目前最通用的测序方法。

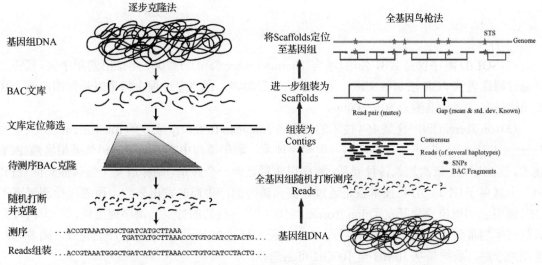

图 11-3　逐步克隆法与全基因组鸟枪法测序流程图(源自 IHGSC, 2001; Venter.C et al, 2001)

11.1.2　二代测序方法

1. 4 种不同二代测序方法的特点

由于 Sanger 法测序显得费时、费力、费钱,因此在基因组范围的应用受到限制。随着人类基因组计划的进行,新的大规模平行测序方法逐步开发出来,也称为二代测序(Next Generation Sequencing),或深度测序(Deep Sequencing),同时将之前开发的以 Sanger 法测序为代表的低平行性测序方法称为第一代测序方法。二代测序技术包括 Roche 公司的 454 技术、Illumina 公司的 Solexa 技术和 Thermo fisher 公司的 SOLiD 技术及 Ion Torrent 技术。

(1)最先开发的二代测序仪是 454 公司(现 Roche 公司)的 454 测序仪,2005 年上市销售,该测序仪更新至 GS FLX Titanium System,2013 年 10 月 Roche 公司宣布关闭 454 测序业务。该技术的原理是:将待测序片段两端连接接头;将连接产物回收后加入油包水反应物形成乳滴,每个乳滴包裹一个磁珠、一条待测序片段及其他相关试剂形成一个 PCR 微反应器,磁珠上的寡核酸接头与待测片段所连接的接头互补配对而将其捕获,这样经过 PCR 扩增过程在磁珠上形成一个克隆簇;打破乳滴回收磁珠,并将磁珠加入芯片上的微孔中,每个微孔仅能容纳一个磁珠;加入测序引物、DNA 聚合酶(DNA polymerase)、ATP 硫酸化酶(ATP sulfurytase)、荧光素酶(Luciferase)、三磷酸腺苷双磷酸酶(Apyrase)、5'-磷酰硫酸(APS)、荧光素(Luciferin)等试剂进行焦磷酸测序。每次加入一种碱基,每延长一个碱基释放一个焦磷酸基团(pp),该基团与腺苷酰硫酸在磷酸化酶的催化作用下生产 ATP。之后荧光素酶就可氧化荧光素同时释放荧光被检测器检测,剩余的 dNTPs 及 ATP 则被三磷酸双磷酸酶去掉,从而进入下一轮延伸反应(见图 11-4)。测序完毕，一个磁珠一个 Reads，读长可达 400bp，准确率达到 99%；其缺点是如果有连续多个碱基，则需要通过峰的高度来进行碱基个数的判定，容易产生插入缺失错误，另外测序成本偏高。

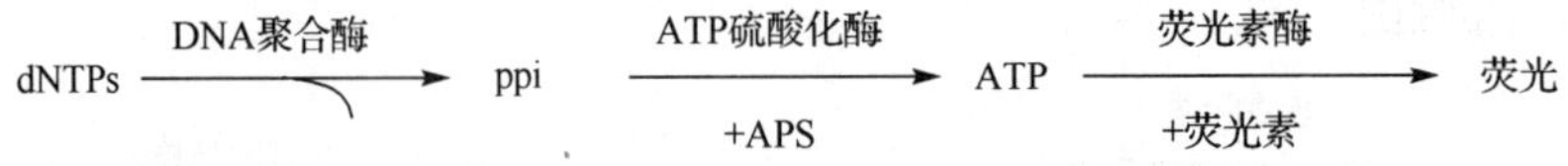

$$dNTPs \xrightarrow{DNA聚合酶} ppi \xrightarrow[+APS]{ATP硫酸化酶} ATP \xrightarrow[+荧光素]{荧光素酶} 荧光$$

图 11-4　焦磷酸测序反应流程

(2) SOLiD 测序仪是 ABI 公司(现为 Thermo Fisher 公司)于 2007 年推出的测序仪。其特点是通过磁珠乳滴 PCR 法制备文库，用连接法进行测序，在测序过程中每个碱基判读两遍，降低出错概率，读长范围为 50~100bp。

(3) Ion Torrent 测序仪是 454 技术的开发者 Jonathan Rothberg 成立的 Ion Torrent 公司(现为 Thermo Fisher 公司)重新开发的另一项测序技术。测序流程中文库制备时仍然采用乳液 PCR 技术。在测序时，依次加入各种碱基，测序引物每延伸一个碱基，则释放一个焦磷酸集团(PPi)和一个氢离子(H^+)，454 技术正是通过检测焦磷酸的产生而开发出来的，而通过检测氢离子(H^+)而引起的电位变化开发了 Ion Torrent 测序仪。该仪器的特点是测序速度快，一天内可完成从文库制备到获得 raw data 的过程，Reads 长度可达 200bp，测序在芯片上完成，随着芯片类型的改进，数据量从 10MB 至 100GB 可供选择。

(4) Illumina 公司以 Solexa 技术开发的测序仪于 2006 年上市销售，随后不断推出新的测序仪，这是目前市场上最成熟和使用频率最高的技术，其采用可逆性链终止法边合成边测序，下面详细介绍其技术原理及操作过程。

2. Illumina 测序流程

Illumina 测序流程对于 DNA、mRNA 或者小 RNA 操作流程来说，除了文库构建方法有差异外，其他操作流程大致相同，此处以基因组 DNA 测序为例介绍操作流程(见图 11-5)。

(1) 样本制备：进行细胞、组织、器官等样本的选择及前处理。

(2) DNA 抽提：根据所选样本特点，选择合适的方法抽提基因组 DNA。

(3) 文库制备：将基因组片段化、补齐、5'端磷酸化、3'端加 A、连接特异接头后进行片段大小选择及纯化。

(4) DNA 簇形成：将纯化后的产物加入芯片(flow cell)上的 lane(通道)里面，文库所连接的接头与芯片上的接头互补链结合，共进行约 35 个循环的桥式 PCR 扩增形成"DNA 簇"；再经过变性，洗脱未与芯片结合的链，剪切去掉模板链，留下互补链，再加入 ddNTPs 封闭 3'OH 自由端，最后加入测序引物与互补链自由端结合。

(5) 测序：加入 DNA 聚合酶及荧光标记的可逆终止子进行引物延伸，每次延伸一个碱基；荧光成像；加入试剂去掉保护碱基使引物可继续延伸，同时剪切去掉荧光基团，避免对下次碱基延伸成像的干扰；重复该过程 50 次以上完成测序。

(6) 碱基判读：每延长一个碱基进行一次成像，通过不同荧光来区分 4 种不同的碱基(T、G、C、A)，荧光无法辨识时就用未知碱基 N 代替。所有荧光成像依次辨识完之后所获得的 Reads 序列的相关信息即为 raw data，以 fastq 格式呈现。

(7) 数据分析：对 raw data 进行进一步的生物信息分析，这是后面几章要讲的内容。

第 11 章 测序方法及数据处理

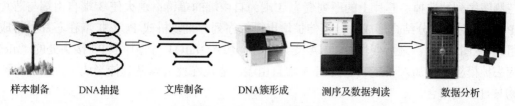

图 11-5　Illumina 测序流程

3. Illumina 测序原理

(1) flow cell 芯片：Illumina 测序用的芯片也称为 flow cell（见图 11-6），常用的 flow cell 包含 8 个 lane（通道），每个 lane 包含 2 个 column（列），每个 column 包含 60 个 tile（小区），这些 tile 有两方面的意义：一是每个 tile 包含数量繁多的"点"，一个"点"上有两种寡核酸探针，分别与连接的不对称接头互补，用于进行桥式 PCR 扩增，形成 DNA 簇。DNA 簇在测序时的照片上形成一个光点，其序列判读的数据即为一个 Reads；二是在测序时每延伸一个碱基，每个 tile 会被拍照 4 次，形成 4 张照片记录 4 种不同的荧光，在数据判读时会将这 4 张照片叠加，通过最终显示的颜色进行碱基的判读。HiSeq2500 是常用的仪器型号，每次仪器可运行两个 flow cell，耗时 11d，获得数据量约 600GB，仪器运行一次也称为一个 run，不同型号的仪器每个 run 所获得的数据量不同。

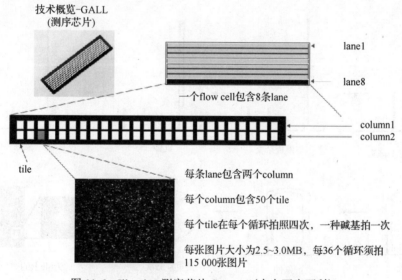

图 11-6　Illumina 测序芯片 flow cell（来自百度百科）

(2) Y 形不对称接头：该接头包含 P5、Rd1SP、Rd2SP、P7 及 index 序列几部分（见图 11-7），其中 P5 与 P7 部分用于进行桥式 PCR 扩增，在芯片上有这两部分的互补链；Rd1SP、Rd2SP 用于测序引物结合位点；index 部分用来将混合样本中的各样本区分开。Y 形不对称接头会在待测序列的两端均产生连接，连接的结果导致待测序列的正义链及互补链均为 5'端连接 P5 接头，3'端连接 P7 接头。

(3) 桥式 PCR 扩增形成基因簇：连接 Y 形不对称接头后的文库变性与芯片杂交，使 P7 接头与芯片上的 P7 互补链结合；延伸使待测序模板序列转化为芯片上对应的互补链；再次变性后待测序序列被洗掉，芯片上的序列变为 3'端为自由端的单链；退火使 3'端自由端与芯片上的 P5 接头对应部分结合形成桥；延伸扩增出模板序列；重复桥式 PCR 扩增在芯片上形成基因组簇（见图 11-8）；之后变性使 DNA 变为单链，加入 NaIO4 与芯片上 P5 接头处的"diol"反应去掉模板链；加入 ddNTPs 封闭 3'端自由端，避免在此处碱基延伸形成干扰；加入测序引物与自由端结合。

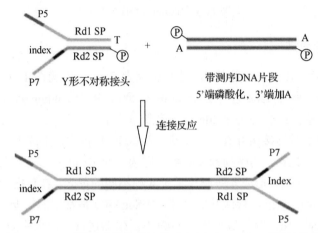

图 11-7　Y 形不对称接头及连接反应（来自 Illumina 培训材料）

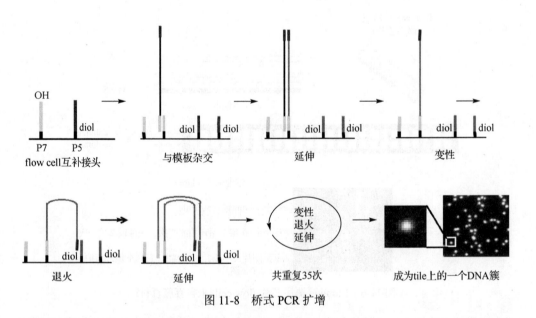

图 11-8　桥式 PCR 扩增

(4) 可逆终止子荧光测序：也称为边合成边测序(sequencing by synthesis)。我们知道一代测序用荧光标记的 ddNTPs，经过 25 个测序循环得到一系列不同长度的测序产物混合物，通过毛细管电泳即可测定基因序列。在 Illumina 测序过程中，引入荧光标记的"可逆终止子"替代 ddNTPs，其特点是 3-OH 被保护碱基封闭，碱基上连接荧光基团（见图 11-9）。对于每个测序循环，延长一个碱基，加入一个抗逆终止子；荧光成像；去 3-OH 保护碱基；去碱基上的荧光集团进入下一循环，从而在引物延伸的同时完成了测序。

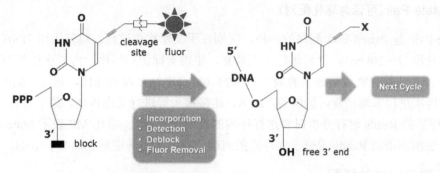

图 11-9　抗逆终止子荧光测序反应（来自 Illumina 培训材料）

11.1.3　测序文库插入片段大小选择

1. 对于基因组测序

常用的文库片段大小有 200bp、500bp、800bp、2kbp、5kbp、10kbp、20kbp，有时需要建立长短不同片段的文库以获得更大的 Scaffolds 序列，有时为了获得更精细的基因组完成图，需要构建 BAC 库或者 YAC 库，进行 Scaffolds 内的 Gaps 修补、重复序列区的测定，并将 Scaffolds 进一步排序构建更长的 Scaffolds 甚至构建整条染色体。

2. 对于 RNA-seq 测序

通过 PolyA 将 mRNA 反转录为 cDNA，打断后进行文库的构建（一般为 1kbp 以下的小片段文库）；或者将 mRNA 打断后，利用随机引物进行反转录，再对 cDNA 进行文库构建；后续文库构建流程大致同于 DNA 文库构建。

3. 对于小 RNA 测序

将小 RNA 两端连接接头利用接头引物反转录并进行文库的构建，文库插入片段通常小于 200bp。

11.1.4　测序类型

1. Single-End（单端测序）

文库建好后，从插入片段的一端进行序列的测定，该方式建库方法简单，操作步骤少，常用于小基因组、宏基因组、转录组、小 RNA 测序等。单端测序常见的表示方式如"SE50"，表示单端测序，Reads 长度为 50nt。

2. Paired-End（配对末端测序/双末端测序）

文库建好后，进行第一链测序，测序完毕，在原位置通过桥式 PCR 扩增再生互补链，再将第一链测序模板链去除，并以互补链为模板进行第二轮测序，以达到插入片段两端均进行序列测定的目的。常见的表示方式如"PE100"，表示配对末端测序，Reads 长度为 100bp。由于配对末端测序结果定位于文库插入片段两端，因此有助于进行序列拼装。

3. Mate-Pair（可译为环化配对）

Mate-Pair 是 Paired-End 测序的一种，区别在于文库构建过程，将基因组 DNA 随机打断成较长的片段（2～20kbp），然后进行末端修复，生物素标记后环化，再二次打断为 500bp 左右的片段，通过带有链亲和霉素的磁珠与生物素结合进行片段的纯化，将纯化后的片段与磁珠解离，再次进行末端修复，加磷酸，加 A，连接接头等进行文库构建，最后进行 Paired-End 测序。测序后的 Reads 进行分析时要进行序列的反向互补转化，常用 MP 表示 Mate-Pair 测序。该测序方法所测得的 Reads 定位于大片段的两端，有助于组装成更大的 Scaffolds。

11.1.5 测序方法的搭配

在测序过程，尤其是基因组测序过程中，为了获得更精细的图谱，常进行测序文库及测序平台的搭配选择，以使测序结果相互补充，测序拼装结果更加精确。

（1）文库插入片段大小搭配：基本上 1kbp 以下为短片段，2kbp 以上为长片段，常见的搭配如 500bp、800bp、2kbp、5kbp。搭配完毕之后，一般长片段文库测序数量较少，而小片段文库测序数据量会较多，引物小片段文库测序数据主要用于序列拼接，而大片段文库数据主要用于 Contigs 定位及 Gaps 修补等。

（2）测序 Reads 长短搭配：如 454 测序平台的 Reads 长度可达 400bp；Illumina、Ion torrent 测序平台的 Reads 长度在 100bp 左右；三代测序平台 Pacific Bioscience 测序平台的 Reads 长度可达 1kbp 以上，但是其测序错误概率较二代测序平台高；等等。多种测序平台的搭配可以获得较理想的测序结果。

（3）一代测序平台与二代测序平台搭配：二代测序结果分析完毕之后，用一代测序结果进行验证，同时也可用一代测序平台对 Gaps、高复杂度区域进行修补。

11.1.6 测序质量值

（1）质量评分是一个碱基错误概率的对数值，最初是在 Phred 软件中定义与使用，因此也称为 Phred 质量评分（Phred Quality Score），Phred 评分值 Q 与错误概率 P 之间的换算公式为 $Q = -10\lg P$，其评分值与错误率的对应关系见表 11-1。Sanger 研究所将 Phred 质量评分用 ASCII 码表示，并且与序列放在一起，从而开发了 fastq 序列格式，后被大家广泛使用。

表 11-1　Phred 质量值与碱基错误概率的对应关系表（来自维基百科）

Phred 质量值	错误碱基频率	测序碱基正确百分率
10	1 in 10	90%
20	1 in 100	99%
30	1 in 1000	99.9%
40	1 in 10000	99.99%
50	1 in 100000	99.999%

二代测序过程中，测序仪会自动为每个碱基计算一个质量值，代表该碱基的可信度，该质量值用 ASCII 码所对应的字母来表示，不同的测序平台，该质量值表示方法稍有差异（见图 11-10），现介绍如下。

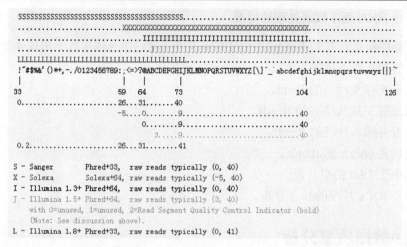

图 11-10　不同测序质量值表示方法及字母符号的使用（来自维基百科 fatsq 词条）

- Sanger 格式（Sanger format）：使用 Phred+33（33 代表 ASCII 码起始为 33）质量值，取值范围为 0～93，用 ASCII 码的 33～126 与之对应，但是测序原始 Reads 的质量值很少超过 60，常用取值范围为 0～40。
- Solexa 格式（Solexa/Illumina 1.0）：使用 Solexa/Illumina 质量值，取值范围为 -5～62，对应 ASCII 码为 59～126，常用取值范围为 -5～40。
- Illumina1.3+：使用 Phred+64 质量值，取值范围为 0～62，对应 ASCII 码为 64～126，常用取值范围为 0～40。
- Illumina1.5+：使用 Phred+64 质量值，取值范围为 0～62，对应 ASCII 码为 64～126，常用取值范围为 3～40。
- Illumina1.8+：使用 Phred+33 质量值，取值范围 0～41 也基本是其常用取值范围，对应 ASCII 码为 33～74。

11.2　测序数据处理

测序的原始数据（raw data）含有接头序列、低质量的序列等，需要去除这些低质量的序列，以获得有效序列，也称为 clean data，一般为 fastq 格式。综合华大基因等测序公司对于原始数据的处理方法介绍如下，当然这些参数仅供参考，也可重新设置。

1. 对于基因组 DNA 及 mRNA 测序数据处理的标准

（1）根据 Reads 序列的长度，统一截取 Reads 的一定长度的一段序列（如 1～90bp）。
（2）去除质量值连续小于等于 20 的碱基数达到一定程度的 Reads（默认截取长度的 40%，即 36 个）。
（3）去除含 N 的碱基数目总和达到一定比例的 Reads（默认 10%，即 9bp）。
（4）去除接头 adapter 污染（默认 adapter 序列与 Reads 序列有 15bp 的 overlap，设置为 15bp）。
（5）去除 duplication 污染，去除被多次测到的相同序列。

华大基因估计经过上述处理后，对于 1kbp 以下的小片段文库，会去掉约 20% 的数据，而对于大片段文库，则具体比例不固定。

2. 对于小 RNA 测序数据处理的标准

(1) 去除测序质量较低的 Reads (序列中碱基质量小于 10 的碱基数不超过 4 个,同时碱基质量小于 13 的碱基数不超过 6 个)。
(2) 去除有 5' 接头污染的 Reads。
(3) 去除没有 3' 接头序列的 Reads。
(4) 去除没有插入片段的 Reads。
(5) 去除包含 polyA 的 Reads。
(6) 去除小于 18nt 的小片段。
(7) 统计小 RNA 片段的长度分布。

11.3 测序数据质量分析

对于二代测序数据如何进行质量的评估呢?现介绍如下。

本章以下分析所用的数据是对一个细菌进行双末端测序,测序结果放在/home/fsp/Test/data 文件夹下,数据文件名如下:

```
Xam_Clean.1.fq; Xam_Clean.2.fq
```

11.3.1 用 FastQC 软件对测序数据进行评估

FastQC 是一款 Java 语言编写的软件,因此只要安装合适的 Java 运行时环境(Java Runtime Environment,JRE;需 v1.6 之后的版本),该软件就能在装有 Windows、Linux、Mac 操作系统的计算机上运行,是目前最常用的二代测序数据质量评估软件。FastQC 支持的输入数据格式包括 BAM、SAM、Fastq,输出的结果报告包括图片和表格,还可以 HTML 格式呈现。其下载地址如下:

http://www.bioinformatics.babraham.ac.uk/projects/fastqc/
Java 软件下载地址如下:

http://www.java.com/zh_CN/download/chrome.jsp?locale=zh_CN

1. FastQC 的安装

FastQC 是一个免安装软件,解压后即可运行,在 Windows 界面,双击 "run_fastqc.bat",打开 FastQC 界面(见图 11-11),在菜单栏选择 File→Open,打开 fastq 格式文件,则开始自动运行,结果页面见图 11-12。

Linux 系统安装过程的运行命令如下:

```
$cd /opt/biosoft
$wgethttp://www.bioinformatics.babraham.ac.uk/projects/fastqc/fastqc_v0.11.3.zip
$unzip fastqc_v0.11.3.zip
$cd FastQC
$chmod 755 fastqc
$./fastqc-h   #测试fastqc是否安装正确的命令,同时也可查看命令用法;
```

第 11 章　测序方法及数据处理

图 11-11　FastQC 界面

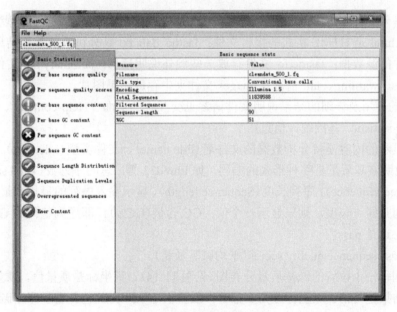

图 11-12　FastQC 结果页面

2. 运行 FastQC 的命令

Linux 系统下运行 FastQC 有两种方法，一种是交互式的，直接输入 fastqc 命令而不带任何参数，则 Linux 会打开类似 Windows 的页面，进行交互式的数据输入，分析后获得结果，并可选择数据的保存形式。该分析一次只能分析一个 fastq 文件。另一种是非交互式(纯命令式)的，输入相关参数，则自动生成 HTML 形式的结果报告，该形式可一次分析多个 fastq 文件。FastQC 会通过文件的后缀猜测文件类型，如果以.bam 或.sam 结尾，则会以 SAM/BAM 文件形式打开，其他形式默认以 fastq 形式打开。非交互式的运行命令如下：

```
$mkdir /home/fsp/Test/fastqc
$cd /home/fsp/Test/fastqc
$/opt/biosoft/FastQC/fastqc-t 4 ../data/*-o./
#用 fastqc 命令以 8 线程(-t 4，具体线程数的设置与计算机配置有关，线程数越多，运行速度越
#快)分析上级文件夹下 data 文件中的所用数据(当然是 fastq 格式，否则会出错)，并将结果保
#存在当前文件夹(./);
```

3. FastQC 运行结果解释

上一步命令的运行结果文件如图 11-13 中的 A 部分所示，每个 fastq 文件的运行结果包括两个文件：一个是 html 网页文件；另一个是同名的压缩文件。

```
-rw-rw-r--. 1 fsp fsp 284344 Sep 13 14:35 Xam_clean.1.fq_fastqc.html
-rw-rw-r--. 1 fsp fsp 335391 Sep 13 14:35 Xam_clean.1.fq_fastqc.zip
-rw-rw-r--. 1 fsp fsp 243110 Sep 13 14:35 Xam_clean.2.fq_fastqc.html
-rw-rw-r--. 1 fsp fsp 277212 Sep 13 14:35 Xam_clean.2.fq_fastqc.zip     A
-rw-rw-r--. 1 fsp fsp  86201 Sep 13 14:35 fastqc_data.txt
-rw-rw-r--. 1 fsp fsp   3628 Sep 13 14:35 fastqc.fo
-rw-rw-r--. 1 fsp fsp 284344 Sep 13 14:35 fastqc_report.html
drwxrwxr-x. 2 fsp fsp   4096 Sep 13 14:35 Icons
drwxrwxr-x. 2 fsp fsp   4096 Sep 13 14:35 Images
-rw-rw-r--. 1 fsp fsp    518 Sep 13 14:35 summary.txt                   B
```

图 11-13 FastQC 分析结果图

解压后进入文件夹，所包含的具体结果见图 11-13 中的 B 部分，各文件为默认名。其中，fastqc_report.html 是 HTML 格式的报告文件；fastqc_data.txt 是分析后的数据结果文件，是报告中结果图片的源数据；fastqc.fo 文件存放一些额外说明信息；summary.txt 文件概括了分析各项目的 Pass、warning、fail 情况；Images 文件夹中存放结果图片。

FastQC 的使用及详细的结果说明文件请参见交互式的页面 "Help-content"。

(1) Basic statistic (基础统计信息)。

这一项显示的内容是待分析数据的文件名(File name)、文件类型(File type)；质量值类型(Encoding)说明碱基质量是哪种形式的编码，如 Phred33 等；总的序列数(Total sequence)；滤过序列(Filtered sequence)；序列长度(Sequence length)，显示输入序列的最长和最短序列长度，如果所有序列是同一长度，则只显示一个值；GC 含量(GC%)，即序列整体的 GC 含量。

这一项永远是 pass。

(2) Per base sequence quality scores(平均碱基质量)。

显示序列每一个位置的碱基质量分布图(见图 11-14)，纵坐标是质量值，质量值越大，说明碱基测序结果越可信。纵坐标分为 3 部分，质量值 1～20 为红色，表示测序碱基可信度差；20～28 为桔黄色，代表碱基基本可信；28～41 为绿色，代表碱基质量高，可信度高。横坐标是序列的位置。序列各位置的质量值分布用盒形图表示，其中各线条意义如下：

- 各方盒中间的横线代表中值线。
- 各方盒上下边线代表 25%～75%的值线。
- 各方盒上下延伸后的横线代表 10%～90%的值线。
- 各方盒连接曲线代表平均值线。

如果任何位置质量最低值小于 10，或者任何位置中值小于 25，则显示警告。如果任何位置质量最低值小于 5，或者任何位置中值小于 20，则显示失败。

第 11 章 测序方法及数据处理

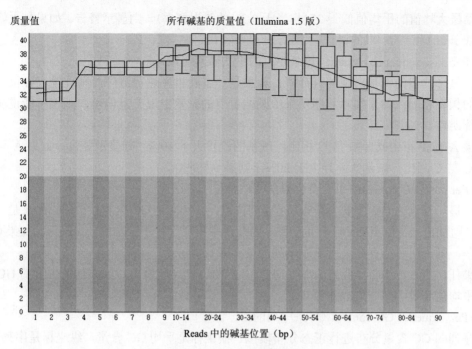

图 11-14 碱基质量分布图

(3) Per sequence quality scores（平均每条序列质量）

统计序列在各质量值的分布数量，横坐标是质量值，纵坐标是序列数，如果序列质量值低的数量多，则反映测序结果存在系统偏差，但是如果所取部分低质量序列比率低，则测序结果可接受（见图 11-15）。

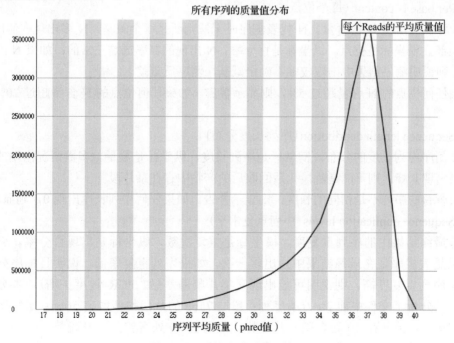

图 11-15 平均序列质量分布图

如果最大峰值的平均值低于 27(相当于 0.2%的错误概率)，则显示警告。如果最大峰值的平均值低于 20(相当于 1%的错误概率)，则显示错误。

(4) Per base sequence content (每条序列的平均碱基组成)。

统计每个位点的碱基出现的百分率，如果是一个随机库进行测序，则理论上各位点各碱基出现的频率相同；如果实际测序结果中某些位点的碱基出现严重偏差，则很可能说明测序存在系统误差。

如果 A 与 T 相比或者 G 与 C 相比，碱基的差异大于 10%，则显示警告。如果 A 与 T 相比或者 G 与 C 相比，碱基的差异大于 20%，则显示失败。

(5) Per base GC content (每一个位点的 GC 含量)。

统计每一位点的 GC 含量，横坐标是序列位点，纵坐标是 GC 含量百分率。如果是一个随机文库，则理论上各位点的 GC 含量一致，因此图中出现平行于 x 轴的一条横线。如果 GC 含量有偏差，则说明可能存在过度测序序列污染文库。

如果任何位置的 GC 含量值偏离平均值超过 5%，则显示警告。如果任何位置的 GC 含量值偏离平均值超过 10%，则显示警告。

(6) Per sequence GC content (每条序列的 GC 含量)。

将序列的 GC 含量分布进行正态分布模拟，横坐标是平均 GC 含量，纵坐标是序列数量。如果是一个随机文库，得到的结果将是正态分布，峰值所对应的平均 GC 含量则反映基因组的 GC 含量。由于不知道基因组的 GC 含量，因此从测序结果建立一个理论模型。如果是非正态分布，则说明文库存在污染或者有系统偏差。

如果偏离正态分布的部分 Reads 数超过 15%，则显示警告。如果偏离正态分布的部分 Reads 数超过 30%，则显示失败。

(7) Per base N content (每个位点的 N 含量)。

统计各位点出现 N 的含量，N 代表测序时无法判断是哪个碱基，N 多出现在测序 Reads 的 3'端尾部。横坐标是位点，纵坐标是百分率。N 出现的概率低是正常的；如果 N 出现的概率较高，则说明测序结果中出现较多不确定碱基，测序质量差。

如果任何位点的 N 含量超过 5%，则显示警告。如果任何位点的 N 含量超过 20%，则显示失败。

(8) Sequence length distribution (序列长度分布)。

统计测序序列长度的分布，横坐标是序列长度，纵坐标是数量。多数情况出现的是单峰图，如果出现杂峰，则可能是片段化后回收后的产物中存在杂片段。

如果所有的序列不是相同的长度，则显示警告。如果任何序列长度出现 0，则显示失败。

(9) Sequence duplication levels (序列重复水平)。

统计最终结果中的序列重复度，横坐标是重复次数，纵坐标是出现百分率。一般文库测序结果是大多序列在最终结果中只出现一次，如果序列重复率低，说明目标序列覆盖度高；如果序列重复度高，则说明可能出现富集片段偏差(如 PCR 过度扩增)。本分析为节约时间，只分析了文件中前 20 万条序列；超过 75bp 的片段均截取前 50bp；重复次数超过 10 的以 10 计，因此在 10 处有微上升趋势，然而在 10 处有剧烈上升趋势，则说明较多序列的重复率较高。

如果非唯一序列超过 20%，则显示警告。如果非唯一序列超过 50%，则显示失败。

(10) Overrepresented sequences (过度呈现的序列)。

一般文库要有一定的多样性与代表性，如果某些序列过度呈现，要么说明这些序列在生物学上有显著意义，要么说明文库存在污染，或者文库的多样性不够。

如果序列占总序列超过 0.1%，则显示警告。如果序列占总序列超过 1%，则显示失败。

(11) Kmer content（K 值分布）。

以 5mer 为单位，分析这些 Kmer 的富集情况，并将 6 个富集最多的序列呈现出来。

如果任何 Kmer 富集超过 3 倍，或者在任何位置出现超过 5 倍，则显示警告。如果任何 Kmer 在任何位点超过 10 倍，则显示失败。

4．FastQC 运行命令参数解释

用法：fastqc [-o output dir] [--(no)extract] [-f fastq|bam|sam] [-c contaminant file] seqfile1 .. seqfileN

- -h --help：显示帮助文件。
- -v --version：显示 FastQC 软件的版本。
- -o --outdir：指明分析结果存放文件夹，默认是与输入数据置于同一文件夹。
- --extract：如果设置该参数，则压缩形式的输出文件将仍以压缩形式放在输出文件夹，默认该参数是设置的。
- --noextract：该参数与参数 extract 作用相反。
- -f --format：指明输入文件的格式，可输入的文件格式是 bam、sam、bam_mapped、sam_mapped、fastq。
- -t --threads：指明使用的线程数，由于每个线程占用 250M 内存，因此所设线程数不能超过电脑内存。
- -k --kmers：指明 Kmer 长度，其值在 2～10 之间，默认为 5。
- -q --quiet：除了错误信息，其他信息均不显示在屏幕上。

11.3.2 NGSQCToolKit 对测序 Reads 的处理

NGSQCToolKit 是对 Illumina 与 454 平台的测序结果进行处理的软件包，包含多个独立的 Perl 程序，这些 Perl 程序按功能分为 4 类，分别放在 4 个文件夹（QC、Format-converter、Trimming、Statistics）中。各程序的详细应用方法可参考提供的 maunal。相关文件及软件程序下载地址如下：

http://www.nipgr.res.in/ngsqctoolkit.html

1．NGSQCToolKit 的安装

NGSQCToolKit 可在 Windows 或者 Linux 系统下运行，除了 Perl 语言外，还需要两个额外的 Perl 模块。

- GD：Graph（可选模块，用于生成图形化统计结果）。
- String：Approx（用于加速 primer/adapter 与字符串的匹配）。

由于 Linux 系统应用较多，本章重点讲述 Linux 下的安装，额外模块的安装请参阅 README 文件。NGSQCToolkit 软件解压缩即可使用，相关命令如下：

```
$wgethttp://59.163.192.90:8080/ngsqctoolkit/cgi-bin/download.pl?toolkit
=NGSQCToolkit_v2.3.3.zip
$unzip NGSQCToolkit_v2.3.3.zip
$chmod 755 /opt/biosoft/NGSToolkit_v2.3.2/*/*.pl
```

2. NGSQCToolkit 软件介绍

(1) QC 文件夹包含 5 个 Perl 程序。

- 454QC.pl：454 测序平台 fasta 格式文件的质控(包括序列的截取、删除、统计分析等)，需同时输入.fna 及.qual 文件。
- 454QC_PRLL.pl：功能同上，多一个选项可进行多线程分析。
- 454QC_PE.pl：454 测序平台双末端测序所得 fasta 文件的质控，需同时输入.fna 及.qual 文件，可输入 Linker 序列，如无输入则使用默认 Linker 序列。
- IlluQC.pl：Illumina 测序平台 fastq 文件的质控。
- IlluQC_PRLL.pl：功能同上，多一个选项进行多线程分析。

(2) Format-converter 文件夹包含 4 个 Perl 程序。

- FastqTo454.pl：将 fastq 格式文件转为 454 格式文件。
- FastqToFasta.pl：将 fastq 格式文件转为 fasta 格式文件。
- SangerFastqToIlluFastq.pl：将 fastq 文件的质量信息从 Sanger 形式转为 Illumina 形式。
- SolexaFastqToIlluFastq.pl：将 fastq 文件的质量信息从 Solexa 形式转为 Illumina 形式。

(3) Trimming 文件夹，包含 3 个 perl 程序。

- TrimmingReads.pl：将 fastq 或者 fasta 格式的 Reads 去掉 5'端或者 3'端的序列。
- HomoPolymerTrimming.pl：对 Reads 的序列进行剪辑，输入 fasta 格式文件(包括.fsa 及.qual 两个文件)。
- AmbiguityFiltering.pl：对包含无法辨识碱基(即含 N 碱基)的序列(fasta 或 fastq 格式)进行过滤或者修剪。

(4) Statistics 文件夹包含 2 个 Perl 程序。

- AvgQuality.pl：统计 fasta 形式质量文件的每个 Reads 的平均质量值及文件总体的质量值。
- N50Stat.pl：对 fasta 形式的序列文件的各参数进行统计。

(5) 各文件夹下选一个代表性的 Perl 程序进行详细参数介绍。

① IlluQC_PRLL.pl 程序用法。

用法：perl IlluQC_PRLL.pl [options]

- -pe：后面接配对的 Reads 的 4 个信息，依次是正向测序 Reads 文件<Forward reads file>；反向测序 Reads 文件<Reverse reads file>；引物库代号<Primer/Adaptor library>；FASTQ 质量代码<FASTQ variant>。如果有多个引物库存在，则可用多个"-pe"，示例如下：

  -pe r1.fq r2.fq 3 1 -pe t1.fq t2.fq 2 A

  引物库代码(Primer/Adaptor libraries)：

```
1 = Genomic DNA/Chip-seq Library
2 = Paired End DNA Library
3 = DpnII gene expression Library
4 = NlaIII gene expression Library
5 = Small RNA Library
6 = Multiplexing DNA Library
N = Do not filter for Primer/Adaptor
```

FASTQ 质量代码(FASTQ variant):

```
1 = Sanger (Phred+33, 33 to 73)
2 = Solexa (Phred+64, 59 to 104)
3 = Illumina (1.3+) (Phred+64, 64 to 104)
4 = Illumina (1.5+) (Phred+64, 66 to 104)
5 = Illumina (1.8+) (Phred+33, 33 to 74)
A = Automatic detection of FASTQ variant
```

- -se: 后接单向测序 Reads 的 3 个信息,依次是 Reads 文件<Reads file>;引物库代码<Primer/Adaptor library>;FASTQ 代码<FASTQ variant>。如果有多个引物库,可采用多个 "-se",各代码意义同上。
- -h: 显示帮助文件。
- -l: 对给定质量值的序列读长阈值的确定,在 0~100nt 之间选择,默认值是 70。
- -s: 对给定质量值的序列质量阈值的确定,在 0~40 之间选择,默认值是 20。
- -c: 可进行 cpu 值的确定,进行并行计算,提高运行速度,默认值是 1。
- -t: 输出文件格式选择,1 = formatted text,2 = tab delimited,默认值是 1。
- -o: 指定输出文件存放位置,默认存放于输入文件所在文件夹。
- -z: 指定输出文件中过滤后测序数据文件是否压缩,t = text FASTQ files,g = gzip compressed files,默认是 t。

② FastqToFasta.pl 程序用法。
用法: perl FastqToFasta.pl [options]

- -i: FASTQ 格式的输入文件。
- -h: 显示帮助文件。
- -o: 输出文件存放文件夹,默认将输出结果放入输入文件所在文件夹。

③ N50Stat.pl 程序用法。
用法: perl N50Stat.pl [options]

- -i: fasta 格式的输入文件。
- -h: 显示帮助文件。
- -o: 指定输出文件存放位置,默认是输入文件所在文件夹。

④ TrimmingReads.pl 程序用法。
用法: perl TrimmingReads.pl [options]

- -i: 输入 fastq 或 fasta 格式的序列文件(Reads/Sequences)。

- -irev：输入 fastq 格式的反向测序序列或者双末端测序数据。
- -h：显示帮助文件。
- -l：左边(5 端)去掉的碱基数，默认是 0。
- -r：右边(3 端)去掉的碱基数，默认是 0。
- -q：质量阈值，将右边(3 端)低于阈值的 Reads 去掉，如-q 20，将 3 端质量值低于 20 的 Reads 去掉，默认值是 0，该参数与-l 或-r 不能同时使用。
- -n：长度阈值，小于该阈值的 Reads 去掉，默认值是-1，即保留所有序列。
- -o：指定输出文件存放位置，默认存放在输入文件所在文件夹。

3. NGSQCToolkit 的运行

```
$mkdir /home/fsp/Test/NGSQCToolkit
$cd /home/fsp/CBB_data/NGSQCToolkit
$perl /opt/biosoft/NGSQCToolkit_v2.3/QC/IlluQC_PRLL.pl -c 4 -o ./ -pe \
../data/Xam_Clean.1.fq ../data/Xam_Clean.2.fq 2 4
#用 IlluQC_PRLL.pl 命令；-c 4，用 4 个 cpus 运算；-o ./，运行结果保存在当前文件夹；
#-pe 指明双末端测序的数据文件位置；2，库文件为 paired end DNA library；4，FASTQ
#质量代码为 Illumina(1.5+)(Phred+64, 66 to 104)，此参数如果不确定，可用 A，让程序
#自己检测；
```

4. NGSQCToolkit 结果文件解读

对于 IlluQC_PRLL.pl 命令，相关参数使用默认值，得到的结果有 5 个文件(见图 11-16)，其中，*_stat 为结果统计文件；*_unPaired_HQReads 为过滤掉的非配对及低质量序列；两个 *_filtered 均为过滤后的 Reads 文件；*.html 为分析结果报告，HTML 格式。其他命令运行得到的结果也比较容易理解。

```
-rw-rw-r--. 1 fsp fsp     13203 Sep 13 15:27 output_Xam_clean.1.fq_Xam_clean.2.fq.html
-rw-rw-r--. 1 fsp fsp 642351548 Sep 13 15:27 Xam_clean.1.fq_filtered
-rw-rw-r--. 1 fsp fsp     13914 Sep 13 15:27 Xam_clean.1.fq_Xam_clean.2.fq_stat
-rw-rw-r--. 1 fsp fsp  45528385 Sep 13 15:27 Xam_clean.1.fq_Xam_clean.2.fq_unPaired_HQReads
-rw-rw-r--. 1 fsp fsp 642351548 Sep 13 15:27 Xam_clean.2.fq_filtered
```

图 11-16　IlluQC_PRLL.pl 运行结果图片

11.3.3　FASTX_Toolkit 对测序 Reads 的处理

FASTX_toolkit 是一个工具集，包含 20 个软件，可对 fasta 或 fastq 文件进行前处理。它有两种运行方式，一种网页版的(需要 Galaxy 语言支持)，另一种是命令行形式的。本章主要讲解后一种形式，软件相关地址如下：

http://hannonlab.cshl.edu/fastx_toolkit/

目前的最新版本是 0.0.14，2014 年 1 月发布，需进行重新编译；而 0.0.13 版本已编译好，解压缩即可运行。

1. fastx_toolkit 软件安装

```
$cd /opt/biosoft
$wget
```

```
http://hannonlab.cshl.edu/fastx_toolkit/fastx_toolkit_0.0.13_binaries_L
inux_2.6_amd64.tar.bz2
$mkdirfastx_toolkit
$cd fastx_toolkit
$tar -xjf../fastx_toolkit_0.0.13_binaries_Linux_2.6_amd64.tar.bz2  #解压后
                                                                  #形成一个 bin 文件夹；
$cd bin
$chmod755 ./*
$./fastq_to_fasta-h  #测试软件是否安装完毕；
```

2. 重要的软件介绍

(1) Fasta_formatter：进行 fasta 或 fastq 格式文件的格式化。

- -w N：设置每一行最多显示 N 个碱基，默认值为 ZERO，所有碱基在一行显示。
- -t：以表格形式显示文件，分两列，一列为序列名称，一列为序列，单行显示。
- -e：输出只有名称无序列信息的空序列，无-e 参数则会将这些空序列删除。

(2) Fasta_nucleotide_changer：将 fasta 或 fastq 格式文件中的 DNA 与 RNA 模式进行转换。

- -r：将 T 改为 U，即 DNA 转换为 RNA。
- -d：将 U 改为 T，即 RNA 转换为 DNA。

(3) Fastq_masker：覆盖低质量序列。

- -q N：质量低于 N 的序列将被覆盖，默认 N 为 10。
- -r C：将低质量的碱基用碱基 C 代替，默认是用 N 代替。

(4) Fastq_quality_boxplot_graph.sh：将 solexa-fastq 文件转为盒形图。

(5) Fastq_quality_converter：将 fastq 文件中的质量值代码转换后输出。

- -a：以 ASCII 码输出。
- -n：以数字形式输出。

(6) Fastq_quality_filter：过滤低质量的序列。

- -q：保留序列各碱基的最低质量值。
- -p：高于[-q]的碱基在序列中所占的最低比例，低于该比例的序列将被去掉。

(7) Fastq_quality_trimmer：过滤低质量序列。

- -t N：质量值低于 N 的序列将被去掉。
- -l N：序列长度低于 N 的将被去掉，默认是 0，不去掉任何短序列。

(8) Fastq_to_fasta：将 fastq 文件转换为 fasta 文件。

(9) Fastx_barcode_splitter.pl：将测序 Reads 按照 barcode 序列进行分类。

- --bclfile FILE：即 barcode 序列文件。
- --prefix：指明分类文件前缀。

- --suffix：指明分类文件后缀。
- --bol：在前面找 barcode 序列。
- --eol：在尾端找 barcode 序列。
- --mismatchs N：容许错配碱基数。

(10) Fastx_clipper：处理接头序列。

- -a ADAPTER：指明接头序列。
- -l N：去掉长度低于 N 的序列，默认是 5。
- -d N：保留接头序列及其后 N 个碱基。
- -c：保留含有接头的序列。
- -C：保留不含接头的序列。
- -k：报告仅含接头的序列。
- -n：保留含有 N 碱基的序列，默认是去掉这些序列。

(11) Fastx_quality_stats：测序质量文件的统计。
(12) Fastx_reverse_complement：进行输入序列的反向互补。
(13) Fastx_trimmer：对序列进行截断处理。

- -f N：从 N 碱基处保留序列。
- -l N：保留最长的序列碱基数，之后碱基序列被截断。
- -t N：去掉后面 N 个碱基，不可跟-f 或-l 同时使用。
- -m MINLEN：在[-t]时去掉长度短于 MINLEN 的序列。

3. Fastx_toolkit 的使用

Fastx_toolkit 包含 20 个小工具程序，相关程序的使用简介见上文。下面是一个程序的运行示例。

```
$mkdir /home/fsp/Test/fastx_toolkit
$cd /home/fsp/Test/fastx_toolkit
$/opt/biosoft/fastx_toolkit/bin/fastq_quality_converter
-i ../data/Xam_clean.1.fq \
 -o fastq_quality_coverter.out -n
#该程序将 fastq 文件中的质量值代码转换为以数据值形式显示，结果较易理解；
```

11.4 深度测序数据上传 SRA 数据库

1. 数据上传 SRA 数据库流程

根据 SRA 数据库的介绍，数据上传分为 4 个过程(见图 11-17)：数据准备(Gather information)，收集相关信息；注册项目信息，主要是创建 BioProject、BioSample(Register metadata)；提供技术信息(Provide technical details)，主要是创建 Experiment；创建 Run 并上传数据(Transmit data files)。

2. SRA 数据注册相关关键词及其相互之间的关系

SRA submission：每次进行数据提交，都会有一个 Submission ID，是数据提交者为本次数据提交进行的命名，该名称主要用于数据提交者后续数据提交过程的应用。之前一个 Submission ID 可提交多个 Study 数据，目前一次提交只能创建一个 Study。

Study：代表一个研究项目，会生成一个代号被 NCBI 推荐用于后续文献发表及数据引用时使用，编号格式为"SRPnnnnnn"，一个 Study 可包含多个 Sample、Experiment、Run。目前 Study 不可单独创建，创建第一个 Experiment 时会自动生成一个 Study 编号，以后再创建的 Experiment 都会自动归附于该 Study 编号。

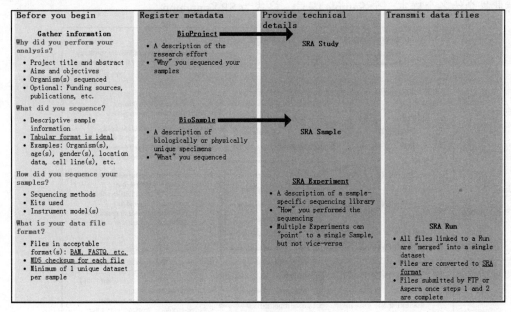

图 11-17 SRA 数据提交流程图

BioProject：代表项目代码，编号格式为"PRJNAnnnnnnn"，基本上一个 Study 与一个 BioProject 对应，BioProject 可进行 NCBI 数据查询，Study 主要用于进行数据提交。

BioSample：代表生物样本，编号格式为"SAMNnnnnnnn"，不同物种、不同品系、同一物种不同处理（不同药物浓度、时间梯度、不同组织部位等）等需要单独注册 BioSample，但是生物重复、技术重复等属于同一个生物样本。BioSample 与 Study 中的 Sample 有对应关系，前者可进行 NCBI 单独查询，后者主要用于数据的提交。

Sample：代表样本，该样本要与 BioSample 对应，编号格式为"SRSnnnnnnn"，一个 Sample 可对应多个 Experiment。

Experiment：代表实验，编号格式为"SRXnnnnnnn"，一个测序文库代表一个实验，对于文库或者测序仪参数的变化都要创建新的实验，一个 Experiment 可包含多个 Run。

Run：测序反应，编号格式为"SRRnnnnnnn"，单端测序的一个结果，或者配对末端测序的两端测序结果合并在一起，称为一个 Run。

3. SRA 数据注册示例解读

这里以 NCBI 为例予以说明（见图 11-18）。

(1) SRA submission 栏。

Submission ID：NCBI-Test 是数据提交者所在机构的名称，Example SRA submission 是本次数据提交的名称，因此本次提交的 Submission ID 就是"NCBI-Test：Example SRA submission"，点击该 ID 号即可进行数据的修改和完善。

(2) Files 栏。

Study：研究名称，数据提交者以 BioProject 编号作为研究名称。

Sample：在该 Study 中有 3 个 Sample，分别是 Male sloth、Female sloth、Sloth gut microbiome。这 3 个样本要在 BioSample 提交，并获得 BioSample 编号,格式为 SAMNnnnnnnn；当然此处会给各个样本一个 Sample 编号，格式为 SRXnnnnnnn。

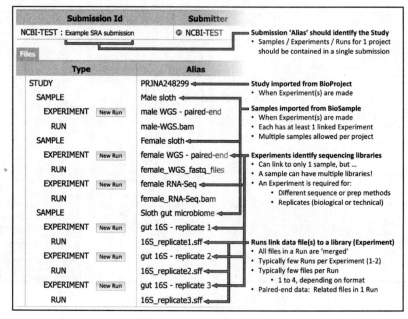

图 11-18　SRA 数据目录

针对 Male sloth 样本做了一个实验(Experiment)，配对末端的全基因组测序；在 Experiment 下进行了一次测序运行(Run)，数据格式为 bam。

针对 Female sloth 进行了两次 Experiment，一个是全基因配对测序，有一个 Run，数据格式为 fastq；一个是转录组测序，也有一个 Run，数据格式是 bam。

针对 Sloth gut microbiome 样本进行了 3 次重复测序，每次测序是一个 Experiment，每个 Experiment 对应一个 Run，数据格式为 stf。

11.4.1　材料准备

在数据上传前必须注册一个账号，之前 NCBI 各个小数据库是分开的，PubMed 与 SRA 的账号不通用，目前 NCBI 已经统一账号，一个账号可以在不同的数据库通用。

1. 实验目的

项目标题及摘要信息：如果已经将该实验结果整理成学术论文，则这部分内容相当于文章标题及摘要。

实验要达到的预期效果：为什么要做这个实验，预期达到什么效果。

测序物种信息：包括物种的拉丁文全称、英文名称，品系，来源，是否经过特殊处理，是否有转基因等。

其他可选信息：如基金信息、文献发表信息、作者单位、邮箱等，这些信息应尽量提供全面。

2．样本处理信息

样本处理信息包括：样本名称(Sample name)，物种名称(Organism)，年龄(生长年限，Age)，组织类型(Tissue)，材料提供者(Biomaterial provider)，实验操作人员，样本经过怎样的处理，比如是否加药处理等。

3．测序方法信息

测序方法信息包括：建库方法，插入片段大小，操作流程，所用试剂，所用仪器型号等。

4．数据信息

数据信息包括：数据格式，可接受的数据格式有 BAM、FASTQ 等；数据的 MD5 验证码；数据的分类，一个 Experiment 对应一个 Run，一个 Run 对应一个单端测序的结果或者配对测序的两个结果。

11.4.2　注册项目信息

1．创建 BioProject

一个完整的实验就是一个 BioProject，对应一个 Study，创建页面如下：

https://submit.ncbi.nlm.nih.gov/subs/bioproject/

点击"Log in"超链接；进入账号密码输入页面，输入正确的账号和密码后登录跳转至 BioProject 的提交主页面(见图 11-19)，该页面下部会显示之前的数据提交历史记录；如果有未完成提交的数据也会显示在该页面，点击该记录即可完成后续的数据提交过程；如果之前提交的项目信息较多，可通过"Filter/Search"搜索框进行之前注册的特定项目信息检索；在该页面点击"New submittion"进行新 BioProject 的创建；打开新 BioProject 信息提交页面(见图 11-20)。

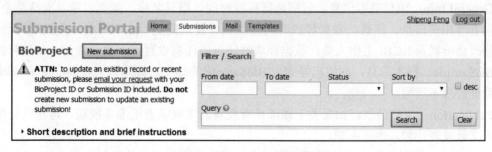

图 11-19　BioProject 主页面

在 BioProject 信息注册页面会生成一个"SUBnnnnnnn"的号码作为该项目的临时编号，然后依次完成相关信息的填写，其中带星号(*)标记的为必填项，其他无星号标记的为选填项，点击各页面的"Continue"按钮保存信息并进行下一项内容的填写。图 11.21 即为创建完的 BioProject。

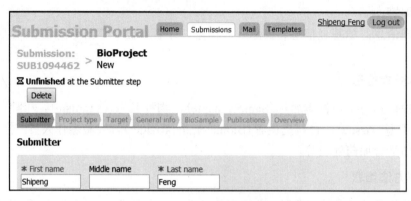

图 11-20　新 BioProject 信息提交页面

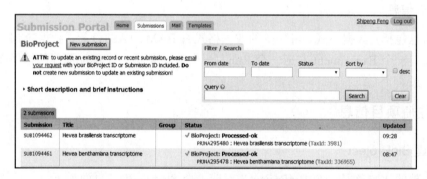

图 11-21　新 BioProject 创建完成

Submitter：数据提交者姓名、工作单位、联系地址等相关信息，如果是帮助别人提交数据最好使用别人的账号，以免引起误解。

Project type：项目类型，根据实际情况填写。数据类型，如基因组测序及组装(Genome Sequencing and Assembly)或者仅为基因组组装数据(Assembly)结果等；样本类型，如单克隆(Monoisolate)或者环境样本(Environment)等。

Target：测序物种名称、株系、生态型等相关信息。

General info：项目基本信息，包括数据释放时间、项目名称、摘要、项目支持基金、样本提供者等相关信息。注意，数据释放时间的默认设置是提交后立即生效，生效后对数据的任何修改必须联系 NCBI 工作人员；数据释放时间可以任意设置，一般设置为 1 年后释放。

BioSample：样本信息，如果已经完成 BioSample 的提交，则填写 BioSample 编号即可，否则此处暂时不填写。

Publication：文献信息，如果关于该项目有发表的文献或者正准备投稿，可在此处填写；如暂无文献发表计划，也可不填。

Overview：信息审查，对前面所填信息进行再次审核，可对前面任一项信息进行修改，如果审核无误，点击"Submit"按钮提交，并自动返回 BioProject 创建主页面。

提交后 NCBI 工作人员对信息进行审核，如无问题就会生成 BioProject 号码"PRJNAnnnnnnn"，该号码为最终编号，可用于今后该项目的文献发表及信息搜索。

2. 创建 BioSample

NCBI 可记录最后一次登录信息，下次打开任何 NCBI 页面时会自动按照上次登录的账号信息登录；如果打开 NCBI 页面无账号信息，则先登录；之后点击如下地址进入 BioSample 创建主页面（见图 11-22）。

https://submit.ncbi.nlm.nih.gov/subs/biosample/

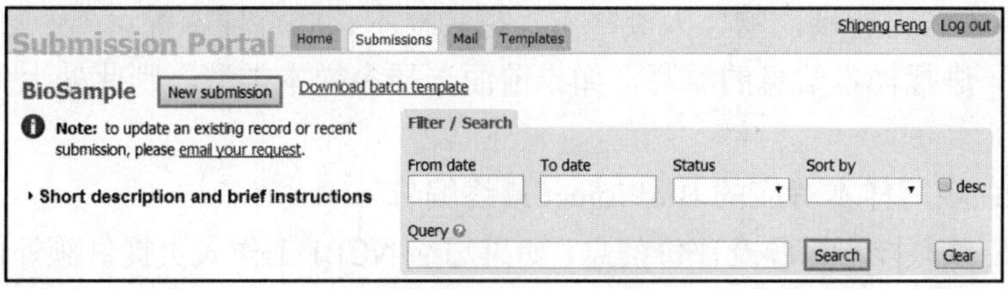

图 11-22　BioSample 创建主页面

在 BioSample 创建主页面中，可点击"Download batch template"链接下载批量样本信息模板进行批量信息的注册；在页面下部会显示之前所注册的样本信息，如果注册样本信息较多时可通过"Filter/Search"搜索框进行查询过滤，显示之前登记的某个样本信息。在该页面点击"New submission"按钮进入新 BioSample 信息注册页面（见图 11-23）。

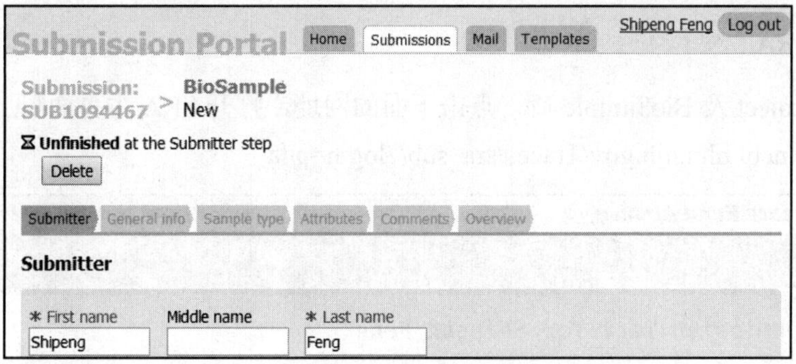

图 11-23　新 BioSample 信息注册页面

在新 BioSample 信息注册页面会显示新 BioSample 的临时编号"SUBnnnnnnn"，然后依次完成相关信息的填写，其中带星号（*）标记的为必填项，其他无星号标记的为选填项。点击各页面的"Continue"按钮保存信息并进行下一项内容的填写（见图 11-24）。

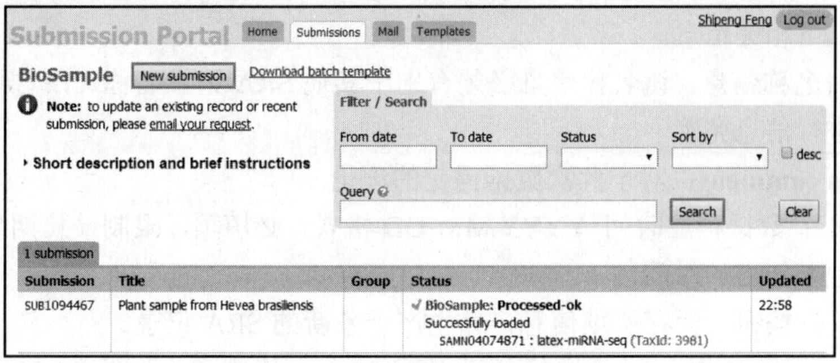

图 11-24　新的 BioSample 创建完成

Submitter：此处信息默认值与 BioProject 信息注册页面的"Submitter"相同，无须修改。

General info：基本信息页面，用于输入 BioSample 信息释放日期，时间格式为 YYYY-MM-DD，该日期可根据实际需要设置；此外还可进行样本类型选择——单样本或者多样本，如果是单样本可在后续页面直接填写样本信息，如果是多样本则需填写多样本信息模板。此处选择单样本。

Sample type：填写样本类型，包括人类疾病病原物、微生物、模式生物或者动物、宏基因组或者环境样本、无脊椎动物、人类样本、植物样本、病毒样本等。

Attributes：进行样本信息的填写，如果前面选择多样本类型，则此处上传填写完整的多样本信息即可。

BioProject：填写样本对应的 BioProject 最终编号。

Comments：填写样本标题及评价信息，如果想给 NCBI 工作人员提供额外信息则可在此处填写。

Overview：进行所填写信息的再次审核确认，如果无问题即可点击"Submit"按钮提交。

提交完成后，NCBI 工作人员会对所提交的样本信息进行审核，审核完毕会生成 BioSample 的最终编号，格式为"SAMNnnnnnnnn"，如果有多个样本，则每一个样本均有一个最终编号。

11.4.3 提供技术信息

1. 创建 SRA

创建 BioProject 及 BioSample 后，点击下面的网址，打开 SRA 主页面（见图 11-25）。

http://www.ncbi.nlm.nih.gov/Traces/sra_sub/?login=pda

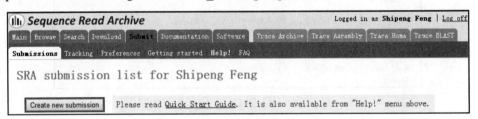

图 11-25 SRA 信息提交主页面

在 SRA 信息提交主页面中，下部显示已经提交的 SRA 数据信息，若为第一次提交，则下部无数据显示，点击"Create new submission"链接，打开 SRA 信息注册页面（见图 11-26），在该页面填入如下相关信息。

Alias：项目名称信息，该名称信息必须有别于其他 SRA 记录名称，该名称主要用于后续的数据提交者进行信息完善。

Submission comment：对于此次数据提交的评论。

Release date：数据释放时间（YYYY-MM-DD 格式，必填项，限制最长期限 1 年，到期前可重新设定其他 1 年内的时间）。

点击"Save"按钮，保存所填信息，并生产一条新的 SRA 记录。

点击 SRA 项目名称，即可进行相关信息的进一步完善（见图 11-27），在该页面的"Submission ID"显示提交者单位及 SRA 项目名称；"Submitter"显示数据提交者；"Update"显示数据最后修改时间；"State"显示数据状态，有新建（new）、等待数据输入（wait）、数据提交完成(completed)3 种状态;"Status"显示 Run 的数量,一个 Run 对应一组数据,背景为绿色的为正确完成提交的数据,背景为红色为错误提交的数据;如果未创建 Experiment,则 State 显示为"new",同时"Status"显示为"no data loaded"。点击"New Experiment"按钮,打开 Experiment 信息页面进行新实验信息的注册。

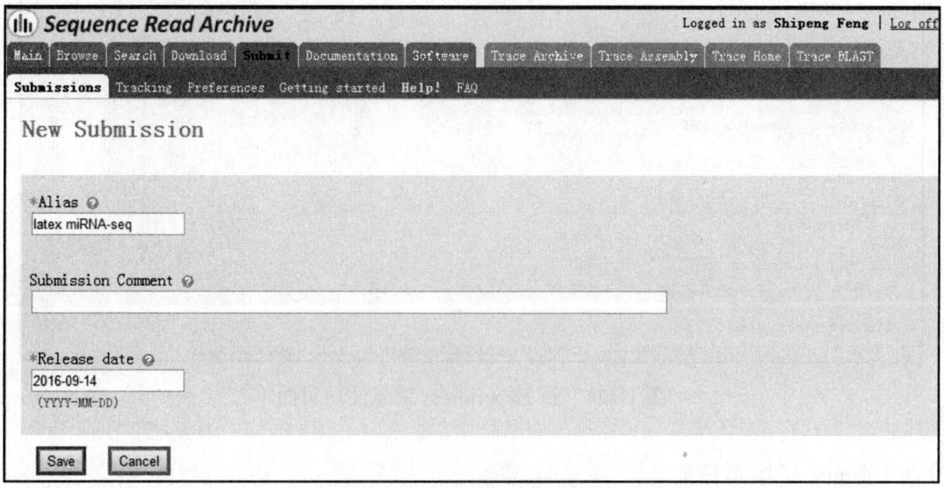

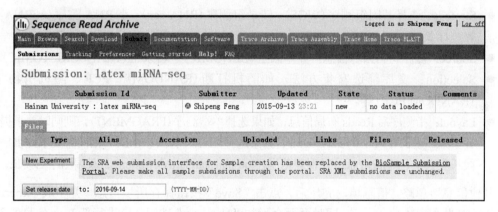

图 11-26　新 SRA 信息注册页面

图 11-27　新 SRA 记录页面

2. 创建 Experiment

在 Experiment 信息注册页面(见图 11-28)中,根据实际情况填写相关信息。

(1)在 Meta information 栏填写信息。

- Platform:选择所用测序平台。
- Alias:给实验命名,用于数据提交者对于序列数据的追踪修改。
- Title:实验标题,在 NCBI 可看到。
- BioProject accession:填入之前所获得的对应编号。
- BioSample:填入之前所获得的对应编号。
- Library Construction/Experimental Design:填入建库信息。

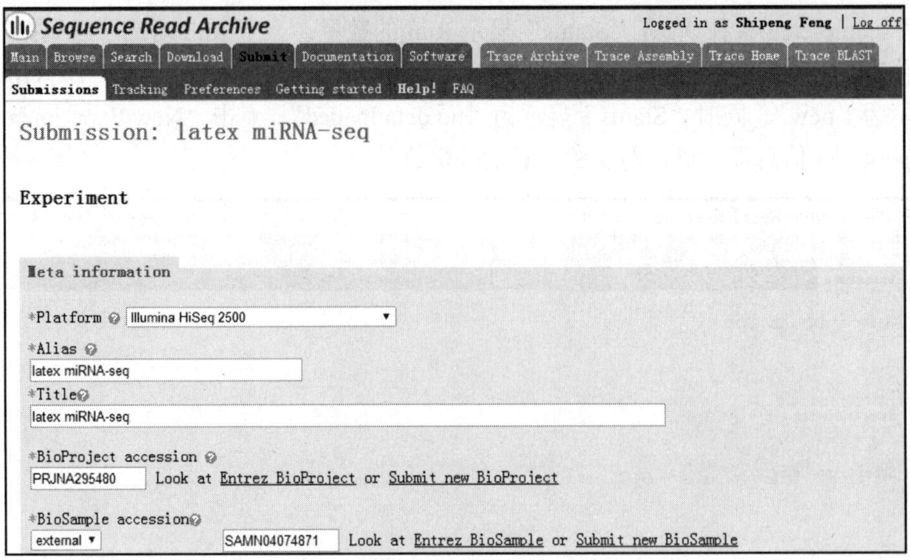

图 11-28 新 Experiment 信息注册页面

(2) 在 Library 栏填写信息。

- Library name：给文库取一个名字。
- Strategy：选择基因组测序(WGS)、转录组测序(RNA-seq)、小 RNA 测序(miRNA-seq)等测序策略。
- Source：测序材料来源信息，如基因组(GENOMIC)、转录组(TRANSCRIPTOMIC)等。
- Selection：文库筛选富集方法，如随机打断(RANDOM)、PCR、随机引物 PCR (RANDOM PCR)等。
- Layout：指测序后 Reads 布局信息，如果选择单端测序(FRAGMENT)，则同时要求提供预计 Reads 读长(Planned read length)；如果选择配对测序(PAIRED)，则同时要求提供插入片段长度大小(Nominal size)及误差范围(Nominal standard deviation)、双端测序的读长。

其他信息可忽略，信息填写完毕后，点击"Save"按钮保存所填信息，并生成 Experiment 编号，格式为"SRXnnnnnnn"，同时页面会增加"New run"按钮，可进行新 Run 信息的创建。

3. 创建 Run

在新 Run 创建页面(见图 11-29)中，根据实际情况填写相关信息。

(1) 在 General info 栏填写信息。

- Alias：给新 Run 命名。
- Run data file type：选择数据格式，可支持的数据格式包括 bam、fastq、qseq/seq_prb_int、srf。

(2) 在 Data files 栏填写信息。

- File name：填写待提交数据的名称。
- MD5 checksum：文件 MD5 验证码，用于检测文件的完整性，可通过 Linux 系统生成，一般商业测序公司提交给客户的测序数据也会同时提供 MD5 验证码。

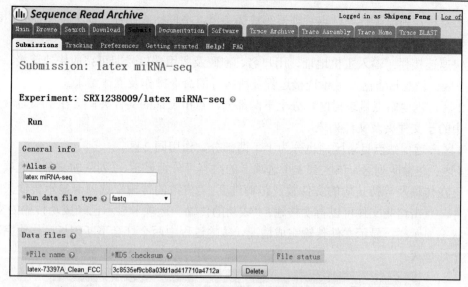

图 11-29　新 Run 信息注册页面

- Add 按钮：如果是配对测序数据，则可继续添加另一端测序文件的名称及 MD5 验证码。
- 账号密码：在页面下部有对所填数据类型及格式的说明，并给出了 SRA 数据上传 FTP 的连接地址、账号、密码等用于数据上传。

　　Address: ftp-private.ncbi.nlm.nih.gov（所有数据提交者都是使用该地址）
　　Account: sra　　　　　　　　　　　　（所有数据提交者都是使用该账号）
　　Code：大小写字母及数字组合　　　（各个数据提交者密码可能不同）

数据填写完毕，点击"Save"按钮保存信息并生成 Run 编号，格式为"SRRnnnnnnn"。如果有多个 Run，可继续进行"New run"信息的填写。

11.4.4　上传数据

SRA 数据上传可采用 FTP 数据通信软件，常用的软件如 FileZilla、Xftp 等，下面以 FileZilla 软件为例介绍数据的上传。

1. FileZilla 的安装及主页面简介

FileZilla 软件下载地址：

https://filezilla-project.org

下载 Windows 版本即可，解压后，双击安装程序即可完成安装。

打开 FileZilla 软件，主页面如图 11-30 所示，最上面一行是标题栏，下面依次是菜单栏、工具栏、快速连接栏，在下面分成 4 个区域（见五角星标识），最后一行是状态栏，下面依次对各栏的主要作用予以介绍。

- 标题栏：列出了软件名，以及最小、最大、关闭选择按钮。
- 菜单栏：包括文件、编辑、查看、传输、服务器、书签及帮助菜单，各菜单中的内容请读者自行查阅。

- 工具栏：列出了打开站点管理器等快捷菜单，将鼠标放在各快捷菜单图标处，即可显示各快捷菜单的作用。
- 快速连接栏：输入主机地址、用户名、密码及所用端口号即可完成快速连接。
- 1区：消息日志区，显示连接过程及所执行的命令操作及操作结果。
- 2区：本地站点目录树区，分上下两部分，点击上部的文件夹，会在下部显示文件夹中的子文件夹及文件列表。
- 3区：远程站点目录区，也分为上下两部分，作用同2区。
- 4区：传输队列区，该区有3个选项卡的内容可分别显示，"列队的文件"选项卡显示正在传输及等待传输的文件数及传输进度；"失败的传输"选项卡显示传输失败的文件，点击这些文件可以再次传输；"成功的传输"选项卡显示已经成功传输的文件。
- 状态显示栏：显示文件传输完成情况，传输过程中两个灯会不断闪烁，传输完毕后两个灯熄灭。

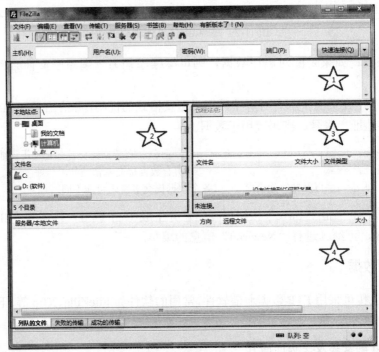

图 11-30　FileZilla 主页面

2. 站点管理

（1）"站点管理器"主页面。

点击文件菜单，选择"站点管理器"，双击将其打开（见图11-31）。在站点管理器主页面中，在"选择项"下面的方框中列出了已经建立的站点，在选择项下面有几个按钮，其作用如下。

- 新站点：建立一个新站点。
- 新文件夹：建立一个新文件夹，用于对所建立的多个站点进行分类管理。
- 新建书签：用于对所选择的站点建立书签，便于今后快速连接至相关文件夹。
- 重命名：对所选择的站点、文件夹、书签等进行重命名。

- 删除：删除所选择的站点、文件夹、书签等。
- 复制：对所选择的站点、书签信息进行复制并自动生成复制内容。

在选择项右边是 4 个选项卡："常规"、"高级"、"传输设置"、"字符集"。这里主要对"常规"选项卡中的参数进行设置，其他 3 个选项卡使用默认参数即可。

最后一行是 3 个按钮："连接"、"确定"、"取消"。"连接"按钮对所选择的站点信息进行保存、连接相应站点并关闭"站点管理器"主页面；"确定"按钮保存对各选项卡中内容的修改并关闭"站点管理器"主页面；"取消"按钮取消对各选项卡中内容所做的修改并关闭"站点管理器"主页面。

图 11-31 "站点管理器"主页面

(2) 新站点的建立。

点击"新站点"按钮即可新建站点，默认名为"新站点"，将其重新命名为其他有意义的相关名称，比如"sra"。在"常规"选项卡中填写如下信息。

- 主机：新站点地址，如 ftp-private.ncbi.nlm.nih.gov。
- 端口：如果协议是 FTP，则端口是 21；如果协议是 SFTP，则端口是 22。这种对应关系是计算机默认的。
- 协议：FTP 文件传输协议或者 SFTP 传输协议，两者的主要区别是前者是非加密的，端口号是 21；后者是加密的，端口号是 22，其他功能相似。
- 加密：如果选择 FTP 协议才会有该项，针对 sra 数据上传，选择"只使用普通 FTP"即不加密即可。
- 登录类型："匿名"，少数 FTP 支持匿名登录；"正常"，使用分配的用户、密码登录；"询问密码"，每次登录都输入密码；"交互式"，登录过程中根据提示输入账号、密码。这里用"正常"类型登录即可。
- 用户：输入用户名，如 sra。
- 密码：输入用户对应的密码。
- 注释：注释框可填写一些备注内容。

上述内容填写完毕之后，点击"确定"按钮保存新站点的设置，并返回 FileZilla 主页面；点击"连接"保存新站点的设置，进行连接，并返回 FileZilla 主页面。

(3) 数据传输。

连接上 sra 后（见图 11-32），远程站点部分则显示远程 FTP 文件夹的内容，在根目录下建立一个新文件夹，最好以 BioProject 命名该文件夹，在本地站点找到待上传 Reads 数据的文件夹，并将数据拖至远程刚建立的文件夹中即实现了文件的传输，此时列队的文件部分显示正在上传的文件情况。根据 sra 数据上传的要求，需要提交数据文件的 fastq 格式或者 bam 格式；同时上传对应的 MD5 验证码，以 txt 文件格式上传即可。

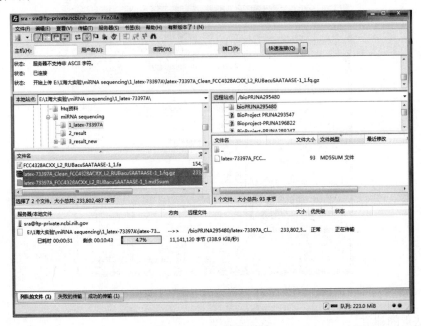

图 11-32　sra 数据传输

FileZilla 支持断点续传，如果数据上传过程中意外断网，可在重新联网后接着传输余下部分的数据；如果网速较慢，FileZilla 默认一次连接时间（"超时秒数"）为 20s，若 20s 后仍未连接上 FTP，则终止本次连接，延时（登录重试延时）5s，再自动尝试下一次连接，若这样连接 5 次后仍然连接不上（最大重试次数），则放弃连接并提示连接不上。连接的参数可在"编辑"菜单下的"设置"选项中进行设置，"超时秒数"为整数，可设置范围为 10~9999；"最大重试连接次数"为整数，可设置范围为 0~99；"登录重试延时"为整数，可设置范围为 0~999s。网速较慢而数据较多时，将最大重试连接次数设置为最大值 99，同时不关闭计算机，则基本可以解决网速慢的问题，使数据最终上传完毕，避免因为超过最大重试连接次数而放弃连接，从而终止数据传输。

11.4.5　数据传输完毕状态

数据上传完毕，NCBI-SRA 的工作人员会对上传数据进行整理，并将已经整理完的数据移除。如果数据上传没有问题，则在 SRA 主页面，"State"会显示为"completed"；"Status"会显示上传数据的数量；否则，如果数据上传完毕，但是 Status 仍显示数据上传未完成，则需与 NCBI 工作人员联系，并将自己的情况及问题告知，让工作人员查找问题原因并反馈处理结果。

习题

1. 简述一代测序原理与流程。
2. 简述二代测序 Illumina 平台测序原理。
3. 比较 Sanger 法测序原理与 Illumina 平台测序原理的异同。
4. 比较"逐步克隆法"与"全基因组鸟枪法"在基因组测序过程中各自的优劣及应用条件。
5. 简述基因组 DNA 测序、RNA-seq、小 RNA 测序方法在文库构建方面的差异。
6. 从 SRA 数据库下载一个细菌基因组测序数据，用 FastQC 进行测序质量评估，并将其从 fastq 格式转换为 fasta 格式。

参考文献

[1] A.M. Maxam, W. Gilbert. A new method for sequencing DNA. Proc Nat Acad Sci U S A, 1977, Vol.74, pp.560-564.

[2] E.S. Lander, L.M. Linton, B. Birren, et al. Initial sequencing and analysis of the human genome. Nature. 2001, Vol.409, pp.860-921.

[3] E.R. Mardis. Next-generation DNA sequencing methods. Annu Rev Genomics Hum Genet, 2008, Vol.9, pp.387-402.

[4] M.L. Metzker. Sequencing technologies—the next generation. Nat Rev Genet, 2010, Vol.11, pp.31-46.

[5] M.R. Atkinson, M.P. Deutscher, A. Kornberg, et al. Enzymatic synthesis of deoxyribonucleic acid. XXXIV. Termination of chain growth by a 2',3'-dideoxyribonucleotide. Biochemistry, 1969, Vol.8, pp.4897–4904.

[6] R.E. Green, J. Krause, S.E. Ptak, et al. Analysis of one million base pairs of Neanderthal DNA. Nature, 2006, Vol.444, pp.330-336.

[7] R.K. Patel, M. Jain. NGS QC Toolkit: A toolkit for quality control of next generation sequencing data. PLoS ONE, 2012, Vol.7, pp.e30619.

[8] F. Sanger, A.R. Coulson. A rapid method for determining sequences in DNA by primed synthesis with DNA polymerase. J Mol Biol, 1975, Vol.94, pp.441-448.

[9] F. Sanger. Determination of nucleotide sequence in DNA. Nobel lecture, 1980.

[10] J.C. Venter, M.D. Adams, E.W. Myers, et al. The sequence of the human genome. Science, 2001, Vol.291, pp.1304-1351.

[11] R. Wu. Nucleotide sequence analysis of DNA. I. Partial sequence of the cohesive ends of bacteriophage lambda and 186 DNA. J Mol Biol, 1970, Vol.51, pp.501-521.

第 12 章 基因组组装

由于测序长度的限制，目前二代测序的长度一般都低于 1000bp，而一般染色体的长度都是在上万 bp 甚至百万 bp 以上，因此测序时需将基因组打断成短片段（见图 12-1），建立测序文库，常见的二代测序长度为 50nt、100nt、150nt，测序完成后又必须将短片段（Reads）测序结果拼装回染色体，由于染色体重复片段及测序误差等因素的存在，拼装片段的长度有限，多是 Scaffolds 或者 Contigs 片段，即所谓的基因组草图；如果确实需要拼装至染色体水平，需要进行 Scaffolds 之间顺序的确立及 Gaps 修补，常常需要建立大片段文库测序。基因组组装所涉及的几个关键词简介如下。

- Reads：是指二代测序所获得的短片段序列，测序完毕直接获得的短片段称为 raw Reads；在 raw Reads 基础上进一步加工去杂之后获得的短片段称为 clean Reads，进行序列拼装时用的主要是 clean Reads，商业测序公司提交给客户的主要也是 clean Reads。
- Kmer：序列的特定长度，其中 K 代表序列的长度，mer 是碱基的缩写，在基因组组装时将 Reads 分为若干 Kmer，然后通过这些 Kmer 每次延长一个碱基进行序列的组装。Kmer 分析是基因组组装时所进行的一项重要分析，可计算基因组大小、测序深度等参数。长度为 L 的 Reads 可取的 Kmer 数为 $L-K+1$。
- Contigs：一代或二代测序所得的多个短片段（如 clean Reads），通过其相互间的 Overlap 关系进行短序列的延长组装，直至无法进一步延长时所获得的序列称为 Contigs。

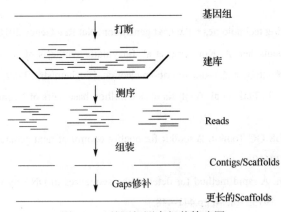

图 12-1 基因组测序组装简略图

- Scaffolds：通过 Paired-end、Mate-pair 文库测序所得的 Reads，或者通过与参考基因组比对等方法能确定 Contigs 之间的顺序及 Gaps 的大小，从而用多个 N 将 Contigs 连接而成的序列称为 Scaffolds，其中 N 代表未知碱基，N 的个数就是 Gaps 的大小。
- N50：将基因组组装所得的 Contigs 或者 Scaffolds 按照序列长短排列，并按照从长至短的顺序依次计算各片段的累加长度，若累加长度等于或者大于基因组序列全长的 50%，则最后加入的序列片段的长度即为 N50，同理还有 N90 等。

第 12 章 基因组组装

目前基因组拼装软件比较多，比如 Velvet、SOAPdenovo、ABYSS、ALLPATHS-LG 等，下面介绍一下相关软件的使用。

12.1 Velvet 拼装软件

Velvet 是一款从头 (de novo) 拼装软件，并可进行短 Reads 的序列匹配，由位于英国 Sanger 郡的 EMBL-EBI 的 Daniel Zerbino 和 Ewan Birnev 编写，于 2007 年发表，并在不断优化中。目前版本是 1.2.10，可安装在 64 位的 Linux、Mac OS X 及 Cygwin 等系统或者软件上，在 Sparc 上已有相应版本，需要向作者索取。该软件通过形成 de Bruijn 图可去掉错误拼接及简单重复序列（见图 12-2），支持 short Reads 及 Read Pairs。软件下载及详细介绍地址如下。

http://www.ebi.ac.uk/~zerbino/velvet/

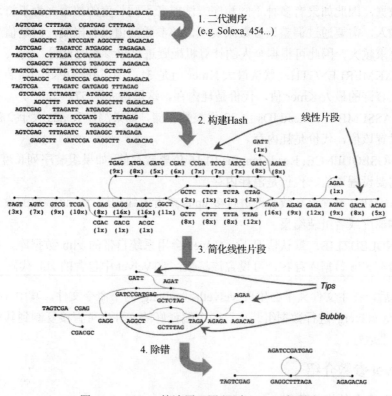

图 12-2　Velvet 算法原理图（源自 Velvet 主页）

该软件的原理是：对文库进行测序以获得 Reads 序列；对 Reads 序列进行 Kmer 长度的分割，并将以 Kmer 值分割所得序列与其出现的次数形成哈希表；利用 Kmer 分割所得序列进行逐个碱基的延伸，并形成 de Bruijn 图；将 Kmer 分割序列进行合并（Linear stretches 部分，无分支的部分），有分支的地方则保留，从而简化 de Bruijn 图；将 Reads 中出现的测序错误去掉（如测序序列仅出现 1 次的 Reads），以进一步简化 de Bruijn 图；对于无法进一步简化合并的分支则保留，并将多种可能分支形成的 Contigs 保留以待后续进一步筛选，但是对于各分支，按照其 Reads 覆盖度情况区分主次。

12.1.1 Velvet 软件安装

下载 Velvet 软件安装，其相关命令如下：

```
$cd /opt/biosoft
$wget http://www.ebi.ac.uk/~zerbino/velvet/velvet_1.2.10.tgz
$tar -zxvf velvet_1.2.10.tgz
$cd velvet_1.2.10
$make 'CATEGORIES=10' 'MAXKMERLENGTH=57' 'BIGASSEMBLY=1' \ 'LONGSEQUENCE=1'
'OPENMP=1' 'BUNDLEDZLIB=1'
```

编译过程的参数意义如下：

- CATEGORIES：10 表示不同来源数据不能超过 10 种，由于 Velvet 使用固定长度的数据，因此如果有多种不同测序方法或者不同长度的数据，为了将这些数据同时加入，需要通过调整该参数来实现，该参数的值没有限制，但是值越大对内存的要求越大，因此可根据个人的计算机配置进行该参数的设置。
- MAXKMERLENGTH：默认最大 Kmer 值是 31，为了获得更好的组装效果，需要增大容许的最大 Kmer 值，代价是耗内存，这里增大至 57。
- BIGASSEMBLY：Read IDs 由 32 位整数存储，如果测序 Reads 大于 2.2billion，需要设置该值，代价是耗内存。
- LONGSEQUENCE：Reads lengths 由 16 位整数存储，如果组装序列长度超过 32kb，则需要设置该值，代价是消耗内存。
- OPENMP：设置该参数容许进行多 cpus 或者多线程运行，该参数的设置不会显著影响速度或者组装结果。
- BUNDLEDZLIB：默认情况下，Velvet 会用系统自带的 zlib 数据库，如果不确定是否有 zlib 数据库存在，可设置该参数，将 Velvet 中包含的 zlib 代码一起编译。

编译完成后，在主文件夹下会生成 velveth、velvetg 两个命令文件。其中 velveth 用于进行数据的准备，velvetg 进行数据组装。这两个编译好的文件也可直接复制到其他装有 Linux 系统的计算机上运行。

12.1.2 Velvet 参数介绍

1. velveth 命令的相关参数

用法：velveth directory hash_length {[-file_format][-read_type][-separate|-interleaved] filename1 [filename2…]} {…} [options]

- directory：指定输出文件存放的文件夹。
- hash_length：指定 Kmer 长度，为奇数，小于或等于 57，该值越大越耗内存。
- -file_format：指定 Reads 的类型，可选项包括-fasta、-fastq、-raw、-fasta.gz、-fastq.gz、-raw.gz、-sam、-bam、-fmtAuto。
- -read_type：指定 Reads 的类型，可选项包括-short -shortPaired…-short10 -shortPaired10、-long -longPaired、-reference。

如果有多个数据,则将花括号{[-file_format][-read_type][-separate|-interleaved] filename1 [filename2…]}中的内容再次输入,例如:

```
-fastq -shortPaired reads_1.fq -fastq -shortPaired2 reads_2.fq -fastq
-long reads_long.fq
```

velveth 的作用是将输入的数据文件进行分析,制作哈希表,并产生 Sequences 和 Roadmaps 两个文件,这两个文件是 velvetg 进行数据组装时所必需的。

2. velvetg 命令的相关参数

用法:velvetg directory [options]
- directory:指定文件夹,需与 velveth 指定的文件夹相同。
- -cov_cutoff:去掉低覆盖度的 nodes,默认不去除任何 nodes,也可设置成 auto,自动设置该值。
- -ins_length:成对的 Reads 间距离的期望值,即插入片段的平均值,默认值是 no,无成对 reads。
- -ins_length*:设置其他各组的 Reads 间距离的期望值。
- -min_contig_lgth:设置 Contig 的最低长度阈值,默认是 hash 值的 2 倍。
- -amos_file:将组装结果输出至 AMOS 文件,默认值是 no,不输出。
- -exp_cov:序列覆盖度的期望值,或者让系统自动推断,默认值是 no,没有长(long)或者成对(shortPaired)的 Reads,可设置 auto,让系统自动推断。
- -long_cov_cutoff:去掉较少 long-Reads 覆盖的 nodes,默认值是 no,不移除。
- -ins_length_long:成对的 long paired-Reads 间距离的期望值,默认值是无匹配。
- -scaffolding:是否组装 Scaffolds,默认值是 no,不组装 Scaffolds。
- -max_branch_length:组装分叉部分最长长度,默认值是 100。
- -max_divergence:组装分叉部分最大的发散率,默认值是 0.2。
- -max_gap_count:分支匹配部分容许的最大 Gaps,默认值是 3。
- -min_pair_count:将两个 Contigs 连接成 Scaffolds 最少的成对 Reads 数。
- -max_coverage:去掉高覆盖度的 nodes,默认值是 no,不去掉。
- -coverage_mask:连接 Contigs 的最少覆盖数,默认值是 1。
- -long_mult_cutoff:连接 Contigs 所需 long-Reads 的最少数量。
- -unused_reads:是否将未用的 Reads 输出,默认值是不输出。
- -alignments:是否输出 Contigs 与参考序列匹配结果的 summary,默认值是 no,不输出。
- -exportFiltered:是否输出由于覆盖度而过滤掉的 long nodes,默认值是 no,不输出。
- -clean:是否删除无用的中间文件,默认值是 no,不删除。
- -very_clean:是否删除所有中间文件,默认值是 no,不删除。
- -shortMatePaired*:指明 Paired-end 是否污染 Mate-paired reads,默认值是 no,无污染。
- -conserveLong:保留含有 long Reads 的序列,默认值是 no,不保留。

3. 第三方软件库

Velvet 软件有大量的第三方开发的软件用于配合进行数据准备或者结果分析,这些软件位于"/opt/biosoft/velvet_1.2.10/contrib"文件夹下，而且用子文件夹进行了归类整理。

① AssemblyAssembler.py：用不同的 K 值进行组装，并将所有的组装结果融合成最终结果，应用实例如下：

```
$mkdir -p /home/fsp/Test/genomeAssembly/velvet/AA
$cd /home/fsp/Test/genomeAssembly/velvet/AA
$AssemblyAssembler1.2.py -s 19 -e 35 -v /opt/biosoft/velvet_1.2.10 -f '-fastq
-shortPaired reads.fq' -i 90 -m auto
```

- -s：设置 Kmer 值的起点，为奇数，不要低于 15。
- -e：设置 Kmer 值的终点，该值需低于 velvet 编译时设置的 MAXKMERLENGTH（即低于 57），起点与终点的差异必须大于 16。
- -v：指定 velveth 及 velvetg 命令所在的路径。
- -f 指定 velveth 的参数，包括文件类型、Reads 类型及文件夹路径。
- -i：指定插入片段的长度。
- -m：Kmer 覆盖度的期望值，可设置为 auto，让程序自动设置。

② columbus_scripts：该文件夹包含 3 个程序，用于准备参考序列。

③ velvet-estimate-exp_cov.pl：该程序用于计算基因组覆盖度的期望值。

④ extractContigReads.pl：该程序用于将组装形成某个 Contigs 的所有 Reads 提取出来，应用实例如下：

```
$pwd  #/home/fsp/Test/genomeAssembly/velvet/output_35
$/opt/biosoft/velvet_1.2.10/contrib/extractContigReads/extractContigRea
ds.pl 1 ./ >node1_reads
```

- 1 代表 contig1，这里实际上是 NODE1。
- ./代表当前目录，LastGraph 必须在当前目录下，如果用 velvetg 组装时加上 -clean yes，会将 LastGraph 作为中间文件删除，因此如果需要抽提 Contigs 对应的 Reads，不可加 -clean yes 参数。
- 默认情况下提取的 Reads 显示在屏幕上，这里让其重定向至文件进行保存。

⑤ fasta2agp.pl：这个程序将 Velvet 生成的含 N 的 fasta 形式的组装结果转换为 AGP 文件，可提交 EMBL 或者 NCBI 格式，应用实例如下：

```
$pwd    #/home/fsp/Test/genomeAssembly/velvet/output_35
$/opt/biosoft/velvet_1.2.10/contrib/fasta2agp/fasta2agp.pl
contigs.fa >contigs.fa.out
#结果包括 contigs.fa.contigs.fsa 及 contigs.fa.out，前者是 fasta 格式的 Contigs
#文件，将 Scaffolds 拆成 Contigs；后者存储了 Scaffolds 与 Contigs 间的关系。
```

⑥ observed-insert-length.pl：这个程序用于计算插入片段长度大小。

⑦ pre_read_prepare.0.1.pl：准备配对数据用于组装。

⑧ select_paired.pl：将配对与非配对的序列分开。

⑨ show_repeats.pl：将组装结果中大的重复的 Contigs 画出来。

⑩ shuffleSequence_fasta：该文件夹包含 4 个程序，用于将配对的 Reads（fasta 或者 fastq

格式均可)文件合并成一个文件用于 velveth 的输入,这一步对于使用 Velvet 进行组装是必需的,合并时会将同一个测序片段的配对测序结果紧挨着放在一起;对于无配对的 Reads 则去掉,应用实例如下:

```
$ /opt/biosoft/velvet_1.2.10/contrib/shuffleSequences_fasta/
shuffleSequences_fastq.pl \
 reads1.fq reads2.fq reads.fq  #将reads1.fq与reads2.fq合并成reads.fq。
```

⑪ VelvetOptimiser.pl:这个程序用于自动设置不同的参数进行预组装,并对预组装结果进行比较,从而确定最佳参数(主要是 Kmer 值),并给出用该参数组装的结果。该命令运行过程中会产生很多中间结果,耗用很多存储空间,最好在运行完毕后去掉中间结果。应用实例如下:

```
VelvetOptimiser.pl -s 27 -e 31 -f '-shortPaired -fastq reads.fq'
```

- -s:测试 Kmer 起点,默认是 19,奇数,须大于 0,小于 MAXKMERLENGTH(即 57)。
- -e:测试 Kmer 终点,默认值是 MAXKMERLENGTH。
- -f:velveth 文件参数。

12.1.3 Velvet 命令运行

Velvet 中从数据准备到结果获得的相关命令如下:

```
$mkdir -p /home/fsp/Test/genomeAssembly/velvet
$cd /home/fsp/Test/genomeAssembly
$ln -s ../data/Xam_clean.1.fq reads1.fq
$ ln -s ../data/Xam_Clean.2.fq reads2.fq
$ /opt/biosoft/velvet_1.2.10/contrib/shuffleSequences_fasta/shuffleSequences_
fastq.pl \
 reads1.fq reads2.fq reads.fq          #将配对末端测序的Reads合并。
$cd velvet
$/opt/biosoft/velvet_1.2.10/velveth output_35 35 -fastq -shortPaired reads.fq
#运行velveth命令,在output_35文件中生成Sequences及Roadmaps两个必需的文件。
$/opt/biosoft/velvet_1.2.10/velvetg output_35 -exp_cov auto -cov_cutoff
auto -scaffolding yes
#运行velvetg命令,并生成contigs、scaffolds序列及一些中间结果文件。
```

12.1.4 Velvet 运行结果解读

Velvet 运行时经过两步运行,第一步 velveth 运行结果如下:

```
directory/Log              #运行命令及参数的记录文件。
directory/Roadmaps         #图片的Roadmaps信息。
directory/Sequences        #图片的Reads信息。
```

第二步 velvetg 运行结果如下:

```
directory/contigs.fa       #Scaffolds或Contigs序列文件,用NODE表示。
directory/Graph2           #图片信息。
directory/LastGraph        #包含所有最终信息的图片。
```

```
directory/PreGraph          #图片信息。
directory/velvet_asm.afg    #AMOS 兼用的组装文件。
directory/stats.txt         #数据统计文件。
```

12.2 SOAPdenovo 软件拼装

SOAPdenovo 是一款 de novo 基因组组装工具，由北京基因组研究所（现为华大基因公司）于 2008 年编写发表，适合短 Reads，尤其适合 Illumina GA 短 Reads。该软件 2012 年升级至 SOAPdenovo2，主要进行了算法的更新，可降低内存的消耗，在 Scaffolds 构建过程中容许更高的 Reads 覆盖度，并进行优化使其适合大型基因组的组装。软件下载及说明信息地址如下：

http://soap.genomics.org.cn/soapdenovo.html

SOAPdenovo2 的算法流程如图 12-3 所示。

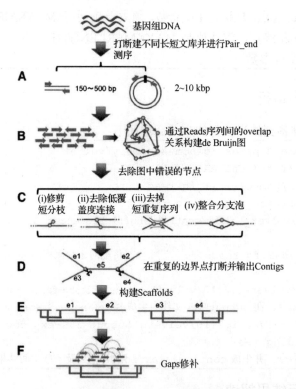

图 12-3　SOAP2 算法流程图（来自华大基因提供的结果说明文件）

- A：文库构建，基因组随机打断后建立不同片段大小的文库。
- B：文库测序，并利用 clean Reads 序列进行 de Bruijn 图的建立。
- C：移除错误连接简化 de Bruijn 图，包括：修剪短的分支；移除低覆盖度的分支；移除微小片段的重复；合并可能由于重复或者二倍体混杂造成的分支。
- D：列出 Contigs，在简化的 de Bruijn 图上打断分支，列出无歧义的 Contigs 序列，如图中的 e1～e5 片段。
- E：建立 Scaffolds，重新利用 Reads 对 Contigs 进行比对定位，将 Contigs 连接成 Scaffolds。
- F：修补 Gaps，利用配对的 Reads 来填补 Scaffolds 内部的 Gaps。

12.2.1 软件的安装

SOAPdenovo 软件可安装于 64 位的 Linux 操作系统,需要最小 5GB 的内存,对于大的基因组,如人的基因组组装,则需要 150GB 内存。软件安装命令如下:

```
$cd /opt/biosoft
$wget http://sourceforge.net/projects/soapdenovo2/files/SOAPdenovo2/
$tar -zxvf SOAPdenovo2-bin-LINUX-generic-r240.tar.gz
$cd SOAPdenovo2-bin-LINUX-generic-r240
$SOAPdenovo-63mer -help
#解压后有 SOAPdenovo-63mer、SOAPdenovo-127mer 两个命令文件,前者容许 Kmer 值小于
#等于 63;后者容许 Kmer 值小于等于 127,但是内存消耗较前者大 2 倍以上,即使所设置的 Kmer
#值小于 63。
```

12.2.2 参数介绍

1. SOAPdenovo 的相关参数

(1) pregraph:建立 Kmer 值 de Bruijn 图。例如:

```
$SOAPdenovo-63 pregraph -s contig_file -o prefix_graph -K 63
        或者
$SOAPdenovo-127 pregraph -s contig_file -o prefix_graph -K 63
```
- -s:指定 Reads 的 Configs 文件。
- -o:指定输出图片的前缀。
- -K:指定 Kmer 值,奇数。

(2) sparse_pregraph:简化 de Bruijn 图。例如:

```
$SOAPdenovo-63mer sparse_pregraph -s config_file -K 63 -z 900000000 -o
prefix_graph
        或者
$SOAPdenovo-127mer sparse_pregraph -s config_file -K 63 -z 500000000 -o
prefix_graph
```
- -s:指定 Configs 文件的路径。
- -K:指定 Kmer 值。
- -z:估计基因组大小。
- -o:指定 graph 的前缀。

(3) contig:从分支处打断,将无歧义的序列生成 Contigs。例如:

```
$SOAPdenovo-63mer contig -g prefix_graph
```
- -g:指定 graph 的路径。

(4) map：将 Reads 映射至 Contigs 上。例如：

```
$SOAPdenovo-63mer map -s config_file -g prefix_graph
$SOAPdenovo-127mer map -s config_file -g prefix_graph
```

- -s：指定 Configs 文件的路径。
- -g：指定 graph 的路径。

(5) scaff：构建 Scaffolds。例如：

```
$SOAPdenovo-63mer scaff -g prefix_graph -F
       或者
$SOAPdenovo-127mer scaff -g prefix_graph -F
```

- -g：指定 graph 的路径。
- -F：进行 Scaffolds 的 Gaps 修改。

(6) all：将 pregraph-contig-map-scaff 几步合并在一起进行。

- -s：指定 Configs 文件路径。
- -o：指定 graph 的前缀。
- -K：指定 Kmer 值，最小值 13，最大值 63 或 127，奇数，默认值 23。
- -p：指定 cpus 的数目，默认值是 8。
- -a：指定初始内存使用量，以 GB 为单位，默认值是 0。
- -R：通过 Reads 解决重复问题，默认值是 NO。
- -k：指定 Reads 映射至 Contigs 上的 Kmer 值。
- -F：修补 Scaffolds 中的 Gaps，默认值是 NO，不修补。
- -u：在组装成 Scaffolds 之前是否 mask 覆盖度低或者高的 Contigs，默认值是 mask。
- -w：保留 Scaffolds 中的弱连接的 Contigs，默认值是 NO。
- -G：容许期望值及实际修补 Gaps 数量的最大差异值，默认值是 50nt。
- -L：指定组装 Scaffolds 的最短 Contigs 序列长度，默认值是 K+2。
- -c：组装 Scaffolds 时最低 Contigs 覆盖度，默认值是 0.1。
- -C：组装 Scaffolds 时的最高 Contigs 覆盖度，默认值是 2。
- -N：进行统计分析的基因组大小，默认值是 0，即不统计分析。

2. 参数配置文件

软件预设的配置文件(config file)内容如下，原文件经复制后可修改使用：

```
max_rd_len=100         #最大的 Reads 长度。
[LIB]                  #指定[LIB]的起点，指明以下内容是 Library 的内容。
avg_ins=200            #文库插入片段长度。
reverse_seq=0          #序列是否需要做反转，0：不需要；1：需要。
asm_flags=3            #Reads 如何使用，1 仅构建 Contigs；2 仅构建 Scaffolds。
                       #3 同时建立 Contigs 和 Scaffolds；4 仅做 Gaps 修补。
rd_len_cutoff=100      #剪切 Reads 至该长度，去掉其后的部分。
rank=1                 #设置 Reads 构建 Scaffolds 时的使用顺序，值相同则同时使用。
```

```
pair_num_cutoff=3      #可信的连接Contigs或pre-scaffolds所需要的配对Reads数，
                       #默认最小值PE为3，MP为5。
map_len=32             #确定Reads与Contigs配对(map)的最少碱基数(≥32)。
q1=/path/**LIBNAMEA**/fastq1_read_1.fq    #q1与q2是PE Reads数据，fastq
                                           格式。
q2=/path/**LIBNAMEA**/fastq1_read_2.fq
f1=/path/**LIBNAMEA**/fasta2_read_1.fa    #f1与f2是另一PE reads数据，
                                           fasta格式。
f2=/path/**LIBNAMEA**/fasta2_read_2.fa
q=/path/**LIBNAMEA**/fastq1_read_single.fq   #单端测序文库Reads，fastq格式。
f=/path/**LIBNAMEA**/fasta1_read_single.fa   #另一单端测序文库Reads，fasta
                                              #格式。
p=/path/**LIBNAMEA**/pairs1_in_one_file.fa   #配对数据作为一数据输入，fasta
                                              #格式。
b=/path/**LIBNAMEA**/reads1_in_file.bam      #配对数据作为另一数据输入，bam格式。
[LIB]                                         #指定另一[LIB]的起点。
avg_ins=2000
reverse_seq=1
asm_flags=2
rank=2
pair_num_cutoff=5
map_len=35
q1=/path/**LIBNAMEB**/fastq_read_1.fq
q2=/path/**LIBNAMEB**/fastq_read_2.fq
f1=/path/**LIBNAMEA**/fasta_read_1.fa
f2=/path/**LIBNAMEA**/fasta_read_2.fa
p=/path/**LIBNAMEA**/pairs_in_one_file.fa
b=/path/**LIBNAMEA**/reads_in_file.bam
```

12.2.3 SOAPdenovo 命令运行

1. SOAPdenovo 数据运行命令

```
$mkdir /home/fsp/Test/genomeAssembly/SOAPdenovo
$cd /home/fsp/Test/genomeAssembly/SOAPdenovo
$vim Xam.cfx
$/opt/biosoft/SOAPdenovo2-bin-LINUX-generic-r240/SOAPdenovo-127mer  all
-s Xam.cfx -o Xam -K 63 -F -R -p 4 1>log 2>err
```

- -s：指定 Configs 文件路径。
- -o：指定结果文件的前缀。
- -K：指定 Kmer 值。
- -F：进行 Scaffolds 间的 Gaps 修补。
- -R：通过 Reads 进行重复序列的处理。
- -p：指定 4 cpus 进行运算。运行过程参数记录在 log 文件中；错误提示保存在 err 文件中。

2. 配置文件内容（Xam.cfx）

```
max_rd_len=90            #指定 Reads 的最大长度为 90 碱基。
[LIB]                    #指定[LIB]的起点，指明以下内容是 Library 的内容。
avg_ins=500              #指定插入片段的平均长度为 500bp。
reverse_seq=0            #指明无需将 Reads 序列进行反向互补。
asm_flags=3              #3 代表同时组装 Contigs 及 Scaffolds。
rd_len_cutoff=90         #将 Reads 截断成 90bp。
rank=1                   #指定 Reads 的使用顺序，同一 rank 的 Reads 同时使用。
pair_num_cutoff=3        #指定 3 对 PE Reads 为可信去连接 Contigs。
map_len=32               #指定 Reads 映射到 Contigs 上的最小长度为 32bp。
q1=/home/fsp/Test/ data/Xam_clean.1.fq    #Reads 数据为 fastq 格式。
q2=/home/fsp/Test/ data/Xam_clean.2.fq
```

12.2.4　SOAPdenovo 运行结果解读

SOAPdenovo 运行结果包含多个文件，各文件的含义请参见软件自带的 manual 文件，地址为：/opt/biosoft/SOAPdenovo2-bin-LINUX-generic-r240/MANUAL

结果文件中主要的 3 个文件如下。

- Xam.contig：Contigs 序列文件。
- Xam.scafSeq：Scaffolds 序列文件。
- Xam.scafStatistics：统计最终 Scaffolds 及 Contigs 序列信息文件。

12.3　ABySS 软件拼装

ABySS 是一款 de novo 拼接软件，于 2008 年编写，可进行 single Reads 或者 paired Reads 组装，详细介绍参见如下网址：

http://www.bcgsc.ca/platform/bioinfo/software/abyss
https://github.com/bcgsc/abyss#abyss

12.3.1　ABySS 的安装

ABySS 可在任何 Linux 系统下运行，本章介绍其 1.9.0 版，是 2015 年 5 月 29 发布的，为目前最新版，其下载安装命令如下：

```
$cd /opt/biosoft
$wget https://github.com/bcgsc/abyss/releases/download/1.9.0/abyss-1.9.0.tar.gz
$chmod abyss-1.9.0.tar.gz
$tar -zxvf abyss-1.9.0.tar.gz
$cd abyss-1.9.0
$./configure -prefix=/opt/biosoft/abyss-1.9 && make && sudo make install
```

安装完毕后，在/opt/biosoft/abyss-1.9 文件夹下有两个文件夹，bin 文件夹中包含一些命令文件，其中经常使用的命令文件及其参数将在下节介绍；share 文件夹包含主要命令的说明文件。

默认最大 Kmer 是 64，为了节约内存，可降低该值，如降至 32；如果要提高 Kmer 值上限也可增大该值，如增大至 96，相应操作需在编译时加入参数：

```
./configure --enable-maxk=96 && make
```

ABySS 软件在运行过程中会调用 bin 文件夹中的命令，完成从原始 Reads 至 Contigs 及 Scaffolds 的拼装。这些命令的调用过程及顺序请参考链接的相关说明网页。bin 文件夹中的部分程序也可独立用于进行其他文件的统计分析。

12.3.2 ABySS 主要参数介绍

1. ABYSS

用法：ABYSS -k<kmer> -o<output.fa> [OPTION]…FILE…

组装命令支持的数据格式包括 fasta、fastq、qseq、SAM、BAM，或者这些文件的压缩格式 gz、bz2、xz。组装结果仅有一个包含 Contigs 序列的文件夹，没有任何其他中间文件，适合进行批量组装操作。

- -o --out=FILE：指定输出文件存放地址。
- -k --kmer=KMER_SIZE：指定 Kmer 值，奇偶数均可。
- -t --trim-length=TRIM_LENGTH：指定 Reads 序列两端悬垂边缘修剪的最大长度。
- -c --coverage=COVERAGE：删除那些平均 Kmer 值覆盖度低于该阈值的 Contigs 序列。
- -b --bubbles=N：去掉长度小于 N 的 bubbles，默认值是 kmer 值的 3 倍。
- -b0 --no-bubbles：不去掉任何 bubbles。
- -e --erode=COVERAGE：去掉覆盖度低于此阈值的平末端 Contigs 的末尾碱基。
- -E --erode-strand=COVERAGE：去掉双链中任一条链覆盖度低于此阈值的平末端 Contigs 的末尾碱基，默认值是 1。
- -g --graph=FILE：指定生成点图。
- -s --snp=FILE：指定文件以记录去掉的 bubbles。
- -v --verbose：显示详细的输出信息。

2. abyss-fac

/opt/biosoft/abyss-1.9.0/bin/abyss-fac ./*   #统计当前目录下的组装文件信息。

统计信息包括：n，总的 Contigs 数；n:500，长度大于 500bp 的 Contigs 数目；L50，长度大于 N50 的 Contigs 数；min，最小 Contigs 长度；N80、N50、N20 值是组装序列长度到基因组全长一定比例时的 Contigs 长度；max，最大 Contigs 长度；sum，基因组大小；name，组装序列文件的名字。该程序可独立运用以对不同组装软件组装的 Contigs/Scaffolds 进行统计分析。

3. abyss-pe

abyss-pe 是一个 Makefile 文件形式的程序，进行多种测序文件的组装，主要参数形式为 "option="，其相应参数设置及其意义如下。

- in：单独成对输入文件(single library)。Lib 为多个成对文件。
- se：含 Single-end 单端测序结果的文件。

- mp：Mate-pair 测序文件。
- k：指定 Kmer 值。
- q：将 Reads 中低于该值的碱基去掉，默认值是 3。
- c：平均 Kmer 覆盖度，默认值是 2。
- b：将长度低于该值的 bubbles 去掉，默认值是 3×Kmer 值。
- n：所需最少的 Reads 来进行 Contigs 连接，默认值是 10。
- s：建立 Contigs 的最低 unitig 长度，其长度至少是 Reads 的 2 倍，默认是 100。
- j：指明同时运行的命令数，该值最好与文库数一致。

应用示例如下。

单个成对 Reads 库：

```
abyss-pe k=25 l=42 c=2 n=10 name=ecoli in='reads1.fa reads2.fa'
```

多个成对 Reads 库或者单端测序(se)、Mate-pair 测序(mp)数据的混合库：

```
abyss-pe -j2 k=25 l=42 c=2 n=10 name=ecoli \
lib='lib1 lib2' lib1='lib1_1.fa lib1_2.fa' lib2='lib2_1.
fa lib2_2.fa' \                                             #pair end
se='se1.fa se2.fa' \                                        #single end
mp='mp1 mp2' mp1='mp1_1.fa mp1_2.fa' mp2='mp2_1.fa mp2_2.fa' #mate pair
```

4. abyss-split

用法：abyss-split N FILE

将 FILE 文件分成 N 份，文件格式为 fasta、fastq 或其他格式，文件命名为 FILE-xx.fa。文件大致分为 N 等份，但实际上前 N−1 个文件含有相同的个数，最后一份会稍少。该命令在有些版本中可能没有，该命令可独立运用来进行文件的分割。

5. AdjList

用法：AdjList -k<kmer> [OPTION]…[FILE]…

寻找那些重叠序列长度为 k−1 的 Contigs 序列，主要参数如下。

- -k --kmer=KMER_SIZE：指定 Kmer 值，要小于或等于组装时所用的 Kmer 值。
- -m：指定最短重叠片段长度，默认值为 50。
- --adj：指定输出文件为 adj 格式，为默认参数。
- --dot：指定输出格式为 dot 格式。
- -v --verbose：显示详细输出信息。

示例如下：

```
/opt/biosoft/abyss-1.2.6/bin/Adjlist -k 31 abyss35 >Adjlist.adj
```

将文件中的重叠序列长度为 k−1（即 31−1=30）的 Contigs 序列找出来，并重定向至 Adjlist.adj 文件。

6. KAligner

用法：KAligner [OPTION]…QUERY…TARGET

将 QUERY 文件中的序列映射至 TARGET 文件中的序列，找出匹配至少 k 个碱基的序列并且列出。

- -k --kmer=N：指定 Kmer 值。
- -s：将目标序列分成 N 段，指定对第 s 段进行匹配查找。
- -m --multimap：容许以 Kmer 值长度划分的序列在目标序列区多次匹配。
- -i：忽略在目标序列中的重复匹配，与-m 参数二选一，-i 为默认选项。
- -j --threads=N：指定使用 N 线程。
- --seq：打印序列匹配信息。

12.3.3 ABySS 命令运行

ABySS 的运行命令如下：

```
$mkdir /home/fsp/Test/genomeAssembly/abyss
$cd /home/fsp/Test/genomeAssembly/abyss
$ln -s /home/fsp/Test/data/Xam_clean.1.fq
$ln -s /home/fsp/Test/data/Xam_clean.2.fq
$/opt/biosoft/abyss-1.9/bin/ABYSS -k 31 Xam_clean.1.fq Xam_clean.2.fq -o ./XamContig-31
$/opt/biosoft/abyss-1.9/bin/abyss-pe k=31 n=10 name=XamAbyss31 \
 in='Xam_clean.1.fq Xam_clean.2.fq'
#abyss-pe 可调用较多程序，其功能较单独使用 ABYSS 强大，建议多用该程序进行组装。
```

12.3.4 ABySS 运行命令结果解读

ABYSS 命令运行完毕后得到一个包含 Contigs 序列的文件，如 XamContig-31。运行 abyss-pe 得到若干文件，各文件的文件名及所含内容介绍如下。

- XamAbyss31-unitigs.fa：组装的 unitigs 文件，fasta 格式。
- XamAbyss31-contigs.fa：组装的 Contigs 序列文件，fasta 格式。
- XamAbyss31-scaffolds.fa：组装的 Scaffolds 序列文件，fasta 格式。
- XamAbyss31-bubbles.fa：分支序列文件，fasta 格式。
- XamAbyss31-indel.fa：组装结果的插入缺失文件，fasta 格式。
- XamAbyss31-stats.tab：组装结果的统计文件，tab 格式，同类文件还有 md、csv 格式。

12.4 ALLPATH-LG 软件拼装

ALLPATH-LG 适合进行大型基因组 (Large Genomes) shortgun 测序获得的 short Reads 的组装，不适合进行 Sanger 或者 454 FLX 测序 Reads 的组装。该程序还在不断发展过程中，详细信息请参见如下网址：

ALLPATH-LG 组装能力及限制如下：

- 适合进行短 Reads 的组装，长度约 100bp，以后可能会优化以适用其他不同长度的 Reads。

- 不适合进行 Sanger、454 FLX 或者包含这些序列的混合 Reads 的组装，要求测序有较高的覆盖度，最好超过 100x。
- 需要至少两个 Paired-end 文库：一个长片段文库，一个短片段文库。其中短片段文库的插入序列长度约短于读长(read size)的 2 倍，如 Reads 长度为 100，则插入片段长度约 180bp，短片段文库插入片段长度分布越集中越好，偏差小于 20%；长片段文库约 3000bp，其插入片段的分布范围可以较大。软件支持分析更长插入片段的文库，该文库主要应用于解决序列重复结构的问题，超长片段文库测序深度无须太深。
- 文库必须纯净(pure)，不可包含非基因组序列。

12.4.1 ALLPATH-LG 的安装

1. 对电脑的硬件要求

ALLPATH-LG 对电脑的硬件要求：该软件可安装在 Linux/UNIX 操作系统上，要求内存(RAM)至少为 16GB，对于小的基因组组装，建议内存最好大于 32GB；对于大型的基因组组装，建议内存至少为 512GB。

2. 对于配套软件的需求

- GCC4.7.0 或者以上版本，下载地址为 http://gcc.gnu.org。
- GMP 库，安装 GCC 过程中可能已经安装了该库，下载地址为 http://gmplib.org。
- Picard 软件，用于进行 SAM 文件操作，下载地址为 http://picard.sourceforge.net。
- Graphviz 软件包，下载地址为 http://www.graphviz.org。

3. ALLPATH-LG 下载安装命令

```
$cd /opt/biosoft
$wget ftp://ftp.broadinstitute.org/pub/crd/ALLPATHS/Release-LG/latest_source_code/LATEST_VERSION.tar.gz
$chmod 755 LATEST_VERSION.tar.gz
$tar -zxvf LATEST_VERSION.tar.gz
$cd allpathslg-52488
$./configure -prefix=/opt/biosoft/ALLPATH-LG    #此步容易提示错误，可根据提示
                                                #进行修复。
$make
$make install
```

安装完毕生成新文件夹/opt/biosoft/ALLPATH-LG/bin，主要命令文件均存放于该文件夹。

12.4.2 ALLPATH-LG 的主要参数

1. RunAllPathsLG

用法：RunAllPathsLG arg1=value1 arg2=value2 …

RunAllPathsLG 使用类似 make 命令的属性控制组装流程，它自身不调用任何功能模块，但是通过生成特殊的 makefile 来调用各命令模块。这种模式是有效的，并能保证所有运行的中间结果是准确的。

(1) 必需参数。

- PRE：指定输出文件夹根目录，其他目录均在该目录下。
- REFERENCE_NAME：位于 PRE 目录下，指定物种或者参考基因组名称，用于存放参考基因组，一个种甚至一个亚种存于一个文件夹；若无参考基因组，则用该文件夹存放组装数据。
- DATA_SUBDIR：位于 REFERENCE_NAME 目录下，用于从该文件夹读取待组装数据，数据格式为 fastb、qualb、pairs，默认文件名为 data。
- RUN：位于 DATA_SUBDIR 目录下，用于存放组装最终结果及中间结果。
- ASSEMBLIES：位于 RUN 目录下，固定文件夹名，用于存放组装结果。
- 各目录隶属情况如下：
PRE/REFERENCE_NAME/DATA_SUBDIR/RUN/ASSEMBLIES/SUBDIR

(2) 可选参数。

- SUBDIR：位于 ASSEMBLIES 文件夹下，用于存放本地组装结果及中间文件，默认文件名为 test。
- K：核心 Kmer 值，默认该值为 96，实际上程序只支持该值。
- EVALUATION：有 NONE、BASIC、STANDARD、FULL、CHEAT 五项可选，默认值是 BASIC。
BASIC：无须参考序列进行评估；
STANDARD：用参考序列进行评估；
FULL：在几个组装模块中进行评估；
CHEAT：利用参考序列进行组装，容许对组装结果根据参考序列进行细微修改。
- REFERENCE_FASTA：用于评估参考基因组的序列，默认是 REF/genome.fasta。
- MAXPAR：同时运行模块数量，默认值是 1。
- THREADS：多线程模块运行时指定的线程数，如果程序有预设值则优先利用程序预设值，默认值是 max，使用最大值运行，可选范围为 {[1–N], max}。
- MAX_MEMORY_GB：指定不用超过该值的内存，默认值是 0，即用所有内存。
- OVERWRITE：覆盖已有文件，默认值是 False，即不覆盖。
- DRY_RUN：建立 makefile 但不激活它，测试依赖性，以便于了解哪个命令可以激活该 makefile，而事实上不运行该程序，类似模拟运行，默认值是 False。
- VIEW_PIPELINE_AND_QUIT：仅写出程序运行信息后退出，默认值是 False。
- MEMORY_DIAGNOSTICS：运行 MemMonitor 进行运行模块的诊断，默认值是 True。
- TARGETS：假目标，默认值是 standard。
- TARGETS_REF：在 ref_dir 中生成的文件。
- TARGETS_DATA：在 data 文件夹中生成的文件。
- TARGETS_RUN：在 run_dir 文件夹中生成的文件。
- TARGETS_SUBDIR：在 subdir 中生成的文件。
- FORCE_TARGETS：利用该命令生成目标文件，即使该命令看起来是新的。
- FORCE_TARGETS_OF：利用该命令生成目标文件，即使该命令是新的。

- DONT_REBUILD_SUBDIR：不用在 SUBDIR 中重新生成目标文件，采用原有的文件。
- DON'T_UPDATE_TARGETS_OF：不用更新目标命令，认为其已经存在。
- RESTORE_TARGETS_OF：重新生成目标文件。
- MAKE：如果依赖文件更新则重新生成目标文件，默认值是 True。
- VALIDATE_INPUTS：进行原始输出数据的 santity 检测。
- REMOVE_DODGY_READS_FRAG：在进行错误修改(error correction)前用 RemoveDodgyReads 进行 fragment Reads 的处理，默认值是 True。
- REMOVE_DODGY_READS_JUMP：在进行错误修改前用 RemoveDodgyReads 进行 jumping reads 的处理，默认值是 True。
- PRE_CORRECT：在运行 FindErrors 前用 PreCorrect 进行 fragment Reads 的处理，默认值是 True。
- ERROR_CORRECT_FRAGS：进行 fragment Reads 的错误修改，默认值是 True。
- SP_REORDER：根据序列长度进行 Scaffolds 的重排序。

2. 数据准备程序 PrepareAllPathsInputs.pl

该 Perl 程序用于将 BAM、fasta、fastq 或 fastb 文件转换为 ALLPATHS 输入文件，并且生成 ploidy 文件，该程序的运行需要制备 in_groups.csv 及 in_libs.csv 两个文件，相关参数如下。

用法：PrepareAllPathsInputs.pl arg1=value1 arg2=value2…

(1) 必需参数。

- DATA_DIR：指定输入 Reads 数据文件存放地址。

(2) 可选参数。

- DRY_RUN：若为 True，显示信息而不实际运行，默认值是 0。
- FORCE_PHRED：若为 True，则接受 PHRED 编码；若为 False，则认为检测到的 PHRED 编码为假，默认值是 0。
- FRAG_COVERAGE：小片段文库预期的覆盖度，如 45，需要 GENOME_SIZE 参数，与 FRAG_FRAC 不可同时使用。
- FRAG_FRAC：小片段文库 Reads 在组装过程中的使用比率，如 30%或者 0.3。
- GENOME_SIZE：预期的基因组大小，用于覆盖度的计算。
- HOSTS：设置运行的主机数及线程数，如 "2,4.remote1,2.remote2" 表示使用本机的 2 个线程，remote1 的 4 个线程，remote2 的 2 个线程。
- INCLUDE_NON_PF_READS：是否使用 non-PF 的 Reads，1 表示使用，0 表示不使用，默认值是 1。
- IN_GROUPS_CSV：输入的 Reads 分组信息，以逗号分隔，默认是 in_groups.csv。
- IN_LIBS_CSV：输入 Reads 的文库信息，以逗号分隔，默认是 in_libs.csv。
- JAVA_MEM_GB：保留内存用于 Java 程序运行，默认值是 8。
- JUMP_COVERAGE：大片段文库预期的覆盖度，需要 GENOME_SIZE 参数，JUMP_FRAC 不可同时使用。
- JUMP_FRAC：大片段文库 reads 的预期使用比率，如 20%或者 0.2。

- LONG_JUMP_COVERAGE：超长大片段文库的预期覆盖度，需要 GENOME_SIZE 参数，LONG_JUMP_FRAC 不可同时使用。
- LONG_JUMP_FRAC：超长大片段文库的 Reads 预期使用率，如 90%或者 0.9。
- LONG_JUMP_MIN_SIZE：超长大片段文库的最小片段长度阈值，默认值是 20000。
- LONG_READ_COVERAGE：长读长 Reads 的预期覆盖度。
- LONG_READ_FRAC：长读长 Reads 的预期使用率。
- LONG_READ_MIN_LEN：长读长 Reads 的最短片段，默认值是 500。
- OVERWRITE：是否覆盖已有结果，默认值是 0，不覆盖。
- PHRED_64：指定文件是否为 PHRED64 格式编码(ASCII 64~126)，默认值是 0，指用 PHRED33 格式编码(ASCII 33~126)。
- PLOIDY：生成 ploidy 文件，有效值是 1(单倍体)或者 2(二倍体)。
- PICARD_TOOLS_DIR：指定 picard 工具目录。
- SAVE_INTERMEDIATES：是否保存中间结果文件，默认值是 0，即不保存。
- VERBOSE：是否显示详细信息，默认值是 1，即显示。

12.4.3　ALLPATH-LG 测试数据运行过程解读

以测试数据为例对软件运行过程进行解读，所有文件在同一个文件夹，这个文件夹就是 PRE 文件夹，文件内容包括 4 个文件及 2 个文件夹：seq 文件夹(包含测序两个文库的成对的 Reads 数据)；test.genome 文件夹(包含参考基因组文件，也是 REFERENCE 文件夹)；in_groups.csv、in_libs.csv、prepare.sh、assemble.sh。

1. 示例 Reads 数据

```
-rw-rw-r--. 1 fsp fsp 10280864 Jan 26  2012 frags.A.fastq
-rw-rw-r--. 1 fsp fsp 10280864 Jan 26  2012 frags.B.fastq
-rw-rw-r--. 1 fsp fsp  9701662 Jan 26  2012 jumps.A.fastq
-rw-rw-r--. 1 fsp fsp  9701662 Jan 26  2012 jumps.B.fastq
```

说明：seq 文件夹包含 4 个文件，其中 frags.A.fastq 与 frags.B.fastq 是成对的短片段文库，一般短片段文库用"fragment"称呼；jumps.A.fastq 与 jumps.B.fastq 是成对的长片段文库，一般用"jumping"称呼。

2. 制备 in_groups.csv 内容

```
file_name, library_name, group_ name
seq/frags.?.fastq, Solexa-25396, frags
seq/jumps.?.fastq, Solexa-11542, jumps
```

说明：该文件包含 3 列内容，用逗号及 Tab 键隔开，各列内容如下：
- file_name：指定序列所在位置及名称，可用"*"、"？"字符指代多个文件。
- library_name：指定数据文库的名称，可自命名。
- group_name：指定特异的数据分组名称，group_name 及 file_name 的文件顺序可以互换。

3. 制备 in_libs.csv 内容

```
library_name, project_name, organism_name,    type, paired, frag_size,
```

```
    frag_stddev, insert_size, insert_stddev, read_orientation, genomic_start,
    genomic_end
    Solexa-25396,       test,    test.genome,   fragment,    1,           180,
    10,            ,              ,            inward,            0,              0
    Solexa-11542,       test,    test.genome,    jumping,     1,           ,
           ,     3000,          500,            outward,           0,              0
```

说明：该文件包含 12 列内容，以逗号及 Tab 键隔开，各列内容如下。

- library_name：数据文库名称，与 in_groups.csv 中所用名称需一致。
- project_name：项目名称，可自命名。
- organism_name：物种名，测序物种名。
- type：指明数据类型，此处仅用来提供信息。
- paired：指定是否为成对的 Reads，0 为 unpaired Reads，1 为 paired Reads。
- frag_size：指明小片段文库插入片段平均大小。
- frag_stddev：指明小片段文库插入片段标准偏差。
- insert_size：指明大片段文库插入片段平均大小，如果长度大于 20kbp，则文库被称为 long jumping library。
- insert_stddev：大片段文库插入片段预期标准偏差。
- read_orientation：测序方向，inward 相向测序，小片段文库默认方法；outward 背向测序，大片段文库默认方法，outward 测序 Reads 进行组装时需反转（见图 12-4）。
- genomic_start：基因组第一个碱基，若不为 0，则其前的数据被截断。
- genomic_end：基因组最后一个碱基，若不为 0，则其后的数据被截断。

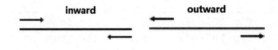

图 12-4　Reads 的方向 inward（左）、outward（右）

4. 制备 prepare.sh 文件

利用该文件进行数据的准备，该文件复制后进行适当的修改即可用于实际操作。该文件内容如下：

```
#!/bin/sh
# ALLPATHS-LG needs 100 MB of stack space. In 'csh' run 'limit stacksize
100000'.
ulimit -s 100000
mkdir -p test.genome/data
# NOTE: The option GENOME_SIZE is OPTIONAL.
#      It is useful when combined with FRAG_COVERAGE and JUMP_COVERAGE
#      to downsample data sets.
#      By itself it enables the computation of coverage in the data sets
#      reported in the last table at the end of the preparation step.

# NOTE: If your data is in BAM format you must specify the path to your
```

```
#       picard tools bin directory with the option:
#       PICARD_TOOLS_DIR=/your/picard/tools/bin
PrepareAllPathsInputs.pl\
 DATA_DIR=$PWD/test.genome/data\
 PLOIDY=1\
 IN_GROUPS_CSV=in_groups.csv\
 IN_LIBS_CSV=in_libs.csv\
 GENOME_SIZE=200000\
 OVERWRITE=True\
 | tee prepare.out
```

这个 bash 程序进行了如下操作。

① 创建 DATA_DIR 文件夹：$PWD/test.genome/data。

② 创建 ploidy 文件，位于 DATA_DIR（即$PWD/test.genome/data）文件夹下。

③ Reads 数据进行处理，将每一个配对的文件合并，并生成 fastb、pairs、qualb 三个文件，如将 frags.A.fq、frags.B.fq 数据转换为 frag_reads_orig.fastb、frag_reads_orig.pairs、frag_reads_orig.qualb 三个文件，也位于 DATA_DIR 文件夹下。

④ 调用了多个命令，并生成许多中间文件，位于 DATA_DIR 文件夹下。

⑤ 命令调用运行过程及产生的中间结果文件的详细过程均放在 prepare.out 文件中，该文件通过双重定向命令 tee 生成。

5. 制备 assembly.sh 文件

该程序调用相关命令进行序列组装，复制该文件，进行适当修改，即可利用该文件进行自己的其他序列组装，文件内容如下：

```
#!/bin/sh
# ALLPATHS-LG needs 100 MB of stack space.  In 'csh' run 'limit stacksize
100000'.
ulimit -s 100000

RunAllPathsLG \
 PRE=$PWD\
 REFERENCE_NAME=test.genome\
 DATA_SUBDIR=data\
 RUN=run\
 SUBDIR=test\
 TARGETS=standard\
 OVERWRITE=True\
 | tee -a assemble.out
```

该 bash 命令文件也调用了多个文件，并生成了许多中间文件，所有的命令调用过程，以及中间文件和最终文件都保存在 assemble.out 文件中。

6. 命令运行

以上文件准备好之后，运行如下命令即可：

```
$./prepare.sh
$./assemble.sh
```

12.4.4 运行结果解读

运行完毕后有很多中间结果，其中组装结果在如下文件夹中：

```
test.genome/data/run/ASSEMBLIES/test
```

其中两个文件很重要，即 final.assembly.efasta 和 final.assembly.fasta，这两个文件均是最终组装结果文件，两者的区别在于数据记录形式稍有差异。

- Fasta 格式：Scaffolds 中 Contigs 间用 n 隔开，若可预测 Gaps 的大小，则用多个 n 代替；如果无法预知 Gaps 的大小，则用一个 n 表示；在 Contigs 中无法确认的碱基用 N 表示，如一个 A/T SNP 位点将记为 N。
- Efasta 格式：Scaffolds 中的 Contigs 间用 N 隔开，Gaps 的大小用多个 N 表示；如果无法预知 Gaps 的大小，则用一个 N 表示；在 Contigs 中无法确认的碱基用{}表示，如一个 A/T SNP 位点表示为{A，T}；如果同一碱基出现多次，但是无法确定具体数量，比如 6,7 或者 8 个 T，表示方法为 TTTTT{，T，TT}。

12.5 Gaps 修补

基因组组装完成后，最理想的结果是能将所有的染色体拼装出来，但是实际拼装结果是一些大片段的 Contigs 或者 Scaffolds，中间有很多 Gaps 存在，无法拼装出完整的染色体，这样的基因组草图对后续分析利用有一定的影响。产生 Gaps 有很多原因：基因组自身重复序列，随机错误，数据不足覆盖度低，拼装软件算法限制，等等。

对于 Gaps 的修补，实验的方法包括两类：一是利用大片段文库重测序，可部分解决 Gaps 问题；二是利用 PCR 也可对部分 Scaffolds 内部的 Gaps 进行特异性修补。生物信息学利用现有数据进行 Gaps 的修补有如下一些方法：

(1) 利用参考基因组序列进行 Contigs 或 Scaffolds 排序及 Gaps 修补。
(2) 将 Contigs 序列对 NCBI 的 nt 数据库进行 blastn 比对，利用同源序列进行 Gaps 修补。
(3) 利用现有的测序 Reads 及相关软件进行 Gaps 修补。

下面以 GapFiller 软件为例介绍 Gaps 修补方法，该软件可用 Paired-end Reads 或者 Mate-pair Reads 或者两者的混合对组装结果 Scaffolds 进行 Gaps 修补，该软件对学术机构科研人员免费，但需填写相关信息才能下载，详细介绍请参见如下网址：

http://www.baseclear.com/lab-products/bioinformatics-tools/gapfiller/

12.5.1 GapFiller 软件安装

GapFiller 软件安装命令如下：

```
$cd /opt/biosoft
$tar -zxvf GapFiller_v1-11_linux-x86_64.tar.gz
```

该软件下载后解压缩即可使用，该软件包含 bowtie 及 bwa 两个软件及 GapFiller.pl 命令，相关命令在文件夹/opt/biosoft/GapFiller_v1-11_linux-x86_64 或其子文件夹中。

12.5.2 相关参数介绍

GapFiller.pl 命令的用法如下：

    perl /opt/biosoft/GapFiller_v1-11_linux-x86_64/GapFiller.pl

1. 必需参数

- -l：后接库文件，说明 Reads 的插入片段大小、方向等信息。
- -s：待修补的 fasta 格式组装结果文件，即 Scaffolds 序列。

2. 可选参数

- -m：指定 Gaps 处 Reads 序列与 Scaffolds 序列的 overlap 最小碱基数，默认值是 29，该值越大则 Gaps 修补结果越可信，但是会降低覆盖度，建议设置为接近 Reads 的长度。
- -t：指定去掉 Gaps 边缘的错误/低可信度的碱基数，默认值是 10。
- -o：修补 Gaps 最少所需 Reads 数，默认值是 2，值越高，Gaps 修补可信度越高。
- -r：进行 Gaps 修补时单碱基延伸 Reads 所占的比率，默认值是 0.7。该值越大，Gaps 修补可信度越高。
- -d：指 Gaps 修补部分与 Gaps 长度的最大差异，默认值是 50，超过该值则 Gaps 修补终止；小于该值，则序列不会融合，即放弃该 Gaps 修补。
- -n：将两条序列融合所需的最少 Overlap 碱基数，默认值是 10。
- -i：指定 Gaps 修补的迭代次数，默认值是 10。

3. Bowtie 参数

- -g：调用 bowtie 进行映射时所容许的最大 Gaps 数，该值越大则映射速度越慢。

4. 其他参数

- -T：指定运行线程数，默认值是 1。
- -b：指定输出文件名的前缀，以避免同时运行时文件间相互覆盖。

5. 库文件内容及其说明（参见说明书 F132-05 GapFiller_User_Maunal_v1.10）

```
Lib1 bwa file1.1.fasta file1.2.fasta 400 0.25 FR
Lib1 bowtie file2.1.fasta file2.2.fasta 400 0.25 FR
Lib2 bowtie file3.1.fastq file3.2.fastq 4000 0.5 RF
```

该文件有 7 列，每列的意义如下。

- 第 1 列：库名称，所有中间结果文件及统计文件都包含该名称，库名称相同则插入片段长度及变异范围相同，即第 5、6 列内容相同。
- 第 2 列：序列比对方法，有 3 种方法可选，即 bowtie、bwa 或 bwasw，其中 bowtie 用于短 Reads（<50bp）、速度快，bwa 用于长 Reads（50~150bp），bwasw 用于超长 Reads，后两者的运行采用默认参数模式。
- 第 3、4 列：fasta 或 fastq 格式的成对 Reads，Reads 长度必须大于 16，否则后续运行会被忽略。

- 第5、6列：第5列是预期插入片段长度，第6列指定插入片段上下浮动幅度，这两列的值确定插入片段范围为有效范围，该范围外的Reads被认为无效，会被忽略。
- 第7列：配对Reads的方向，有4种情况：FF、FR、RF、RR，F代表正向，R代表反向。

12.5.3 程序运行命令

该软件的程序运行命令如下：

```
perl /opt/biosoft/GapFiller_v1-11_linux-x86_64/GapFiller.pl -l libraries.txt -s scaffold.fa -m 30 -b scaffold.gp
```

该命令的意义是利用库文件(libraries.txt)中的Reads对组装的Scaffolds(scaffold.fa)数据进行Gaps修补，指定Reads与Scaffolds间的最小Overlap为30nt，修补结果命名以scaffold.gp为前缀，其他参数采用默认值。

12.5.4 运行结果解读

程序运行完毕会产生一些结果，其中重要的结果文件如下：
- scaffold.gp.filled.final.txt：该文件记录Gaps修补信息。
- scaffold.gp.closed.evidence.final.txt：该文件详细记录每一个Gaps的修补过程。
- scaffold.gp.summaryfile.final.txt：该文件记录Gaps修补的统计信息。
- scaffold.gp.gapfilled.final.fa：该文件是Gaps修补后的最终组装结果。

12.6 基因组组装效果评估

用不同的软件，或者同一款软件使用不同的参数进行基因组组装，所得到的组装结果均会稍有差异，如何对这些结果进行评价取舍呢？

进行基因组组装结果评价的重要参数及其使用如下。

(1) N50值、N90值：该值越大，组装效果越好。

(2) Scaffolds或者Contigs数量：一般取长度大于1kb的Scaffolds或Contigs序列的数量。该值越小，说明组装结果越好。

(3) Reads映射至组装结果的比率：组装完毕之后，再将Reads映射至组装完成之后的Contigs或者Scaffolds上的比率。该值越高，组装效果越好，一般需大于90%。

(4) 将已公开发表的基因、mRNA或蛋白质序列与组装结果进行序列比对，一致性越高，说明组装效果越好。可使用的软件有BLAST。

习题

1. 说明Reads、Contigs、Scaffolds、Gaps、N50、N90等名词的意义。
2. 下载并安装Velvet软件，并用ALLPATH-LG软件所带数据进行基因组组装练习，进行多个Kmer值的组装练习，找出最佳Kmer值。任选一个Contigs，并抽提组装该Contigs所用的Reads序列。
3. 下载并安装SOAPdenovo软件，并用ALLPATH-LG软件所带数据进行基因组组装练习，熟悉 SOAPdenovo 的配置文件，了解各参数的意义。
4. 下载并安装 AbySS 软件，并用数据进行基因组组装练习。
5. 下载并安装 ALLPATH-LG 软件，并用软件自带数据进行基因组组装练习。
6. 分析评价以上 4 种基因组组装软件所获得的结果，并选出最佳组装结果。
7. 下载并安装 GapFiller 软件，并用其对上题所选择的最佳组装结果进行 Gaps 修补。

参考文献

[1] C.B. Nielsen, S.D. Jackman, I. Birol, et al. ABySS-Explorer: visualizing genome sequence assemblies. IEEE Trans Vis Comput Graph, 2009, vol.15, pp.881-888.

[2] D.R. Zerbino and E. Birney. Velvet: algorithms for de novo short read assembly using de Bruijn graphs. Genome Res, 2008, vol.18, pp.821-829.

[3] D.R. Zerbino, G.K. McEwen, E.H. Margulies, et al. Pebble and rock band: heuristic resolution of repeats and scaffolding in the velvet short-read de novo assembler. PLoS One. 2009, vol.4, pp.e8407.

[4] G. Robertson, J. Schein, R. Chiu, et al. De novo assembly and analysis of RNA-seq data. Nat Methods, 2010, vol.7, pp.909-912.

[5] J.T. Simpson, K. Wong, S.D. Jackman, et al. ABySS: a parallel assembler for short read sequence data. Genome Res, 2009, vol.19, pp.1117-1123.

[6] M. Boetzer and W. Pirovano. Towards almost closed genomes with GapFiller. Genome Biol, 2012, vol.13, pp.R56.

[7] R. Luo, B. Liu, Y. Xie, et al. SOAPdenovo2: an empirically improved memory-efficient short-read de novo assembler. Gigascience, 2012, vol.1, pp.18.

[8] S. Gnerre, I. Maccallum, D. Przybylski, et al. High-quality draft assemblies of mammalian genomes from massively parallel sequence data. Proc Nat Acad Sci USA, 2011, vol.108, pp.1513-1518.

第 13 章 小 RNA 测序数据分析

13.1 小 RNA 测序简介

小 RNA 是一大类调控分子，几乎存在于所有的生物体中。小 RNA 包括 miRNA、ncRNA、siRNA、snoRNA、piRNA 和 rasiRNA 等。小 RNA 通过多种多样的作用途径，比如 mRNA 降解、翻译抑制、异染色质形成以及 DNA 去除，来调控生物体的生长发育和疾病发生。小 RNA 转录组测序是鉴定和定量解析小 RNA 的新方法和有力工具。

小 RNA 是生命活动的精细调控因子，在基因表达调控、生物个体发育、代谢与疾病的发生等生理过程中起着重要的作用。小 RNA 测序是利用高通量测序技术，一次性获得数百万条小 RNA 序列信息，依托强大的生物信息分析平台，可以获得全基因组水平的 miRNA 图谱，实现 miRNA 表达谱和聚类分析，并可以预测新的小 RNA 及其靶标基因。新一代测序平台能够对细胞或者组织中的全部小 RNA 进行深度测序及定量分析等研究（Landgraf et al., 2007）。实验时首先将 18~30nt 范围的小 RNA 从总 RNA 中分离出来，两端分别加上特定接头后体外反转录做成 cDNA 再进行进一步处理后，利用测序仪对 DNA 片段直接进行单向末端测序。通过新一代测序平台对小 RNA 进行大规模测序分析，可以从中获得物种全基因组水平的 miRNA 图谱，实现包括新 miRNA 分子的挖掘，其作用靶基因的预测和鉴定、样品间差异表达分析、miRNAs 聚类和表达谱分析等科学应用（见图 13-1）。

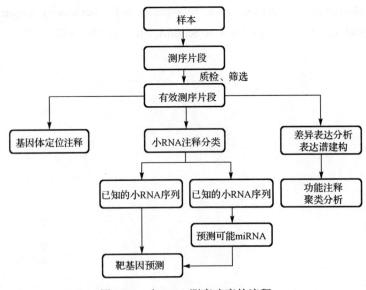

图 13-1 小 RNA 测序建库的流程

小 RNA 测序数据处理的一般流程如下。
(1) 对原始数据进行去除接头序列及低质量 Reads 的处理。

(2) 数据产出统计及测序数据的质量评估。
(3) 小 RNA 长度分布统计。
(4) 样品间的公共序列及特有序列。
(5) 小 RNA 在参考基因组上的分布。
(6) 小 RNA 分类注释，鉴定 miRNA、rRNA、repeat、exon、intron、snRNA 等。
(7) 与 miRNA 数据库进行比对，鉴定样品中的已知 miRNA。
(8) miRNA 的表达谱分析。
(9) 样品间 miRNA 的差异分析和聚类分析。
(10) 已知 miRNA 的家族分析。
(11) 新 miRNA 靶基因预测。
(12) 靶基因的 GO 富集分析。
(13) 靶基因的 KEGG 通路分析。
(14) 本章主要描述小 RNA 测序的数据质控和 miRNA 的识别。

13.2 小 RNA 测序数据质控

采用新一代测序平台测序小 RNA 文库，得到的测序结果首先需要进行质控。常用的质控软件有 FASTX-Toolkit（http://hannonlab.cshl.edu/fastx_toolkit/index.html）和 FastQC（http://www.bioinformatics.babraham.ac.uk/projects/fastqc/）等。本书主要讲述使用 FASTX-Toolkit 软件进行小 RNA 测序 Reads 的质控。

FASTX-Toolkit 是一款用于处理 Short-Reads FASTA/FASTQ 文件的程序，其中包含丰富的 FASTA/FASTQ 文件格式转换、统计等命令。

下面是 FASTX-Toolkit 命令的功能介绍。

- FASTQ-to-FASTA converter：FASTQ 转换成 Fasta。
- FASTQ Information：FastQ 质量统计图、核酸长度分布。
- FASTQ/A Collapser：对 FASTQ/A 文件中的序列进行去冗余处理。
- FASTQ/A Trimmer：去掉 FASTA/FASTQ 中 barcode 序列。
- FASTQ/A Renamer：批量地对 FASTA/FASTQ 序列进行重命名。
- FASTQ/A Clipper：去掉 FASTA/FASTQ 中接头序列。
- FASTQ/A Reverse-Complement：产生 FASTQ/A 文件中序列的反补序列。
- FASTQ/A Barcode splitter：根据 Barcode 号将 FASTQ/A 文件分成不同样本来源的多个文件。
- FASTA Formatter：改变 FASTA 文件的序列宽度。
- FASTA Nucleotide Changer：将 FASTA 序列转换为 DNA 或 RNA 序列。
- FASTQ Quality Filte：基于质量过滤序列。
- FASTQ Quality Trimmer：基于质量裁剪序列。
- FASTQ Masker：基于质量用 N 替代核苷酸。

FASTX-Toolkit 对小 RNA 测序结果的质控过程如下。

1. 去掉低质量的 Reads

数据下机时，测序平台会进行初步质控，去掉引物序列和低质量 Reads。采用 FASTX-Toolkit 软件进一步去掉低质量的 Reads，命令如下：

```
fastq_quality_filter-Q33-q13-p90-iexample.fastq-oexample_quality_1.fastq
fastq_quality_filter-Q33-q20-p80-iexample_quality_1.fastq-oexample_quality_2.fastq
```

两步操作依次去掉整条 Reads 中质量值低于 13 的碱基超过 10% 和质量值低于 20 的碱基超过 20% 的 Reads。将去掉低质量 Reads 的 fastq 格式文件转为 fasta 格式文件后，进一步去掉小于 18 nt 或大于 30 nt 的 Reads，并以图形展示 Reads 的长度分布（见图 13-2）。详细命令如下：

```
fastq_to_fasta-Q33-v-n-iexample_quality_2.fastq-oexample_quality_2.fasta
fastx_clipper-v-l18-iexample_quality_2.fasta-aTGGAATTCTCGGGTGCCAAGGA-oexample_quality_adapter.fasta
fastx_trimmer-v-f1-l30-iexample_quality_adapter.fasta-oexample_quality_adapter_length.fasta
```

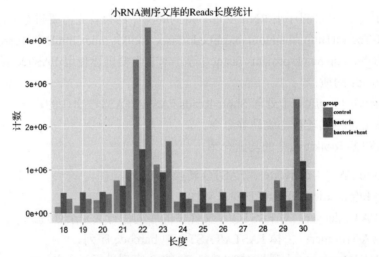

图 13-2　小 RNA 测序文库的 Reads 长度统计（Zhou et al., 2014）

最后进行去冗余处理，得到仅含 uniq Reads 的 fasta 文件，供下一步质控使用。去冗余命令如下：

```
fastx_collapser -v -iexample_quality_adapter_length.fasta -o example_quality_adapter_length_uniq.fasta
```

2. 去掉 mRNA 降解产物和其他非编码 RNA 序列

去冗余后，还需要进一步去掉可能是 mRNA 降解产物或其他非编码 RNA 的序列。此质控在 Linux 平台下采用 NCBI 提供的 Blast 软件进行，先收集当前物种的 mRNA 序列和非编码 RNA，makeblastdb 格式化含 mRNA 或非编码 RNA 的 fasta 文件，形成比对数据库；然后采用 blastn 将 Reads 依次比对 mRNA 和非编码数据库，参数设 -task blastn-short -evalue 0.01 -dust no -outfmt

6；最后分析比对结果，去掉能匹配mRNA和非编码RNA的序列。剩下的序列进行后续的miRNA鉴定。

13.3 miRNA的识别

用生物信息学方法识别miRNA是依据在不同的物种中，其成熟的miRNA具有较大的序列同源性以及前体的茎环结构具有相当大的保守性这一特征在基因组数据库中搜索新的miRNA基因。该方法根据比较基因组学（comparative genomics）原理并结合生物信息软件在已测序基因组中进行搜索比对，根据同源性的高低再进行RNA二级结构预测，将符合条件的候选miRNA与已经通过实验鉴定的miRNA分子进行比较分析，最终确定该物种miRNA的分布及数量。近年来随着miRNA预测方法的不断发展，人们发现的miRNA数量呈几何级数增长。这些预测方法从简单的序列比对搜索发展到现在的机器学习算法，程序设计越来越智能化、复杂化。在近缘的物种中，miRNA是很保守的；但在相距较远的物种间，miRNA又有一定的分歧，尤其体现在pre-miRNA上。这些miRNA功能作用机制的阐明为预测软件的研发提供了理论依据，但仍需要不断修补和完善。近年来，基于这些规则的多个miRNA预测软件先后被开发（见表13-1），并被广泛使用。

表13-1 常用的miRNA预测软件

程序名	预测目标	适用方式	涉及的程序	适用于
miRDeep2	Pre-miRNA&miRNA	Local	Bowtie、RNAfold	动物
MIREAP	Pre-miRNA&miRNA	Local		动物
miRscan	Pre-miRNA	Web	Blast	线虫
miRseeker	Pre-miRNA	Local	Mfold、AVID、Blast	果蝇
ERPIN	Pre-miRNA	Local/Web	Blast	动植物
Srnaloop	Pre-miRNA	Local	RepeatMasker、Blast、RNAfold	线虫
MIRFINDER	Pre-miRNA	Local	RNAfold、RepeatMasker、PatScan、RNAVIZ	植物
PalGrade	Pre-miRNA	Local	RNAfold	人
MiRAlign	Pre-miRNA	Web	RNAfold、ClustalW、RNAforester	动植物
microHARVESTER	Pre-miRNA&miRNA	Web	RNAfold、Blast、T-Coffee	植物
findMiRNA	Pre-miRNA&miRNA	Local	RNAfold、Blast、mfold	拟南芥
miR-abela	Pre-miRNA	Web	RNAfold、SVMlight	动物
BayesMiRNAfind	Pre-miRNA&miRNA	Web	Mfold、BLAT	动物
ProMiR II	Pre-miRNA&miRNA	Local/Web	RNAfold、Blast、pipeline vist、HMmiRNApairwise	动物
Vmir	Pre-miRNA	Local	RNAfold、mFold	病毒
RNAz+RNAmicro	Pre-miRNA	Local	RNAz、libSVM	动物
Microprocessor SVM	Drosha剪切位点	Local/Web	RNAfold、ScorePin、Gist SVM	动物

使用率较高的miRNA预测软件主要是miRDeep2和mireap。它们不仅能识别已知和未知的miRNA，还能根据基因组DNA基因来识别Pre-miRNA，并分析茎环结构及其自由能。本书以miRDeep2软件的使用为例，讲述小RNA测序分析中miRNA的识别。

miRDeep2 是用 perl 写成的，具有跨平台的优势，容易为生物信息工作者使用。miRDeep2 通过分析测序 RNAs，发现 microRNA（见图 13-3）。该软件以高准确度报道了 7 个动物代表性物种的已知 miRNA 和数百个 novel miRNA（Friedlander et al., 2012）。miRDeep2 耗时少，省内存，具有用户友好的输出结果，使得它在当前研究中易于使用。

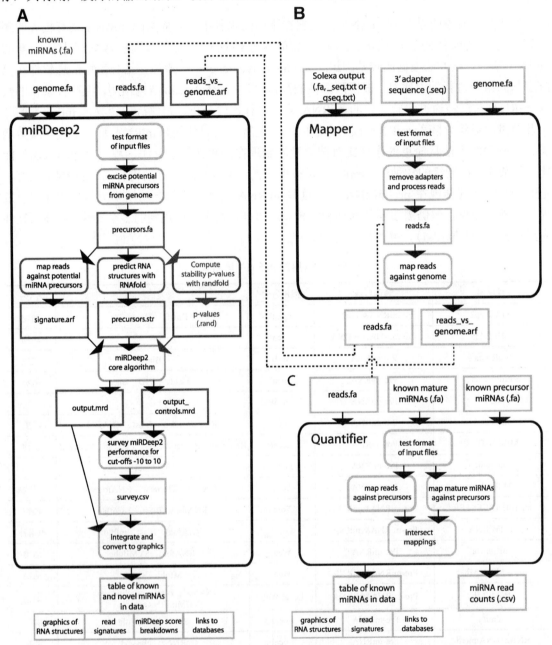

图 13-3 使用 miRDeep2 软件识别 miRNA 的一般步骤（Friedländer MR et al., 2012）

在运行 miRDeep2 软件前，需要准备研究物种的基因组文件、研究物种的成熟 miRNA 文件、其他物种相关的成熟 miRNA 文件、研究物种 miRNA 前体的文件和质控过后的 Reads 文件。这些文件都是 fasta 格式的。在 Linux 平台下的操作步骤如下。

(1) 利用 bowtie 软件中的 bowtie-build 命令建立基因组文件的 index。

bowtie-build genome.fagenome #genome.fa 是基因组文件，genome 是 index 文件的前缀，这个前缀可以是任意字符，不一定要和基因组文件相同。

(2) 处理 Reads 文件并且把它映射到基因上。

perl mapper.pl reads.fa -c -j -m -p genome-sreads_collapsed.fa -t reads_collapsed_vs_genome.arf -v

参数讲解：

- -c：指出输入文件是 fasta 格式，同类的参数还有-a(seq.txt format)、-b(qseq.txt format)、-e(fastq format)和-d(contig file)。
- -j：删除不规范的字母。
- -m：去冗余。
- -p：将处理过的 Reads 映射到之前建立过索引的基因组上。
- -s：指出将处理过的 Reads 输出到某个文件，例子中将处理过的 Reads 输出到 reads_collapsed.fa。
- -t：指出将 mapping 的结果输出到某个文件，例子中将 mapping 后的结果输出到 reads_collapsed_vs_genome.arf 文件中。
- -v：在屏幕上显示处理的动作，加 v 后屏幕不仅显示了一个处理后的 summary，而且显示了 mapping 的动作，如 discarding、clipping、collapsing、trimming。不加 v 屏幕上只显示一个 summary。

(3) 识别小 RNA 测序文库中已知和未知的 miRNA。命令如下：

miRDeep2.pl reads_collapsed.fagenome.fareads_collapsed_vs_genome.arfmature_ref_this_species.famature_ref_other_species.faprecursors_ref_this_species.fa -t human 2> report.log

  # reads_collapsed.fa 是经过 mapper.pl 处理的 Reads。
  # genome.fa 是基因组文件。
  # reads_collapsed_vs_genome.arfmapping 的结果。
  # mature_ref_this_species.fa 研究物种的成熟 miRNA 文件，miRBase 有下载
  # mature_ref_other_species.fa 其他物种相关的成熟 miRNA 文件，miRBase 有下载
  # precursors_ref_this_species.fa 研究物种 miRNA 前体的文件，miRBase 有下载
  # 如果只有 reads 文件、arf 文件和 genome 文件，没有其他文件，命令为 miRNAs_ref/none
  #miRNAs_other/noneprecursors/none，本物种的成熟 miRNA 无，其他相关物种也无，
  #更没有前体。

参数说明：

- -t 表示物种。
- 2> repot.log 表示将所有的步骤输出到 report.log 文件中。

(4) 解析结果。用浏览器打开.html 文件（见图 13-4）。miRDeep2 不仅能从小 RNA 测序文库中鉴定 miRNA，还能在对应物种基因组中鉴定 miRNA 的编码前体（见图 13-5）及其二级结构（见图 13-6）。

novel miRNAs predicted by miRDeep2

provisional id	miRDeep2 score	estimated probability that the miRNA candidate is a true positive	rfam alert	total read count	mature read count	loop read count	star read count	significant randfold p-value	miRBase miRNA	example miRBase miRNA with the same seed	UCSC browser	NCBI blastn	consensus mature sequence
scaffold42448_51	2.4e+2			477	446	0	31	yes		bmo-miR-9a-5p		blast	ucuuugguuaucuagcguauga
scaffold514_57	1.5e+2			296	275	0	21	yes		lgi-miR-1175-5p		blast	aguggagagaguuuuaucucauc
scaffold459_124	5.5			47352	47352	0	0	yes		bmo-miR-92b		blast	uauugcacucguccggccgau
scaffold602_29	5.4			75346	75346	0	0	yes		bmo-miR-13b-3p		blast	uaucacagccugcuugaucagu
scaffold726_84	5.3			37968	37968	0	0	yes		cel-miR-4930		blast	agcugccugaugaagagcugcc
scaffold626_93	5.3			17109	17109	0	0	yes		cel-miR-1820-5p		blast	uuuugauuguugcucagaaagcc
scaffold622_21	5.2			10968	10968	0	0	yes		lgi-miR-317		blast	ugaacacagcugguggauucuuuu
scaffold602_35	5.2			12244	12244	0	0	yes		bmo-miR-13b-3p		blast	uaucacagcuugcuuugaugagcu
scaffold1366_88	5.2			2063	2063	0	0	yes		bmo-miR-2797b		blast	uuaaguaguggugccgcagguac
scaffold40442_9	5.1			998	998	0	0	yes		bmo-miR-33-5p		blast	gugcauuguaguuguaugca
scaffold1785_71	5.1			12306	12306	0	0	yes		bmo-miR-12		blast	ugaguauuacaucagguacuga
scaffold37128_66	5.1			65110	65110	0	0	yes		bmo-miR-190-5p		blast	agaauaguuugauauauuuggug
scaffold264_54	5.1			18	18	0	0	yes		hru-miR-1990		blast	aguaaguugauggggucccagg
scaffold264_55	5.1			18	18	0	0	yes		hru-miR-1986		blast	uggauuucccaagauccgugau

图 13-4 miRDeep2 软件的预测结果列表

A
scaffold43150:66305..66361:-   CUCCUCAAACAUUCGUCACAAUGACAUUUAAACAUUGGACGGAGGUCUGAUAAGGG
scaffold43150:62920..62975:-   UUUGUCAUACAUUCGUCACGGUCAUU-AUACACUGGACGGAGGUCUGAUAAGGG
scaffold121:721341..721397:-   CUUGUCAUACAUUCGUCACAGUGUCAUUCAAACACUGGACGGAGGUCUGAUAAGGG
scaffold121:721728..721784:-   CUUGUCACACAUUCGUCACAGUGUCAUUCAAACACUGGACGGAGGUCUGAUAAGGG
                                 *   *** **** ********..** **** * *** ********************

B
scaffold175:296804..296865:-   AUAGUUUAGUAUUUCAAACUGUCAAAUAAAUAGCAGUUUGAACUUACAUGAAGCUAUUU
scaffold1142:194349..194410:+   AUAGUUUAGUAUUUCAAACUGUCAAAUAAAUAGCAGUUUGAACUUACAUGAAGCUAUUU
scaffold43:1224..1285:+   AUAGUUUAGUAUUUCAAACUGUCAAAUAAAUAGCAGUUUGAACUUACAUGAAGCUAUUU
C36172:807..868:-   AUAGUUUAGUAUUUCAAACUGUCAAAUAAAUAGCAGUUUGAACUUACAUGAAGCUAUUU
                                ****

图 13-5 miRDeep2 预测的 miRNA 前体及其多前体比对

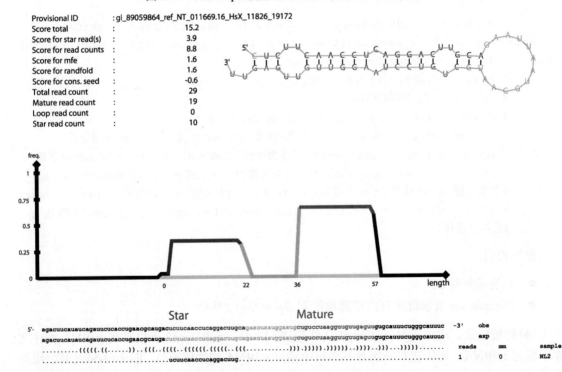

图 13-6 miRDeep2 预测的 miRNA 前体二级结构(Friedländer MR et al., 2012)

习题

1. 在 NCBI 的 SRA 数据库中,下载某物种的小 RNA 测序文库,进行数据分析以鉴定保守的和全新的 miRNA。
2. 分析某物种的小 RNA 测序文库,鉴定被测序的 miRNA、rRNA、repeat、exon、intron、snRNA、snoRNA 等非编码 RNA,并进行分类描述。
3. 分析某物种的小 RNA 测序文库,比较质控软件 FASTX-Toolkit 和 FastQC 的处理效果和异同点。
4. 采用 mireap 软件预测测序文库中的 miRNA,并与 miRDeep2 软件的预测结果进行比较。
5. 思考可能影响 miRNA 鉴定的操作步骤,并证明之。

参考文献

[1] M.R. Friedlander, S.D. Mackowiak, N. Li, et al. miRDeep2 accurately identifies known and hundreds of novel microRNA genes in seven animal clades. Nucleic Acids Res, 2012, Vol. 40, pp.37-52.

[2] P. Landgraf, M. Rusu, R. Sheridan, et al. A mammalian microRNA expression atlas based on small RNA library sequencing. Cell, 2007, Vol. 129, pp. 1401-1414.

[3] Z. Zhou, L. Wang, L. Song, et al. The Identification and Characteristics of Immune-Related MicroRNAs in Haemocytes of Oyster Crassostrea gigas. PLoS One, 2014, Vol. 9, PP. e88397.

第 14 章 RNA-seq 数据分析

高通量 RNA 测序(RNA-seq)是近几年被广泛应用于进行转录本及其可变剪切体表达水平检测的一种技术。与传统的 EST 测序或芯片技术方法相比，RNA-seq 的检测水平更加精确，并能发现组织特异选择性剪切体、转录本、新基因及更多基因组结构变化。RNA-Seq 分析大致分几个步骤，首先要把测到的序列用 TopHat 软件比对到基因组上，然后根据比对到的区段用 cufflinks 构建转录本，之后比较几种条件下的转录本并且用 cuffmerge 合并，最后用 cuffquant 和 cuffdiff 衡量差异和可变间接，或者进行其他分析(见图 14-1)。

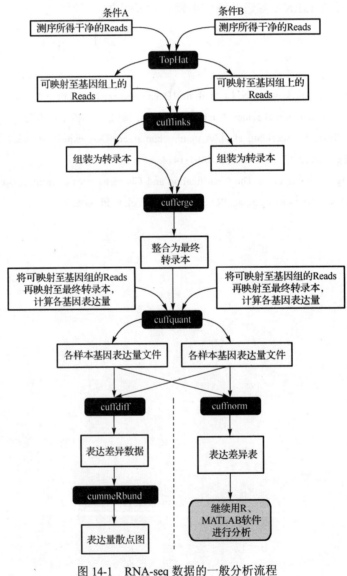

图 14-1　RNA-seq 数据的一般分析流程

14.1 转录组序列比对

所有的转录组测序序列分析的第一步，都是将测到的序列比对到基因组上，这样就能知道序列原来是在基因组的什么地方。比对一般基于两种快速索引算法，一种是哈希，MOSAIK、SOAP、SHRiMP 等软件用的就是这种算法，在将参照基因组建好哈希表之后，可以在常数次的运算里查找到给定序列的位置，非常高效，但是由于基因组有些区段重复性很高，所以查找次数虽然是常数，但有时会变得非常大，从而降低效率；另一种叫 Burrows-Wheeler 变换，BWA、Bowtie 和 SOAP2 等软件使用的就是这种算法，Burrows-Wheeler 变换的设计比哈希更加巧妙，它最开始是一种文本压缩算法，文本重复性越高，它的压缩比就越大，这正好克服了基因组重复性高的问题，而且对于一个精确的序列查找，最多在给定序列的长度的次数里就能找到匹配，所以说基于 Burrows-Wheeler 变换的软件在序列比对里用得更加广泛。另外，RNAseq 的比对还有一个问题，那就是要允许可变剪接的存在，因为一条 RNA 不一定是一个外显子表达出来的，也有可能是几个外显子结合在一起，原来基因里的内含子被剪切，这些内含子的长度从 50 到 10 个碱基不等，如果直接用 DNA 测序的方法在基因组里寻找，有些正好在两个 exon 连接处的序列就会有错配，而且有些在进化过程中遗漏下来的假基因是没有 intron 的，这样就导致有些序列会被比对到假基因上，使假基因的表达变得很高，所以传统的 BWA 和 Bowtie 软件在 RNAseq 里都不是最好的选择。

更加适合 RNA 比对的软件需要克服上面的两个问题，Tophat、subread、STAR、GSNAP、RUM、MapSplice 都是为 RNA 测序而开发的，Tophat 是其中的佼佼者，它在序列比对的过程中分 3 个步骤，如果基因注释文件存在的话，它会先用注释文件的转录组来比对，然后再对剩下的序列用 bowtie 进行普通的比对，最后再用 bowtie 里用过的所有的序列进行剪接比对，所以跟其他软件比起来会有比较高的正确率。

14.1.1 数据准备

从测序仪测出的序列文件通常以 fastq 格式文件存在。测序仪能够针对每一个碱基给出相应的置信度，用 e 值来表示。e 值越小，测序错误率越低，可靠性越高。通过公式，可将 e 值转化成整数，再计算出测序质量，通常以 ASCII 码来表示。

$$Q\_phred = -10 \lg e$$

计算 ASCII 码有两种方法：一种是 Sanger 法，ASCII 码以 32 为基数，再加上质量值 Q_phred；另一种是 Illumina 法，以 64 为基数加上质量值 Q_phred。

14.1.2 比对数据库

分析时，要把原始序列与基因组或转录组参考序列做比对。对模式生物来说，参考序列可以通过 NCBI 基因组数据库下载，对于非模式生物，可以从 NCBI 基因组数据库下载相似物种或该物种已测序的基因组序列来构建一个参考序列数据库。

14.1.3 TopHat 软件下载及安装

TopHat 软件需要在 UNIX 内核的 Linux 或 Mac OS 系统上运行,可以在 http://ccb.jhu.edu/software/tophat/index.shtml 网站上下载已编译好的软件包来使用下列命令直接进行安装,并将其路径加入系统环境变量中:

```
cd /opt/biosoft
tar xvfz tophat-2.0.0.Linux_x86_64.tar.gz
export PATH=$PATH:"TopHat 的路径"
cd ~/bin
ln -s ~/tophat-2.0.0.Linux_x86_64/tophat2
```

现在可以使用 tophat2 命令来运行 TopHat 软件了。

14.1.4 Bowtie 软件和 SAMtools 软件下载及安装

TopHat 需要用 Bowtie 或 Bowtie2 进行普通的比对,所以需要预先安装好 Bowtie 相关软件,并将其路径加入系统环境变量中。序列比对软件 Bowtie2 可以在 http://bowtie-bio.sourceforge.net/bowtie2/index.shtml 网站上下载编译好的程序,并用以下命令将 bowtie2、bowtie2-build 和 bowtie2-inspect 这几个命令路径加入系统环境变量中。

```
export PATH=$PATH:"Bowtie2 的路径"
```

当用户想在特定目录下运行 Bowtie2 软件时,可以将 Bowtie2 的所有可执行文件复制到特定目录中,包括 bowtie2、bowtie2-align-s、bowtie2-align-l、bowtie2-build、bowtie2-build-s、bowtie2-build-l、bowtie2-inspect、bowtie2-inspect-s 和 bowtie2-inspect-l。

TopHat 和其他的基因组比对软件还依赖于 SAMtools 软件来对 SAM 或 BAM 文件格式进行操作,所以需要安装 SAMtools 软件。可以在http://www.htslib.org/ 网站中下载 SAMtools 的源码包,在 Linux 系统中编译成可执行文件,并将其路径加入系统环境变量中:

```
cd /opt/biosoft/samtools-1.x
make
make prefix="SAMtools 的路径"
export PATH="SAMtools 的路径":$PATH
```

14.1.5 常用 TopHat 参数介绍

TopHat 基本的命令是:

```
tophat [options]* <genome_index_base><reads1_1[,...,readsN_1]> [reads1_2,...readsN_2]
```

其中,genome_index_base 是参考基因组的目录,reads1 是要比对的 fastq 文件位置,reads2 是做双端比对的第二个序列 fastq 文件位置,做单端比对可省略。options 是设定参数,主要需要考虑的参数有:

- -G --GTF <GTF/GFF3 file>:设定基因组注释文件(GTF 格式),包括基因组中所有基因,转录本和外显子的从属关系及位置信息等。所以对于已经映射在基因组上的序列,我们可以直接根据它的位置从注释文件里查找它是不是属于一个外显子，或者是不是一个转录本。可以从 NCBI 上特定物种的基因组数据中下载。

- -o --output-dir <string>：设定输出文件夹目录。
- -p --num-threads <int>：设定用几个线程来运行，运行时间是根据 fastq 文件的大小和设定的线程数来决定的，一般单端 8 个线程需要每 GB 一个小时，双端各 4GB，线程数设为 16 的话需要五六个小时。
- -r --mate-inner-dist <int>：设定双端测序中两端序列的内部距离，默认值是 50bp。
- --max-insertion-length <int>：设定最长插入片段长度，默认值是 3。
- --max-deletion-length <int>：设定最长删除片段长度，默认值是 3。
- --mate-std-dev <int>：设定内部距离的标准差，默认值是 20bp。

14.1.6 基因组数据库序列索引

运行 TopHat 之前，需要对参考基因组进行索引（index）。可以用 Bowtie2 来完成：

```
bowtie2-build genome.fa genome
```

其中，genome 是参考基因组的序列，genome.fa 是输出的参考基因组索引好的文件，对参考基因组做索引是为了提高比对时查找的效率。

14.1.7 TopHat 使用实例

我们可以使用 TopHat 提供的样例数据来做一个示范，样例数据下载地址是 http://ccb.jhu.edu/software/tophat/downloads/test_data.tar.gz。

使用如下命令来解压样例数据和运行 TopHat 软件，来检验安装是否完成。

```
tar zxvf test_data.tar.gz
cd test_data
tophat -r 20 test_ref reads_1.fq reads_2.fq
```

如果 TopHat 软件安装成功，会最终显示以下输出结果：

```
Joining segment hits
Reporting output tracks
-----------------------------------------------
Run complete [00:00:00 elapsed]
```

14.1.8 输出文件说明

在上面的样例文件夹中，有 tophat_out 文件夹，TopHat 提供了多种输出格式的文件，比如 accepted_hits.bam 文件，以及 insertions.bed 文件、deletions.bed 文件和 junction.bed 文件。accepted_hits.bam 文件是序列比对结果文件，它以 SAM 格式的二进制形式保存，可以有效缩减存储空间。junction.bed 文件是潜在外显子-外显子连接结果文件，它提供了可变剪切供体及受体在 test_chromosome 基因组中的位置信息及比对到外显子连接序列的读序列条数，它以 UCSC BED 格式存储。insertions.bed 和 deletions.bed 文件是插入和缺失突变的结果文件，它也是以 UCSC BED 格式存储。

TopHat 的输出格式文件可以用其他的基因组查看软件来查看，比如 IGV、IGB 和 UCSC genome browser 等。

14.2 转录本组的组装

用 TopHat 比对完之后，cufflinks 就可以把比对到基因组里的序列组装成一个转录组了，这个转录组理论上包含了所有当时细胞里的所有 mRNA，以及所有转录本的表达量。这个表达量是根据比对到基因组的序列总数和每个转录片断的长度进行归一化的，它是对于在转录片断里的每 1000 个碱基对，在每 100 万个成功比对的序列中，比对在这 1000 个碱基对上的序列的比例，即 FKPM（fragments per kilobase of transcript per million mapped fragments）。

$$FPKM=10^6 \times 10^3 \times C/(N \times L)$$

其中，C 代表的是比对在这 1000 个碱基对上的序列个数，N 是所有成功比对的序列个数，L 是转录片断的长度。

14.2.1 cufflinks 的安装

我们可以从 http://cole-trapnell-lab.github.io/cufflinks/install/ 网站中下载 cufflinks 的已编译好的可执行文件，解压文件，并将包括 cufflinks、cuffdiff 和 cuffcompare 等可执行文件的路径加入系统环境变量中。

```
export PATH=$PATH:"cufflinks 的路径"
```

我们可以用 cufflinks 附带的测试数据来测试安装是否完成。先从 http://cole-trapnell-lab.github.io/cufflinks/assets/downloads/test_data.sam 下载测试数据。用以下命令调试：

```
cufflinks ./test_data.sam
```

我们会看到如下输出：

```
[bam_header_read] EOF marker is absent. The input is probably truncated.
[bam_header_read] invalid BAM binary header (this is not a BAM file).
File ./test_data.sam doesn't appear to be a valid BAM file, trying SAM...
[15:23:15] Inspecting reads and determining fragment length distribution.
> Processed 1 loci.                    [*************************] 100%
Warning: Using default Gaussian distribution due to insufficient paired-end reads in open ranges.
It is recommended that correct paramaters (--frag-len-mean and --frag-len-std-dev) be provided.
> Map Properties:
>       Total Map Mass: 102.50
>       Read Type: 75bp x 75bp
>       Fragment Length Distribution: Truncated Gaussian (default)
>             Estimated Mean: 200
>             Estimated Std Dev: 80
[15:23:15] Assembling transcripts and estimating abundances.
> Processed 1 loci.                    [*************************] 100%
```

我们可以在当前路径发现 transcripts.gtf 文件，该文件就是 cufflinks 将比对到基因组里的序列组装成的一个转录组注释文件。该文件应该具有如下格式：

```
test_chromosome Cufflinks    exon    53      250     1000    +       .
test_chromosome Cufflinks    exon    351     400     1000    +       .
test_chromosome Cufflinks    exon    501     550     1000    +       .
```

这代表 cufflinks 软件安装是成功的。

14.2.2 cufflinks 的参数

- -p：设定用几个线程来运行，运行时间是根据输入的 BAM/SAM 文件的大小和设定的线程数来决定的。
- -g --GTF-guide <reference_annotation.(gtf/gff)>：基因组注释信息文件目录。
- -b --frag-bias-correct <genome.fa>：基因组序列 fastaq 文件目录。
- -u --multi-read-correct：对多匹配序列的分配进行优化。
- -N --upper-quartile-norm：对表达量进行归一化处理。
- -L --label：在 GTF 格式中的样本名称。默认值是 CUFF。

14.2.3 cufflinks 的输出结果

cufflinks 会输出 3 个 GTF 格式的文件，分别是 transcripts.gtf、isoforms.fpkm_tracking 和 genes.fpkm_tracking。其中，transcripts.gtf 文件内容是拼接的所有转录本注释，包括全新可变剪切信息；isoforms.fpkm_tracking 文件是可变剪切水平的表达量计算文件；genes.fpkm_tracking 是基因水平的表达量计算文件。

上述 GTF 文件是 tab 分割的表格，每一行代表一条转录本记录，每一列的含义如表 14-1 所示。

表 14-1　cufflinks 输出 GTF 文件格式含义

列数	名称	示例	具体描述
1	Seqname	ChrX	染色体或重叠群名称
2	Source	Cufflinks	生成该文件的软件或数据库
3	Feature	Exon	该记录代表是转录本还是外显子
4	Start	77696957	序列起始位置
5	End	77712009	序列终止位置
6	Score	1000	可变剪切打分
7	Strand	+	转录本位于正链还是负链
8	Frame	.	cufflinks 并不预测转录本的阅读框，所以该列并未使用

14.3 合并转录组

为了比较不同样本间的差异，需要把实验组和对照组的转录组数据合并起来，cuffmerge 不仅可以用来合并两个或者多个转录组，还能把注释过后的基因组的信息也合并起来，从而找到新的基因可变剪接，提高合并转录组的质量。cuffcompare 和 cuffmerge 的区别是：cuffcompare 不改变原有样本里的转录片段，只是将它们的位置进行比较，输出的 combined 文件也只是包含了所有的小转录片段，而 cuffmerge 会寻找几个样本间的不同，试着把几个样本里的转录片段从头开始尽可能拼接成更长、更完整的片段，所以 cuffmerge 的输出 merge 文件比 cuffcompare 输出的 combined 文件更有说服力。

14.3.1　用 cuffmerge 合并转录本的命令

cuffmerge 的一般命令是：

cuffmerge [options]* <assembly_GTF_list.txt>

其中，assembly_GTF_list.txt 是用 cufflinks 得到的拼接转录本注释，options 是设定参数，主要需要考虑的参数有：

- -o <outprefix>：输出统计文件的路径。
- -g --ref-gtf：可选的 GTF 其他注释文件，会和上面指定的拼接转录本注释合并，输出到最终结果中。
- -p --num-threads <int>：设定用几个线程来运行，运行时间是根据输入的 GTF 文件的大小和设定的线程数来决定的。
- -s --ref-sequence <seq_dir>/<seq_fasta>：指定参考基因组序列 fastaq 文件。

cuffmerge 会生成一个 merged 文件夹，其中有一个 merged.gtf 文件，这个文件就是合并好的转录组，它也是 GTF 格式的，参考表 14-1。

14.4　基因表达差异分析

cuffmerge 软件可以输出一个合并好的转录本文件 merged.gtf，接下来就该分析差异表达了。我们可以直接用 cuffdiff 来分析差异表达，但这一步会耗费大量计算资源，所以如图 14-1 所示，推荐使用 cuffquant 先计算 RNA-seq 不同样本中转录本的表达谱，再用 cuffdiff 来比较不同样本表达谱的差异。

14.4.1　用 cuffquant 计算表达谱

cuffquant 的一般命令如下：

cuffquant [options]* <annotation.(gtf/gff)> <aligned_reads.(sam/bam)>

其中，annotation.gtf 文件通常是 cuffmerge 生成的转录本注释文件 merged.gtf，aligned_reads.(sam/bam) 文件通常是 TopHat 生成的以 SAM 格式的二进制形式保存的序列比对结果文件，options 是设定参数，主要需要考虑的参数有：

- -o --output-dir <string>：输出文件目录，默认是当前目录。
- -p --num-threads <int>：设定用几个线程来运行，默认值是 1。
- -u --multi-read-correct：对多匹配序列的分配进行优化。
- -b --frag-bias-correct <genome.fa>：提供参考基因组，让 cuffquant 执行偏差检测和校正算法，提高计算表达谱的精确度。

cuffquant 输出的表达谱结果文件是 abundances.cxb，这是一个二进制文件，可供 cuffdiff 软件来比较不同表达谱的差异。

14.4.2 用 cuffdiff 计算不同样本表达谱的差异

cuffdiff 可以分析差异表达，它的一般命令是：

```
cuffdiff [options]* <transcripts.gtf>
<sample1.(sam/bam/cxb)>
<sample2.(sam/bam/cxb)>…
```

其中，transcripts.gtf 文件通常是 cuffmerge 生成的转录本注释文件 merged.gtf，sample1.(sam/bam/cxb) 文件通常是 TopHat 生成的以 SAM 格式的二进制形式保存的序列比对结果文件或 cuffquant 输出的表达谱结果文件 abundances.cxb。当输入多个样本的表达谱时，cuffdiff 会比较它们两两之间的差异表达情况。options 是设定参数，需要考虑的主要参数有：

- -o --output-dir <string>：输出文件目录，默认是当前目录。
- -L --labels <label1,label2,…,labelN>：对每一个 bam 文件对应的样本按顺序起一个名字作为标签，标签之间用逗号分隔。
- -p --num-threads <int>：设定用几个线程来运行，默认值是 1。
- -T --time-series：指示 cuffdiff 按时间序列模式来分析样本，所提供的样本需要按时间递增顺序来排列。
- --compatible-hits-norm：指示 cuffdiff 只考虑哪些比对到参考基因组的序列来计算 FPKM 值。默认是开启的。
- -c --min-alignment-count <int>：设定基因组位置上最小的比对片段数量，以计算 FPKM 值，默认值是 10。
- --FDR <float>：设定的错误发现率(false discovery rate)显著阈值。FDR 小于该值的基因被认为是显著差异表达的，默认是 0.05。

cuffdiff 的输出结果比较多，它会对每个基因、每个转录片段、每个编码序列和每个基因的不同剪接体进行 FPKM、个数和样本间差异分析，最后生成几组不同的文件。

FPKM 追踪文件(tracking files)有以下 4 个文件(见表 14-2)。

表 14-2 FPKM 追踪文件

文件名	描述
isoforms.fpkm_tracking	转录本 FPKMs
genes.fpkm_tracking	基因 FPKMs
cds.fpkm_tracking	编码区段 FPKMs
tss_groups.fpkm_tracking	主要转录本 FPKMs

计数追踪文件(count tracking files)有 4 个文件(见表 14-3)。

表 14-3 表达量计数追踪文件

文件名	描述
isoforms.count_tracking	转录本表达量计数
genes.count_tracking	基因表达量计数
cds.count_tracking	编码区段表达量计数
tss_groups.count_tracking	主要转录本表达量计数

片段集团追踪文件(read group tracking files)有 4 个文件(见表 14-4)。

表 14-4 片段集团追踪文件

文件名	描述
isoforms.read_group_tracking	转录本片段集团
genes.read_group_tracking	基因片段集团
cds.read_group_tracking	编码区段片段集团
tss_groups.read_group_tracking	主要转录本片段集团

差异表达检测文件(differential expression tests)有 4 个文件(见表 14-5)。

表 14-5 差异表达检测文件

文件名	描述
isoforms.exp.diff	转录本差异表达检测
genes.exp.diff	基因差异表达检测
cds.exp.diff	编码区段差异表达检测
tss_groups.exp.diff	主要转录本差异表达检测

上述文件具有相似的格式,其内容如表 14-6 所示。

表 14-6 cuffdiff 文件内容

列	列名	示例	描述
1	Tested id	XLOC_000001	基因编号
2	gene	Lypla1	基因名称
3	locus	chr1:4797771-4835363	基因在基因组的位置
4	sample 1	Liver	样本 1 标注
5	sample 2	Brain	样本 2 标注
6	Test status	NOTEST	检测情况,可以是以下几种:OK(检测成功),NOTEST(检测不成功),LOWDATA(该位置太复杂或浅测序),HIDATA(该位置片段太多),FAIL(检测出错)
7	FPKMx	8.01089	基因在样本 x 的 FPKM
8	FPKMy	8.551545	基因在样本 y 的 FPKM
9	$\log_2(FPKMy/FPKMx)$	0.06531	基因的表达倍数差异的对数值
10	test stat	0.860902	显著性检测值
11	p	value 0.389292	未矫正的统计检测 p-value 值
12	q	value 0.985216	FDR 值
15	significant	no	Benjamini-Hochberg correction 的多重比较判断,yes 代表差异显著,no 代表差异不显著

14.5 差异表达结果的热图表示

如图 14-1 所示,我们可以用 CummRbund 来进一步分析差异表达的基因,来生成差异表达基因的热图。CummRbund 是 R 里的一个包,用来分析 cuffdiff 的结果,在安装好这个包之后,要做的只是把路径改在 cuffdiff 生成结果的文件夹里,如下所示:

```
library(cummeRbud)          #在 R 里加载已经安装好的 cummeRbud 包。
```

第 14 章 RNA-seq 数据分析

```
cuff <- readCufflinks()    #把所有 cuffdiff 生成的结果读入 cuff 这个变量里。
```

下一步就可以作差异表达的基因的热图了,在 R 里输入如下命令:

```
gene.diff <- diffData(genes(cuff))
gene.diff.top <- gene.diff[order(gene.diff$p_value),][1:100,]
                                              #取前 100 个差异最显著的基因。
myGeneIds <- gene.diff.top$gene_id            #找到这前 100 个差异基因的 ID。
myGenes <- getGenes(cuff, myGeneIds)          #根据基因 ID 得到基因的名称。
csHeatmap(myGenes, cluster="both")            #画一张热图(见图 14-2)。
```

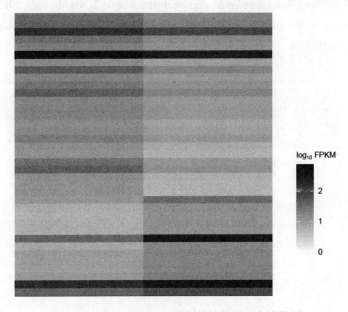

图 14-2 用 cummeRbud 绘制的差异基因表达热图

习题

1. 下载并安装 TopHat、Bowtie2、SAMtools、cufflinks,并用它们附带的测试数据进行 RNA-seq 拼接组装练习。
2. 熟悉 TopHat、cufflinks、cuffmerge、cuffquant、cuffdiff 等软件的常用参数,输出文件格式。
3. 了解 FPKM 值的计算。
4. 尝试在 R 语言中安装 CummRbund 软件包,并绘制差异表达基因的热图。

参考文献

[1] C. Trapnell, A. Roberts, L. Goff, et al. Differential gene and transcript expression analysis of RNA-seq experiments with TopHat and Cufflinks. Nat Protoc, 2012,Vol.7, pp.562–578.

[2] C. Trapnell, L. Pachter, S.L. Salzberg. TopHat: discovering splice junctions with RNA-Seq. Bioinformatics.

2009, Vol.25, pp.1105-1111.

[3] B. Langmead, C. Trapnell, M. Pop, et al. Ultrafast and memory-efficient alignment of short DNA sequences to the human genome. Genome Biol, 2009, Vol.10, pp.R25.

[4] D. Kim and S.L. Salzberg. TopHat-Fusion: an algorithm for discovery of novel fusion transcripts. Genome Biol, 2011, Vol.12, pp.R72.

[5] D. Kim, G. Pertea, C. Trapnell, et al. TopHat2: accurate alignment of transcriptomes in the presence of insertions, deletions and gene fusions. Genome Biol, 2013, Vol.14, pp.R36.

[6] B. Langmead, S. Salzberg. Fast gapped-read alignment with Bowtie 2. Nat Methods, 2012, Vol.9, pp.357-359.

[7] H. Li, B. Handsaker, A. Wysoker, et al. The sequence alignment/map format and SAMtools. Bioinformatics, 2009, Vol.25, pp.2078-2079.

第 15 章 基 因 预 测

基因组组装完毕后即可进行基因预测，PASA 主页（http://pasapipeline.github.io/）对一个完整的基因预测过程进行了总结，当然受所掌握的信息及测序结果影响，并不是所有步骤一定会用到，现将这些步骤介绍如下。

(1) 从头基因预测（ab initio）：所用软件包括 GeneMarkHMM、FGENESH、Augustus、SNAP、GlimmerHMM；

(2) 引入蛋白质结构参数：所用软件包括 GeneWise、uniref90；

(3) 引入已知 ESTs、全长 cDNA、RNA-seq 数据等：所用软件 Trinity；

(4) 将上步的组装结果及 EST、cDNA 序列等进行再组装：所用软件 PASA；

(5) 对以上预测结果进行整合：所用软件 EVM；

(6) 使用 PASA 对 EVM 整合数据进行进一步修饰；

(7) 最后对预测结果进行有限的人工修饰：所用软件包括 Argo 或者 Apollo。

常用的基因预测软件包括 GeneMark 软件系列、Glimmer 软件、AUGUSTUS、PASA、EVM 等，不同软件各有优劣，预测结果稍有差异，本章将对这些软件进行介绍。

15.1 GeneMark 软件序列

GeneMark 软件包含一系列软件，详细介绍参见 http://topaz.gatech.edu/GeneMark/，这些不同软件的功能如下。

- GeneMarkS：进行原核生物、内含子少的真核生物、病毒及噬菌体等生物的基因组及转录组的基因预测，该软件可进行自我训练（序列长度须大于 50KB），并融合了 GeneMark.hmm（prokaryotic）及 GeneMark（prokaryotic）两款软件。
- GeneMark-ES：进行真核生物的基因预测，可进行无监督的自我训练（序列长度须大于 10MB），对于真菌进行基因预测提供有特殊的预测模型，并提供部分物种的最佳预测模型。
- GeneMark-ET：是在 GeneMark-ES 基础上的改进，可进行真核生物的 RNA-seq 序列的基因预测。
- GeneMark.hmm（eukaryotic）：可进行真核生物的基因预测，可进行植物及动物基因组基因预测。
- MetaGeneMark：进行混合基因组（metagenomic）的基因预测。

本章将主要介绍 GeneMarkS。

15.1.1 GeneMarkS 的安装

该软件对非盈利性学术机构及人员免费，但是需要填写相关信息以获得下载权限，下载时需要将软件及密码(key)一起下载。相关下载安装命令如下：

```
$cd /opt/biosoft
$wget http://topaz.gatech.edu/GeneMark/tmp/GMtool_P1wsv/gm_key_64.tar
$wget http://topaz.gatech.edu/GeneMark/tmp/GMtool_P1wsv/genemark_suite_linux_64.tar.gz
$chmod 755 genemark_suite_linux_64.tar.gz
$tar -zxvf genemark_suite_linux_64.tar.gz
$tar -xvf gm_key_64.tar
$mv gm_key ~/.gm_key
```

解压之后相关命令在/opt/biosoft/genemark_suite_64/gmsuite/文件夹下，主要包括 gm、gmsn.pl、gmhmmp、gmhmmp_heuristic.pl。

15.1.2 相关参数介绍

1. gmsn.pl 命令

用法：gmsn.pl [options] FILE
主要用于细菌基因预测，GeneMarkS 版本 4.17 于 2013 年 8 月发布。
(1)输出文件参数选项。

- --output：输出文件存放位置，默认存放至当前文件夹的<FILE>.lst 文件中。
- --name：指定输出模型文件，默认值是 GeneMark_hmm.mod，否则为<name>_hmm.mod。
- --combine：将 GeneMarkS 运行得到的模型文件参数与 Heuristic 模型文件参数整合成新的模型，默认值为 GeneMark_hmm_combined.mod，否则为<name>_hmm_combined.mod。
- --gm：获得 GeneMark 模型，默认值是 GeneMark.mat，否则是<name>_gm.mat。
- --species：指定已建立的物种模型。
- --clean：删除中间结果文件，默认保留中间结果文件。
- --format：指定输出文件格式，默认是 LST 格式，有效的格式是 LST 及 GFF。
- --ps：建立 GeneMark 图形文件，以 PostScript 形式建立。
- --pdf：建立 GeneMark 图形文件，以 pdf 形式建立。
- --fnn：建立所预测基因的核酸序列文件。
- --faa：建立所预测基因的蛋白质序列文件。

(2)运行可选参数。

- --order：指定 markov chain 顺序，默认值是 2，支持的数值大于等于 0。
- --order_non：非编码参数顺序，默认值是 2。
- --gcode：Genbank 遗传密码子表编号，默认值是 11，有效值是 11、4、1，其中 1 是标准密码(The standard code)；4 是原生动物、腔肠动物、线粒体等密码(The mold, protozoan, and coelenterate mitochondrial code and the mycoplasma/spiroplasma code)；11 是细菌、古菌叶绿体密码(The bacterial, archaeal and plant plastid code)。3 种密码子编号的主要区别在于起始及终止密码子的差异，见表 15-1。

表 15-1　Genbank 3 种密码子表的起始及终止密码子

遗传密码子表(genetic code)	11	4	1
起始密码子(start codon)	ATG GTG TTG	ATG GTG TTG	ATG
终止密码子(stop codon)	TAA TAG TGA	TAA TAG	TAA TAG TGA

- --shape：序列组织形式，默认值是 partial，有效值是 linear(线状)、circular(环状)、partial(部分序列)。
- --motif：交互式寻找含有 CDS 起点的序列模块，默认值是 1，有效值是 0 及 1。
- --width：模块长度，默认值是 6，支持数据范围大于等于 3。
- --prestart：指定包含序列模块的翻译起始位点上游序列长度，默认值是 40，有效值范围大于等于 0。
- --identity：指定迭代终止时的一致性水平，默认值是 0.99，有效值范围大于等于 0 且小于等于 1。
- --maxitr：指定最大迭代次数，默认值是 10，有效值范围大于等于 1。
- --fixmotif：指定模块在距离起点的位置，模块可以与起始密码子重叠。
- --offover：禁止预测基因重叠，默认值是容许基因重叠。
- --strand：指定预测基因的所在链，默认值是 both 双链，有效值为 direct(当前链)、reverse(互补链)、both(双链)。
- --ext：包含额外信息的文件名。

(3) 输出及运行协同参数。

- --prok：指定运行原核生物序列(该选项等同于同时使用--combine、-clean、-gm)。
- --eu：k 指定运行内含子少的真核生物序列(该选项等同于同时使用--offover、--gcode 1、--clean、--fixmotif、--prestart 6、--width 12、--order 4、--gm)。
- --virus：指定运行真核病毒序列(该选项等同于同时使用--combine、--gcode 1、--clean、--fixmotif、--prestart 6、--width 12、--gm)。
- --phage：指定运行噬菌体序列(该选项等同于同时使用--combine、--clean、--gm)。

(4) 测试或者软件开发选项。

- --par：指定 GeneMarkS 的客户参数，默认选择是基于 gcode 值，par_<gcode>.default，软件自带 4 个客户参数文件，即 par_11.default、par_1.default、par_4.default、par_EST.default。
- --imod：指定 GeneMarkS 的客户模型。
- --gibbs：指定 Gibbs 软件版本，默认值是 3，有效值是 1 和 3，这两个版本均存在于软件所在文件夹。
- --test：安装测试。

2. gm 命令

用法：gm [options] FILE
软件版本：GeneMark 版本 2.5p。

- -m：指定所用 parameter matrix(参数矩阵)文件名。

- -R：指定所用 RBS 模式文件名。
- -s：滑动窗口的步长。
- -w：滑动窗口的长度。
- -c：备用遗传密码子表编号(密码编码子文件)。
- -l：有 5 个有效值。0，不生成特征清单，默认值；o，列出 ORF；r，列出特征区域；x，列出真核生物可变剪切区域；q，安静模式，不显示头部信息。
- -o：有 4 个有效值。0，不生成 ORFs，默认值；p，生成 ORFs 对应的蛋白质序列；n，生成 ORFs 的转录序列；q，安静模式，不显示头部信息。
- -r：有 4 个有效值。0，不生成特征区域，默认值；p，生成特征区域对应的蛋白质序列；n，生成特征区域的转录序列；q，安静模式，不显示头部信息。
- -x：有 4 个有效值。0，不生成外显子；p，列出外显子对应的蛋白质序列；n，列出外显子对应的转录序列；q，安静模式，不显示头部信息。
- -g：有 9 个有效值，0，不生成图片输出文件；k，指定图片标尺；n，在图片上标注终止密码子；o，在图片上标注 ORFs；r，在图片上标注特征区域；s，在图片上标注起始密码子；x，在图片上标注外显子；l，打印图片编辑；f，在图片上标注移码错误。
- -e：设置真核 PS 图片格式。
- -p：设置原核 PS 图片格式。
- -z：图片放大倍数。
- -v：显示详细信息。

3. gmhmmp 命令

用法：gmhmmp [options] FILE
软件版本号 3.05。
(1) 必需参数。

- -m：指定提供基因预测参数的文件。

(2) 输出结果可选参数。

- -o：指定输出文件名，默认值依据输入序列文件名命名(FILE.lst)。
- -a：显示预测基因的蛋白质序列。
- -d：显示预测基因的核酸序列。
- -f：输出文件格式，L，默认值，LST；G，GFF2。
- -k：显示 RBS 分值，该参数必须是命令行的第一个参数。

(3) 基因预测运行参数。

- -r：用 RBS 模式文件参数进行基因起始预测。
- -s：预测基因的所在链，有效值：d、r、.，默认值是 "."，表示进行双链预测。
- -p：是否容许基因重叠。1，容许，默认值；0，不容许。

(4) 软件开发可选参数。

- -i：非编码状态的起始或者终止的可能性，默认值是 0.5。

- -n：在序列 Gaps 处不进行非完整基因预测，Gaps 在 Scaffolds 内部以 Gaps 长度的 "N" 表示。

示例：

```
gmhmmp -r -m bsub.mod -o sequence.lst sequence.fasta
gmhmmp -r -p 0 -m yeast.mod -o sequence.lst sequence.fasta
```

4. gc 命令

用法：gc [FILE1] [FILE2]…
预测各个输入文件总体 GC 含量，在参数文件选用时需调用。

5. mkmat 命令

用法：mkmat [-x] \<coding file\> \<noncoding file\> \<order\> \<output file\>
版本号 1.5,c，用于软件调用进行参数模型训练。

- -x：让命令生成的 matrix 文件以合适的数据形式呈现。

6. probuild 命令

版本 2.16，用于软件调用进行参数模型训练。
用法：probuild [options]

- --par：指定参数文件。
- --mkmod：指定生成模型文件名。
- --cod：指定存放蛋白质序列文件名。
- --non：指定存放基因间序列文件名。
- --ORDM：指定马尔可夫链阶。

15.1.3 GeneMarkS 命令运行

```
$mkdir -p /home/fsp/Test/genePrediction/geneMarkS
$cd /home/fsp/Test/genePrediction/geneMarkS
$cp CBB.seq ./     #复制待预测的基因组组装结果文件，fsata 格式
$/opt/biosoft/genemark_suite_linux_64/gmsuite/gmsn.pl --prok --fnn --faa
-format GFF ../CBB.seq
```

在命令运行过程中，软件会首先根据输入序列的 GC 含量（CBB.seq 序列的 GC% 为 65%），选择合适的模型文件（这些文件存放于软件安装路径下的 heuristic_mod 文件夹中，如 heu_11_65.mod）进行基因预测；然后在所选择模型基础上建立第一个新模型——预测——与前次比较预测结果——重新建立第二个模型，依次类推，循环迭代至所设定的迭代次数，默认是 10 次终止；比较预测结果，选择确定最终的模型文件，将第 10 次迭代获得的模型命名为 GeneMark_hmm.mod；之后将原始模型与第 10 次训练后的模型进行整合，命令为 GeneMark_hmm_combined.mod 作为最终预测模型文件；调用 mkmat 命令生成 GeneMark.mat 矩形参数文件；复制 heu_11_65.mat 作为 GeneMark_heuristic.mat 文件；最后用最终的模型文件及相关参数文件进行基因预测。

15.1.4　GeneMarkS 运行结果解释

运行结果见图 15-1，结果中包括 8 个文件，其中重要的有 4 个文件：***.gff 文件是 GFF2 格式的预测结果；***.faa 是预测基因的蛋白质序列；***.fnn 是预测基因的核酸序列；gms.log 是运行结果的命令记录文件，详细的命令运行过程可参阅该文件。

```
-rw-rw-r--. 1 fsp fsp 1542980 Aug 10 21:11 CBB.seq.faa
-rw-rw-r--. 1 fsp fsp 4516167 Aug 10 21:11 CBB.seq.fnn
-rw-rw-r--. 1 fsp fsp  309231 Aug 10 21:11 CBB.seq.gff
-rw-r--r--. 1 fsp fsp    3228 Aug 10 21:11 GeneMark_heuristic.mat
-rw-rw-r--. 1 fsp fsp    4355 Aug 10 21:11 GeneMark_hmm_combined.mod
-rw-rw-r--. 1 fsp fsp    4616 Aug 10 21:11 GeneMark_hmm.mod
-rw-rw-r--. 1 fsp fsp    2984 Aug 10 21:11 GeneMark.mat
-rw-rw-r--. 1 fsp fsp   20049 Aug 10 21:11 gms.log
```

图 15-1　GeneMarkS 运行结果

15.2　Glimmer 软件

Glimmer（Gene Locator and Interpolated Markov ModelER）可进行微生物基因组基因的预测，尤其适合细菌、真菌、病毒预测，该软件已经对超过 100 个物种进行了基因预测，该软件目前的版本是 3.02b，对于 NCBI RefSeq 的细菌基因组，全部用 Glimmer3 进行了预测，相关结果可以在 ftp 网址下载：

ftp://ftp.ncbi.nih.gov/genomes/Bacteria

Glimmer 的详细信息见网址：

http://ccb.jhu.edu/software/glimmer/index.shtml

对于真核生物的预测，可以使用 GlimmerHMM，对于宏基因组预测，可以使用 Glimmer-MG。Glimmer 可以下载至本地运行，也可以在线运行，在线运行网址为：

http://www.ncbi.nlm.nih.gov/genomes/MICROBES/glimmer_3.cgi

15.2.1　Glimmer 软件安装

Glimmer 软件可安装在任何 Linux/UNIX 系统中，软件下载安装命令如下：

```
$cd /opt/biosoft
$wget http://ccb.jhu.edu/software/glimmer/glimmer302b.tar.gz
$tar -zxvf glimmer302b.tar.gz
$cd glimmer3.02/src
$make
```

安装完毕后，在/opt/biosoft/glimmer3.02/bin 文件夹中有生成相应的命令文件。另外在/opt/biosoft/glimmer3.02/scripts 文件夹中有一些 perl 程序，这些程序可调用/opt/biosoft/glimmer3.02/bin 文件中的命令进行基因预测。根据软件自带的说明文件，scripts 文件夹中的 g3-from-scratch.csh 文件需进行如下修改（由于不同的人对软件存放的位置及文件夹命名有所差异，因此此处修改的目的就是指定所用计算机相关软件的位置）：

"set awkpath"处改为"set awkpath = /opt/biosoft/glimmer3.02/scripts";

"set glimmerpath"处改为"set glimmerpath = /opt/biosoft/glimmer3.02/bin";

g3-from-training.csh 与 g3-from-iterated.csh 程序还需用到 ELPH 软件，该软件的介绍请参见网页 http://cbcb.umd.edu/software/ELPH/，该软件安装命令如下：

```
$cd /opt/biosoft/glimmer3.02
$wget ftp://ftp.cbcb.umd.edu/pub/software/elph/ELPH-1.0.1.tar.gz
$chmod 755 ELPH-1.0.1.tar.gz
$tar -zxvf ELPH-1.0.1.tar.gz
$cd ELPH/source
$make
```

同样，g3-from-training.csh 与 g3-from-iterated.csh 程序也需要修改：

"set awkpath"处改为"set awkpath = /opt/biosoft/glimmer3.02/scripts";

"set glimmerpath"处改为"set glimmerpath = /opt/biosoft/glimmer3.02/bin";

"set elphbin"处改为"set elphbin = /opt/biosoft/glimmer3.02/ELPH/sources/elph"。

15.2.2 相关命令参数介绍

1. build-icm 命令

用法：build-icm [options] output-file <input-file

从标准输入文件读取序列，并将建立以内插值填补的邻近模型(ICM, Interpolated Context Model)，该结果保存至输出文件 output_file，如果 output_file 是"-"，则将结果显示在标准输出。该程序也支持管道命令，例如：

```
cat abc.in |build-icm xyz.icm
```

相关参数：

- -d --depth：设置 ICM 模型的 depth 的数量，depth 即在预测可能基因时的最大窗口位点数，默认值是 7。
- -F --no_stops：忽略输入文件中序列阅读框中的终止密码子，终止密码子由-z 或者-Z 参数确定。
- -p --period：设置 ICM 的 period 值，该值是指 submodel 预测的起始位置，如 period 设为 3，则第一个 submodel 预测位置为 1,4,7,…；第二个 submodel 预测位置为 2,5,8,…；第三个 submodel 预测位置为 3,6,9,…。如果是 non-period 模型，则该值为 1，默认值是 3。
- -r --reverse：用反向序列构建 ICM，注意不是反向互补序列。
- -v --verbose：设置 verbose 水平，用于控制调控信息的输出水平，该值越大，则输出信息越全。
- -w --width：设置 ICM 的 width 值，该值包括预测位点信息，默认值是 12。
- -z --trans_table：通过指定遗传密码子表编号来指定终止密码子的类型。
- -Z --stop_condons：直接指定终止密码子，有多个则依次列出，并用逗号隔开，如-Z tag, tga，默认的终止密码子是 tag、tga、taa。

2. glimmer3 命令

用法：glimmer3 [options] FILE icm tag

其中，FILE 是待分析基因组(或基因)序列文件；icm 是 build.icm 命令建立的 ICM 模型文件；tag 是两个输出文件 tag.detail、tag.predict 的前缀。

相关参数：

- -A --start_codons 指明起始密码子，用逗号隔开，如-A atg,gtg，默认是 atg,gtg,ttg，可与-P 参数连用指定各密码子的使用频率，默认各密码子使用频率相同。
- -b --rbs_pwm：从指定文件中读取 PWM(位点权重矩阵，Position Weight Matrix)进行核糖体结合位点的预测，以帮助选择基因起始位点。
- -C --gc_percent：指定用于输入序列的 GC 含量模型，如果不指定，则统计输入序列的实际 GC 含量作为该值，用法如-C 45.2。
- -E --entropy：从指定文件读入 entropy(熵)数据，该数据模型文件由一行标题外加 20 行 3 列的数据组成，该文件一般由 entropy-profile 程序的-b 命令生成。3 列的内容分别是氨基酸(amino acid)、正熵(positive entropy)、负熵(negative entropy)；20 行的内容是按照字面顺序排列的氨基酸编码字母。如果该值为"#"，则用许多物种数据生成的模型文件作为默认熵数据文件使用。
- -f --first_codon：指定从 orf 的第一个起始密码子进行起始打分，若不指定该值，则用最高分值的密码开始打分。
- -g --gene_len：指定预测基因长度的最少碱基数，该值不包含终止密码子。
- -i --ignore：后接文件名，指定该文件中列出的序列位置不进行基因预测。
- -l --linear：指定基因组为线性，如果基因组为环状，则可能有基因跨越起始与终止位点。
- -L --orf_coords：后接文件名，指定该文件中的 orfs 分别打分，不去管它是否重叠也不预测其起始密码子。该参数主要用于决定基因是来自正链(分值为正)还是负链(分值为负)。
- -M --separate_genes：指定该文件中的基因分别打分，不去管它是否重叠，每条序列默认为 5'至 3'方向，并包含终止密码子。
- -o --max_olap：指定基因间重叠部分的最大值，超过该值的重叠基因将不显示。
- -P --start_probs：可与-A 连用，指定起始密码子的使用频率，用逗号隔开；如果未用-A 参数，则指定默认起始密码子的频率。
- -q --ignore_score_len：指定基因长度，预测的基因如果超过该长度就认为是一个基因，而不管其打分如何，如果不设置该参数，则程序将根据输入序列情况自动动态计算该值。
- -r --no_indep：不用独立打分体系，使用该参数将预测较多短基因。
- -t --threshold：设定基因的得分阈值，预测区域评分大于该值的即认为是基因。
- -X --extend：容许 orf 延伸超过序列末端。该参数默认序列为线状，并且认为最后一个或者两个碱基包含在终止密码子中，比如序列长 998bp，预测基因编码框+1 且从 601 位置开始，向后没有碰到终止密码子，则认为基因长度为 601～999，将 997～999 视为终止密码子,无论 997～998 的碱基是什么(该过程延伸了一个碱基，即第 999 位置)。

- -z --trans_table：用遗传密码子表的方式来指定终止密码子。
- -Z --stop_codons：指定终止密码子序列，有多个用逗号隔开，如-Z tag,tga,taa，默认终止密码子是 tag,tga,taa。

3. long-orfs 命令

用法：long-orfs [options] FILE output

该程序读取 FILE 中的序列，并预测长的非重叠 orfs 放到 output 文件中，该结果可用于程序 build-icm 进行 ICM 模型构建。

相关参数：

- -A --start_codons：指定起始密码子，以逗号隔开，如-A atg,gtg，默认值是 atg,gtg,ttg。
- -E --entropy：与-t 参数同时用，从指定文件读取 entropy 数据。
- -f --fixed：不进行最短基因的自动计算，用-g 参数直接指定，若未指定，则默认基因最短长度为 90。
- -g --min_len：指定基因的最短长度，该值不包含终止密码子。
- -h --help：显示帮助文件。
- -i --ignore：指定文件中的区域将不进行基因预测。
- -l --linear：指定基因组为线状，这样不会有基因跨过起始与终止位点。
- -L --length_opt：让程序自动计算最小基因长度，而不采用默认值，所计算的值可使非重叠基因最多。
- -n --no_header：输出结果文件不包含头部信息。
- -o --max_olap：设定基因重叠区域的最大值，重叠区域小于或等于该值的将不认为其为 overlap 基因。
- -t --cutoff：指定基因的 entropy 距离得分阈值，低于该值的预测区域认为是基因，若设定该值则将最先进行筛选，其他参数是在该参数筛选结果基础上的进一步筛选。
- -w --without_stops：在输出文件中的特征区域中不包含终止密码子，默认是包含终止密码子。
- -z --trans_table：以 Genbank 遗传密码子表编号指定本程序的终止密码子。
- -Z：直接指定终止密码子序列，以逗号隔开，默认值是 tag,tga,taa。

4. 其他命令程序

（1）anomaly 命令。

用法：anomaly [options] sequence coords

该命令用于读取基因组序列(sequence)及其基因预测结果文件(coords)，并报告错误起始密码子(bad start codons)、错误终止密码子(bad stop codons)、读码框内终止密码子(in-frame stop codons)及移码(frame shifts)情况。

（2）build-fixed 命令。

用法：build-fixed [options] < sequence > output-model

该命令用于从输入序列文件(sequence)建立序列等长的 ICM 模型，输入序列须等长。

(3) entropy-profile 命令。

用法：entropy-profile [options] < sequences

该命令用于从输入基因序列文件(sequence)建立各基因的氨基酸自然熵值(entropy)分布文件。

(4) entropy-score 命令。

用法：entropy-score [options] sequence coords

该命令读取基因组序列(sequence)及其基因预测结果(coords)，计算各基因的熵距比，结果显示在标准输出。

(5) extract 命令。

用法：extract [options] sequence coords

该命令读取基因组序列(sequence 文件，单序列)及其基因预测文件(coords)，并输出 fasta 格式的各预测特征区(记录在 coords 文件)的序列信息。

(6) multi-extract 命令。

用法：multi-extract [options] sequences coords

该命令的作用与前一命令类似，区别在于本命令支持输入基因组序列为包含多条 fasta 格式的序列，当然 coords 文件对不同序列文件的预测要能够区分。

(7) start-codon-distrib 命令。

用法：start-codon-distrib [options] sequence coords

该命令用于读取一个基因组序列(sequence)及其预测结果(coords)，从而计算基因的起始密码子使用频率，结果显示在标准输出。

(8) uncovered 命令。

用法：uncovered [options] sequence coords

该命令读取基因组序列文件(sequence)及其基因预测结果，以 fasta 形式输出无任何特征区域的序列片段，结果显示在标准输出。

15.2.3 程序运行

对于初学者，用 scripts 文件夹中的程序来调用 glimmer 命令的形式进行软件的使用可能更简单易懂，因此本处主要讲解几个 scripts 文件夹下的程序使用。

1. 程序 g3-from-scratch.csh

该程序运行命令如下：

```
$ /opt/biosoft/glimmer3.02/scripts/g3-from-scratch.csh genom.seq run1
```

该程序在无其他已知较好的基因训练集存在时，对基因组 genom.seq 进行基因预测，预测结果以 run1 为前缀输出。该命令在运行过程中分如下几步运行：

```
long-orfs -n -t 1.15 genom.seq run1.longorfs        #先预测 long orf。
extract -t genom.seq run1.longorfs >run1.train      #提取 long orfs 序列作为训练
                                                    #基因集。
build-icm -r run1.icm <run1.train                   #以训练集构建 ICM 模型。
glimmer3 -o50 -g110 -t30 genom.seq run1.icm run1    #利用 ICM 模型进行基因预测，
```

```
#-o50 指定重叠区域为最大为 50bp；-g110 指定基因最短长度为 110bp；-t30 指定可认定基因的得
#分阈值为 30；以 run1.icm 为 ICM 模型，对 genom.seq 进行基因预测，预测结果前缀为 run1。
```

2. 程序 g3-from-training

程序运行命令如下：

```
$ /opt/biosoft/glimmer3.02/scripts/g3-from-training.csh genom.seq train.coords run2
```

该程序使用已知较好的基因训练集(train.coords)来构建 ICM 模型，之后对基因组 genom.seq 序列进行基因预测，预测结果前缀为 run2。该程序在运行过程中分如下几步进行：

```
extract -t genom.seq train.coords > run2.train    #提取训练集基因。
build-icm -r run2.icm < run2.train                #通过训练集构建 ICM。
upstrain-coords.awk 25 0 train.coords |extract genom.seq→run2.upstream
    #读取基因上游 25bp 的位置，形成 coords 文件显示在标准输出，进而提取训练基因上游
    #25bp 的序列。
elph run2.upstream LEN=6 |get-motif-counts.awk >run2.motif
    #生成 PWM 模式文件。
set startuse = 'start-codon-distrib -3 genom.seq train.coords'
    #计算起始密码子使用频率。
glimmer3 -o50 -g100 -t30 -b run2.motif -p $startuse genom.seq run2.icm run2
    #用 glimmer 进行基因预测，-o50 指定重叠区域最大值为 50bp；-g100 指定基因最短长
    #度为 100bp；-t30 指定认定基因的打分值为 30；-b run2.motif 指定 PWM 模式，用于
    #识别核糖体结合位点以寻找起始位点；-p 指定起始密码子的使用频率；run2.icm 指定 ICM
    #模型，对基因组 genom.seq 进行基因预测，预测结果前缀为 run2。
```

3. 程序 g3-inerated.csh

程序运行命令如下：

```
$ /opt/biosoft/glimmer3.02/scripts/g3-inerated.csh genom.seq run3
```

对 genom.seq 进行基因预测，预测结果前缀为 run3。该程序实际分如下几步运行：

```
long-orfs -n -t 1.15 genom.seq run3.longorfs       #先预测 orfs。
extract -t genom.seq run3.longorfs > run3.train    #提取 orfs 序列作为基因训练集。
build-icm -r run3.icm < run3.train                 #以基因训练集建立 ICM 模型。
glimmer3 -o50 -g110 -t30 genom.seq run3.icm run3.run1  #进行第一次基因预测。
tail +2 run3.run1.predict > run3.coords  #从第二行开始将预测结果保存至新文件。
upstream-coords.awk 25 0 run3.coords | extract genom.seq - > run3.upstream
    #提取第一次预测基因的上游 25bp 序列。
elph run3.upstream LEN=6 | get-motif-counts.awk > run3.motif
    #生成 PWM 模型。
set startuse = 'start-codon-distrib -3 genom.seq run3.coords'
    #计算起始密码子使用频率。
glimmer3 -o50 -g110 -t30 -b run3.motif -P $startuse genom.seq run3.icm run3
    #进行第二次的基因预测，-o50 指定重叠区域最大长度为 50bp；-g110 指定最小基因长度为
    #110bp；-t30 指定认定基因的得分阈值为 30；-b 指定 PWM 模型；-p 指定起始密码子的使用频
    #率；run3.icm 为 ICM 模型，进行 genom.seq 序列的第二次基因预测，预测结果前缀为 run3。
```

15.2.4 结果解读

程序 g3-from-scratch.csh 运行结果有 5 个文件，其中预测结果保存在 run1.predict 中；详细的运行过程及结果保存在 run1.detail 中；run1.orf 是 long-orf 命令预测的长非重叠基因；run1.train 是根据 run1.orf 文件抽提的基因训练集；run1.icm 是建立的 ICM 文件。

程序 g3-from-training.csh 运行结果有 6 个文件，其中预测结果保存在 run2.predict 中；run2.upstream 是抽提的基因上游序列；run2.motif 是 PWM 文件；其他文件内容与以上程序相同。

程序 g3-inerated.csh 运行结果有 10 个文件，其中 run3.run1.predict 是第一次基因预测结果，与 run1.predict 内容相同；run3.predict 是第二次预测结果；其他文件的内容与以上两程序结果类似。

15.3 AUGUSTUS

AUGUSTUS 是一款真核基因预测软件，是目前公认最准确的基因预测软件。该软件可以自我训练，在基因预测时可以考虑 RNA-seq 的数据（如 short cDNA Reads、single Reads、paired-end）。软件可下载至本地运行，也可以在线运行，在线运行网址为：

http://bioinf.uni-greifswald.de/webaugustus/（新网址，速度快）

http://bioinf.uni-greifswald.de/augustus/submission.php（旧网址）

AUGUSTUS 的介绍请参考如下网址：

http://bioinf.uni-greifswald.de/augustus/binaries/tutorial/

15.3.1 AUGUSTUS 软件安装

AUGUSTUS 可安装于 Linux/UNIX 系统，安装命令如下：

```
$cd /opt/biosoft
$wget http://bioinf.uni-greifswald.de/augustus/binaries/augustus.2.7.tar.gz
$chmod 755 augustus.2.7.tar.gz
$tar -zxvf augustus.2.7.tar.gz
$cd augustus.2.7/src
$make
```

安装完毕后，相关命令存放于/opt/biosoft/autustus.2.7/bin 文件夹中。

15.3.2 相关参数介绍

1. 程序 augustus

用法：augustus [options] --species=SPECIES seq.fa

以 SPECIES 作为物种模型对 seq.fa 进行基因预测，可用--species=help 查看软件已经训练好的物种模型。

（1）相关参数。

- --strand：指定基因预测链，有效值 both（双链）、forward（当前链）、backward（互补链）

- --genemodel：指定基因模型，有如下几个有效参数。
  - ◇ partial：容许进行非完整基因预测，默认值。
  - ◇ introless：仅预测单外显子基因。
  - ◇ complete：仅预测完整基因。
  - ◇ atleastone：预测至少一个完整基因。
  - ◇ exactlyone：仅预测一个完整基因。
- --singlestrand：仅对指定链进行基因预测，容许基因与互补链重叠，有效值是 true，默认关闭该值并对双链进行基因预测。
- --hintsfile：进行基因预测时考虑 hints 文件参数，hints 文件是 gff 格式。
- --AUGUSTUS_CONFIG_PATH：指定 Configs 文件夹位置。
- --alternatives-from-evidence：是否显示可变剪切，有效值是 true 或 false。
- --gff3：指定输出文件为 gff3 格式，有效值是 on 或者 off。
- --predictionStart=A，--predictionEnd=B：在 A 与 B 直接进行基因预测。
- --UTR：预测编码区的同时预测非编码区，该参数仅对部分物种准确性较高，有效值为 on 或 off。
- --noInFrameStop：不显示含 in-frame 终止密码子的转录本，有效值是 true 或 false，默认值是 false。
- --noprediction：不进行基因预测，如果该值为 true 且输入文件为 genbank 格式，则从输入的文件中抽取蛋白质序列，有效值为 true 或 false。
- --uniqueGeneId：如果值为 true，则显示预测基因的格式为 seqname.gN。
- --extrinsicCfgFile：指定 cfg 文件，默认是软件自带的 extrinsic.cfg 文件。
- --maxDNAPieceSize：将序列切割进行基因预测的最大长度，默认值是 200000，该值不可设置得太大，否则会耗用很多内存。
- --protein：指定生成蛋白质序列，有效值是 on 或 off。
- --introns：指定是否生成 introns，有效值是 on 或 off。
- --start：是否使用起始密码子，有效值是 on 或 off。
- --stop：是否使用终止密码子，有效值是 on 或 off。
- --cds：指定是否显示 CDS 序列，该序列不包含终止密码子，除非 stopCodonExcludedFromCDS 参数设置为 false。
- --outfile：指定输出结果存放文件。

(1) 示例。

```
$ augustus --species=human --UTR=on ../examples/example.fa
```

用人类模型进行示例数据的基因组预测。

15.3.3 训练 AUGUSTUS

对 AUGUSTUS 进行训练有多种方法，详细内容参见如下网址：

http://bioinf.uni-greifswald.de/augustus/binaries/tutorial/

1. 用已知基因集进行训练

训练流程参见如下网站：

http://bioinf.uni-greifswald.de/augustus/binaries/tutorial/training.html#trainoptions

该训练大致分以下几步。

(1) 获得基因训练集。

对下载基因的要求：基因数量介于 200~1000 之间，用于训练的基因越大，训练结果越好，但是超过 1000 个基因之后对训练效果影响很小；基因结构完整，并且包含多个内含子的基因占比较高，这样有利于较好预测基因内含子的边界；基因准确性高、注释充分，但是也不需要基因一定 100%准确或者注释完全；起始密码子的精确性比终止密码子的精确性对最终训练效果的影响要大；不能有重复基因，蛋白质相似性最好不要超过 80%。

基因训练集来源：

- 利用该物种的已知基因（可从 genbank 搜索下载）。
- 将 ESTs 序列与基因组进行比对（如用 PASA 软件进行）。
- 将 RNA-seq 数据与基因组进行比对。
- 用该物种或同源物种的蛋白质序列与基因组进行比对（如用 Scipio 软件进行）。
- 采用同源物种的基因序列。
- 在初步预测的基础上进行迭代预测。

基因训练集的进一步细分：以 augustus 官网数据为例，假如已经获得了包含 538 个基因的训练集（gene.gb），则训练时需将基因训练集随机分成两部分，一个为 training 部分，一个为 test 部分。其中 test 部分有 100 个基因，余下分给 training 部分，命令如下：

```
$ randomSplit.pl genes.gb 100
```

该命令运行完毕会产生两个文件：genes.gb.test 和 genes.gb.train，其中前者含 100 个基因用于测试，后者含余下 438 个基因用于训练。如果已知总基因较多，可将 test 部分的基因增加至 200 个。

(2) 建立物种参数文件。

利用模板建立一个新物种，如建立一个以"bug"命名的新物种命令如下：

```
$ new_species.pl --species=bug
```

命令运行完毕会建立文件夹/opt/biosoft/augustus.2.7/config/species/bug，并将生成的配置文件置于该文件夹，将其中的 bug_parameters.cfg 文件内容进行修改，将其中的 stopCodonExcludedFromCDS 参数值设置为 true，让预测的 CDS 序列不包含终止密码子。

(3) 进行训练。

运行训练命令：

```
$ etraining --species=bug genes.gb.train
```

该命令运行完毕将产生一些新的配置文件，或者对建立的原物种模型参数文件进行修改，可以对训练效果进行测试，命令如下：

```
$ augustus --species=bug genes.gb.test | tee firsttest.out
```

在命令运行过程中,会自动识别输入文件格式,并启动不同的稍有差异的运行流程,如果输入文件是 genbank 格式,则自动进行预测结果的比较;如果输入文件是 fasta 格式,则直接进行基因预测。所有预测或者比较结果默认显示在标准输出,tee 命令是将结果在标准输出的同时保存至文件中(firsttest)。

测试比较结论在文件的最后 22 行,查看命令如下:

```
$ grep -A 22 Evaluation firsttest.out    #显示 firsttest.out 文件 Evaluation
                                         #之后 22 行的内容
```

该内容从 nucleotide、exon、gene 3 个水平评估预测的精确性(sensitivity)及特异性(specificity)。如 100 个 test 基因序列中,共预测了 118 个基因,其中 53 个基因与 test 部分一致,则在基因水平的预测 sensitivity 是 53%(53/100),特异性是 44.9%(53/118)。

2. 训练结果优化

如果对第一次训练后验证的结果不满意,软件提供了自带程序进行训练参数的优化,命令如下:

```
$ optimize_augustus.pl --species=bug genes.gb.train
```

该程序将 genes.gb.train 随机分成 8 份,取其中 7 份作为 etraining 部分,另一份用于参数改进验证,每一轮都会重新取 8 份中的 7 份进行 etraining,另一份用于验证。该程序对 bug_parameters.cfg 文件中的参数进行优化,对每个参数最多运行 5 轮,如果参数没有改进,将会提前结束对该参数的优化,进行下一个参数的优化。该程序的运行比较耗时,同时对预测结果的提高作用有限,不建议花太多时间进行此步优化。这一步运行完毕或者中途终止之后,需要再次进行 etraining,命令如下:

```
etraining -species=bug genes.gb.train
```

通过该步建立的配置文件进行重新验证,命令如下:

```
augustus -species=bug genes.gb.test
```

运行结果准确性评估将显示在屏幕上,如果基因水平的精确性低于 20%,则说明训练集不够大,或者训练集中的基因质量不够好,或者物种特殊。如果运行结果满足要求,则说明相关模型配置文件已经建立完毕,可以使用该模型进行基因预测。

3. 利用同源物种模型进行基因从头预测

可以利用同源物种的相关模型配置文件进行基因预测,相关命令如下:

```
$ augustus --species=fly seq.fa >seq.abinito.gff
```

其中,--species=fly 即引入近源物种模型,获得 gff 格式的基因预测结果。

4. 利用 hints 文件进行基因预测

(1)hints 文件制备。

Augustus 可用 EST 或者 RNA-seq 文件制备 hints 文件来进行基因预测,hints 文件是 gff 格式的基因位置及结构的文件,符合 hints 文件基因结构规律的将被 augustus 预测为基因,用于制备

hints 文件的数据包括：ESTs 或者 mRNA、RNA-seq reads 等。制备过程可参考如下网站：
http://augustus.gobics.de/binaries/readme.rnaseq.html
其制备方法如下。

① 以 EST 制备 hints 文件。使用 blat 软件将 ESTs 序列（est.fa）比对至基因组（genome.fa），命令如下：

```
$ blat -noHead genome.fa est.fa est.psl
```

该命令运行完毕将产生 PSL 格式的比对文件 est.psl，该文件中包含一个 EST 匹配至多个位点，或者短片段的匹配结果，这些结果需要进行过滤，命令如下：

```
$ cat est.psl |filterPSL.pl --best --minCover=80 >est.f.psl
```

该命令运行完毕，将保留最佳匹配且匹配序列达到 80%以上的结果。接下来可以利用该结果文件制作 hints 文件，命令如下：

```
$ blat2hints.pl --nomult --in=est.f.psl --out=hints.est.gff
```

② 从 RNA-seq 数据制备 hints。使用 tophat 将 RNA-seq 的数据比对到基因组，得到 bam 文件，再将 bam 文件转为 hints 文件，相关命令如下：

```
$ bowtie-build genome.fa genome_db    #建立索引
$ tophat -o output -p 24 genome_db RNA-seq_reads1.fq RNA-seq_reads2.fq
#将 Reads 映射至基因组，得到 bam 文件。
$ bam2hints --intronsonly --in=output/accepted_hits.bam --out=hints.
RNA-seq.intron.gff        #bam 文件转换为 hints 文件，并且仅取出 intron 信息。
```

(2) hints 文件合并。
如果从多个途径获得了不同的 hints 文件，则可以将 hints 文件合并，命令如下：

```
$ cat hints.est.gff  hints.RNA-seq.intron.gff  >hints.gff
```

(3) 设置 HINT 参数。
cfg 文件的修改，命令如下：

```
$ cp /opt/biosoft/augustus.2.7/config/extrinsic/extrinsic.M.RM.E.W.cfg
extrinsic.bug.cfg
$ vim extrinsic.bug.cfg
#将文件 extrinsic.bug.cfg 改成如下，修改部分红色标记：
```

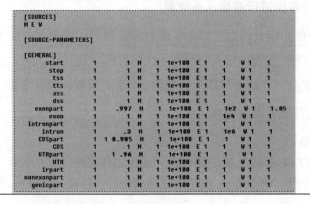

(4) 利用 hints 进行基因预测。

运行命令如下：

```
$ augustus --species=fly --extrinsicCfgFile=extrinsic.bug.cfg --hintsfile=
hints.gff genome.fa > augustus.hints.gff
```

此处，采用近源物种(fly)主要是为了进行 UTR 的预测，extrinsic.bug.cfg 是训练好的配置文件，hints.gff 是制备的 hints 文件。augustus.hints.gff 文件即为预测结果。

15.4 PASA

PASA(Program to Assemble Spliced Alignments)是利用 RNA-seq 数据进行真核基因组注释的软件，该软件通过引入 RNA-seq 测序结果，对原有的基因预测信息进行修正，相关介绍参见如下网址：

http://pasapipeline.github.io/

PASA 的功能包括如下几个方面：

- 在重新组装结果的基础上，寻找完整或者不完整的基因。
- 对已有的基因注释结果进行修正，包括：加入 UTRs，外显子的删减及边界调整，可变剪辑的调整，整合基因，拆分基因，发现新基因，等等。
- 将 polyA 位点映射至基因组。
- 找出负链转录本。
- 对所有转录本进行鉴定及分类。
- 报告全长或者不是全长的蛋白编码基因。

PASA 程序运行过程包括如下几步：

- 转录组数据处理：使用 seqclean 程序去掉 poly-A 序列、载体系列及低质量序列。
- 将转录序列映射至基因组：用 GMAP 及 BLAT 软件进行映射。
- 验证完全配对的序列：用覆盖度达到 90%以上、一致性在 95%以上的参数对匹配的序列进行验证，同时要求匹配序列内部的内含子边界也保守。
- 对序列进行重组装：将验证过的匹配序列进行聚类并重新组装，以使组装结果片段长度最长，组装结果中包含至少一个全长 cDNA 的组装结果称为 FL-assemblies，其他的结果记录在文件 non-FL-assemblies 中。
- 对于异构体进行分组：将匹配至基因组同一位点、显著重叠、由同一链转录而来的转录本分成一簇(cluster)。
- 自动基因组注释：显示基因预测结果，如果之前有基因注释结果，则会对两种注释结果进行比较。

15.4.1 PASA 软件安装

1. PASA 软件所需配套软件或模块

(1) MySQL 数据库。

参见 www.mysql.com，一般 Linux 发布版都会自带该软件。需要建立两个账号，一个仅有查看权限(日常工作用户),一个拥有所用权限(类似 root 用户)。

(2) Perl 模块。

DBD::mysql (http://search.cpan.org/~capttofu/DBD-mysql/lib/DBD/mysql.pm)

(3) 生物信息软件。

- GMAP:http://research-pub.gene.com/gmap/src/gmap-gsnap-2014-08-04.tar.gz
- BLAT:http://hgwdev.cse.ucsc.edu/~kent/src/blatSrc35.zip
- FASTA:http://faculty.virginia.edu/wrpearson/fasta/fasta3/CURRENT.tar.gz

2. PASA 的安装

```
$cd /opt/biosoft
$wget http://sourceforge.net/projects/pasa/files/PASA_r20130907.tgz/download
$chmod 755 PASA_r20130907.tgz
$tar -zxvf PASA_r20130907.tgz
$cd PASA_r20130907
$make
```

这一步操作完毕后,生成 pasa、slclust、cdbyank、cdbfasta 4 个命令文件并存放于 bin 目录中,在 scripts 文件夹中保存了一些可用的命令程序。

软件自带另一个软件 seqclean,如需安装该软件,需要按照该软件的说明文件进行安装。

3. 配置文件(config)修改

PASA 配置文件的修改:

```
$cp /opt/biosoft/PASA_r20130907/pasa_conf/pasa.CONFIG.template \
/opt/biosoft/PASA_r20130907/pasa_conf/config.txt
$vim //opt/biosoft/PASA_r20130907/pasa_conf/config.txt
#该文件需要修改的地方如下(将圆括号中的内容改为#后面的内容):
PASA_ADMIN_EMAIL=(your email address)            #spfeng321@163.com
MYSQLSERVER=(your mysql server name)             #localhost
MYSQL_RO_USER=(mysql read-only username)         #fsp
MYSQL_RO_PASSWORD=(mysql read-only password)     #123456
MYSQL_RW_USER=(mysql all privileges username)    #pasa
MYSQL_RW_PASSWORD=(mysql all privileges password) #123456
BASE_PASA_URL=http://localhost/pasa/cgi-bin/
```

修改 httpd 配置文件:

```
$vim /etc/httpd/conf/httpd.conf              #root 用户权限。
#该文件最后添加如下内容:
ScriptAlias /pasa "/opt/biosoft/PASA_r20130907"
<Directory /opt/biosoft/PASA_r20130907>
        Options MultiViews ExecCGI           #容许多重浏览及可执行 CGI 脚本。
        AllowOverride   None                 #不容许覆盖内容。
        Order allow, deny
        Allow from all                       #容许所有人访问。
</Directory>
#修改完成后重启 httpd 服务,使修改内容生效,修改后 pasa 的运行结果可在网页显示,相关
```

```
#命令如下:
$/etc/init.d/httpd restart                    #root 用户
```

以上操作步骤完成后,则真正完成了 PASA 的安装,之后就可以正常使用了。

15.4.2 相关命令参数介绍

1. Launch_PASA_pipeline.pl 命令

用法:/opt/biosoft/PASA_r20130907/scripts/Launch_PASA_pipeline.pl [options] -c \
alignAssembly.config -g genome.fa -t transcripts.fa

- -c:Configs 文件。

(1) 序列匹配参数设置。

- --ALLIGNERS:指定使用 gmap、blat 或两者一起进行序列匹配,一起使用时用逗号隔开且中间无空格。
- -N:指定显示得分最高的序列匹配数量,默认值是 1。
- --MAX_INTRON_LENGTH:指定最大内含子长度,该参数会传给 gmap 或者 blat,默认值是 100000。
- --IMPORT_CUSTOM_ALIGNMENTS_GFF3:仅用提供的 GFF3 文件中的序列匹配。
- --cufflinks_gtf:输入 cufflinks 生成的转录序列 gtf 文件。

(2) 运行相关参数。

- -C:创建 MYSQL 数据库。
- -R:指定运行匹配(alignment)或组装(assembly)程序。
- -A:与现有注释结果进行比较。
- --ALT_SPLICE:同时对可变剪接进行分析。

(3) 输入文件。

- -g:基因组序列文件,fasta 格式。
- -t:转录组组装结果文件(如 Trinity 组装)。
- -f:一列全长 cDNA 登录号的文件(转录组组装结果中的全长序列 fl-cdna)。
- --TDN:一列对应 Trinity 组装结果编号的登录号文件(Trinity de novo 组装结果)。

(4) polyA 位点识别相关参数。

- -T:标签,指定转录组数据用 seqclean 程序进行截断处理。
- -u:用 seqclean 进行处理前输入的数据文件。

(5) Jump-starting 或者提前终止相关参数。

- -x:仅输出 cmds,不处理其他任何内容。
- -s:指定程序编号后运行起点,避免重复搜索。
- -e:指定编号后程序运行终点,并停止执行此过程。

(6) Misc 参数。

- --TRANSDECODER:标签,指定运行 transdecoder 程序寻找潜在的全长转录本。

- **--CPU**：进行多线程运行，默认值是 2。
- **-d**：调试程序。
- **-h**：显示帮助文件。

(7) 转录本匹配聚类参数。

- **--stringent_alignment_overlap**：转录组聚类时的最低 overlap 百分率，建议值为 30.0。
- **--gene_overlap**：转录本依据基因进行聚类，基因的最低 overlap 百分率，建议值为 50.0，基因间序列的匹配聚类以默认机制进行，该参数必须同时使用--annots_gff3 参数，用于指导基因的位置。

如果以上两个参数都没有指定，默认进行所有 overlap 转录本的聚类。

- **--transcribed_is_aligned_orient**：链特异性转录本组装，序列匹配与转录方向一致。

(8) 注释结果比较参数。

这部分的比较参数必须与-A 同时使用。

- **-L**：上传注释文件，与--annots_gff3 一起使用。
- **--annots_gff3**：指定已有 gff3 注释文件路径。
- **--GENETIC_CODE**：指定所使用的遗传密码子，默认是通用(universal)，其他有效值还包括 Euplotes(游纤虫)、Tetrahymena(四膜虫)、Candida(念珠菌)等。

15.4.3 命令运行

1. 数据准备

运行 PASA 需要准备如下数据：

(1) 基因组序列，fasta 格式，可下载已有数据，也可通过测序组装获得(如 genome.fasta)。
(2) 转录组数据，fasta 格式，RNA-seq 数据经 Trinity 组装后的结果(如 all_transcript.fasta)。
(3) 与转录组数据名称对应，包含全长 cDNA 名称的文件，非必需文件(如 FL_accs.txt)。

2. 转录组序列质控(可选)

通过 seqclean 软件对转录组序列数据进行末端的修正、载体去除、低质量序列去除等工作，相关命令如下：

```
$ /opt/biosoft/PASA_r20130907/seqclean/seqclean/seqclean all_transcript.fasta
```

命令运行完毕，生成 all_transcripts.fasta.clean 及 all_transcripts.fasta.cln 两个主要的运行结果文件，运行参数及过程保存于 seqcl_all_transcripts.fasta.log 文件。

3. 转录组组装

```
$ /opt/biosoft/PASA_r20130907/scripts/Launch_PASA_pipeline.pl -c
alignAssembly.config -C -R -g genome.fa -t all_transcripts.fa.clean -T -u
all_transcripts.fa -f FL_accs.txt --ALIGNERS blat,gmap -CPU 2

#该命令的意义如下：
```

- -c：指定输入的 config 文件。
- -C：创建 mysql 数据库，数据库名在 Configs 文件中。
- -R：运行匹配及组装程序。
- -t：程序 seqclean 处理后的转录组序列数据库。
- -T：指定转录组数据用 seqclean 软件已经处理过。
- -u：软件 seqclean 处理前的转录组序列数据库。
- -f：指定包含全长 CDS 文件。
- --ALIGNERS：指定匹配程序软件，blat 及 gmap 均使用。
- --CPU：指定使用两个 CPU 同时运行。

此步运行结果主要包括如下文件：

- fasta 格式的重新组装结果文件（sample_mydb_pasa.assemblies.fasta）。
- 组装结构文件（sample_mydb_pasa.pasa_assemblies.gff3, .gtf, .bed）。
- 组装过程文件（sample_mydb_pasa.pasa_alignment_assembly_building.ascii_illustrations）。
- 组装过程描述文件（sample_mydb_pasa.pasa_assemblies_described.txt）。

4. 对已有的基因预测结果进行修饰

接上步，假如已有的预测结果文件为：

```
orig_annotations_sample.gff3
```

运行命令如下：

```
$ /opt/biosoft/PASA_r20130907/misc_utilities/pasa_gff3_validator.pl \
orig_annotations_sample.gff3          #验证gff3文件是否能被pasa识别
$/opt/biosoft/PASA_r20130907/scripts/Load_Current_Gene_Annotations.dbi \
 -c alignAssembly.config -g genome_sample.fasta -P orig_annotations_sample.
gff3
#上传注释文件至所建立的 sample_mydb_pasa 数据库
$ /opt/biosoft/PASA_r20130907/scripts/Launch_PASA_pipeline.pl -c
annotCompare.config -A -g genome_sample.fasta -t all_transcripts.fasta.
clean
```

此步运行完毕后，将生成 sample_mydb_pasa.gene_structures_post_PASA_updates.14266.gff3、bed 两个文件，即是基因注释经过修正后的 gff3 及 bed 文件，该文件自动生成，其中的 14266 是程序运行时的 job 编号。

运行的比较结果还可以网页形式查看，相关设置如下：

```
$ su -                                  #需用root用户权限
# setenforce 0
# /etc/init.d/mysql start               #启动MySQL服务
# /etc/init.d/httpd start               #启动httpd服务
```

打开网页，输入如下网站即可以网页形式查看基因注释比较修正结果（见图 15-2）：

http://localhost/pasa/cgi-bin//status_report.cgi?db=sample_mydb_pasa

```
PASA Database sample_mydb_pasa Report
------------------------------------------
Transcripts or Assemblies                    | Count
Total transcript seqs                        | 14718
Fli cDNAs                                    | 834
partial cDNAs (ESTs)                         | 13884
Number transcripts with any alignment        | 14526
Valid gmap alignments                        | 11234
Valid blat alignments                        | 11030
Total Valid alignments                       | 11412
Valid FL-cDNA alignments                     | 634
Valid EST alignments                         | 10778
Number of assemblies                         | 727
Number of subclusters (genes)                | 608
Number of fli-containing assemblies          | 400
Number of non-fli-containing assemblies      | 327

PASA resources:
------------------------------------------
Describe alignment assemblies
Describe subclusters of assemblies
Retrieve alignment assembly tentative cDNA sequences
Search the database.
Construct customized URLs linked from PASA assembly report pages.
Alternative Splicing Report
```

图 15-2　以网页形式查看 PASA 运行结果

15.4.4　运行结果解读

软件运行后生成的主要结果文件如下：

- sample_mydb_pasa.assemblies.fasta：PASA 重新组装的 fasta 格式文件。
- sample_mydb_pasa.gene_structures_post_PASA_updates.14266.gff3：PASA 修正后的 gff3 格式基因注释文件。

15.5　EVM（EVidenceModeler）

EVM 是一款可以将不同软件预测结果进行整合的软件，输入文件包括：基因组序列（fasta 格式），基因预测结果（gff3 格式），以及各预测结果的权重值文件。详细信息请参见如下网址：

http://evidencemodeler.github.io/

15.5.1　EVM 软件下载安装

```
$cd /opt/biosoft
$wget
http://sourceforge.net/projects/evidencemodeler/files/latest/download
$tar -zxvf EVM_r2012-06-25.tgz
```

解压完毕后即可使用，命令文件在/opt/biosoft/EVM_r2012-06-25 文件夹及 EvmUtils 等几个文件夹中。

15.5.2 相关参数介绍

1. 命令 evidence_modeler.pl

(1) 必需参数。

- --genome：指定 fasta 格式的基因组序列文件。
- --weights：指定权重文件。
- --gene_predictions：基因预测 gff3 文件。

(2) 可选但是推荐使用参数。

- --protein_alignments：蛋白 alignment gff3 格式文件。
- --transcripts_alignments：转录组 alignment gff3 格式文件。

(3) 其他可选参数。

- --repeats：指定用于基因组重复序列覆盖的 gff3。
- --terminalExons：指定可供考虑的其他终止外显子补充文件（来自 PASA long-orfs）。
- --stop_codons：列出终止密码子，默认值是 TAA、TGA、TAG。
- --min_intron_length：内含子最小长度，默认值是 20bp。
- --exec_dir：指定程序运行文件夹。

(4) 标签参数。

- --forwardStrandOnly：仅运算正义链。
- --reverseStrandOnly：仅运算反义链。
- -S：显示详细信息。
- --debug：调试模式，生成较多中间文件。
- --report_ELM：报告 EVM 忽略的预测基因信息。
- --search_long_introns：重新验证长的内含子，可发现嵌套基因，但有假阳性风险，默认值是 0 或者 off，关闭该功能。
- --re_search_intergenic：重新验证基因间最小长度区域，会增加假阳性，默认值是 0 或者 off，关闭该功能。
- --terminal_intergenic_re_search：预测基因外区域进行重新验证，默认值是 10000。

2. 其他命令

(1) 命令 gff3_file_to_protein.pl。

用法：./gff3_file_to_proteins.pl gff3_file genome_db [prot|CDS|cDNA|gene,default=prot] [flank=0]

说明：gff3_file 指定 gff3 格式文件；genome_db 指定基因组序列文件；提取数据类型，有效值为 prot（蛋白）、CDS、cDNA、gene，默认值是 prot；flank 提取侧翼序列长度。

(2) 程序：extract_complete_protein.pl。

用法：./extract_complete_proteins.pl fasta_file

说明：fasta_file 文件为 fasta 格式的包含蛋白质序列的文件，且全长蛋白的标记为开始是"M"，结尾为"*"，这样的序列会被提取出来。

15.5.3 EVM 软件的运行

1. 制备权重文件

权重文件以 Tab 键隔开，大致内容如下：

```
ABINITIO_PREDICTION        augustus              1
ABINITIO_PREDICTION        glimmerHMM            1
TRANSCRIPT        PASA_transcript_assemblies     10
```

其中，第 1 列是软件预测方法，包括 ABINITIO_PREDICTION（重新预测）、PROTEIN（蛋白数据）、TRANSCRIPT（转录组数据），这 3 个名称是固定的，如果某种情况有多个软件预测，则会增加一行；第 2 列是软件名称，需与 gff3 文件中的第 2 列数据对应；第 3 列是权重数据，一般为整数，可理解为相对可信度。权重大小可直接设定，一般设定原则是转录组（pasa）>>蛋白>>重新预测。

2. gff3 文件的制备

EVM 软件所需的 gff3 文件来源于各个基因预测软件的结果，对于该 gff3 文件要求如下。

- 基因结构：gene-(mRNA-(exon-cds(?))(+))，表示的意义是一个基因可产生多个 mRNA、一个 mRNA 可含若干 exon、一个外显子最多含有一个 cds。
- 基因的命名：gene、mRNA、exon 的命名（id）需唯一，CDS 的命名可不唯一。如果 exon 被两个转录本共用，需要重复显示该外显子，采用相同的 id 但是不同的特征参数。
- gff3 文件的验证：可使用软件自带的程序进行 gff3 文件是否符合规范的验证，该程序位置为：/opt/biosoft/EVM_r2012-06-25/EvmUtils/gff3_gene_prediction_file_validator.pl。

3. EVM 软件运行

EVM 软件的运行包括 3 步：将输入文件分割成小数据、每份小数据建立命令行、运行所建立的命令行；将运行结果整合成一个文件又分 3 步：将结果存放于一个文件夹，转换为 gff3 格式，最终整合为一个文件。每步的详细过程如下。

（1）将基因组文件以 contig 为单位分割。

```
$ /opt/biosoft/EVM_r2012-06-25/EvmUtils/partition_EVM_inputs.pl -genome genome.fa \
--gene_prediction        gene_predictions.gff3        -protein_alignments protein_alignments.gff3 \
--transcript_alignments transcript_alignments.gff3 -segmentSize 100000 \
--overlapSize 10000 -partion_listing partition_list.out

#该命令的意义说明如下：
```

- --genome：指定基因组序列文件。
- --gene_prediction：基因预测的 gff3 文件，如果有多款软件进行预测，则将多个预测结果整合成一个文件后作为该参数值。

- --protein_alignments：蛋白质序列比对 gff3 文件，如果有多款软件比对结果，则将多个预测结果整合成一个文件作为该参数值，若无蛋白质序列比对文件，则不使用该参数。
- --transcript_alignments：转录组序列比对 gff3 格式文件，若有多个文件则整合为一个文件，若无该文件则不使用该参数。
- --segmentSize：软件运行单条序列的长度，为降低内存消耗，该值最好设置为小于 1Mb。
- --overlapSize：基因间 overlap 区域长度，该值最小应该大于预期基因长度的 2 个标准偏差值，推荐值为 10000。

(2) 建立命令行。

```
$ /opt/biosoft/EVM_r2012-06-25/EvmUtils/write_EVM_commands.pl  -genome genome.fa \
--weights weights.txt -gene_predictions gene_prediction.gff3 \
--protein_alignments protein_alignments.gff3 \
--transcript_alignments transcript_alignments.gff3 \
--output_file_name  evm.out   --partitions  partitions_list.out  > commands.list
#该命令与上步重叠的参数意义相同，新增参数的意义如下：
```

- --weights：指定权重文件；
- --output_file_name：指定输出结果存放地址。
- --partitions：指定分割文件路径，用于从中抽取所分割的各部分并进行命令行建立。
- 所建立的命令行文件重定向保存至 commands.list 文件。

(3) 运行命令行。

```
$ /opt/biosoft/EVM_r2012-06-25/EvmUtils/execute_EVM_commands.pl commands.list | \
tee run.log
# 命令运行过程情况显示在屏幕上，同时保存在 run.log 文件中。
```

(4) 将运行结果整理并存放于一个文件夹中。

```
$/opt/biosoft/EVM_r2012-06-25/EvmUtils/recombine_EVM_partial_outputs.pl \
--partitions partitions_list.out --output_file_name evm.out
# 该命令对运行结果的一个分割的小部分(如 contig)建立一个文件夹，所有这些文件夹均存放于
# evm.out 文件夹下。
```

(5) 将结果文件整合成 gff3 格式。

```
$ /opt/biosoft/EVM_r2012-06-25/EvmUtils/convert_EVM_outputs_to_GFF3.pl \
--partitions partitions_list.out --output evm.out --genome genome.fa
#该命令运行完毕后将在每个分割的小部分文件夹中生成 evm.out.gff3 文件。
```

(6) 将 gff3 格式的文件整合成一个文件。

```
$ cat */evm.out.gff3 >evm.out.gff3
# 该结果文件即为经过整合后的最终结果文件。
```

习题

1. 说明原核基因及真核基因的典型结构及其异同。
2. 阐述 gene、mRNA、CDS、polyA、promoter、exon、intron 名称的含义。
3. 下载并安装 GeneMarkS 软件，并用软件自带的数据进行各个命令使用练习。
4. 下载并安装 Glimmer 软件，并用软件自带的数据进行各个命令使用练习。
5. 下载并安装 AUGUSTUS 软件，并用软件自带的数据进行各个命令使用练习。
6. 下载并安装 PASA 软件，并用软件自带的数据进行各个命令使用练习。
7. 下载并安装 EVM 软件，并用软件自带的数据进行各个命令使用练习。

参考文献

[1] A. Lomsadze, P.D.Burns and M. Borodovsky. Integration of mapped RNA-Seq reads into automatic training of eukaryotic gene finding algorithm. Nucleic Acids Res, 2014, vol.42, pp.e119.

[2] A.L. Delcher, D. Harmon, S. Kasif, et al. Improved microbial gene identification with GLIMMER. Nucleic Acids Res, 1999, vol.27, pp.4636-4641.

[3] A.L. Delcher, K.A. Bratke, E.C. Powers, et al. Identifying bacterial genes and endosymbiont DNA with Glimmer. Bioinformatics, 2007, vol.23, pp. 673-679.

[4] B.J. Haas, Q. Zeng, M.D. Pearson. et al. Approaches to Fungal Genome Annotation Mycology, 2011, vol.2, pp.118-141.

[5] B.J. Haas, A.L. Delcher, S.M. Mount, et al. Improving the Arabidopsis genome annotation using maximal transcript alignment assemblies. Nucleic Acids Res, 2003, vol.31, pp.5654-5666.

[6] B.J. Haas, S.L. Salzberg, W. Zhu. et al. Automated eukaryotic gene structure annotation using EVidenceModeler and the Program to Assemble Spliced Alignments. Genome Biol, 2008, vol.9, pp.R7.

[7] D. Sommerfeld, T. Lingner, M. Stanke, et al. AUGUSTUS at MediGRID: Adaption of a Bioinformatics Application to Grid Computing for Efficient Genome Analysis. Future Generation Computer Systems, 2009, vol.25, pp. 337 - 345.

[8] J.C. Loke, E.A. Stahlberg, D.G. Strenski, et al. Compilation of mRNA polyadenylation signals in Arabidopsis revealed a new signal element and potential secondary structures. Plant Physiol, 2005, vol.138, pp.1457-1468.

[9] J. Besemer, A. Lomsadze and M. Borodovsky. GeneMarkS: a self-training method for prediction of gene starts in microbial genomes. Implications for finding sequence motifs in regulatory regions. Nucleic Acids Res, 2001, vol.29, pp.2607-2618.

[10] M. Stanke, M. Diekhans, R. Baertsch, et al. Using native and syntenically mapped cDNA alignments to improve de novo gene finding. Bioinformatics, 2008, vol.24, pp.637-644.

[11] M. Stanke, A. Tzvetkova, B. Morgenstern. AUGUSTUS at EGASP: using EST, protein and genomic alignments for improved gene prediction in the human genome. BMC Genome Biol, 2006, vol.7(Suppl 1), pp.S11.

[12] M. Stanke, O. Schöffmann, B. Morgenstern,et al. Gene prediction in eukaryotes with a generalized hidden

Markov model that uses hints from external sources. BMC Bioinformatics, 2006,vol.7, pp.62.

[13] M. Stanke and B. Morgenstern. AUGUSTUS: a web server for gene prediction in eukaryotes that allows user-defined constraints. Nucleic Acids Res, 2005, vol.33, pp.W465-W467.

[14] M. Stanke, R. Steinkamp, S. Waack et al. AUGUSTUS: a web server for gene finding in eukaryotes. Nucleic Acids Res, 2004, vol.32, pp. W309-W312.

[15] M. Stanke and S. Waack. Gene Prediction with a Hidden-Markov Model and a new Intron Submodel. Bioinformatics, 2003, vol.19(Suppl. 2), pp. 215-225.

[16] M. Stanke. Gene Prediction with a Hidden-Markov Model. Ph.D. thesis, Universität Göttingen. 2003.

[17] M.A. Campbell, B.J. Haas, J.P. Hamilton, et al. Comprehensive analysis of alternative splicing in rice and comparative analyses with Arabidopsis. BMC Genomics, 2006, vol.7, pp.327.

[18] N. Rhind, Z. Chen, M. Yassour. et al. Comparative Functional Genomics of the Fission Yeasts. Science. 2011,vol.332, pp.930-936.

[19] S. Salzberg, A. Delcher, S. Kasif, et al. Microbial gene identification using interpolated Markov models. Nucleic Acids Res, 1998, vol.26, pp. 544-548.

[20] Y. Shen, G. Ji, B.J. Haas, et al. Genome level analysis of rice mRNA 3'-end processing signals and alternative polyadenylation. Nucleic Acids Res, 2008, vol.36, pp.3150-3161.

[21] W. Zhu, A. Lomsadze and M. Borodovsky. Ab initio gene identification in metagenomic sequences. Nucleic Acids Res, 2010, Vol.38, pp. e132.

[22] V. Ter-Hovhannisyan, A. Lomsadze, Y. Chernoff et al. Gene prediction in novel fungal genomes using an ab initio algorithm with unsupervised training. Genome Res, 2008, vol.18, pp.1979-1990.

第 16 章　基因注释及功能分析

基因预测完毕之后，我们知道了基因的结构，但是基因的生物学功能仍然未知，因此需对基因功能进行注释分析。基因的功能注释有两个前提：

- 一是基因的核酸序列决定了其蛋白质序列，蛋白质序列决定了其高级结构和功能，虽然有一些特殊情况存在，但总体来说各生物体都遵循这样的规律。
- 二是因基因间核酸序列的相似性，因此其蛋白质序列具有相似性，且可能发挥相同或相近的功能。

根据上面两个前提，基因的注释过程简单说就是与现有核酸及蛋白质数据库进行 blast 比对分析，通过待注释序列与数据库中已注释序列的相似性来初步判断其功能。依据数据库收录基因结构或者功能的不同，注释时常用的数据库如下。

- NR 注释：genbank 中 non-redundant(NR) 数据库，包括 non-redundant GenBank CDS translations + PDB + SwissProt + PIR + PRF，同时不包含 environmental samples 的 WGS 数据。
- COG 注释：由 66 个原核基因组序列信息分析获得的同源基因组聚类(Clusters of Orthologous Groups)；与之相似的有一个 KOG 分类，来自 7 个真核基因组分析获得的同源基因聚类。
- SwissProt 注释：经过专家验证的蛋白质数据库，也称 UniProtKB/Swiss-Prot。
- InterPro 注释：进行多个数据库的联合注释，包括 prosite、HAMAP、Pfam、PRINTS、ProDom、SMART、TIGRFAMs、PIRSF、SUPERFAMILY、CATH-Gene3D 及 PANTHER，该数据库可进行待注释基因结构域注释。
- KEGG 注释：信号通路相关基因数据库，可获得待注释基因参与的信号通路 KO 号。
- GO 注释：获得待注释基因的 GO 编号。

16.1　BLAST 软件介绍

进行基因注释时使用的最重要的工具是 BLAST(Basic Local Alignment Search Tool) 软件，其原理请参阅相关书籍。BLAST 可在 NCBI 的 BLAST 页面在线运行；也可以下载该软件，构建本地数据库，进行本地运行。下面主要介绍如何在 Linux 系统下载相关工具来运行本地 BLAST。

16.1.1　BLAST 软件安装

本地 BLAST 推荐使用 BLAST+，它使用 NCBI C++ Toolkit，在原有 BLAST 的基础上做了较多改进，详细情况请参见如下网页：

http://blast.ncbi.nlm.nih.gov/Blast.cgi?CMD=Web&PAGE_TYPE=BlastDocs&DOC_TYPE=Download

BLAST+安装命令如下：

```
$cd /opt/biosoft
$wget ftp://ftp.ncbi.nlm.nih.gov/blast/executables/blast+/LATEST/
$tar -zxvf ncbi-blast-2.2.28+-x64-linux.tar.gz
```

解压完毕后即可使用,相关命令在/opt/biosoft/ncbi-blast-2.2.28+/bin 文件夹中。

16.1.2 相关命令参数介绍

1. 命令 makeblastdb

用法:makeblastdb [-h] [-help] [-in input_file] [-input_type type] -dbtype molecule_type [-title database_title] [-parse_seqids] [-hash_index] [-mask_data mask_data_files] [-gi_mask] [-gi_mask_name gi_based_mask_names] [-out database_name] [-max_file_sz number_of_bytes] [-taxid TaxID] [-taxid_map TaxIDMapFile] [-logfile File_Name] [-version]

该程序主要用于创建本地 blast 数据库。

- -dbtype:指定创建的数据库类型,有效值是 nucl(核酸库)、prot(蛋白库)。
- -in:指定输入数据文件,默认是从标准输入读取"-",数据格式会自动检测。
- -input_type:指定输入数据类型,有效值是 asn1_bin、asn1_txt、blastdb、fasta,默认值是 fasta。
- -title:指定 blast 数据库标题,默认值是输入文件名。
- -parse_seqids:对 fasta 格式的输入数据进行 seqid 分析,对于其他格式的输入文件进行 seqid 自动解析。
- -hash_index:创建序列 hash 值的编号,以便于快速匹配。
- -out:指定输出 blast 数据库名称。
- -max_file_sz:指定 blast 数据库的最大 size,默认值是 1GB。
- -logfile:指定序列运行过程记录文件,否则显示在标准输出。

2. 5 种 blast 命令程序

(1) 5 种 blast 命令程序的作用。

有 5 种不同程序进行不同类型的序列与不同类型的数据库进行比较,这 5 种命令程序的作用如下:

- blastn:核酸序列搜索核酸序列数据库。
- blastp:蛋白质序列搜索蛋白质序列数据库。
- blastx:将提交的核酸序列按照 6 种可能编码方式翻译后搜索蛋白质序列数据库。
- tblastn:将核酸数据库中的序列进行 6 种可能编码方式翻译后,与蛋白质序列进行比较。
- tblastx:将提交的核酸序列及核酸数据库中的序列均以 6 种编码方式翻译后再进行比较。

(2) 参数介绍。

5 种命令程序的参数大致相同,以下以 blastn 为例进行相关参数的介绍。

- -query:指定输入数据文件,默认值是"-",即从标准输入读取。
- -query_loc:指定序列比对范围,默认值是 start-stop。
- -strand:指定用于序列匹配的链,有效值是 both、minus、plus,默认值是 both。

- -task：指定进行比对的类型，有效值是 blastn、blastn-short、dc-megablast、megablast、rmblastn，默认值是 megablast。
- -db：指定比对的 blast 数据库名称及位置。
- -out：指定输出文件名。
- -evalue：指定期望值，默认值是 10。
- -word_size：指定 word size，用于进行最佳匹配的寻找，整数且大于等于 4。
- -gapopen：指定 Gaps 罚分。
- -gapextend：指定延伸一个 Gaps 罚分。
- -penalty：指定错配罚分。
- -outfmt：指定比对结果输出文件形式，有 12 个有效值，默认值是 0，各值意义如下：

    0 = pairwise

    1 = query-anchored showing identities

    2 = query-anchored no identities

    3 = flat query-anchored, show identities

    4 = flat query-anchored, no identities

    5 = XML Blast output

    6 = tabular

    7 = tabular with comment lines

    8 = Text ASN.1

    9 = Binary ASN.1

    10 = Comma-separated values

    11 = BLAST archive format(ASN.1)

- -show_gis：显示 NCBI 的 GI 号。
- -num_descriptions：指定显示描述数据库匹配序列数量，outfmt 大于 4 时该值无效（采用 max_target_seqs），默认值是 500。
- -num_alignments：指定显示序列 alignment 的数量，默认值是 250。
- -html：产生 HTML 格式输出文件。
- -num_threads：指定运行线程数，默认值是 1。
- -max_target_seqs：指定进行 aligned 的最大序列数，当 outfmt<4 时无效，默认值是 500。

3. 输出格式详细介绍

由于 blast 比对不同格式(-outfmt 参数控制)的输出结果包含不同的内容，因此必须根据需要从结果中抽取不同的内容来选择不同的输出参数，常用的是 0、5、6，其中 0 是默认的输出形式，输出的内容较全；5 是 xml 格式，除了未显示 alignment 信息外，其他信息均有标签规范，易于编程以对结果进行处理；6 是表格形式，简洁易懂。

下面对不同的输出格式内容进行详细介绍(以 blastp 为例)，命令格式如下：

```
$ blastp -query test.pro -db /home/fsp/Swiss-port/uniprot_sprot -evalue 1e-3 -outfmt 0 -out SP-outfmt0.test &
```

该命令的意义是用 blastp 参数将文件 test.pro 中的蛋白质序列与 uniprot_sprot 数据库进行

比对，E 值小于 1e-3，输出结果形式为 0，并保存在 SP-outfmt0.test 文件中。对于其他格式的测试，仅将 -outfmt 的格式分别改为 1～11，同时将 -out 指定文件的名字依次改为 1～11。

(1) outfmt 0。

该输出结果是默认的输出结果，显示了 Score 值、E 值等参数情况，同时列出了 subject 序列名称及 alignment 内容，便于直观比较 query 序列与 subject 序列的具体位点情况，相似的碱基用"+"标识，相同的碱基直接用字母标识，Gaps 用"-"标识，不同的碱基不做标识（见图 16-1）。

```
Query= 4haoGL000003

Length=559
                                                          Score        E
Sequences producing significant alignments:              (Bits)     Value

sp|P16465|HLYB_PROMI  Hemolysin transporter protein HpmB OS=Prote...   147   5e-37
sp|P15321|HLYB_SERMA  Hemolysin transporter protein ShlB OS=Serra...   144   7e-36


>sp|P16465|HLYB_PROMI Hemolysin transporter protein HpmB OS=Proteus mirabilis GN=hpmB
PE=3 SV=1
Length=561

 Score =  147 bits (372),  Expect = 5e-37, Method: Compositional matrix adjust.
 Identities = 124/509 (24%), Positives = 229/509 (45%), Gaps = 24/509 (5%)

Query  1    MALAACLWAVAGLAAAQQTAPTTLDRQEQLRQ--AEEIQRRQEQERQAPFAGPREDAERV   58
            + L +C ++ +GL+A +    ++   +  Q   EI + EQ R    +E A +
Sbjct  8    LTLLSC-FSTSGLSANETGNLGSISESRRALQDSQREINQLIEQNR---YQQLEKAVNI   63
```

图 16-1 blastp 部分结果（outfmt=0）

(2) outfmt 1。

该结果显示了 Score 值、E 值、序列匹配情况，相同的碱基用"."代替，Gaps 用"-"标识，不同的碱基直接列出。

```
Query= 4haoGL000003

Length=559
                                                          Score        E
Sequences producing significant alignments:              (Bits)     Value

sp|P16465|HLYB_PROMI  Hemolysin transporter protein HpmB OS=Prote...   147   5e-37
sp|P15321|HLYB_SERMA  Hemolysin transporter protein ShlB OS=Serra...   144   7e-36


Query_1  1    MALAACLWAVAGLAAAQQTAPTTLDRQEQLRQAEEIQRRQEQERQAPFAGPREDAERVDA   60
P16465   8    LT.LS.-FSTS..S.NETGNLGSISESRRAL.QR..NQLI..N.---YQQLQ.K.VNISP  65
                                            \
                                            DS
```

图 16-2 blastp 部分结果（outfmt=1）

(3) outfmt 2。

该结果与图 16-2 类似，不同点在于相同的碱基不用"."代替，直接用字母标识（见图 16-3）。

(4) outfmt 3。

该结果显示了 Score 值、E 值，并同时显示了 query 序列与各 subject 序列间的碱基比对情况，相同碱基用"."代替（见图 16-4）。

```
Query= 4haoGL000003

Length=559
                                                            Score     E
Sequences producing significant alignments:                 (Bits)  Value

sp|P16465|HLYB_PROMI  Hemolysin transporter protein HpmB OS=Prote...  147   5e-37
sp|P15321|HLYB_SERMA  Hemolysin transporter protein ShlB OS=Serra...  144   7e-36


Query_1   1   MALAACLWAVAGLAAAQQTAPTTLDRQEQLRQAEEIQRRQEQERQAPFAGPREDAERVDA   60
P16465    8   LTLLSC-FSTSGLSANETGNLGSISESRRALQQREINQLIEQNR---YQQLQEKAVNISP   65
                                       \
                                        |
                                        DS
```

图 16-3 blastp 部分结果（outfmt=2）

```
Query= 4haoGL000003

Length=559
                                                            Score     E
Sequences producing significant alignments:                 (Bits)  Value

sp|P16465|HLYB_PROMI  Hemolysin transporter protein HpmB OS=Prote...  147   5e-37
sp|P15321|HLYB_SERMA  Hemolysin transporter protein ShlB OS=Serra...  144   7e-36


Query_1   1   MALAACL---WAVAGLAAAQQTAPTTLDRQEQLRQ--A----EEIQRRQEQERQAPFAGP   51
P16465    8   LT.LS.----FSTS..S.NETGNLGSISESRRAL.DSQ----R..NQLI..N.---YQQL   56
P15321    41                          .STREVN.--L----I.QR.Y.QLKQ.RLL.E.   67
```

图 16-4 blastp 部分结果（outfmt=3）

(5) outfmt 4。

该结果与图 16-4 类似，不同点在于相同碱基不用"."代替（见图 16-5）。

```
Query= 4haoGL000003

Length=559
                                                            Score     E
Sequences producing significant alignments:                 (Bits)  Value

sp|P16465|HLYB_PROMI  Hemolysin transporter protein HpmB OS=Prote...  147   5e-37
sp|P15321|HLYB_SERMA  Hemolysin transporter protein ShlB OS=Serra...  144   7e-36


Query_1   1   MALAACL---WAVAGLAAAQQTAPTTLDRQEQLRQ--A----EEIQRRQEQERQAPFAGP   51
P16465    8   LTLLSC-----FSTSGLSANETGNLGSISESRRALQDSQ----REINQLIEQNR---YQQL   56
P15321    41                          DSTREVNQ--L----IEQRRYQQLKQQRLLAEP   67
```

图 16-5 blastp 部分结果（outfmt=4）

(6) outfmt 5。

该结果为 xml 格式输出结果，所显示的信息比较全面，且结果被特定尖括号<>标签（如<hsp_score>）围在中间，易于编程以进行比对结果的处理，该结果形式使用较多（见图 16-6）。

(7) outfmt 6。

该结果显示了 12 列的序列匹配结果信息，输出结果简洁完整，使用较多（见图 16-7）。

(8) outfmt 7。

该结果与图 16-7 类似，不同点是多了注释信息，如果对图 16-7 的各列信息不清楚，可参看本结果的说明。该结果注释信息更清晰，适合最初进行 blastp 比较使用者，使用也较多（见图 16-8）。

第 16 章 基因注释及功能分析

```
<Iteration>
  <Iteration_iter-num>1</Iteration_iter-num>
  <Iteration_query-ID>Query_1</Iteration_query-ID>
  <Iteration_query-def>4haoGL000003</Iteration_query-def>
  <Iteration_query-len>559</Iteration_query-len>
<Iteration_hits>
<Hit>
  <Hit_num>1</Hit_num>
  <Hit_id>sp|P16465|HLYB_PROMI</Hit_id>
  <Hit_def>Hemolysin transporter protein HpmB OS=Proteus mirabilis GN=hpmB PE=3 SV=1</Hit_def>
  <Hit_accession>P16465</Hit_accession>
  <Hit_len>561</Hit_len>
  <Hit_hsps>
    <Hsp>
      <Hsp_num>1</Hsp_num>
      <Hsp_bit-score>147.902</Hsp_bit-score>
      <Hsp_score>372</Hsp_score>
      <Hsp_evalue>4.62702e-37</Hsp_evalue>
      <Hsp_query-from>1</Hsp_query-from>
```

图 16-6 blastp 部分结果（outfmt=5）

```
4haoGL000003    sp|P16465|HLYB_PROMI    24.36   509   361   12    1    501   8    500   5e-37   147
4haoGL000003    sp|P15321|HLYB_SERMA    26.63   522   350   12    25   538   41   537   7e-36   144
```

图 16-7 blastp 部分结果（outfmt=6）

```
# BLASTP 2.2.28+
# Query: 4haoGL000003
# Database: /home/fsp/Swiss-port/uniprot_sprot
# Fields: query id, subject id, % identity, alignment length, mismatches, gap opens, q. start, q. end, s. start, s. end, evalue, bit score
4haoGL000003    sp|P16465|HLYB_PROMI    24.36   509   361   12    1    501   8    500   5e-37   147
4haoGL000003    sp|P15321|HLYB_SERMA    26.63   522   350   12    25   538   41   537   7e-36   144
```

图 16-8 blastp 部分结果（outfmt=7）

图 16-9～图 16-11 是以其他形式显示的结果信息，实际使用较少，outfmt 的值为 9 时得到的是二进制形式的文件结果，实际使用也较少。

（9）outfmt 8。

```
Seq-annot ::= {
  desc {
    user {
      type str "Hist Seqalign",
      data {
        {
          label str "Hist Seqalign",
          data bool TRUE
        }
      }
    },
    user {
      type str "Blast Type",
      data {
        {
          label str "blastp",
          data int 2
        }
      }
    },
    user {
      type str "Blast Database Title",
      data {
        {
          label str "uniprot_sprot.fasta",
          data bool FALSE
        }
      }
    },
```

图 16-9 blastp 部分结果（outfmt=8）

(10) outfmt 10。

```
4haoGL000003,sp|P16465|HLYB_PROMI,24.36,509,361,12,1,501,8,500,5e-37, 147
4haoGL000003,sp|P15321|HLYB_SERMA,26.63,522,350,12,25,538,41,537,7e-36, 144
```

图 16-10　blastp 部分结果（outfmt=10）

(11) outfmt 11。

```
Blast4-archive ::= {
  request {
    ident "2.2.28+",
    body queue-search {
      program "blastp",
      service "plain",
      queries bioseq-set {
        seq-set {
          seq {
            id {
              local str "Query_1"
            },
            descr {
              title "4haoGL000003",
              user {
                type str "CFastaReader",
                data {
                  {
                    label str "DefLine",
                    data str ">4haoGL000003"
                  }
                }
              }
            },
            inst {
              repr raw,
              mol aa,
              length 559,
              seq-data ncbieaa "MALAACLWAVAGLAAAQQTAPTTLDRQEQLRQAEEIQRRQEQERQA
PFAGPREDAERVDARSTVLPKEELCFPIARVRLAGAGNDGARFAWLWTSLRRYEGRCIGRAGIDIIRRRALDQMVARG
```

图 16-11　blastp 部分结果（outfmt=11）

16.2　NR 注释

NR 注释就是将未知蛋白与 NCBI 的 NR 蛋白数进行 blastp 比对，在 NR 数据库中寻找未知蛋白的同源序列，从而推测未知蛋白的功能。与进行注释的其他数据库相比，该数据库所包含的序列最多，然而其缺点是数据库的记录由全世界的科研工作者提交，其信息的完整性参差不齐，准确性有待商榷。

16.2.1　NR 数据库制备过程

NR 数据库文件下载地址如下：

ftp://ftp.ncbi.nlm.nih.gov/blast/db/

以 nr 开头的若干文件即为最新版本的 NR 数据库文件（当然对不同的发布版本，这些文件的数量会有差异，目前是 45 个，从 nr.00.tar.gz 至 nr.45.tar.gz），将文件下载后并存放在/home/fsp/nr_db

文件夹中。该数据为已经用 makeblastdb 命令制备好的数据库，下载完毕后解压缩即可使用。也可以到网址 ftp://ftp.ncbi.nlm.nih.gov/blast/db/FASTA 进行 fasta 格式数据的一次性下载，由于单个文件较大，如果本地网速不佳，不建议用该方法进行下载。

```
$mkdir /home/fsp/nr_db
$cd /home/fsp/nr_db
$wget -r -c -nH -nd ftp://ftp.ncbi.nlm.nih.gov/blast/db/nr.*
$ls *.tar.gz |xargs -n1 tar -zxvf        #进行压缩文件的批量解压缩。
```

16.2.2 NR 注释过程

该注释需要 5 个自编 Perl 程序。

(1) splitNfasta.pl：该程序将 fasta 格式的序列文件进行近似平均分割，以便于平行比较运算。比如，一个文件含 100 条序列，要分 3 份，则前 33 条序列分在第一个文件，接下来 33 条序列分在第二个文件，余下 34 条序列均放在第三个文件。

(2) blastNfasta2xml.pl：该程序将文件中的序列进行 blastp 比对，并生成 xml 格式的结果 (outfmt 为 5)，E 值为 1e-3，最多命中目标序列数设置为 20 (max_target_seqs 值为 20)。

(3) blastxml2xls.pl：该程序从 xml 格式的结果文件中抽取相关结果，并生成 xls 格式文件，选取的结果包括 q_id (查询基因名)、q_len (查询基因长度)、q_start (查询基因比对起始位点)、q_end (查询基因比对终止位点)、s_id (目标序列名)、s_len (目标序列长度)、s_start (目标序列比对起始位点)、s_end (目标序列比对终止位点)、q_frame (查询基因编码框)、IDY (一致百分率)、Positive (阳性率)、Gaps (Gaps 长度)、Align_len (比对序列片段长度)、Score (打分)、E_value (E 值)、coverageq (查询序列覆盖度)、coverages (目标序列覆盖度)、s_annotation (目标序列的注释信息)。

(4) sort_by_name_evalue.pl：该程序对 xls 格式的比对结果进行排序，先按照基因名排序 (q_id)，相同基因名的比对结果按照 E 值 (E_value) 进行进一步排序。

(5) species_distri_by_uniq_hits.pl：该程序用于从排序后的 blast 比对结果中统计目标序列的物种分布情况。

相关命令如下：

```
$mkdir -p /home/fsp/Test/geneAnnotation/nr
$cd /home/fsp/Test/geneAnnotation/
$ln -s ../../genePrediction/CBB_protein.fa

$perl splitNfasta.pl CBB_protein.fa 24    #将文件分割以便于进行平行 blastp 运算。

#以下命令将分割的文件进行 blastp 运算。
$for (( i = 1; i<= 24; i = i + 1 ))
$do
$perl blastNfasta2xml.pl blastp /home/fsp/nr_db/nr ../$i.fasta $i.xml &
$done

$cat *.xml >nr.xml                        #将 xml 文件合并为一个结果文件。
$perl blastxml2xls.pl nr.xml              #从 xml 文件提取信息并生成 xls 文件。
```

```
$perl sort_by_name_evalue.pl nr.xls nr.sort.xls #将 xls 文件按名称及 E 值排序。

$perl species_distri_by_uniq_hits.pl nr.sort.xls nr_species_distri.out
#该命令抽取匹配序列的物种信息,并统计出现次数,以用于后续绘图。

$perl blast_extract_by_evalue_and_coverage.pl nr.sort.xls nr.sort.
coverage.xls
#该命令将按照 E 值及覆盖度抽取最终的基因注释信息,该结果可用于将覆盖度达到一定比例的可
#信序列挑选出来进行后续研究。
```

16.3 COG 注释

COG(Clusters of Orthologous Groups of proteins)数据库于 1997 年创建,广泛应用于微生物基因组注释分析,该数据库的特点是蛋白聚类依赖于完整的基因组信息,对微生物的整个蛋白质组的所有蛋白进行前面的比较分析,可获得非常准确的蛋白同源信息;功能相同的蛋白放在同一个家长中,并对该家族蛋白的功能进行统一描述;另外,所有的 COG 聚类均经过仔细的人工核对,进一步提高了其准确性。

COG 数据库(Clusters of Orthologous Groups of proteins)的数据来源于 66 个完整基因组,共 192987 条记录,这些数据都已经进行了聚类分析,并且会不断对这些注释信息进行更新,该数据库现用于对微生物基因组未知蛋白进行聚类分析。该数据库下载地址是 ftp://ftp.ncbi.nlm.nih.gov/pub/COG/COG/。

COG 数据库后来又增加了其他不同类型的类似数据库,如真核生物的蛋白聚类数据库(KOG),该数据库包含 7 个真核生物(拟南芥、秀丽线虫、果蝇、人、酿酒酵母、裂殖酵母、兔脑原虫),KOG 数据库下载地址为 ftp://ftp.ncbi.nlm.nih.gov/pub/COG/KOG。古菌 COG 数据库(arCOGs)包含 168 条古菌完整基因组的蛋白聚类信息及噬菌体 COGs(POGs)等。这些数据库与 COG 的注释方法相同,然而 COG 注释较多,因此本节主要讲解 COG 数据库的注释。

COG 数据库包含的重要数据如下:

- 数据 myva:fasta 格式来源于 66 个完整的基因组的 192987 条蛋白质序列数据。
- 数据 whog:包含 COG 信息,包括 COG 名称、功能分类、功能描述等信息。
- 数据 myva=gb:蛋白质在 NCBI 中的 GI 编号信息。
- 数据 fun.txt:单字母及对应的具体 COG 分类信息。
- 数据 org.txt:记录蛋白质三字母缩写及对应的 COG 编号、物种分类信息。
- 数据 pa:所有 COG 蛋白质序列的 blast 结果。

16.3.1 COG 数据库准备过程

从 ftp 网站下载 fasta 格式的蛋白质数据及其他相关注释信息,并用 BLAST 软件将下载的 fasta 格式的蛋白质序列构建本地数据库。相关命令如下:

```
$mkdir /home/fsp/COG
$wget ftp://ftp.ncbi.nlm.nih.gov/pub/COG/COG/fun.txt
$wget ftp://ftp.ncbi.nlm.nih.gov/pub/COG/COG/myva
```

```
$wget ftp://ftp.ncbi.nlm.nih.gov/pub/COG/COG/myva=gb
$wget ftp://ftp.ncbi.nlm.nih.gov/pub/COG/COG/org.txt
$wget ftp://ftp.ncbi.nlm.nih.gov/pub/COG/COG/pa
$wget ftp://ftp.ncbi.nlm.nih.gov/pub/COG/COG/whog
$wget ftp://ftp.ncbi.nlm.nih.gov/pub/COG/COG/readme
#以下命令进行cog数据库的构建,以用于blastp运算。
$mkdir /opt/biosoft/ncbi-blast-2.2.28+/db
$cd /opt/biosoft/ncbi-blast-2.2.28+/db
$/opt/biosoft/ncbi-blast-2.2.28+/bin/makeblastdb -in /home/fsp/COG/myva
-dbtype prot \
 -out cog -parse_seqids -hash_index
```

16.3.2 COG 命令注释过程

```
$mkdir -p /home/fsp/Test/geneAnnotation/cog
$cd /home/fsp/Test/geneAnnotation/cog

#以下命令将分割文件与cog数据库进行比对
$for (( i = 1; i<= 24; i = i + 1 ))
$do
$perl blastNfasta2xml.pl blastp /opt/biosoft/ncbi-blast-2.2.28+/db../
$i.fasta $i.xml &
$done

$cat *.xml >cog.xml                          #将xml文件合并为一个xml文件。
$perl blastxml2xls.pl cog.xml                #从xml文件中抽取信息生成xls文件。

#以下命令将生成的xls文件按name及E值排序之后再根据覆盖度抽取唯一匹配信息。
$perl sort_by_name_evalue.pl cog.xls cog.sort.xls
$perl blast_extract_by_evalue_and_coverage.pl cog.sort.xls cog.sort.
coverage.xls
#以下命令生成最终COG注释文件,并生成统计数据。
$perl parsing_cog_from_xls.pl /home/fsp/COG/whog /home/fsp/COG/fun.txt \
cog.sort.coverage.xls cog.anno.xls cog.list.class.catalogycog.class.
numforfig
```

命令运行完毕包含多个文件,其中cog.anno.xls是COG注释结果文件;cog.list.class.catology文件包含了待预测基因的COG分类情况,以及各分类下的具体基因数量及基因内容;cog.class.numforfig文件包含待预测基因组的COG分类情况及各分类的基因总数,可利用该数据作图。

16.4 Swiss-Prot 注释

UniProtKB/Swiss-Prot是经过专家人工注释的高质量低冗余的蛋白质序列数据库,该数据库包含相关实验验证结果、计算机模型运算结果及科学结论等,目前共有549646条记录。在线查询使用网址如下:

http://www.uniprot.org/

16.4.1 数据库准备

网上下载 fasta 格式的蛋白质序列信息，用 BLAST 软件构建本地数据库。相关命令如下：

```
$mkdir /home/fsp/swiss-prot
$cd /home/fsp/swiss-port
$wget \
ftp://ftp.uniprot.org/pub/databases/uniprot/current_release/knowledge
base/complete/uniprot_sprot.fasta.gz
$gunzip -d uniprot_sprot.fasta.gz
$/opt/biosoft/ncbi-blast-2.2.28+/bin/makeblastdb -dbtype prot -parse_
seqids -hash_index -in /home/fsp/Swiss-prot/uniprot_sprot.fasta -out
uniprot_sprot
```

16.4.2 Swiss-Prot 注释过程

```
$mkdir /home/fsp/Test/geneAnnotation/swissprot
$cd /home/fsp/ Test/geneAnnotation/swissprot

#以下命令为进行 blastp 比对分析流程。
$for ((i=0; i<=23; i=i+1))
$do
$blastp -query ../nr/$i.fasta -out $i.tab -db /home/fsp/Swiss-prot/
uniprot_sprot -evalue 1e-3 -num_threads 1 -outfmt 6 &
$done

$cat *.tab >swiss-prot.tab     #将 tab 文件生成合并成一个 tab 文件。
#以下命令对 tab 文件进行排序并获得最终 Swiss-Prot 注释结果。
$./sort_blastResult_by_name_and_e_value.pl
swiss-prot.tab>swiss-prot.sort.tab
$perl swissprot_tab2anno.pl /home/fsp/Swiss-prot/uniprot-sprot.
fastaswiss-prot.sort.tab \
Swiss-prot.annot
```

16.4.3 InterPro 注释

InterPro 数据库可进行未知蛋白的家族分类、结构域及重要结合位点的预测等功能分析。可进行 3 种形式的分析：对于单个蛋白直接在线运行即可；对于较多蛋白，可使用数据库提供的程序工具（iprscan5_lwp.pl）进行在线提交运行；对于大量数据的分析，可将数据及相关软件下载至本地运行。其在线运行及相关介绍网址如下：

http://www.ebi.ac.uk/interpro/

1. 参数介绍

下面介绍程序工具 iprscan5_lwp.pl 的参数。

用法：iprscan5_lwp.pl [options] seqFile

(1) 必需参数。

- seqFile：fasta 格式序列文件。

(2) 可选参数。

- --appl：应用范围设置，如不设该参数，则默认进行所有的分析。
- --goterms：获取 GO 注释信息。
- --nogoterms：不获取 GO 注释信息。
- --pathways：获取 pathway 信息。
- --nopathways：不获取 pathway 信息。
- --multifasta：将输入文件视为含多条序列的 fasta 格式文件。

(3) 其他参数。

- -h --help：显示帮助文件。
- --async：强制进行不同步查询，运行结果先保存在网站，以备后续下载。
- --email：提供 email 地址，便于出现问题时进行信息反馈。
- --title：提供运行工作的命名。
- --status：获得工作运行状态。
- --resultTypes：获得可行的工作结果形式。
- --jobid：运行工作标号。
- --outfile：结果文件名，默认值是 jobid，如果是 "-"，代表标准输出。
- --useSeqId：用序列名来命名结果名，仅用--multifasta 参数时有效。
- --maxJobs：最大运行工作数，仅用--multifasta 参数有效。
- --outformat：指定结果形式。
- --params：显示输入参数。
- --paramDetail：显示详细的输入参数。
- --quiet：安静模式，减少输出结果。
- --verbose：增加显示输出结果。

2. 命令运行

通过程序工具运行的命令如下：

```
$mkdir interpro
$cd interpro
 #下载工具程序。
$wget http://www.ebi.ac.uk/Tools/webservices/download_clients/perl/lwp/iprscan5_lwp.pl
$chmod 755 *.pl
$mkdir interPro5
$cd interPro5


#以下命令进行在线 InterPro 注释分析。
$for (( i = 1; i<= 24; i = i + 1 ))
```

```
$do
$../iprscan5_lwp.pl -goterms --email spfeng321@163.com -multifasta
--useSeqId ../$i.fasta&
$done

#以下命令进行 xml 文件整理。
$cd ..
$mkdir interPro5.xml
$cp interPro5/*.xml interPro5.xml/
$cd interPro5.xml
$for I in `ls`
$do
$mv "$i" `echo "$i" | sed 's/\.xml\.xml/\.xml/'`
$done

#以下命令将同类文件合并为一个文件。
$cat interPro5/*.out.txt > interPro5_out.tab
$cat interPro5/*.tsv.txt >interPro5.tsv
$cat interPro5/*.gff.txt >interPro5.gff.txt
$perl -ne 'print if /^gene_id/' interPro5.gff.txt >interPro5.gff

#以下命令进行 html 文件整理。
$mkdir interPro5.html
$cp interPro5/*.html.tar.gz interPro5.html/
$cd interPro5.html
$ls *.tar.gz |xargs -n1 tar zxvf
```

16.5 KEGG 注释

KEGG(Kyoto Encyclopedia of Genes and Genomes)是一个在较高水平研究生物系统功能和应用的数据库,目前付费即可下载相关数据建立本地数据库;免费版需通过网站所建立的自动注释分析平台(KEGG Automatic Annotation Server)进行不同类型的数据分析,所有这些分析都必须在线运行,这里以基因组的注释为例进行介绍。

1. 程序运行过程

(1)打开基因组注释页面。

http://www.genome.jp/kaas-bin/kaas_main

(2)打开页面如图 16-12 所示,默认输入文件为 Protein,如果是核酸序列,需在 Nucleotide 前的方框勾选。如果是少数序列则可以直接复制粘贴在待输入文本框中;如果文件比较大,则先勾选"File upload",点击"选择文件"按钮,从中选择待分析的 fasta 格式的蛋白质序列文件。

(3)在"Query name"处输入运行的"job"命名,默认是 query,这是选填项。

(4)在"E-mail address"处输入邮箱地址,以便通知运行状态,如spfeng321@163.com。这项是必填项,否则无法收到结果。

(5)如果需要修改已填选项,点击"Clear"按钮则删除所做的所有修改;其他参数可根据说明修改，如果不修改则采用默认参数，点击"Compute"按钮提交即可运行，并显示数据接收页面（见图 16-13）。如果已经填写了邮箱，则该页面可以关闭；如果没有填写邮箱，则不能关闭网页，否则无法查看所提交数据的注释结果。

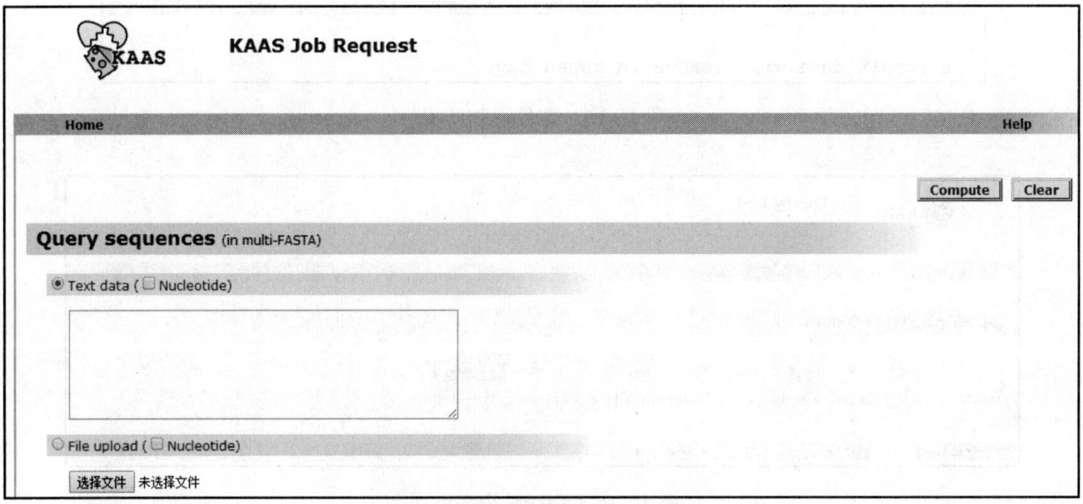

图 16-12　KAAS 数据提交页面

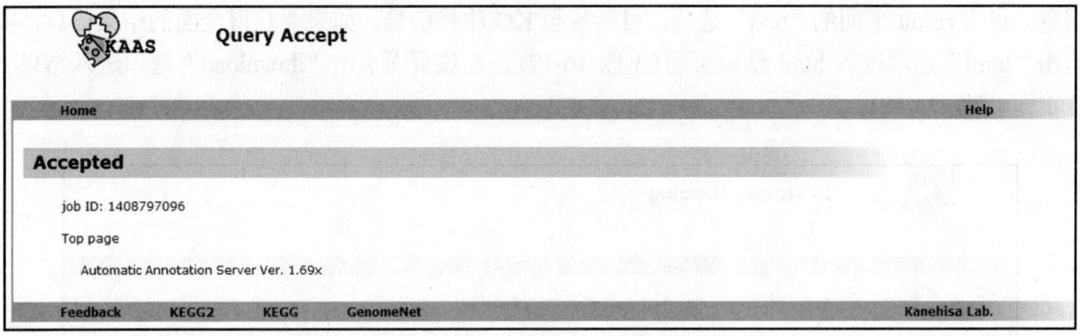

图 16-13　数据接收页面

（6）此时邮箱会收到提交结果成功的邮件并生成 request ID，邮件内容如图 16-14 所示。点击链接可通过"state"选项查询运行状态："computing"表示正在运行；"complete"表示运行完毕，可进行结果下载；"failed"表示运行失败，说明运行过程中遇到问题，需分析原因并重新提交运行。

图 16-14　提交运行后的反馈邮件内容

（7）运行完毕后再次收到运行完毕的通知邮件（见图 16-15），并提供结果链接页面（见图 16-16），即可至该页面进行结果下载分析，该结果会保存 7 天。

```
KEGG Automatic Annotation Server Ver. 1.6a
Your request ID is 1408797096

Result of Annotation
http://www.genome.jp/kaas-bin/kaas_main?mode=user&mail=spfeng321@163.com

The result data will remove in seven days.
```

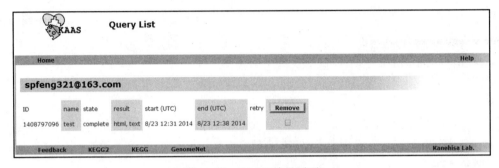

图 16-15　邮件通知结果

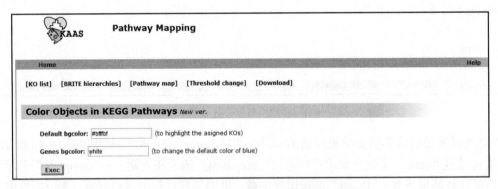

图 16-16　KAAS 结果页面

(8) 在图 16-16 结果页面中点击 ID 下面的 job 编号，可查看 query info，主要是运行参数信息。点击 result 下面的“text”选项，可链接至 KO 注释信息。如果要获得全面的结果信息，需点击“html”选项进入 html 结果页面(见图 16-17)，在该页面点击“download”选项进入结果下载页面(见图 16-18)。

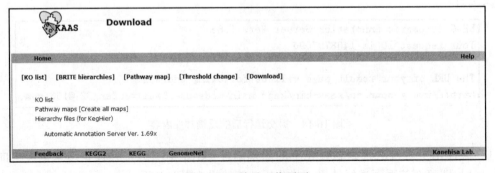

图 16-17　html 形式的结果页面

图 16-18　结果下载页面

2. KEGG 注释结果下载

在下载结果页面(见图 16-18)，点击 "Create all maps" 选项生成各个通路图(Pathway maps)，可下载的结果主要包括 3 项：

- KO list：即 KO 注释文件，默认文件名为 query.ko，记录待注释基因的 KO 注释号。
- Pathway maps：即通路图，目前免费版仅支持单张图片下载，显示待注释基因所预测参与信号通路。
- Hierarchy files：图形参数文件，默认文件名为 hier.tar.gz。

16.6 GO 注释

GO 注释通过 blast2go 软件进行，可进行 Gene Ontology(GO 注释)、KEGG map(KEGG 通路图)、interPro 及 Enzyme Codes(国际酶学编码)注释，并可进行数据的统计分析，详细介绍及 Blast2GO 软件下载地址如下：

http://www.blast2go.com/b2ghome

Blast2GO 软件的运行还需要下载 Java 程序，所需下载的程序版本在打开 Java 下载页面时会自动检测计算机，并推荐适合该计算机的下载版本类型，网址如下：

http://java.com/en/download/ie_manual.jsp

GO 注释过程如下。

1. 软件下载

先下载 Java 版的 Blast2GO 软件，根据计算机内存的大小选择内存(最小 500MB)，点击 "Please click here" 进行下载(见图 16-19)，下载文件名(如 blast2go1000.jnlp)。

图 16-19　Blast2GO 软件下载图

下载完毕，在确认已安装合适的 Java 版本后，双击所下载的 blast2go1000.jnlp 软件，即进入应用程序下载页面(见图 16-20)。

图 16-20　应用程序下载页面

程序下载完毕，可能会提示是否需要运行 Java 程序（见图 16-21），点击运行即进入 Blast2GO 软件页面，此时出现的提示对话框可不用管（见图 16-22），关闭即可。

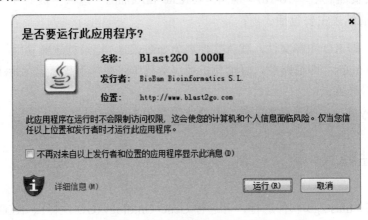

图 16-21　弹出页面提示是否运行程序

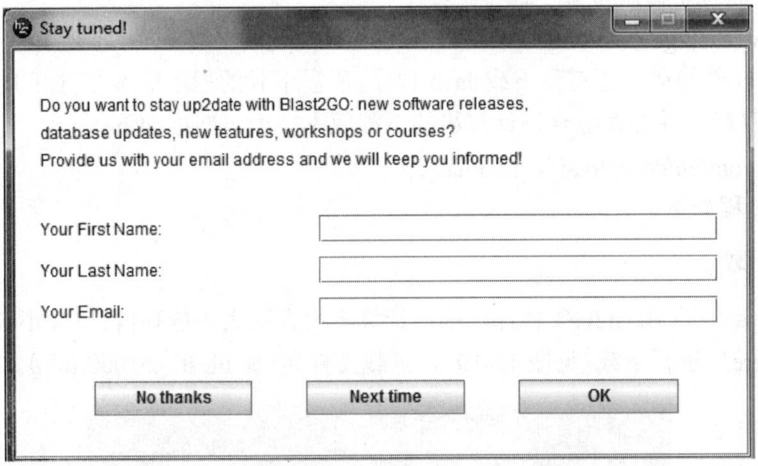

图 16-22　弹出窗口提示是否保持更新

2. Blast2GO 主页面介绍

在 Blast2GO 主界面（见图 16-23），最上面显示版本号（如 v2.7.2）；菜单栏显示软件主要操作命令，后面会对各选项内容进行介绍；快捷菜单栏主要包含打开、保存、显示等快捷命令；数据内容显示区域则用于显示待分析的数据及分析结果，并用不同底色表示不同注释程度的基因；应用菜单栏主要显示相应应用的内容；状态栏显示命令运行进度信息。

3. 数据载入

菜单栏的排列基本按照数据输入-分析-统计分析的操作过程排列，因此按照菜单栏各命令的顺序依次操作即可完成 Blast2GO 的分析。举例说明如下。

数据载入：通过"File"菜单项，可载入 fasta 格式的蛋白质序列，并用该软件"Blast"菜单中的命令进行 blast 比对，但是这个操作对于全基因组蛋白来说会耗费太长时间，因此我们载入已经通过 nr 注释及 interProScan 注释后的分析结果。

第 16 章 基因注释及功能分析

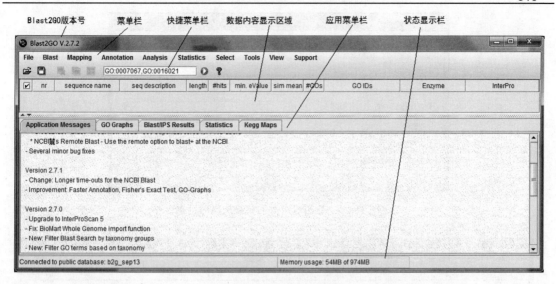

图 16-23 程序主页面图

选择 File→Import→Import BlastResult→One XML files 菜单（见图 16-24）。

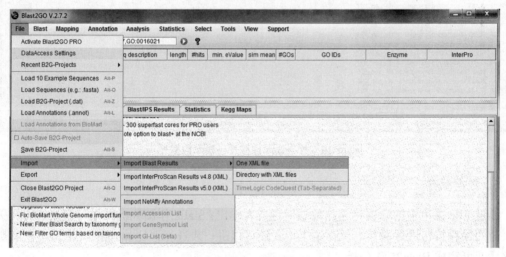

图 16-24 数据载入

选中数据后，即打开 Blast 参数控制页面（使用默认参数即可，也可自行修改）（见图 16-25）。参数设置完毕后，点击页面左上部的三角形按钮，即可进行数据载入。在数据载入页面，可看到数据载入的进度，以及已经载入的数据（见图 16-26）。

使用同样的方法可导入 interProScan 的数据（见图 16-24），菜单命令如下：
File→Import→Import InterProScan Results v5.0→Directory with XMLfiles

4. 数据分析

Blast 及 interProScan 的注释结果导入后，即可依次进行 Mapping、Annotation、Analysis 分析，这些菜单中，灰色部分的选项需要付费才可以使用。

分析完之后可通过 Statistic 菜单中的选项进行相关结果的自动作图分析。

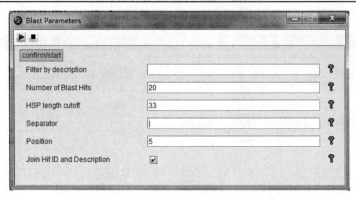

图 16-25　数据载入时的参数选择对话框

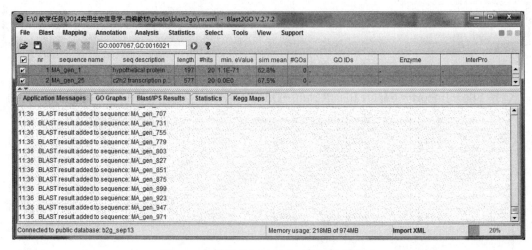

图 16-26　数据载入过程及已载入数据显示

5. 数据保存

通过 File 菜单中的选项将全部数据保存或者输出；Static 作图分析结果可直接点击相关结果页面的保存按钮进行保存，保存结果形式还可以进一步选择，比如 pdf、txt 等。所有数据保存后即可完成 Blast2GO 分析。

习题

1. 下载一个物种的全部蛋白质序列，建立一个本地数据库，再任选一条蛋白质序列进行本地 Blastp 比对，并使用不同的 E 值（如 1e-1、1e-2、1e-3）、outfmt 值（如 1、5、6）看看所得结果的区别。
2. 下载 NR 数据，建成 NR 数据库，并测试其使用方法。
3. 下载 COG 数据，建成 COG 数据库，并测试其使用方法。
4. 下载 Swiss-Prot 数据，建成 Swiss-Prot 数据库，并测试其使用方法。
5. 任选一个物种的 10 条蛋白质序列，并对其进行 NR 注释、COG 注释、Swiss-Prot 注释、KEGG 注释、InterProScan 注释。

参考文献

[1] D.M. Kristensen, X. Cai, A. Mushegian. Evolutionarily conserved orthologous families in phages are relatively rare in their prokaryotic hosts. J Bacteriol. 2011, vol.193, pp.1806-1814.

[2] E.V. Koonin, N.D. Fedorova, J.D. Jackson, et al. A comprehensive evolutionary classification of proteins encoded in complete eukaryotic genomes. Genome Biol. 2004, vol.5, pp.R7.

[3] K.S. Makarova, Y.I. Wolf, E.V. Koonin. Archaeal Clusters of Orthologous Genes (arCOGs): An Update and Application for Analysis of Shared Features between Thermococcales, Methanococcales, and Methanobacteriales. Life (Basel). 2015, vol.5, pp.818-840.

[4] M. Kanehisa, S. Goto, Y. Sato, et al. KEGG for integration and interpretation of large-scale molecular data sets. Nucleic Acids Res, 2012, vol.40 (Database issue), pp.D109-114.

[5] M. Magrane, U. Consortium. UniProt Knowledgebase: a hub of integrated protein data. Database (Oxford), 2011, vol.2011, pp.bar009.

[6] M.Y. Galperin, K.S. Makarova, Y.I. Wolf, et al. Expanded microbial genome coverage and improved protein family annotation in the COG database. Nucleic Acids Res, 2015, vol.43 (Database issue), pp.D261-269.

[7] S.F. Altschul, W. Gish, W. Miller, et al. Basic local alignment search tool. J Mol Biol, 1990, vol.215, pp.403–410.

[8] S. F. Altschul. Evaluating the statistical significance of multiple distinct local alignments. In Suhai, editor, Theoretical and Computational Methods in Genome Research. Plenum Press, New York, 1997.

[9] S. F. Altschul. Generalized affine gap costs for protein sequence alignment. Proteins, 1998, vol.32, pp.88–96.

[10] S. F. Altschul, R.Bundschuh, R.Olsen, et al. The estimation of statistical parameters for local alignment score distributions. Nucleic Acids Res, 2001, vol.29, pp.351–361.

[11] Y.I. Wolf, K.S. Makarova, N. Yutin, et al. Updated clusters of orthologous genes for Archaea: a complex ancestor of the Archaea and the byways of horizontal gene transfer. Biol Direct. 2012, vol.14, pp.46.

[12] U. Consortium. UniProt: a hub for protein information. Nucleic Acids Res, 2015, vol.43 (Database issue), pp.D204-212.

[13] U. Hinz; U. Consortium. From protein sequences to 3D-structures and beyond: the example of the UniProt knowledgebase. Cell Mol Life Sci, 2010, vol.67, pp.1049-1064.

附录 A　生物信息学文件格式

很多生物信息学文件都有固定的格式，生物信息学软件处理的文件也会有固定的格式，本附录将详细介绍生物信息学用到的常用文件格式。

1. fasta 格式

fasta 格式文件是记录序列文件的一种格式，每一条记录分成 3 部分，第一部分是 ">"，以 ">" 开头；第二部分是紧跟在 ">" 之后的一整行的字符串，用于记录序列的相关信息，比如序列名字、长度、位置、序列来源等，">" 之后紧跟着的内容不能有空格，字符串长度不能超过一行；第三部分是 ">" 下一行开始至下一个 ">" 的上一行的内容，这部分内容默认是具体的序列。如图 A-1 所示，以 ">" 开头，第一部分；紧跟 ">" 之后的那一行是序列的信息，gi294861115 是序列的 gi 号，gb 表示该序列来自 genebank，GU372969.1 是基因的登录号，并且是 version1；">" 下一行是序列，即第三部分（见图 A-1）。

```
>gi|294861115|gb|GU372969.1| Hevea brasiliensis WRKY1 (WRKY1) mRNA, complete cds
CTCCCTCTCTCTCGCACACCTGCCTGCCTACCTACCATAAAAACCAGATCAACCTTTCCCTACTCTCC
CTTTCTTCTCCAGAGCCGTATGCAAACCCCACACTCTATCTCTCTATGTTTCTACTACTATATCTGTAGG
TGTACATTGATGAAGTGTTTGCTGCTTTGATACTGCTATGGAAGGGAAAGAAGAGGTAAAGATTGACAAT
ATTGTTGGATCGTCAACATTTCCTGATAATACTCAGAGCAGTTATCCTTTCCAGGGTGTATTTGATTTCT
GTGAAGGAGATAAGAGCTCGTTAGGGTTTATGGAGCTACTGGGTATGCAGGACTTCAGTGCTTCCGTGTT
TGATATGCTTCAGGTACCATCTGTGGTGCAACCTGCAGCTTCTAATCCTGTAGCAACAAAGATGGAATCG
CCAGAGGTGTTGAATCAGCCTGCAACTCCTAACTCTTCGTCGATTTCCTCAGCCTCCAGTGATGCTTTAA
ATGATGAACCGGTTAAGGTTGCGGATAATGAGGAAGAAGAGCAGCAGAAGACCAGGAAAGAGTTGAAGCC
CAAGAAGACAAATCAGAAGAGACAGAGAGAGCCGAGATTCGCATTCATGACGAAGAGCGAAGTTGATCAT
CTGGAAGATGGGTACAGATGGAGAAAGTACGGCCAGAAAGCTGTGAAAAATAGCCCCTTTCCTAGGAGTT
ACTATCGTTGCACCAGTGCCTCCTGTAATGTGAAGAAGAGAGTAGAGAGATCTTTCAGTGATCCAAGCAT
AGTTGTGACCACCTATGAAGGCCAACATACCCATCCTAGCGCTGTCATGGCCCGTCCAAGCTTTACTGGA
GCTGCATCAGAGTCTGGTTTCTCTACTTCTGCTTTTGCCATGCCAATGCAAAGAAGATTGTCACACTTTC
AGCAGCAGCAACAACCCTTTCTCAATAGCTTCACAGCTTTGGGTTTTGGTTATAAAGGAAACACGAATGC
TACTTTTCTACATGAGAGGCGCTTTTGCACCAGCCCAGGGTCTGATTTGCTTGAAGATCATGGGCTTCTT
CAAGACATTGTCCCTTCCCATATGCTAAACGAGGAGTAGATGAGAATACGATTGCTACTTTGTAGATCCA
TTCACTGACTTTAAACGGAGGCGTAGATGACCCTTTACTGTGATATAAAAAATATATTATATATAGTATG
TGATTTTCTTGCTGACAAAAAAAAAAAAAAAAAAAAAAAAAAA
```

图 A-1　fasta 序列格式

要说明的是 fasta 格式第二部分可采用任意字符，但这部分字符最好是易懂的。在进行生物信息分析时，第二部分如果含一些特殊字符（如 "|"），则可能会影响到其他程序的运行，因此建议这部分内容在进行其他生物信息分析时，最好简化，如采用 "scaffold1" 这样简单的命名。

2. fastq 格式（参考维基百科 fastq 词条）

fastq 格式是目前二代测序结果的最常用的文件格式，它分为 4 部分。第一部分是以 "@" 开头的那一行，主要记录测序时的相关信息，比如仪器型号等；第三部分是 "+" 开头的那一行，只有一个字符，代表与第一部分相同；第二部分是介于第一部分与第三部分之间的部分，就是序列信息，由 "ATCGN" 5 个字母组成；第四部分是上一个 "+" 与下一个 "@" 之间的部分内容，字符与第二部分的序列字符一一对应，代表第二部分每个碱基的测序质量值。测序结果见图 A-2，对第一部分的解读见表 A-1。

```
@FCC161NACXX:6:1101:1492:2192#CGCCACCT/1
ACCAGTGCTCAAGGTATGTCTTGGCGATGAAGACGCCTTCAAAGTTCAAGATCAAGCAGGAACACGATGAGCTTCCGAATTTTCTTTTAG
+
___ecdaacegeefbbefighiiidc__dcd_cgffh`ggfghfccbhhffddgfhii_gffhhfdddP_abHZ_]`_accccZbbcbcb
```

图 A-2　fastq 格式

表 A-1　fastq 格式解释

标签	英文释义	说明
FCC161NACXX	Unique instrument name	测序仪唯一命名
6	Flowcell lane	每个 flowcell 含 8 个 lane
1101	Tile number within the flowcell lane	Lane 的第 1101 个 tile
1492	'x'-coordinate of the cluster within the tile	Reads 在 tile 中的横坐标
2192	'y'-coordinate of the cluster within the tile	Reads 在 tile 中的纵坐标
#CGCCACCT	index sequence	标记编码序列
/1	the member of a pair, /1 or /2 *(paired-end or mate-pair reads only)*	pair end 或 mate pair 测序中一端的 Reads

3. GenBank 格式

GenBank 文件是 NCBI 数据库中序列信息记录的一种格式，GenBank 的详细说明文件请参见网页 http://www.ncbi.nlm.nih.gov/Sitemap/samplerecord.html，这里将其中相关信息进行了整理，见表 A-2～表 A-5。对于一些项目的具体意义见图 A-3。

LOCUS：序列相关信息说明。

- GU372969 是登录号（accession number）。
- 1234bp 是序列长度（sequence length）。
- mRNA 是序列类型（见表 A-3）。
- linear 是指序列的形状，包括 linear（线性）、cycle（环状）。
- PLN 是指物种来源，具体来源见表 A-4。
- JAN-2012 是最后修改日期。

表 A-2　GenBank 序列标识符表

标识字	GeneBank 注释	说明
LOCUS	Locus filed	序列相关基本信息
	locus name	Locus 名字
	sequence length	序列长度
	molecule type	分子类型
	GenBank division	GenBank 分类号
	modification date	最后修饰时间
DEFINITION	Brief description of sequence	序列功能说明
ACCESSION	Sequence identifier	唯一的序列编号
VERSION	Edit information	序列版本号
	GI	GI 号，自 2017 年 3 月 5 日起不再使用

续表

标识字	Genebank 注释	说明
KEYWORDS	Word or phrase describing the sequence	与序列相关的关键词
SOURCE	Organism information	序列来源的物种名
	Organism	序列来源的物种分类
REFERENCE	Publication information	文献编号或提交注册信息
	AUTHORS	文献作者或提交序列作者
	TITLE	文献题目
	JOURNAL	文献刊物名
	PUBMED	PubMed 标识号
	Direct Submission	序列作者信息
FEATURES	Feature information	序列分类特征
	Source	序列名称及长度
	Gene	基因
	CDS	编码区
	Other feature	其他特征
ORIGIN	标识序列开始	序列开始
//	序列终止	序列结束标志、空行

表 A-3 分子类型表

序号	分子类型缩写	分子类型	说明
1	DNA	genomic DNA	基因组 DNA
2	RNA	genomic RNA	基因组 RNA
3	mRNA	messenger RNA（cDNA）	信使 RNA
4	rRNA	ribosomal RNA	核糖体 RNA
5	tRNA	transfer RNA	转运 RNA
6	uRNA 或 SnRNA	small nuclear RNA	小核仁 RNA
7	NA	not available	未知

表 A-4 序列来源分类表

序号	英文缩写	英文全称	说明
1	PRI	Primate sequence	灵长类序列
2	ROD	Rodent sequence	啮齿类序列
3	MAM	Other mammalian sequence	其他哺乳动物序列
4	VRT	Other vertebrate sequence	其他脊椎动物
5	INV	Invertebrate sequence	无脊椎动物序列
6	PLN	Plant、fungal、and algal sequence	植物、真菌、藻类序列
7	BCT	Bacterial sequence	细菌序列
8	VRL	Viral sequence	病毒序列
9	PHG	Bacteriophage sequence	噬菌体系列
10	SYN	Synthetic sequence	合成序列

续表

序号	英文缩写	英文全称	说明
11	UNA	Unannotated sequence	未注释序列
12	PAT	Patent sequence	专利序列
13	CON	Constructed sequence	构建序列
14	EST	Expressed sequence tags	表达序列标签
15	STS	Sequence tagged sites	序列标签位点序列
16	GSS	Genome survey sequence	基因组探查序列
17	HTG	High throughput genomic sequence	基因组高通量测序序列
18	HTC	High throughput cDNA sequence	cDNA 高通量测序序列
19	ENV	Environmental sampling sequence	环境样本序列
20	TSA	Transcriptome Shotgun Assembly	转录组测序组装序列

表 A-5 特征表关键词意义

标签	意义	中文意义
allele	Obsolete	等位基因(现已废除)
attenuator	Sequence related to transcription termination	衰减子
C_region	Span of the C immunological feature	C 免疫区
CAAT_signal	'CAAT box' in eukaryotic promoters	真核生物 CAAT 盒
CDS	Sequence coding for amino acids in protein (includes stop codon)	编码区,包含终止密码子
conflict	Independent sequence determinations differ	不同测序结果差异区
D-loop	Displacement loop	D 环,线粒体 DNA 控制区
D_segment	Span of the D immunological feature	D 免疫区
enhancer	Cis-acting enhancer of promoter function	增强子
exon	Region that codes for part of spliced mRNA	外显子
gene	Region that defines a functional gene, possibly including upstream (promotor, enhancer, etc) and downstream control elements, and for which a name has been assigned.	基因,包含上下游调控序列
GC_signal	'GC box' in eukaryotic promoters	真核生物启动子的 GC 盒
iDNA	Intervening DNA eliminated by recombination	DNA 重装删除序列
intron	Transcribed region excised by mRNA splicing	内含子
J_region	Span of the J immunological feature	J 免疫区
LTR	Long terminal repeat	长末端重复区
mat_peptide	Mature peptide coding region (does not include stop codon)	成熟多肽编码区,不包含终止密码子
misc_binding	Miscellaneous binding site	其他结合位点
misc_difference	Miscellaneous difference feature	其他差异区
misc_feature	Region of biological significance that cannot be described by any other feature	其他未知特征的生物功能区
misc_recomb	Miscellaneous recombination feature	其他重组特征区
misc_RNA	Miscellaneous transcript feature not defined by other RNA keys	其他 RNA 特征区
misc_signal	Miscellaneous signal	其他信号区
misc_structure	Miscellaneous DNA or RNA structure	其他 DNA 或 RNA 结构
modified_base	The indicated base is a modified nucleotide	修饰碱基
mRNA	Messenger RNA	信使 RNA

续表

标签	意义	中文意义
mutation	Obsolete	突变区，现已废除
N_region	Span of the N immunological feature	N 免疫区
old_sequence	Presented sequence revises a previous version	原序列
polyA_signal	Signal for cleavage & polyadenylation	剪切并加尾信号区
polyA_site	Site at which polyadenine is added to mRNA	加尾位点
precursor_RNA	Any RNA species that is not yet the mature RNA product	前体 RNA
prim_transcript	Primary (unprocessed) transcript	初级转录本
primer	Primer binding region used with PCR	PCR 引物结合区
primer_bind	Non-covalent primer binding site	引物非共价结合区
promoter	A region involved in transcription initiation	启动子
protein_bind	Non-covalent protein binding site on DNA or RNA	DNA 或 RNA 上的蛋白非共价结合区
RBS	Ribosome binding site	核糖体结合位点
rep_origin	Replication origin for duplex DNA	DNA 双链复制起点
repeat_region	Sequence containing repeated subsequences	重复序列区
repeat_unit	One repeated unit of a repeat_region	重复序列单位
rRNA	Ribosomal RNA	核糖体 RNA
S_region	Span of the S immunological feature	S 免疫区
satellite	Satellite repeated sequence	微卫星重复区
scRNA	Small cytoplasmic RNA	小胞质 RNA
sig_peptide	Signal peptide coding region	信号肽区
snRNA	Small nuclear RNA	小核仁 RNA
source	Biological source of the sequence data	序列数据来源
stem_loop	Hair-pin loop structure in DNA or RNA	发卡结构区
STS	Sequence Tagged Site;	序列标签位点区
TATA_signal	'TATA box' in eukaryotic promoters	真核生物启动子 TATA 盒
terminator	Sequence causing transcription termination	终止子
transit_peptide	Transit peptide coding region	转导肽编码区
transposon	Transposable element（TN）	转座子
tRNA	Transfer RNA	转运 RNA
unsure	Authors are unsure about the sequence in this region	序列不确定区
V_region	Span of the V immunological feature	V 免疫区
variation	A related population contains stable mutation	变异区
-（hyphen）	Placeholder	占位符
-10_signal	'Pribnow box' in prokaryotic promoters	原核生物启动子-10 区，也称为 Pribnow 盒
-35_signal	'-35 box' in prokaryotic promoters	原核生物启动子-35 区
3'clip	3'-most region of a precursor transcript removed in processing	3 端加工移除区
3'UTR	3' untranslated region (trailer)	3 端非编码区
5'clip	5'-most region of a precursor transcript removed in processing	5 端移除区
5'UTR	5' untranslated region (leader)	5 端非编码区

```
LOCUS       GU372969              1234 bp    mRNA    linear   PLN 01-JAN-2012
DEFINITION  Hevea brasiliensis WRKY1 (WRKY1) mRNA, complete cds.
ACCESSION   GU372969
VERSION     GU372969.1  GI:294861115
KEYWORDS    .
SOURCE      Hevea brasiliensis
  ORGANISM  Hevea brasiliensis
            Eukaryota; Viridiplantae; Streptophyta; Embryophyta; Tracheophyta;
            Spermatophyta; Magnoliophyta; eudicotyledons; Gunneridae;
            Pentapetalae; rosids; fabids; Malpighiales; Euphorbiaceae;
            Crotonoideae; Micrandreae; Hevea.
REFERENCE   1  (bases 1 to 1234)
  AUTHORS   Zhang,Q., Zhu,J. and Zhang,Z.
  TITLE     Cloning and characterization of a novel WRKY transcriptional factor
            from Hevea brasiliensis
  JOURNAL   Unpublished
REFERENCE   2  (bases 1 to 1234)
......
FEATURES             Location/Qualifiers
     source          1..1234
                     /organism="Hevea brasiliensis"
                     /mol_type="mRNA"
                     /db_xref="taxon:3981"
     gene            1..1234
                     /gene="WRKY1"
     CDS             178..1089
                     /gene="WRKY1"
                     /note="HbWRKY1"
                     /codon_start=1
                     /product="WRKY1"
                     /protein_id="ADF45433.1"
                     /db_xref="GI:294861116"
                     /translation="MEGKEEVKIDNIVGSSTFPDNTQSSYPFQGVFDFCEGDKSSLGF
                     ......
                     CTSPGSDLLEDHGLLQDIVPSHMLNEE"
ORIGIN
        1 ctccctctct ctctcgcaca cctgcctgcc tacctaccat aaaaaccaga tcaaccttttc
       61 cctactctcc ctttcttctc cagagccgta tgcaaacccc acactctatc tctctatgtt
......
     1141 gcgtagatga cccttttactg tgatataaaa aatatattat atatagtatg tgattttctt
     1201 gctgacaaaa aaaaaaaaaa aaaaaaaaaa aaaa
//
```

图 A-3 GenBank 文件格式

4. GTF 格式

GTF 是 Gene Transfer Format 的缩写，它来源于 GFF 格式，并新增了一些特征，对其格式进行整理，见表 A-6，GTF 格式详细介绍信息请参见网页 http://mblab.wustl.edu/ GTF22.html。GTF 格式示例见图 A-4。

表 A-6 GTF 文件各列信息表

顺序	标签	含义
1	Seqname	序列名字
2	Source	注释信息的来源，比如预测软件或公共数据库
3	Feature	序列特征，必备特征项："CDS", "start_codon", "stop_codon"；可选特征项："5UTR", "3UTR", "inter", "inter_CNS", "intron_CNS"和"exon"
4	Start	特征序列起始位点
5	End	特征序列结束位点
6	Score	得分值，是特征定义分值，若无则用"·"
7	Strand	正负链，+表示正链，-表示负链，未知则用？表示
8	Frame	编码框，对 CDS 有效，指定下一个密码子起始的位点，有 0、1、2 三个数可选，如果未知则用"，"表示
9	Attributes	特性，以特征标签接着""中的值的形式，以 gene_id "、transcript_id "信息开头，其他信息放在后面，特征标签间以"；"分隔
10	Comments	评论，以"#"开头

5. gff3 格式

gff3 文件有 9 列，用于记录序列相关信息，这个文件可用于进行序列信息的网页展示，如基因注释信息的 gff3 文件可以展示在 Gbrowse 上，各列的意思见表 A-7 和表 A-8，其详细信息页可参考网页 http://www.sequenceontology.org/gff3.shtml。gff3 格式见图 A-5。

表 A-7 gff3 文件项目表

顺序	标签	说明
1	Seqid	序列标识符，可为任意字符，但不能用空白及">"
2	Source	特征来源的方法或数据库，若未知则用"·"
3	Type	类型，如 gene、CDS、exon、mRNA，而 mRNA 进一步分为 Intron、polyA、five、three
4	Start position	特征序列起始位点
5	End position	特征序列终止位点
6	Score	得分值，最好用 E-value、P-value
7	Strand	正负链，+表示正链，-表示负链，未知则用？表示
8	Phase	步进，对于编码 CDS 有效，此参数指定下一个密码子起始的位点，有 0、1、2 三个数可选，如果未知则用"·"
9	Attributes	一列特征，用"tag=value;"形式表示，一些可用的 tag 详见表 A-8，当然也可以自己将其他的特征加入

表 A-8 gff3 文件的"attributes"特征列表

顺序	标签	说明
1	ID	序列的 ID
2	Name	序列的名字
3	Alias	序列的别名
4	Parent	序列的上一级序列 ID，比如 CDS 的 parent 是其来源的 gene 的 ID，而 gene 的 parent 是无或者为其自身
5	Target	序列比对时的那一段序列，其中可用"+"、"-"代表正负链，如其中的注释含有空格的话，则转为"%20"，"tab"键转为"%09"
6	Gaps	序列相较于比对序列的 Gaps
7	Derives_from	用于多顺反子基因情况，列出该多顺反子的信息
8	Note	备注信息
9	Dbxref	链接数据库信息
10	Ontology_term	注释信息，如 NR 注释、COG 注释等
11	Is_circular	标识序列是否为环状

附录 A 生物信息学文件格式

```
scaffold_1   GeneMark.hmm   stop_codon    4432   4434   .   -   0   gene_id "1_g"; transcript_id "1_t"; gene_name ""; transcript_name "";
scaffold_1   GeneMark.hmm   CDS           4432   4564   .   -   2   gene_id "1_g"; transcript_id "1_t"; gene_name ""; transcript_name "";
scaffold_1   GeneMark.hmm   CDS           4618   4708   .   -   1   gene_id "1_g"; transcript_id "1_t"; gene_name ""; transcript_name "";
scaffold_1   GeneMark.hmm   CDS           4760   5023   .   -   1   gene_id "1_g"; transcript_id "1_t"; gene_name ""; transcript_name "";
scaffold_1   GeneMark.hmm   CDS           5083   5145   .   -   1   gene_id "1_g"; transcript_id "1_t"; gene_name ""; transcript_name "";
scaffold_1   GeneMark.hmm   CDS           5203   5393   .   -   2   gene_id "1_g"; transcript_id "1_t"; gene_name ""; transcript_name "";
scaffold_1   GeneMark.hmm   CDS           5452   6009   .   -   1   gene_id "1_g"; transcript_id "1_t"; gene_name ""; transcript_name "";
scaffold_1   GeneMark.hmm   CDS           6074   6155   .   -   1   gene_id "1_g"; transcript_id "1_t"; gene_name ""; transcript_name "";
scaffold_1   GeneMark.hmm   CDS           6218   6226   .   -   1   gene_id "1_g"; transcript_id "1_t"; gene_name ""; transcript_name "";
scaffold_1   GeneMark.hmm   CDS           6283   6392   .   -   1   gene_id "1_g"; transcript_id "1_t"; gene_name ""; transcript_name "";
scaffold_1   GeneMark.hmm   start_codon   6392   6394   .   -   0   gene_id "1_g"; transcript_id "1_t"; gene_name ""; transcript_name "";
```

图 A-4 gtf 文件结构示例

```
scaffold_866   GeneMark.hmm   gene   233      823      .   +   .   ID=MA_gen_12581;Name=MA_gen_12581;Note=NA;KEGG=NA;COG=NA;GO=NA
scaffold_866   GeneMark.hmm   CDS    233      395      .   +   0   ID=CDS:MA_gen_12581;Name=MA_gen_12581;Parent=MA_gen_12581;
scaffold_866   GeneMark.hmm   CDS    463      686      .   +   1   ID=CDS:MA_gen_12581;Name=MA_gen_12581;Parent=MA_gen_12581;
scaffold_866   GeneMark.hmm   CDS    716      823      .   +   0   ID=CDS:MA_gen_12581;Name=MA_gen_12581;Parent=MA_gen_12581;
scaffold_5     GeneMark.hmm   gene   295872   298331   .   -   .   ID=MA_gen_9585;Name=MA_gen_9585;Note=hypothetical protein MGG_07476 ;KEGG=:;GO=NA
scaffold_5     GeneMark.hmm   CDS    298217   298331   .   -   0   ID=CDS:MA_gen_9585;Parent=MA_gen_9585;
scaffold_5     GeneMark.hmm   CDS    296608   298101   .   -   0   ID=CDS:MA_gen_9585;Parent=MA_gen_9585;
scaffold_5     GeneMark.hmm   CDS    295872   296554   .   -   1   ID=CDS:MA_gen_9585;Parent=MA_gen_9585;
```

图 A-5 gff3 格式文件示例

gff 文件与 gff2 文件格式均有 8 列，其相关介绍请参见以下网址：

http://www.sanger.ac.uk/resources/software/gff/spec.html

gff3 文件格式可以在网址上进行验证，该网址要求文件少于 1500 万条或者小于 280MB，如果文件较大，可以下载该软件。验证与下载网址如下：

http://modencode.oicr.on.ca/cgi-bin/validate_gff3_online